I0028710

Programmation orientée aspect

pour Java/J2EE

CHEZ LE MÊME ÉDITEUR ───

Ouvrages sur Java et J2EE ───

J. MOLIÈRE. – **Conception et déploiement Java/J2EE.**
N°11194, 2003, 192 pages.

K. DJAAFAR. – **Développement J2EE avec Eclipse et WSAD.**
N°11285, 2003, 642 pages + 2 CD-Rom.

L. DERUELLE. – **Développement Java/J2EE avec JBuilder.**
N°11346, 2004, 726 pages avec CD-Rom.

P.-Y. SAUMONT. – **Le Guide du développeur Java 2**.
Meilleures pratiques de programmation avec Ant, JUnit et les design patterns.
N°11275, 2003, 816 pages + CD-Rom.

J. GOODWILL. – **Jakarta Struts**.
N°11231, 2003, 354 pages.

P. HARRISON, I. MCFARLAND. – **Tomcat par la pratique**.
N°11270, 2003, 560 pages.

E. ROMAN, S. AMBLER, T. JEWELL. – **EJB fondamental**.
N°11088, 2002, 626 pages.

L. MAESANO, C. BERNARD, X. LEGALLES. – **Services Web en J2EE et .Net**
N°11067, 2003, 1088 pages.

Ouvrages sur UML et les technologies objet ────────────────────────

P. ROQUES, F. VALLÉE. – **UML 2.0 en action**.
N°11462, 2004, 380 pages environ.

P. ROQUES. – **UML 2.0 par la pratique**. *Cours et exercices*.
N°11480, 2004, à paraître, 320 pages environ.

P.-A. MULLER, N. GAERTNER. – **Modélisation objet avec UML**.
N°11397, 2e édition 2000, 520 pages (réédition au format semi-poche).

G. BOOCH, J. RUMBAUGH, I. JACOBSON. – **Le guide de l'utilisateur UML**.
N°9103, 2000, 552 pages.

A. SHALLOWAY. – **Design patterns par la pratique**.
N°11139, 2002, 278 pages.

B. MEYER. – **Conception et programmation objet**.
N°9111, 2000, 1250 pages.

H. BERSINI, I. WELLESZ. – **L'orienté objet**.
Cours et exercices en UML, Java, C# et C++.
N°11108, 2002, 460 pages.

Programmation orientée aspect
pour Java/J2EE

Renaud Pawlak

Jean-Philippe Retaillé

Lionel Seinturier

Avec la contribution de Olivier Salvatori

EYROLLES

ÉDITIONS EYROLLES
61, bd Saint-Germain
75240 Paris Cedex 05
www.editions-eyrolles.com

DANGER

PHOTOCOPILLAGE TUE LE LIVRE

Le code de la propriété intellectuelle du 1er juillet 1992 interdit en effet expressément la photocopie à usage collectif sans autorisation des ayants droit. Or, cette pratique s'est généralisée notamment dans les établissements d'enseignement, provoquant une baisse brutale des achats de livres, au point que la possibilité même pour les auteurs de créer des œuvres nouvelles et de les faire éditer correctement est aujourd'hui menacée.

En application de la loi du 11 mars 1957, il est interdit de reproduire intégralement ou partiellement le présent ouvrage, sur quelque support que ce soit, sans autorisation de l'éditeur ou du Centre Français d'Exploitation du Droit de Copie, 20, rue des Grands-Augustins, 75006 Paris.
© Groupe Eyrolles, 2004, ISBN : 2-212-11408-7

Remerciements

Il peut paraître étrange de remercier un outil, mais les auteurs de cet ouvrage, situés à Hartford, États-Unis (Renaud Pawlak), Paris (Jean-Philippe Retaillé) et Lille (Lionel Seinturier), n'auraient pu mener à bien ce projet sans les apports d'Internet.

Nous remercions Éric Sulpice, directeur éditorial d'Eyrolles, et Olivier Salvatori, dont les multiples relectures et conseils ont permis d'obtenir un ouvrage homogène dans le style et bien positionné par rapport aux attentes de nos lecteurs.

Renaud Pawlak :

Je remercie Therthala Murali, étudiant en Master à Rensselaer Hartford, pour sa motivation et son travail sur les design patterns J2EE, qui a inspiré les idées retranscrites dans cet ouvrage. Je remercie également vivement Houman Younessi pour sa flexibilité et sa patience, qui m'ont permis de trouver le temps de m'impliquer dans la rédaction de l'ouvrage. Je remercie enfin mes collègues de travail et mes amis d'avoir courageusement supporté et encouragé mon effort.

Jean-Philippe Retaillé :

Je tiens à remercier Jean-Michel Billaut et Joël Pic, auxquels la citation de Plutarque est dédiée. Je remercie également le département ATMO, au sein duquel il est si stimulant de travailler. Enfin, un grand merci à Audrey, à ma famille et à mes amis pour leur soutien.

Lionel Seinturier :

Je remercie Gérard Florin et Laurence Duchien, grâce auxquels ce projet a pu aboutir, au travers de nombreuses années de travail en commun. Je remercie également tous mes collègues de travail du LIP6 à Paris et de l'INRIA à Lille pour leurs encouragements permanents à faire aboutir l'ouvrage. Enfin, merci à tous mes proches pour leur soutien et leurs encouragements.

Préface

Dans notre quête de la puissance d'expression des langages informatiques et du gain de productivité des développements, chaque décennie apporte son lot de techniques nouvelles, qui viennent se compléter les unes les autres. Ainsi avons-nous vu apparaître les langages symboliques, la programmation fonctionnelle, la programmation structurée, les SGBD, les machines virtuelles, les L4G, la programmation par objets, les design patterns, les infrastructures du type CORBA, J2EE et .Net, la programmation par composants, sans oublier le développement guidé par le modèle.

Quelles seront les technologies apportant une nouvelle productivité dans la décennie 2000 ? Les espoirs se tournent vers la technologie MDA (Model Driven Architecture), standardisée par l'OMG, et la programmation orientée aspect, ou POA. Ces deux technologies sont déjà supportées par des outils et pratiquées dans diverses réalisations d'applications. Leur principale lacune est toutefois leur trop faible diffusion et leur compréhension insuffisante par les développeurs.

À cet égard, l'ouvrage de Renaud Pawlak, Jean-Philippe Retaillé et Lionel Seinturier apporte une pierre importante à l'édifice, en fournissant enfin un support pédagogique complet et général sur le sujet. Décrivant à la fois les principes de la POA et son utilisation avantageuse à partir d'exemples représentatifs, il permet de comprendre la POA en profondeur et de mesurer les bénéfices que l'on peut en espérer.

Travaillant depuis plusieurs années sur ce sujet, sous un angle à la fois de recherche, d'outillage de POA et de mise en œuvre dans des cas pratiques industriels, les trois auteurs apportent une expertise minutieuse de la POA.

Découpler les problèmes est un mot d'ordre que l'on connaît depuis la nuit des temps. Appliquer de manière uniforme une solution générale à des cas particuliers est une stratégie de bon sens que tout le monde partage. La programmation orientée aspect est un nouvel outil qui fournit les moyens d'appliquer cette stratégie dans une très grande variété de cas et d'en tirer le plus grand bénéfice.

La plupart des applications existantes imbriquent étroitement dans leur code des traitements liés au domaine d'application et aux besoins fonctionnels — le code métier ne recoupe en pratique pas plus de 20 à 30 p. 100 du code —, avec du code lié aux contraintes techniques, à l'architecture, à l'infrastructure sous-jacente ou encore au couplage avec l'interface homme-machine. La « glue » technique représente un gros volume de code, noyant le code métier, répété de manière rarement cohérente sous la forme de multiples et subtiles variantes, lié à une plate-forme technique sujette à obsolescence dans les cinq ans et évidemment très difficile à maintenir.

Dans leur ouvrage, Renaud Pawlak, Jean-Philippe Retaillé et Lionel Seinturier décrivent des cas typiques et fréquents où la POA apporte des bénéfices importants. On notera, par exemple, que la POA est un bon outil pour implémenter les design patterns, qui sont trop souvent des savoir-faire techniques nécessitant une implémentation au cas par cas au moyen de techniques de codage élaborées. Le fait de pouvoir séparer totalement le code relatif aux design patterns apporte un gain que sauront apprécier tous ceux qui les ont mis en œuvre.

Les auteurs présentent aussi des applications existantes, toutes affectées du syndrome de la glue technique rappelé ci-dessus, et montrent comment différentes parties de cette glue peuvent être reprises sous forme d'aspects, en produisant une nouvelle version du code significativement simplifiée. Les auteurs appellent cette tâche « aspectiser le code », que l'on peut considérer comme un « refactoring » des temps modernes.

La programmation orientée aspect sera-t-elle le Graal du développement informatique ? Je vous laisse juge. Les auteurs de cet ouvrage nous apportent les pièces décisives pour instruire ce sujet.

Philippe DESFRAY,
Directeur recherche et développement de la société SOFTEAM

Table des matières

PARTIE I

Premiers pas avec la POA

PARTIE II

Les outils de la POA

PARTIE III

Applications de la POA

CHAPITRE 8

PARTIE IV

Étude de cas : utilisation de la POA dans une application J2EE

PARTIE V

Annexes

« L'âme n'est pas un vase qu'il faille remplir, c'est un foyer qu'il faut échauffer. »
(Plutarque)

La POA (programmation orientée aspect) est un nouveau paradigme dont les fondations ont été définies au centre de recherche de Xerox à Palo Alto au milieu des années 1990. Elle a émergé suite à différents travaux de recherche dont l'objectif était d'améliorer la modularité des applications pour faciliter la réutilisation et la maintenance.

L'efficacité de la POA pour adresser des problématiques complexes de modularisation, partiellement prises en compte par les technologies actuelles, telles J2EE ou .Net, a rencontré un succès non négligeable auprès des experts et maintenant des développeurs.

Des éditeurs tels que IBM ou JBoss Group réfléchissent actuellement à introduire fortement la POA au sein de J2EE afin de pallier les lourdeurs et limitations de cette spécification.

L'objectif de cet ouvrage est double : permettre au lecteur d'appréhender l'ensemble des concepts majeurs de la POA ainsi que leurs implications dans nos méthodes de développement et donner les clés de sa mise en œuvre en présentant les principaux outils disponibles actuellement au travers d'applications significatives et d'une étude de cas sur une application bancaire J2EE.

À qui s'adresse cet ouvrage ?

Cet ouvrage est un manuel d'initiation à la POA. Il s'adresse au lecteur curieux désirant enrichir sa culture informatique, au décideur informatique ou chef de projet étudiant les moyens de gagner en productivité sur les développements et au développeur avide d'acquérir de nouvelles connaissances techniques pointues.

Rédigés de manière à être lisibles par ces différents publics sans pour autant être trop vulgarisateurs, la majorité des chapitres ne nécessitent que la connaissance des concepts de base de la programmation orientée objet et du langage Java.

Comment l'ouvrage est-il structuré ?

Cet ouvrage est divisé en quatre parties partant des concepts de la POA pour arriver à une étude de cas complète.

La première partie comprend deux chapitres qui introduisent la POA et présentent ses notions de base. Le lecteur y trouvera les définitions introduites par ce nouveau paradigme de programmation, notamment les notions d'aspect, de coupe et de point de jonction. La lecture de ces chapitres est recommandée aux lecteurs novices en POA qui souhaitent acquérir les connaissances fondamentales nécessaires à la maîtrise des outils présentés à la partie II.

La partie II est consacrée aux outils de programmation orientée aspect. Elle comprend cinq chapitres. Les quatre premiers s'intéressent chacun à un outil différent, depuis le langage AspectJ jusqu'aux frameworks JAC (Java Aspect Components), JBoss AOP et AspectWerkz. Ces chapitres peuvent être lus de façon indépendante. Chaque lecteur peut de la sorte se concentrer sur le ou les outils qui correspondent à ses besoins ou à ses centres d'intérêt. Tous ces chapitres utilisent les concepts définis à la partie I.

Le dernier chapitre de la partie II compare les fonctionnalités de ces quatre outils de POA et dresse une synthèse de la façon dont chacun d'eux met en œuvre les concepts de la POA. Le lecteur y trouvera les éléments permettant de le guider dans le choix d'un outil.

La partie III illustre comment la POA peut être utilisée pour améliorer la qualité des logiciels. Cette partie comprend trois chapitres. Le premier montre comment la POA peut améliorer l'implémentation des design patterns. Le deuxième s'intéresse aux techniques susceptibles d'êtres mises en œuvre afin d'améliorer la robustesse des applications et de faciliter la supervision de leur exécution grâce à la POA. Le troisième chapitre met en lumière les perspectives offertes par la POA pour la prise en compte de la séparation des préoccupations dans les serveurs d'applications.

Les trois chapitres de la partie III sont indépendants et peuvent être lus de façon séparée. Ils font référence aux concepts de la POA présentés à la partie I et utilisent les outils décrits à la partie II.

La partie IV est une étude de cas. Elle présente la mise en œuvre d'une application orientée aspect dans un environnement J2EE. Cette présentation est découpée en trois chapitres. Le premier décrit l'application J2EE, le deuxième montre comment la POA peut améliorer la mise en œuvre du tiers métier de l'application J2EE, et le troisième s'intéresse à l'amélioration des tiers client et présentation à l'aide de la POA. Les deux derniers chapitres de cette partie peuvent être lus de façon indépendante.

À propos des exemples

Les exemples fournis dans cet ouvrage sont majoritairement compréhensibles par les lecteurs connaissant les mécanismes de base du langage Java et ses principales API.

Les exemples les plus complexes reposent essentiellement sur l'utilisation de la réflexivité, qui permet d'étudier les constituants des classes Java de manière programmatique. La réflexivité correspond au package J2SE (Java 2 Standard Edition) `java.lang.reflect`.

Certains exemples reposent sur des outils sans lien avec la POA, tels MX4J, qui est une implémentation de l'API JMX (Java Management eXtension) pour la supervision et l'administration des applications, et Hibernate, qui fournit des fonctions de persistance des objets Java dans une base de données relationnelle.

La mise en œuvre de ces exemples nécessite l'installation des outils de POA présentés dans cet ouvrage. La procédure à suivre est décrite en annexe.

Pour des raisons de place, seul l'essentiel du code source des exemples est reproduit. Le code source complet est disponible sur la page Web dédiée à l'ouvrage sur le site d'Eyrolles, à l'adresse *www.editions-eyrolles.com*.

Mises à jour de l'ouvrage

Les outils de POA sont pour la plupart en phase de maturation. Pour garantir un contenu d'actualité à l'ouvrage, les auteurs adapteront les exemples qu'il contient et fourniront des *addenda* à la partie II en fonction des nouvelles versions des outils. Ces éléments seront disponibles sur la page Web dédiée à l'ouvrage sur le site d'Eyrolles.

Questions-réponses sur la programmation orientée aspect

Les questions et réponses suivantes aident à mieux cerner la programmation orientée aspect, ses impacts sur les autres paradigmes de programmation et le rôle qu'elle peut jouer au sein des applications d'entreprise.

Qu'est-ce que la programmation orientée aspect ?

Les développeurs d'application ont généralement plusieurs préoccupations à prendre en compte dans leurs développements. Ces préoccupations peuvent être divisées en deux catégories : les préoccupations fonctionnelles, qui correspondent au cœur de métier de l'application, et les préoccupations techniques, liées à l'environnement d'exécution.

Le principe de séparation des préoccupations cherche à rendre indépendantes ces préoccupations afin d'améliorer la modularité des applications. La programmation orientée objet a permis d'atteindre un certain degré d'indépendance sans pour autant casser totalement les liens entre les préoccupations. Ainsi, les préoccupations fonctionnelles restent encore dépendantes des préoccupations techniques.

La programmation orientée aspect est un nouveau paradigme de programmation qui cherche à améliorer la séparation des préoccupations en modularisant les éléments transversaux des applications. Bon nombre de préoccupations, notamment techniques, étant transversales à une application, elles sont modularisées sous forme d'aspects.

La POA remet-elle en cause les autres paradigmes de programmation ?

La POA ne remet pas en cause les autres paradigmes de programmation, comme l'approche procédurale ou l'approche objet, mais les étend en offrant des mécanismes complémentaires pour mieux modulariser les différentes préoccupations d'une application.

La POA ne remet pas non plus en cause les applications existantes. Bien au contraire, elle fournit des outils permettant de les étendre efficacement sans toucher à leur code.

Existe-t-il des applications industrielles de la POA ?

La POA est encore une technologie jeune puisque les premiers outils permettant de l'utiliser sont apparus au milieu des années 90. Il n'existe pas à notre connaissance d'application de grande envergure utilisant ce nouveau paradigme.

Cependant, des éditeurs tels qu'IBM sont fortement intéressés par la POA et cherchent en elle une solution pour rendre Java plus efficace. Du côté de Microsoft, un premier niveau de programmation par aspect existe dans le framework .Net avec les étiquettes, mais cette solution est très limitée. Plusieurs initiatives cherchent à combler ce vide.

Par comparaison avec la programmation orientée objet, le langage Simula, pionnier en la matière, est apparu en 1967 alors que la programmation orientée objet ne s'est démocratisée qu'au cours des années 80 avec le C++.

Pour la POA, l'adoption semble plus rapide car les outils utilisés sont compatibles avec l'existant et permettent de l'étendre à moindre frais, ce qui réduit le coût d'adoption à payer par les entreprises. Elle bénéficie de surcroît de la formidable puissance d'Internet pour la diffusion des savoirs.

Quelle est la place de la POA dans les applications d'entreprise ?

De notre point de vue, la POA pénétrera dans les entreprises par le biais des éditeurs de serveurs d'applications ou de frameworks, qui sont les mieux placés pour tirer rapidement parti de cette nouvelle technologie. Ils fourniront des aspects prêts à l'emploi et flexibles pour les différentes fonctionnalités de leurs outils (sécurité, supervision, persistance, etc.). Un nouveau marché, comparable à celui des composants graphiques pour Windows, pourrait s'ouvrir grâce la POA.

L'utilisation de la POA concerne au premier chef les préoccupations techniques. Son adoption sera sans doute plus longue pour les préoccupations fonctionnelles du fait que leur transversalité est moins évidente.

Partie I

Premiers pas avec la POA

« Diviser à l'excès présente le même inconvénient que ne pas diviser du tout. Il n'y a plus que confusion dans un objet qui a été réduit en poussière. » (Sénèque)

Cette partie est destinée à guider le lecteur dans ses premiers pas avec la programmation orientée aspect (POA). Après une illustration de ce que la POA apporte aux langages de programmation existants, comme les langages orientés objet, les principaux concepts de ce nouveau paradigme qu'est la POA sont définis.

Le chapitre 1 introduit la programmation orientée aspect. Malgré tous ses apports, la programmation orientée objet présente un certain nombre de limites, que ce soit en terme de réutilisabilité ou de modularité du code. La POA apporte des réponses à ces limites.

Le chapitre 2 présente les concepts de base de la programmation orientée aspect, à commencer par la définition du concept d'aspect. Sont également abordées les notions connexes de coupe, de code advice, de point de jonction et d'introduction. Ces concepts sont présentés indépendamment de tout langage et de tout outil. Leur mise en œuvre concrète dans les outils majeurs de POA fait l'objet de la partie II.

1

Introduction

Cet ouvrage aborde un nouveau paradigme informatique, la programmation orientée aspect (POA), ou *aspect-oriented programming* (AOP). Par paradigme, nous entendons un ensemble de principes qui structurent la manière de modéliser les applications informatiques et, en conséquence, la façon de les développer.

Comme son nom le suggère, la POA introduit un nouveau concept, l'aspect. En leur temps, la programmation orientée objet et le concept d'objet ont apporté une nouvelle façon de structurer les applications et d'écrire des programmes. Il en va de même avec le concept d'aspect.

Défini en 1996 par Gregor Kiczales et son équipe du centre de recherche Xerox PARC de Palo Alto en Californie, ce concept a rapidement été mis en œuvre dans un langage de programmation, AspectJ, dont les premières versions ont été disponibles en 1998. Depuis cette date, AspectJ est resté le langage de POA le plus utilisé. AspectJ étend le langage Java avec de nouveaux mots-clés permettant de programmer des aspects.

Au-delà d'AspectJ, la POA rencontre depuis 1998 un engouement important dans le milieu de la recherche. Cela a donné lieu à l'émergence de nombreux autres langages et outils. La plupart d'entre eux sont construits autour du langage Java. Outre AspectJ, c'est le cas de JAC (Java Aspect Components), de JBoss AOP et d'AspectWerkz.

Néanmoins, rien dans la POA n'est spécifique ni de la programmation orientée objet en général, ni de Java en particulier. L'aspect est un concept général, qui, comme l'objet, peut être appliqué à différents langages. On trouve ainsi des outils de POA plus ou moins avancés en C, C++, C# ou Smalltalk. N'importe quel autre langage existant est susceptible d'être étendu afin de supporter les concepts de la POA.

La notion d'aspect est relativement jeune, et beaucoup reste à faire pour augmenter son audience et la faire adopter par une large communauté de développeurs. Bien que le domaine de la programmation orientée aspect commence à être mature, des solutions sérieuses pour les étapes amont de conception ainsi qu'un processus de développement orienté aspect restent à définir.

Les paradigmes de programmation

En tant que paradigme de programmation, la programmation orientée aspect se positionne comme le successeur de la programmation orientée objet. Néanmoins, elle ne vise pas à remplacer entièrement la POO mais a plutôt comme objectif de la compléter afin d'obtenir des programmes mieux structurés et plus clairs.

La POA fait partie de la lignée de paradigmes de programmation qui, depuis l'assembleur, a permis aux programmeurs d'écrire simplement des programmes de plus en plus complexes. Ainsi, les concepts de procédure ou d'objet ont, chacun à leur façon, contribué à cette évolution en rendant les applications de moins en moins monolithiques. Le concept d'aspect aspire à perpétuer cette lignée.

Le concept de procédure présent dans des langages comme le Pascal permet de découper un programme en entités, appelées procédures. Chaque procédure est plus simple à appréhender et à écrire que le programme dans son ensemble. Ce type de programmation facilite le développement en équipe. Une procédure peut être testée indépendamment du reste du programme, ce qui permet de cerner plus facilement les erreurs de programmation. Un programme se ramène alors à un ensemble de procédures qui s'appellent entre elles.

Bien que la transition n'ait pas été instantanée, la programmation procédurale a contribué à la disparition des instructions `goto`. Ces instructions de saut à une ligne de code ont la

Les origines de la POA

Comme tous les paradigmes de programmation, la POA repose sur des notions existantes et un certain nombre d'idées latentes, qui ont déjà été exploitées dans le passé, mais de manière plus ponctuelle. Si l'apport de Gregor Kiczales à la mise en forme et à l'intégration des idées sous-jacentes à la POA est indéniable, il ne faut pas oublier les nombreux projets qui ont servi de fondement à la POA.

La POA prend des idées dans de nombreux domaines de l'informatique et plus particulièrement dans la métaprogrammation, la réflexivité et les protocoles à méta-objets, que nous devons à Mehmet Askit, Jean-Pierre Briot, Shigeru Chiba, Pierre Cointe, Jacques Ferber, Patricia Maes, Brian Smith et beaucoup d'autres. Certains mécanismes clés de la POA peuvent aussi être mis en parallèle avec ceux présents dans des langages orientés objet n'ayant pas été démocratisés, comme les constructions avant/après de CommonLoops, Flavors et d'autres. Les convergences ne sont pas moins évidentes entre la POA et certaines techniques clés plus récentes utilisées dans la programmation générative ou dans l'application des architectures guidées par les modèles (MDA).

L'ensemble de l'édifice de la POA s'inscrit toutefois dans une ligne originale, qui diffère de toute autre approche. Il ne faut donc pas voir la POA comme un concurrent des techniques dans lesquelles elle prend racine mais plutôt comme un cadre logique et cohérent, dans lequel ces techniques peuvent s'intégrer afin de résoudre des problèmes concrets.

fâcheuse tendance à transformer n'importe quel programme, aussi simple soit-il, en un plat de spaghettis. Le programme devient vite inextricable, et il n'est pas possible d'en réutiliser certaines parties indépendamment des autres.

A contrario, les procédures sont des tâches élémentaires, dont le début et la fin sont clairement identifiés. Il devient dès lors possible de constituer des bibliothèques de procédures pouvant être réutilisées dans de nombreuses applications.

La programmation procédurale a indéniablement rendu les programmes informatiques plus modulaires et plus clairs. Néanmoins, un programme est constitué de traitements et de données. Si le concept de procédure permet de structurer l'écriture des traitements et donc d'en maîtriser la complexité, il n'apporte aucune solution pour les données. Par exemple, les effets de bords liés à une mauvaise utilisation des variables globales sont une des grandes faiblesses de ce paradigme de programmation.

Les promesses de la programmation orientée objet

La programmation orientée objet, ou POO, a eu pour objectif d'organiser de façon modulaire, au sein d'entités cohérentes, les données d'une application et leurs traitements associés. Un objet encapsule des données et permet, *via* des méthodes, de manipuler ces données et d'effectuer des traitements.

D'un point de vue conceptuel, les objets d'un programme sont choisis en fonction des objets du monde réel appartenant au problème à informatiser. Dans une application de gestion de stock, par exemple, nous trouvons des objets fournisseur, article, client, etc.

Le concept de classe complète celui d'objet en regroupant dans une même catégorie tous les objets présentant les mêmes caractéristiques. Dans une application de gestion de stock, tous les objets fournisseur appartiennent à la même classe fournisseur.

Face à un problème concret à informatiser, le choix des classes, et donc des objets, à mettre en place pour répondre au problème est délicat. De nombreuses variations sont possibles, et, pour un même problème, des concepteurs différents peuvent aboutir à des solutions différentes. Tout le propos des processus tels que la méthode RUP (Rational Unified Process) consiste à rationaliser au maximum les choix de conception.

Quel que soit le processus mis en œuvre, nous constatons que le découpage d'une application en classes et en objets est avant tout guidé par les données. C'est la façon dont nous souhaitons organiser et surtout regrouper les données métier d'une application qui influence la mise en place des classes. Une classe est donc avant tout un regroupement de données, auquel nous associons, dans un second temps, des traitements programmés sous forme de méthodes.

Armée des concepts de classe et d'objet, la POO permet d'obtenir des programmes qui, par rapport à la programmation procédurale, sont tout à la fois plus modulaires, réutilisables, sûrs et extensibles :

• **Modularité.** Tous les traitements concernant une même donnée ou un même ensemble de données sont regroupés au sein d'une même entité logicielle, la classe.

- **Réutilisation.** Corollaire de la modularité, plus une entité logicielle est clairement définie, autosuffisante et a une finalité claire, plus il est facile de la réutiliser dans des contextes applicatifs différents.

- **Sûreté.** Grâce à leur encapsulation dans les objets, les données ne sont pas manipulables n'importe comment mais sont uniquement accessibles *via* les méthodes appartenant à l'interface de l'objet. Les manipulations légales sur les objets sont ainsi clairement identifiées, et les programmeurs maîtrisent entièrement le spectre des manipulations possibles sur un objet.

- **Extensibilité.** Le concept d'héritage permet de créer de nouvelles classes à partir des classes existantes. Les nouvelles classes étendent les classes existantes en leur ajoutant des éléments, données ou traitements et en redéfinissant éventuellement les éléments existants. Par exemple, une classe gérant des listes de données peut être étendue afin de gérer des piles (les piles sont des listes dont l'ajout et le retrait d'éléments suivent des règles particulières).

Munie de ces avantages, la POO a indéniablement fait avancer l'ingénierie des applications informatiques. Des programmes plus complexes ont pu être conçus de façon plus simple qu'avec la programmation procédurale. De grosses applications, telles que les serveurs d'applications J2EE (Java 2 Enterprise Edition), sont écrites dans des langages orientés objet, en l'occurrence Java. De même, des hiérarchies complexes de classes ont pu être mises en place, par exemple pour construire des interfaces homme-machine. C'est le cas notamment de la hiérarchie Swing de J2SE (Java 2 Standard Edition).

Le passage de la programmation procédurale à la POO ne s'est pas fait sans heurt. La formation des développeurs a notamment eu un coût important. Maintenant que la POO commence tout juste à être maîtrisée, il est légitime de s'interroger sur la pertinence de l'introduction d'un nouveau formalisme comme la POA.

Affirmons tout d'abord que la POA ne remet pas en cause les acquis de la POO, que ce soit en terme de langage ou de processus de développement. Les applications restent structurées en classes et objets. La POA se contente d'introduire au-dessus de cette base de nouveaux concepts qui permettent d'alléger le code des applications orientées objet en le rendant plus modulaire. Ajoutons que la POA rationalise les tâches de développement en réservant les fonctionnalités très techniques et à forte valeur ajoutée, comme la sécurité, à des experts idoines. Le concept d'aspect permet d'intégrer plus facilement ces fonctionnalités au reste de l'application.

Limites de la programmation orientée objet

L'intérêt de la POO pour le développement de logiciels complexes est indéniable. Néanmoins, nous allons montrer que, dans au moins deux cas, la POO ne fournit pas de solution satisfaisante pour aboutir à des programmes clairs et élégants. Ces cas concernent les fonctionnalités transversales et le phénomène de dispersion du code.

Fonctionnalités transversales

Nous avons mentionné précédemment que le processus d'analyse qui permet d'aboutir au découpage d'une application en classes est essentiellement conduit par un besoin de séparation et d'isolation des données et des traitements associés dans des entités cohérentes, les classes.

Bien qu'indépendants, ces ensembles peuvent parfois être corrélés. C'est typiquement le cas des contraintes d'intégrité référentielle. Par exemple, un objet client ne doit pas être supprimé tant qu'une commande pour ce client n'est pas honorée, faut de quoi nous risquerions de perdre les coordonnées du client. En première approche, nous pourrions envisager de modifier la méthode de suppression de la classe client afin de vérifier au préalable l'absence de commande non honorée. Ce n'est pourtant pas une bonne solution, et ce pour au moins trois raisons :

- La vérification d'une commande non honorée n'appartient pas à la logique de gestion d'un client. Elle est induite par la façon dont sont gérées les commandes. La classe client ne devrait donc pas avoir à gérer une fonctionnalité qui ne relève pas de sa logique.

- La classe client n'est pas censée connaître toutes les contraintes d'intégrité imposées par les autres classes de l'application.

- Modifier la classe client pour prendre en compte les contraintes d'intégrité induites par les autres classes de l'application annihile les possibilités de réutilisation de cette même classe client. En effet, à partir du moment où la classe client implémente des fonctionnalités liées à d'autres classes, elle n'est plus réutilisable indépendamment de celles-ci.

La classe client n'est donc pas le meilleur lieu pour l'implémentation de la contrainte d'intégrité référentielle empêchant la suppression d'un client n'ayant pas honoré toutes ses factures, même si beaucoup de programmes orientés objet font cela faute de meilleure solution. La classe commande n'est pas davantage adaptée à l'implémentation de cette fonctionnalité : si nous cherchons à supprimer un client, il n'y a aucune raison pour que la classe commande permette de le faire.

Finalement, ni la classe commande, ni la classe client ne sont adaptées à l'implémentation de la contrainte d'intégrité référentielle. Cette contrainte n'est strictement du ressort ni des clients ni des commandes mais est transversale à ces deux types d'entités.

Alors que le découpage des données en classes a pour but de rendre les classes indépendantes entre elles, nous constatons que des fonctionnalités transversales telles que les contraintes d'intégrité référentielle viennent se superposer à ce découpage et brisent l'indépendance des classes. La POO ne fournit aucune solution pour prendre en compte proprement ces fonctionnalités transversales. En guise de compromis, nous nous résignons à les implémenter dans une classe, tout en étant conscients que ce n'est pas la meilleure solution.

Dispersion du code

En POO, le mécanisme principal d'interaction entre objets est l'invocation de méthode. Un objet qui souhaite effectuer un traitement invoque une méthode d'un autre objet. Un objet peut aussi invoquer une de ses propres méthodes. Dans tous les cas, il existe un rôle d'invocateur et un rôle d'invoqué.

L'invocation de méthode permet de s'abstraire de la façon dont un service est implémenté en se reposant complètement sur l'interface de l'objet invoqué. Il suffit que les paramètres transmis par l'invocateur soient conformes à la signature de la méthode pour que l'invoqué prenne en charge la demande.

L'implémentation d'une méthode en POO est clairement localisée puisqu'elle se situe dans une classe. La modification d'une méthode est une opération simple : il suffit de modifier le seul fichier qui contient la classe dans laquelle est définie la méthode. Lorsque la modification porte sur le code de la méthode, la modification est transparente pour tous les objets qui invoquent la méthode.

La modification de la signature de la méthode a davantage de conséquences, puisqu'il est nécessaire de modifier toutes les classes qui invoquent cette méthode. Ces modifications sont d'autant plus coûteuses que la méthode est d'usage courant.

En POO, l'implémentation d'une méthode est localisée dans une classe, tandis que son invocation, ou utilisation, est dispersée. Ce phénomène de dispersion du code est un frein à la maintenance et à l'évolution des applications orientées objet. Toute modification dans la manière d'utiliser un service entraîne des modifications nombreuses, coûteuses et sujettes à erreur.

Les apports de la programmation orientée aspect

La programmation orientée aspect complémente la POO en apportant des solutions aux deux challenges que sont l'implémentation de fonctionnalités transversales et le phénomène de dispersion du code.

Le chapitre suivant montre que le concept d'aspect permet d'intégrer à une application orientée objet des fonctionnalités transversales ou dont l'utilisation est dispersée en s'appuyant sur les notions complémentaires de coupe, de point de jonction et de code advice.

La programmation procédurale met en avant un découpage des fonctionnalités de l'application. La POO insiste davantage sur un regroupement des données et des traitements associés sous forme d'entités cohérentes. La POA rétablit quant à elle un certain équilibre en permettant de superposer au découpage orienté par les données de la POO des découpages qui correspondent à des fonctionnalités supplémentaires à intégrer aux applications orientées objet.

Une application orientée aspect fondée sur la POO est composée de deux parties, les classes et les aspects :

- Les classes constituent le socle de l'application. Il s'agit des données et des traitements qui sont au cœur de la problématique de l'application et qui répondent aux besoins premiers de celle-ci.

- Les aspects intègrent aux classes des éléments (classes, méthodes, données) supplémentaires, qui correspondent à des fonctionnalités transversales ou à des fonctionnalités dont l'utilisation est dispersée.

Concevoir une application orientée aspect consiste donc, dans un premier temps, à opérer un processus de décomposition. Celui-ci permet d'identifier les classes et les aspects en fonction de l'analyse des besoins réalisée. Il n'y a pas de règle universelle pour dire qu'une fonctionnalité est du ressort d'une classe plutôt que d'un aspect. Une même fonctionnalité peut, selon les contextes applicatifs, être implémentée tantôt sous forme de classe, tantôt sous forme d'aspect. C'est le cas, par exemple, des contraintes de temps d'exécution, qui sont des aspects dans les applications de gestion et des classes dans les applications de supervision de processus industriels.

Dans un second temps, la conception d'une application orientée aspect s'accompagne d'un processus de recomposition. Il s'agit de mettre en commun les classes et les aspects pour obtenir une application opérationnelle. Ce processus est réalisé à l'aide des notions de POA de coupe et de point de jonction. Ces notions permettent de désigner les emplacements du programme autour desquels vont être greffés les aspects, et donc les fonctionnalités qu'ils implémentent.

Les langages orientés objet se présentent soit comme des extensions de langages existants — C++ est une extension de C —, soit comme de nouveaux langages, tels Smalltalk ou Java. Dans tous les cas, il a fallu construire de nouveaux compilateurs pour ces langages.

La situation est légèrement différente avec la POA, car ses outils peuvent se présenter sous forme d'extensions de langages existants ou de frameworks :

- Dans la catégorie des extensions de langages existants, le langage AspectJ, présenté en détail à la partie II, ajoute de nouveaux mots-clés au langage Java afin que le développeur puisse manipuler tous les concepts (aspect, coupe, point de jonction, etc.) propres à la POA.

- Dans la catégorie des frameworks, JAC (Java Aspect Components), JBoss AOP et AspectWerkz, également présentés à la partie II, utilisent la syntaxe d'un langage de programmation existant, en l'occurrence Java. Les concepts de la POA sont manipulés *via* des classes et méthodes appartenant au framework. Par exemple, définir un aspect avec JAC revient à étendre une classe d'un framework.

Le débat fait rage entre partisans des langages et des frameworks. Ouvert dès les débuts de la POA, il se poursuit à ce jour. L'enjeu de ce débat revient à choisir entre apprendre un nouveau langage, avec ses nouveaux mots-clés, et apprendre à utiliser les API d'un nouveau framework. Dans les deux cas, une phase d'apprentissage est nécessaire.

2

Les concepts de la POA

Ce chapitre présente les notions de base de la programmation orientée aspect (POA). En dépit de la jeunesse de la POA, un certain nombre de ces notions sont déjà bien établies et sont présentées ici de façon générale. Les chapitres de la partie II détaillent leur mise en œuvre dans quatre outils majeurs disponibles actuellement, AspectJ, JAC, JBoss AOP et AspectWerkz.

Chaque nouveau paradigme de programmation apporte son lot de définitions. Ce fut le cas de la programmation procédurale, avec les notions de module et de procédure, et de la programmation orientée objet, avec les notions de classe, d'objet, de méthode et d'héritage. Tous ces apports ont été l'occasion de bouleversements importants. Sur le plan technique, la structure des programmes changeait radicalement, tandis que, sur le plan humain, les développeurs devaient se former aux nouvelles techniques. La POA apporte à son tour son lot de nouveaux concepts. Nous pouvons cependant être certains que l'amélioration de la qualité des programmes et de la modularité engendrées par la POA contrebalancent les coûts d'apprentissage de ces nouveaux concepts.

Une majorité d'environnements de POA utilisant le langage Java, notamment AspectJ, JAC, JBoss AOP et AspectWerkz, nous nous appuyons sur la terminologie et les concepts de Java dans la suite de l'ouvrage. Rien, cependant, dans les fondements de la POA n'est spécifique de ce langage. De même que le concept d'objet a pu être appliqué avec succès à différents langages, le concept d'aspect se retrouve autour du C, avec AspectC++, de C, avec AspectC#, de Smalltalk, avec Apostle, voire de langages procéduraux tels que le C, avec AspectC. Au demeurant, les concepts de la POA ne s'appliquent pas uniquement à la programmation mais interviennent aussi dans les phases de conception des applications. Des travaux tels que Theme/UML ou JAC UMLAF ont vu le jour pour étendre la notation UML de façon à prendre en compte les concepts de la POA.

La notion d'aspect

Pour appréhender la complexité d'un programme, on cherche généralement à le découper en sous-programmes de taille moins importante. Les critères à appliquer pour arriver à cette séparation ont fait l'objet de nombreuses études, visant à faciliter la conception, le développement, la maintenance et l'évolution des programmes.

La programmation procédurale induit un découpage en fonction des traitements à implémenter, tandis que la programmation objet induit un découpage en fonction des données qui seront encapsulées dans les classes. Certaines fonctionnalités s'accommodent mal de ce découpage, et les instructions correspondant à leur utilisation se retrouvent dispersées dans l'ensemble de l'application. Tout changement dans l'utilisation de ces fonctionnalités implique dès lors de devoir consulter et modifier un grand nombre de fichiers. On dit en ce cas que leur code est éparpillé, ou dispersé (en anglais *scattered*).

La dispersion de code

Ce phénomène de dispersion de code constaté dans de nombreuses applications, qu'elles soient orientées objet ou non, n'est pas l'apanage d'un langage donné. Il se retrouve dans tous les environnements, qu'il s'agisse de Java, avec J2SE ou J2EE, de C#, avec .Net, ou de tout autre langage. Il a cependant été principalement étudié par les programmeurs Java. Nous en fournissons un exemple ci-dessous.

Exemple : la gestion des traces

Omniprésente dans les programmes, la gestion des traces consiste à positionner à différents emplacements du code des messages destinés à être affichés à l'écran ou enregistrés dans des fichiers ou des bases de données. Ces messages permettent aux programmeurs de visualiser l'avancement de leur programme et leur fournissent des indications sur son état.

En Java, la gestion des traces repose généralement sur des API dédiées, comme Log4J *(http://jakarta.apache.org/log4j/docs/index.html),* commons-logging *(http://jakarta.apache.org/commons/ logging.html)* ou le package `java.util.logging` introduit avec J2SE 1.4. Elle peut également être mise en œuvre manuellement avec des appels à la méthode `System.out.println`.

Quelle que soit la solution retenue, les instructions de trace sont souvent complètement dispersées dans l'ensemble du programme. Pour s'en rendre compte, nous allons détailler l'outil Hibernate *(http://hibernate.bluemars.net).*

Hibernate permet de sauvegarder des objets Java dans une base de données relationnelles (Oracle, SQL Server, PostgreSQL ou autre) sans avoir à se préoccuper des requêtes SQL. Les objets Java sont ainsi stockés de manière permanente dans un support sûr. Cela augmente la fiabilité de l'application et évite des pertes de données en cas de plantage. Hibernate est utilisé notamment dans le serveur d'applications J2EE JBoss *(http://www.jboss.org).* Hibernate utilise l'API de gestion de traces commons-logging.

Un outil tel que Aspect Browser *(http://www-cse.ucsd.edu/users/wgg/Software/AB/)* permet d'analyser le phénomène de dispersion du code en en fournissant une vue graphique. La figure 2.1 donne un exemple, avec Aspect Browser, d'un des 28 packages du code source d'Hibernate.

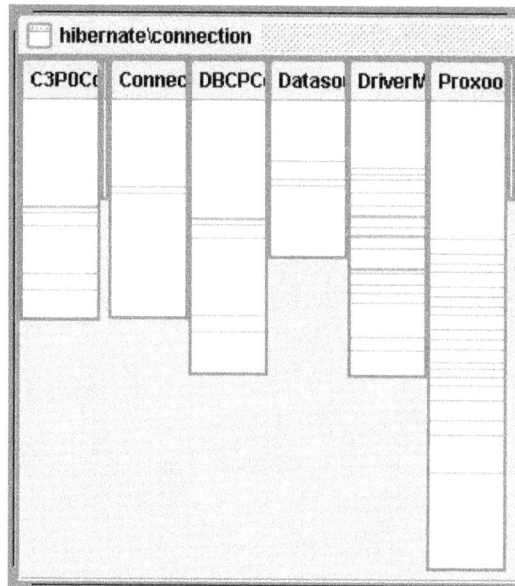

Figure 2.1

Dispersion de la gestion des traces dans Hibernate

Les rectangles verticaux symbolisent les classes du package, et les traits grisés les lignes de code utilisant l'API de gestion de traces commons-logging. Comme nous le constatons, les traces sont utilisées à de nombreux endroits du package. Une analyse plus poussée montre qu'il y a 57 appels à l'API. Si l'on étend la recherche aux 27 autres packages d'Hibernate, on aboutit à 479 appels. Le code utilisant commons-logging, et donc la fonctionnalité de gestion des traces, est entièrement dispersé dans celui d'Hibernate.

Si l'API commons-logging change ou si l'on souhaite utiliser à la place l'API java.util .logging de J2SE, par exemple, il est nécessaire de parcourir l'ensemble de ces 479 appels pour les modifier. Ce travail est bien évidemment fastidieux et sujet à erreur. La dispersion du code est donc bien un frein à la maintenabilité et à l'évolutivité des applications.

D'autres exemples de dispersion de code pourraient être cités. L'équipe d'AspectJ a analysé le conteneur Web Tomcat. Comme pour Hibernate, elle a constaté que la gestion des traces était complètement dispersée dans toute l'application. Plusieurs autres méca-nismes, dont celui qui gère les expirations des sessions utilisateur, souffrent d'ailleurs du même phénomène.

Analyse du phénomène de dispersion

Partant d'un tel constat, il est légitime de se demander si une meilleure conception et un autre découpage des classes de l'application ne permettraient pas de faire disparaître cette dispersion du code. La réponse est malheureusement le plus souvent négative.

La raison qui tend à prouver que la dispersion du code est inéluctable est liée à la différence entre service offert et service utilisé. Une classe fournit, *via* ses méthodes, un ou plusieurs services. Il est aisé de rassembler tous les services fournis dans un même endroit, c'est-à-dire dans une même classe. Cependant, rien dans l'approche objet ne permet de rassembler les utilisations de ce service. Il n'est donc pas surprenant qu'un service général et d'utilisation courante soit utilisé partout.

La dispersion d'une fonctionnalité dans une application est un frein à son développement, à sa maintenance et à son évolutivité. Lorsque plusieurs fonctionnalités sont dispersées, la situation empire. Le code ressemble alors à un plat de spaghettis, avec de multiples appels à diverses API. Il devient embrouillé (en anglais *tangled*). Ce phénomène se manifeste dans de nombreuses applications.

Une nouvelle dimension de modularité

L'apport essentiel de la POA est de fournir un moyen de rassembler dans un aspect du code, qui, autrement, serait dispersé au sein d'une application.

Définition

Aspect.– Entité logicielle qui capture une fonctionnalité transversale à une application.

Un aspect est souvent qualifié de structure transversale, en anglais *crosscutting structure*. Le terme *crosscut,* signifiant couper en travers, apparaît abondamment dans la littérature et les articles anglo-saxons sur la POA. On peut rappeler à ce propos la remarque de Gregor Kiczales, inventeur du concept d'aspect :

> « *AOP is about capturing a crosscutting structure* » (le rôle de la POA est de capturer une structure transversale).

La définition d'un aspect est presque aussi générale que celle d'une classe. Une classe est un élément du problème à modéliser (la clientèle, les commandes, les fournisseurs, etc.), auquel on associe des données et des traitements. De même, un aspect est une fonctionnalité à mettre en œuvre dans une application (la sécurité, la persistance, la gestion des traces, etc.), dont l'implémentation comprendra les données et les traitements relatifs à cette fonctionnalité.

En POA, une application comporte des classes et des aspects. Un aspect se différencie d'une classe par le fait qu'il implémente une fonctionnalité transversale à l'application, c'est-à-dire une fonctionnalité qui, en programmation orientée objet ou procédurale, serait dispersée dans le code de cette application. La présence de classes et d'aspects dans une même application introduit donc deux dimensions de modularité : celle des fonctionnalités implémentées par les classes et celles des fonctionnalités transversales, implémentées par les aspects.

La figure 2.2 illustre l'effet d'un aspect sur le code d'une application. La partie gauche de la figure schématise une application composée de trois classes. Les traits grisés représentent les lignes de code correspondant à une fonctionnalité (par exemple, la gestion des traces). Cette fonctionnalité est transversale à l'application car elle affecte toutes ses classes. La partie droite de la figure montre la même application après ajout d'un aspect de gestion des traces (rectangle noir). Le code de cette fonctionnalité est maintenant entièrement localisé dans l'aspect, et les classes sont vierges de toute intrusion. Une application ainsi conçue avec un aspect est plus simple à écrire, maintenir et faire évoluer qu'une application sans aspect.

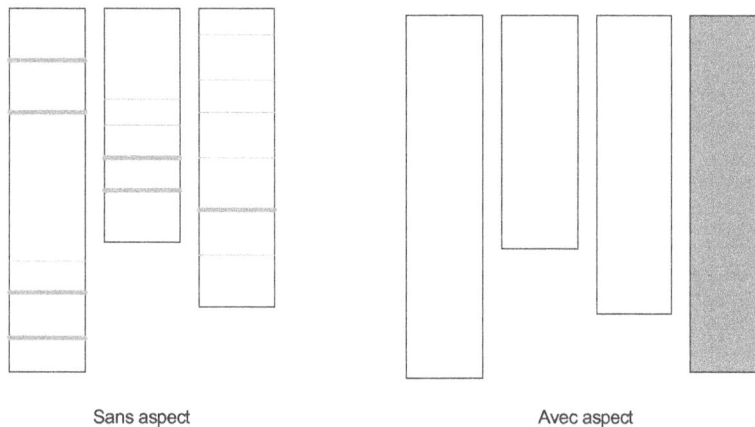

Sans aspect   Avec aspect

Figure 2.2

Impact d'un aspect sur la localisation d'une fonctionnalité transversale

La suite de cette section présente quelques éléments qui permettent de caractériser les aspects. Nous introduisons ensuite la notion de tissage d'aspects et présentons quelques exemples d'identification d'aspects.

Intégration de fonctionnalités transversales

Nous verrons dans la suite de ce chapitre que deux éléments entrent dans l'écriture d'un aspect : la *coupe* et le *code advice.* La coupe définit le caractère transversal de l'aspect, tandis que le code advice fournit le code associé à l'aspect.

Le code d'un aspect dépend de la fonctionnalité à implémenter. Par exemple, pour une fonctionnalité de persistance, il s'agit de faire en sorte que les données de l'application soient sauvegardées dans une base de données. Bien que l'on puisse coder directement la fonctionnalité dans l'aspect, il est rare que l'on procède ainsi. Une bonne pratique de POA consiste à utiliser une API dédiée pour implémenter la fonctionnalité transversale. On utilisera, par exemple, le framework Hibernate, déjà mentionné précédemment, ou toute autre solution disponible. Le code de l'aspect « se contente » de faire des appels à l'API technique. Cette façon de procéder permet de rendre l'aspect indépendant de l'implémentation du service technique.

Cette bonne pratique de POA conduit à une situation dans laquelle l'aspect est un mécanisme d'intégration entre une fonctionnalité transversale, implémentée à l'aide d'une API dédiée, et le code de l'application. À la figure 2.3, l'aspect PersistenceAspect utilise Hibernate pour intégrer la fonctionnalité de persistance aux classes Class1 et Class3 de l'application.

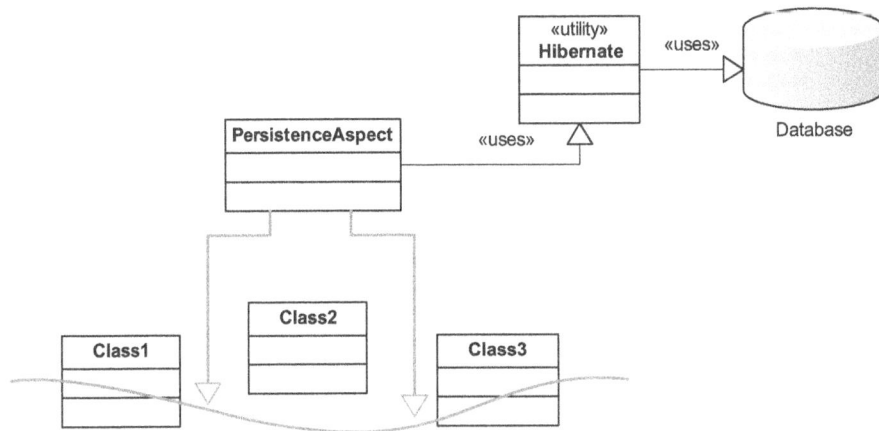

Figure 2.3
Intégration d'une fonctionnalité de persistance transversale à l'aide d'un aspect

Par le biais de cette bonne pratique de POA, l'aspect n'implémente plus directement la fonctionnalité transversale mais s'appuie sur une API dédiée pour cela. En toute rigueur, il faudrait que le vocabulaire employé dans la suite de l'ouvrage reflète cette situation. Par souci de simplification, nous nous en tiendrons au fait que « l'aspect implémente une fonctionnalité transversale ».

Services non fonctionnels et aspects

Il existe une séparation communément admise dans les applications entre les parties métier et non fonctionnelle. La partie métier, appelée également fonctionnelle, est le code qui correspond au comportement concret que l'on veut mettre en œuvre. La partie non fonctionnelle concerne quant à elle tous les services supplémentaires fournis par l'application. Elle recouvre principalement des problématiques techniques. Par exemple, dans une application de gestion de personnel, la partie métier permet d'ajouter ou de retirer un salarié, tandis que la sécurité et le contrôle d'accès sont des services non fonctionnels.

Cette distinction entre parties métier et non fonctionnelle est à manier avec précaution car elle dépend du domaine d'application. Un service non fonctionnel dans une application peut être fonctionnel dans une autre.

De manière quasi systématique, les services non fonctionnels sont appelés à de nombreux endroits du code métier d'une application. Les services non fonctionnels sont donc intrinsèquement transversaux. Partant de cette constatation, les services non fonctionnels sont implémentés en POA sous forme d'aspects, tandis que la partie métier l'est sous forme de classes. Certaines parties métier peuvent toutefois présenter un caractère transversal, qui les rend éligibles à une implémentation sous forme d'aspects. Par exemple, dans une application comptable, la vérification du principe de l'équilibre des comptes (la balance) est typiquement transversale.

Inversion de dépendances

La POA introduit un lien entre le code des classes et celui des aspects. Un tel lien existe également en programmation orientée objet ou procédurale lorsqu'on utilise les services d'une bibliothèque. Dans ce cas, l'application appelle explicitement des fonctions ou des méthodes d'une API technique, ce qui crée un lien de l'application vers la bibliothèque. Lorsque l'API technique change ou lorsque sa sémantique évolue, il est nécessaire de répercuter ces modifications sur l'application. Ces modifications sont potentiellement coûteuses, surtout lorsque l'utilisation de ces API techniques apparaît en de nombreux points de l'application.

De plus, le développeur applicatif doit connaître et comprendre les grandes lignes du fonctionnement de l'API technique. Il doit savoir quelles méthodes appeler, dans quel ordre, avec quels paramètres, etc. Ce travail d'intégration du service technique est à réaliser pour chaque nouvelle application à développer. Il s'agit là d'une tâche *a priori* bien plus fréquente que de développer un service technique.

Figure 2.4

Inversion de dépendances entre l'application et l'API technique

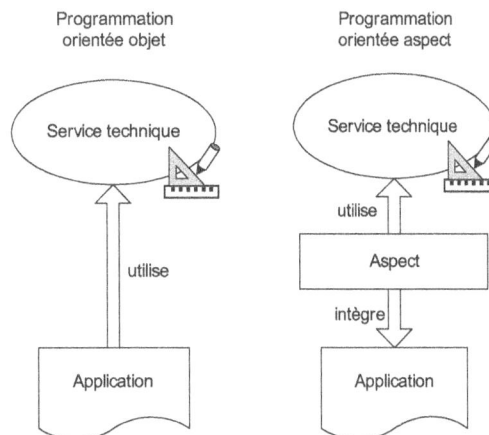

La figure 2.4 illustre le changement de point de vue apporté par la POA. La partie gauche concerne la programmation orientée objet : l'application utilise un service technique. Il y a donc une dépendance entre l'application et le service technique utilisé. Notons que la situation est identique pour la programmation procédurale.

La partie droite de la figure concerne la programmation orientée aspect. Un aspect utilise un service technique pour l'intégrer à une application. La dépendance est donc inversée par rapport au cas précédent : l'application ne dépend plus du service technique, mais c'est l'aspect qui dépend de l'application. Cette inversion n'est toutefois pas propre à la POA, et nous verrons qu'elle se retrouve dans les frameworks. Le principal avantage de l'inversion réside dans l'allègement de la tâche du développeur applicatif.

En POA, le développeur applicatif ne se préoccupe pas des services techniques. C'est le développeur d'aspects qui, en plus de l'implémentation concrète du service, propose une façon d'intégrer ce service aux applications métier. Le bénéfice attendu de ce découplage est que, en tant qu'expert de son domaine, le développeur d'aspects maîtrise mieux le service qu'un développeur métier, simple utilisateur du service. Il y a là un risque moindre d'utilisation erronée du service.

Aspects et frameworks

Les frameworks partagent avec la POA l'inversion de dépendance entre le code des applications et celui des bibliothèques.

Un framework est un ensemble de classes fournissant un cadre de base réutilisable pour la construction d'applications. Plus formellement, Ralph Johnson donne la définition suivante d'un framework :

> « Application réutilisable, semi-complète, qui peut être spécialisée pour produire des applications personnalisées. »

Les frameworks sont utilisés dans de nombreux domaines applicatifs, notamment celui des interfaces homme-machine. Les serveurs d'applications J2EE peuvent aussi être considérés comme des frameworks prenant en charge l'exécution d'applications à base de composants Web ou EJB.

Développer une application avec un framework consiste à fournir du code qui est pris en charge par le framework. Ce code ne constitue pas le point d'entrée principal de l'application. C'est le framework qui, en fonction du contexte, l'invoque. En d'autres termes, le framework fournit un ensemble de services qui viennent étendre le code fourni par le développeur.

La situation est identique en POA. Les aspects fournissent des services qui étendent le code métier. La différence réside dans le fait que les frameworks fournissent un ensemble de services figés et non extensibles. Les services fournis par la POA sont quant à eux entièrement programmés dans les aspects. La POA offre donc un mécanisme général d'inversion des dépendances là où les frameworks sont limités à leur problématique d'origine.

Le tissage d'aspects

Une application en POA est composée d'un ensemble de classes et de un ou plusieurs aspects. Une opération automatique est nécessaire pour obtenir une application opérationnelle, intégrant les fonctionnalités des classes et celles des aspects.

Cette opération est désignée sous le terme de tissage (en anglais *weaving*) et le programme qui la réalise est un tisseur d'aspects (en anglais *aspect weaver*). L'application obtenue à l'issue du tissage est dite tissée.

> **Définition**
>
> **Tisseur d'aspects** *(aspect weaver).*– Programme qui réalise une opération d'intégration entre un ensemble de classes et un ensemble d'aspects.

L'opération de tissage peut être effectuée à la compilation ou à l'exécution.

Le tissage à la compilation

Dans le cas du tissage à la compilation, le tisseur est un programme qui, avant l'exécution, prend en entrée un ensemble de classes et un ensemble d'aspects et fournit en sortie une application augmentée des aspects. AspectJ, présenté en détail au chapitre 3, est représentatif des environnements de POA qui réalisent le tissage à la compilation.

Un tel tisseur est donc très proche d'un compilateur. Par abus de langage, on le désigne parfois sous le terme de compilateur d'aspects voire de compilateur.

Les applications J2SE ou .Net peuvent se présenter soit sous forme de code source, soit sous forme de code intermédiaire. En effet, J2SE et .Net s'appuient tous deux sur une machine virtuelle qui exécute un code intermédiaire, désigné sous les termes de bytecode dans J2SE et de MSIL (MicroSoft Intermediate Language) dans .Net.

Les classes fournies en entrée du tisseur peuvent donc se présenter soit sous forme de code source, soit sous forme de code intermédiaire. On peut aussi envisager des solutions mixtes, dans lesquelles certaines parties de code sont du code intermédiaire, tandis que d'autres sont du code source.

Un tisseur acceptant en entrée du code intermédiaire est généralement plus intéressant qu'un tisseur n'acceptant que du code source. En effet, on est alors capable de tisser des applications, commerciales ou fournies par des tiers, dont le code source n'est pas disponible. De plus, le tisseur est plus simple à réaliser. En effet, l'analyse du code en entrée est alors une analyse de code intermédiaire plutôt qu'une analyse de code source, plus complexe. De plus, le code intermédiaire est exempt d'erreur de syntaxe, ce qui n'est pas forcément le cas du code source. Une conséquence de cette simplification est que le tisseur est aussi plus performant.

La nature du code fourni en sortie par le tisseur dépend de celle des classes en entrée. Si le code en entrée est du code source, la sortie peut être soit du code source, soit du code intermédiaire. Par contre, si le code en entrée est du code intermédiaire, la sortie est nécessairement sous forme de code intermédiaire.

Lorsque la sortie est sous forme de code source, les applications produites sont plus lisibles. Les développeurs peuvent facilement consulter ce code source et étudier les effets des aspects sur l'application. Ce code source doit toutefois être compilé avec un compilateur traditionnel, ce qui ralentit la chaîne de production et rend difficile une compilation incrémentale.

À titre d'exemple, les premières versions d'AspectJ généraient du code source. Depuis la version 1.1, AspectJ ne génère plus que du code intermédiaire. À moins d'utiliser un décompilateur de code intermédiaire, il n'est donc plus possible de consulter le code produit par AspectJ.

Avec le tissage à la compilation, les aspects sont pris en compte lors de la compilation pour produire une application tissée. Ils n'apparaissent plus en tant que tel au moment de l'exécution. Leurs effets sont certes présents dans le code final, mais il n'y a aucun moyen de les distinguer du reste du code. Il n'est donc pas possible de retirer des aspects, d'en ajouter de nouveaux ou de modifier la façon dont ils ont été tissés. Ce type de tissage est dit statique.

Le tissage à l'exécution

Dans le cas du tissage à l'exécution, le tisseur est un programme qui permet d'exécuter à la fois l'application et les aspects qui lui ont été ajoutés. Les aspects ont une existence propre lors de l'exécution.

Avec un tel tissage, application et aspects doivent nécessairement se présenter sous forme de code intermédiaire. Ils doivent donc avoir été préalablement compilés. L'avantage d'une telle technique est que les aspects peuvent être ajoutés, enlevés ou modifiés à chaud, pendant que l'application s'exécute. Cette caractéristique s'avère intéressante pour les applications qui ont de fortes contraintes de disponibilité et qui ne peuvent être arrêtées pendant de longues périodes. Tel est le cas, par exemple, des serveurs d'applications. Un tel mode de tissage est dit dynamique.

Dans la plupart des cas, le tissage à l'exécution doit être précédé d'une phase d'adaptation. Cette dernière a pour rôle de préparer l'application en vue de l'exécution des aspects. Concrètement, les parties de l'application qui sont susceptibles d'être modifiées par des aspects le sont, et le fil d'exécution normal du programme est redirigé vers le tisseur. Ce dernier détermine si une instruction d'aspect doit être exécutée.

Si cette phase d'adaptation n'était pas mise en œuvre, l'application devrait être exécutée dans un mode de supervision proche de ce qui se passe avec un débogueur. La supervision aurait alors pour fonction de déterminer, à chaque pas d'exécution de l'application, si un aspect doit être ajouté ou non. Le temps d'exécution d'un tel processus serait prohibitif en terme de coût. La phase d'adaptation évite cet inconvénient en identifiant au préalable dans l'application les emplacements où les instructions d'aspects sont applicables.

Dans la plupart des cas, cette phase d'adaptation est réalisée juste avant l'exécution, lors du chargement des classes dans la machine virtuelle. En Java, un tel mécanisme est facilement réalisable en implémentant un classloader personnalisé couplé à une bibliothèque de manipulation de bytecode, telles BCEL *(http://jakarta.apache.org/bcel/)*, ASM *(http://asm.objectweb.org)* ou Javassist *(http://www.csg.is.titech.ac.jp/~chiba/javassist/index.html)*. Les frameworks JAC et JBoss AOP sont des exemples de tisseurs à l'exécution. JAC utilise BCEL et JBoss AOP Javassist.

Exemples d'aspects

Apparue en 1997, la POA est un domaine relativement jeune, et il n'existe pas encore de consensus sur les étapes à mettre en œuvre pour l'identification des aspects. Le fait de décider si une fonctionnalité est du ressort du métier, et donc implémentable sous forme de classe, ou des aspects reste de l'ordre du choix conceptuel.

En fonction du domaine applicatif, ce choix peut varier. Certaines fonctionnalités peuvent être considérées comme métier dans un domaine — une contrainte temps réel dans un logiciel de supervision de trafic aérien, par exemple — et technique dans un autre — une application de gestion. Le critère de choix le plus significatif pour décider si une fonctionnalité est un aspect est son caractère transversal ou non. Si une fonctionnalité peut être dite transversale à une application, c'est certainement un aspect.

Les sections suivantes fournissent trois exemples dans lesquels des aspects peuvent être identifiés : J2SE, les interfaces homme-machine et les design patterns.

Les aspects dans J2SE

Les classes de la hiérarchie `java.util.Collection`, introduite dans J2SE 1.2, permettent de manipuler des collections d'objets Java. Ces classes sont elles-mêmes écrites en Java et disponibles de façon standard dans la bibliothèque **rt.jar.** Nous allons voir que des structures transversales peuvent être identifiées dans ces classes. Si l'on cherche à étendre les services rendus par ces classes, il peut être judicieux de définir des aspects pour matérialiser ces transversalités.

La hiérarchie `java.util.Collection` permet d'ajouter, de retirer et de rechercher des objets dans des collections. Différents types de collections sont prises en compte : listes, ensembles, vecteurs, piles, etc. La hiérarchie est structurée autour d'un ensemble de classes et d'interfaces. La figure 2.5 fournit un extrait de cette hiérarchie.

Figure 2.5

Extrait de la hiérarchie de classes `java.util.Collection` *de J2SE*

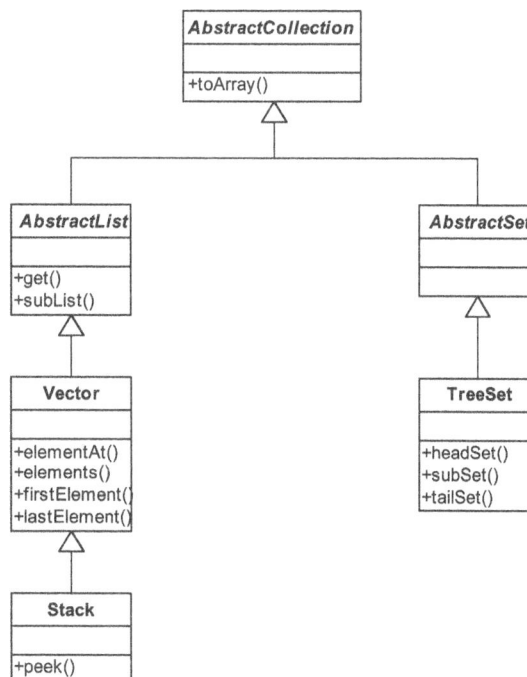

Seules sont mentionnées les classes et méthodes pertinentes pour notre exemple. De nombreuses autres classes, méthodes et interfaces sont disponibles. À la racine de la hiérarchie, nous trouvons la classe abstraite `AbstractCollection`, qui fournit les méthodes communes à toutes les collections. Il existe deux spécialisations de cette classe, une pour les listes (classe abstraite `AbstractList`) et une pour les ensembles (classe abstraite `AbstractSet`).

En ce qui concerne les listes, les notions de vecteur et de pile ont été définies avec comme classes respectives `Vector` et `Stack`. Pour les ensembles, nous nous limitons à la classe `TreeSet`.

Parmi toutes les fonctionnalités disponibles sur les collections, nous disposons des méthodes suivantes pour récupérer un ou plusieurs éléments de la collection :

- `toArray` : retourne tous les éléments d'une collection.
- `get` et `subList` : fournissent respectivement un élément et une sous-liste d'une liste.
- `Vector` : offre quatre méthodes pour récupérer soit tous les éléments, soit un élément particulier du vecteur.
- `peek` : retourne l'élément situé au sommet de la pile.
- `TreeSet` : fournit trois méthodes pour récupérer des sous-ensembles.

Les méthodes illustrées à la figure 2.5 ne sont pas choisies au hasard. Elles permettent toutes d'une façon ou d'une autre d'accéder à un ou plusieurs éléments d'une collection. C'est pourquoi on les appelle des accesseurs.

Imaginons que nous souhaitions implémenter une fonctionnalité de persistance afin de faire en sorte qu'une copie des collections et de leurs éléments soit sauvegardée en permanence et de façon automatique dans une base de données *via* l'API JDBC. L'implémentation de cette fonctionnalité nécessite de modifier profondément les classes de la hiérarchie `java.util.Collection`. Les accesseurs doivent notamment être redéfinis afin de faire en sorte qu'ils aillent chercher leurs données non plus en mémoire mais dans la base de données.

En programmation orientée objet, l'héritage permet de mettre en œuvre cette redéfinition. L'héritage simple du langage Java ne permet toutefois pas de faire cohabiter la hiérarchie issue de la redéfinition avec la hiérarchie initiale. Par exemple, nous pouvons définir une sous-classe `AbstractCollectionDBMS` pour la classe `AbstractCollection` afin de redéfinir la méthode `toArray`. De même, nous pouvons définir une classe `AbstractListDBMS` qui hérite de `AbstractList`. Par contre, nous ne pouvons pas faire en sorte que `AbstractListDBMS` hérite à la fois de `AbstractList` et de `AbstractCollectionDBMS`. L'héritage multiple permettrait de résoudre ce problème. Cependant, même si l'héritage multiple était disponible en Java — ce qui n'est pas le cas —, le problème de la dispersion du code ne serait pas résolu pour autant. En effet, le code permettant d'interagir avec la base de données resterait dispersé dans les différents accesseurs (`toArray`, `get`, `firsElement`, `peek`, etc.).

Le problème vient donc du fait que la persistance est une fonctionnalité complètement transversale à la hiérarchie `java.util.Collection`. Il n'existe pas de moyen simple en programmation orientée objet pour faire en sorte que le code soit proprement localisé en un seul endroit. La persistance est donc typiquement un aspect. Son implémentation en POA aboutit à un code nettement plus modulaire qu'en programmation orientée objet.

Les IHM (interfaces homme-machine)

Les interfaces homme-machine, ou IHM, peuvent aussi être considérées comme des aspects. Bien qu'en terme de volume de code elles représentent souvent une partie importante des applications, elles n'en constituent pas le but final. La plupart du temps, elles ne sont qu'un support pour l'accès aux données gérées par l'application.

Certaines approches non orientées aspect partent de ce principe pour isoler les données des vues, et donc des IHM, que l'on peut en fournir. C'est notamment le cas des frameworks Apache Struts et Sun JavaServer Faces, qui s'appuient sur le modèle de conception MVC (modèle vue contrôleur). Dans ce modèle, les vues sont mises à jour par un contrôleur dès qu'un changement survient dans le modèle. Inversement, toute modification de la vue est répercutée sur le modèle par le contrôleur. Le fait de séparer les données de la façon dont elles sont présentées aux utilisateurs clarifie l'organisation du code et facilite l'évolution des vues et des données.

Les données sont définies indépendamment de la vue, en d'autres termes de l'IHM, laquelle, en fonction d'événements de mise à jour des données, va être modifiée. L'IHM est donc une fonctionnalité indépendante des données auxquelles elle se superpose. Elle est définissable comme une structure transversale à l'application et donc comme un aspect. C'est le cas notamment pour le framework JAC, présenté en détail au chapitre 4, dans lequel un aspect génère l'IHM d'une application indépendamment de celle-ci. Le rendu graphique de l'aspect est disponible en deux versions, Swing ou DHTML. Ainsi, à partir d'une même description d'IHM, une application est déclinable sous forme d'application Java autonome avec la bibliothèque Swing ou de pages Web.

Design patterns

Certaines fonctionnalités non techniques peuvent faire l'objet d'une implémentation sous forme d'aspects. Les design patterns en sont un exemple. Nous y revenons en détail au chapitre 9, qui leur est consacré.

La notion de design pattern n'est pas propre à la programmation et est en fait issue du domaine du bâtiment, où elle est utilisée en architecture et en urbanisme. Les design patterns sont des modèles de solution générique à des problèmes récurrents.

En informatique, les inventeurs du concept de design pattern, surnommés le Gang of Four, proposent dans leur livre *Design Patterns: Elements of Reusable Object-Oriented Software* un catalogue de vingt-trois design patterns généraux. Ce sont des solutions de niveau conceptuel, indépendantes de toute implémentation, à des problèmes récurrents tels que le parcours d'une structure de données (design pattern visiteur), la gestion des dépendances entre objets et observateurs de façon que ces derniers soient notifiés de tout changement dans les objets (design pattern observateur) ou la gestion de mandataires pour des objets distants (design pattern proxy).

Les auteurs proposent des implémentations des design patterns en C++, mais ils peuvent l'être dans n'importe quel langage, qu'il soit orienté objet ou non. Jan Hannemann et Gregor Kiczales ont implémenté ces design patterns avec AspectJ et ont montré que, dans dix-sept cas sur vingt-trois, des gains de modularité étaient constatés par rapport à une implémentation en Java pur.

Ce résultat s'explique par le fait que les design patterns proposent généralement des solutions pour la structuration et l'organisation du code. Ces solutions sont donc indépendantes du code métier auquel on les applique. De plus, elles concernent le plus souvent plusieurs classes de ce code métier. Ce sont des éléments transversaux par rapport aux applications, typiquement adaptés à une implémentation à l'aide d'aspects.

Les points de jonction

Nous avons vu qu'un aspect était une entité logicielle implémentant une fonctionnalité transversale à une application. La définition de cette structure transversale passe par la notion de point de jonction.

Définition

Point de jonction *(join point).*– Point dans l'exécution d'un programme autour duquel un ou plusieurs aspects peuvent être ajoutés.

Nous verrons à la section suivante qu'il existe différents types de points de jonction. Il peut s'agir, par exemple, de points dans l'exécution d'un programme où une méthode est appelée ou de points où un attribut est lu.

La notion de point de jonction est très générale. Elle peut être comparée à celle de point d'arrêt, qui, lors de la mise au point d'un programme, désigne un endroit du code source où l'on souhaite voir l'exécution s'arrêter. Dans le cadre de la POA, un point de jonction désigne un endroit du programme où l'on souhaite ajouter un aspect. L'analogie s'arrête là. L'emplacement du point d'arrêt est fourni de façon interactive par le développeur *via* un numéro de ligne dans le code source. En POA, le point de jonction est fourni de manière « programmatique » par le développeur lorsqu'il définit la coupe associée à l'aspect.

Bien que rien n'empêche théoriquement d'utiliser les numéros de ligne du code source pour définir un point de jonction, aucun des outils de POA existants ne le permet. Le coût à payer, en termes de perte de performance à l'exécution et de complexité d'implémentation de l'outil, est jugé prohibitif. De plus, la moindre modification dans les numéros de ligne du code source impose une mise à jour coûteuse de la définition des points de jonction.

Les différents types de points de jonction

En faisant référence à l'exécution d'un programme, la notion de point de jonction révèle son caractère éminemment dynamique. Il s'agit d'événements qui surviennent une fois le programme lancé. Lorsqu'il s'agit de définir concrètement et de manière « programmatique » un point de jonction, il est nécessaire de s'appuyer sur la structure des programmes. Dans 80 p. 100 des cas, on s'appuie sur des méthodes. Cela concerne soit des points où débute l'exécution d'une méthode, soit des points où une méthode est appelée. On peut souhaiter, par exemple, ajouter un aspect de sécurité à certaines méthodes afin d'en interdire l'appel à certaines catégories de clients.

Les méthodes ne sont pas les seuls éléments qui structurent les programmes orientés objet. Classes, interfaces, exceptions, attributs, blocs de code et instructions (`for`, `while`, `if`, `switch`, etc.) en font également partie. Nous les envisageons ci-dessous en fonction de leur capacité à être retenus comme points de jonction :

- **Méthodes.** Les méthodes sont les éléments principaux qui structurent l'exécution des programmes orientés objet. Les exécutions sont avant tout des suites d'appels de méthodes à des objets. Il n'est donc pas surprenant que les événements liés aux méthodes soient des emplacements stratégiques autour desquels on souhaite venir greffer des aspects. Les trois principaux événements qui constituent des points de jonction de méthodes sont l'appel, le début et la fin d'une méthode.

- **Constructeurs.** Les constructeurs sont des méthodes qui revêtent un caractère particulier puisqu'ils sont exécutés lorsqu'un objet est instancié. Ce sont des méthodes d'initialisation des données et des ressources utilisées par l'objet. Comme pour les méthodes, les appels, les débuts et les fins de constructeurs font partie des points de jonction.

- **Classes et interfaces.** Ne possédant pas d'équivalents en terme d'exécution, ni les classes, ni les interfaces ne sont *stricto sensu* exécutées. On peut certes vouloir désigner les points de jonction correspondant à toutes les méthodes d'une classe, mais, dans ce cas, il s'agit de points de jonction de méthodes.

- **Exceptions.** Comme les méthodes, il s'agit de points matérialisés à la fois structurellement dans le code d'un programme et dynamiquement dans son exécution. La levée et la récupération d'une exception constituent donc des points de jonction. On les utilise, par exemple, pour un aspect de sûreté de fonctionnement. Dans ce cas, tous les points qui correspondent à la levée d'une exception peuvent être regroupés afin de mettre en œuvre une politique globale de gestion de cette exception.

- **Attributs.** S'ils ne sont pas en eux-mêmes des points de jonction, leurs lectures et leurs écritures le sont. Ces points sont utilisés, par exemple, dans les aspects de persistance. Un tel aspect va faire en sorte que les lectures et les écritures d'attributs ne se fassent plus uniquement en mémoire mais également dans des fichiers ou des bases de données.

- **Blocs de code** (hormis ceux correspondant aux méthodes). Comme pour les lignes de code, les blocs représentent un niveau de granularité très fin, qu'il n'est, en pratique, pas utile de considérer. AspectJ prend toutefois en compte les blocs de code `static` associés aux classes. Cela permet de développer des aspects qui effectuent des traitements après le chargement d'une classe et avant toute instanciation de cette classe.

- **Instructions** (`for`, `while`, `if`, `switch`, etc.). Une fois encore, les instructions correspondent à un niveau de granularité jugé trop fin par les outils de POA existants. En théorie, ces points de jonction seraient utiles pour implémenter des aspects permettant de vérifier, par exemple, des invariants de boucles — prédicats vrais juste avant et juste après une itération — ou d'effectuer des tests de non-dépassement d'indice dans les boucles ou des tests de complétude sur les valeurs testées par une instruction de type `switch`. Ce type de vérification est toutefois mis en œuvre de façon beaucoup plus efficace par les compilateurs ou les programmes d'instrumentation de code. Les points de jonction correspondants ne sont donc pas pris en compte par les outils de POA.

En résumé, les points de jonction associés aux méthodes, aux constructeurs, aux attributs et aux exceptions sont les plus courants et les plus utilisés en POA. Ils représentent les points autour desquels sont greffés des aspects.

Aussi simple soit-il, un programme comporte de nombreux points de jonction potentiels. La tâche du programmeur d'aspects consiste à sélectionner les points de jonction pertinents pour son aspect. La section suivante s'intéresse à la façon dont s'opère cette sélection. Celle-ci passe par la notion de coupe.

Les coupes

Nous avons vu que les points de jonction étaient des éléments liés à l'exécution d'un programme autour desquels on souhaite greffer un aspect. En ce qui concerne l'écriture du code de l'aspect, il est nécessaire de disposer d'un moyen pour désigner de manière concrète les points de jonction à prendre en compte. Ce moyen est fourni par la coupe.

Définition

Coupe *(crosscut).*– Désigne un ensemble de points de jonction.

Une coupe est définie à l'intérieur d'un aspect. Dans les cas simples, une seule coupe suffit pour définir la structure transversale d'un aspect. Dans les cas plus complexes, un aspect est associé à plusieurs coupes.

La définition d'une coupe passe par l'utilisation d'une syntaxe et de mots-clés. Comme nous le verrons à la partie II pour AspectJ, JAC, JBoss AOP et AspectWerkz, chaque outil de POA fournit sa propre syntaxe et ses propres mots-clés.

Les notions de coupes et de points de jonction sont liées par leur définition. Pourtant, leur nature est très différente. Une coupe est un élément de code défini dans un aspect, alors qu'un point de jonction est un point dans l'exécution d'un programme. Si une coupe désigne un ensemble de points de jonction, un point de jonction donné peut appartenir à plusieurs coupes d'un même aspect ou d'aspects différents. Dans ce cas, comme nous le verrons dans la suite de ce chapitre, il est nécessaire de définir l'ordre d'application des différentes coupes et des différents aspects autour des points de jonction.

Dans les quatre outils de POA que nous présentons dans cet ouvrage, les coupes sont des expressions logiques. Elles sont construites avec des opérateurs AND, OR et NOT. Elles utilisent des mots-clés pour désigner des types de points de jonction (appels de méthode, lectures d'attribut, etc.). Finalement, elles utilisent des quantificateurs pour désigner, comme en mathématique, tous les éléments d'un certain type, par exemple toutes les méthodes d'une classe. Ces quantificateurs sont généralement notés à l'aide du caractère *.

À titre d'illustration, nous fournissons ci-dessous quelques exemples de coupes courantes accompagnés de situations types dans lesquelles elles peuvent être utilisées.

Exemples de coupes

Coupe de modification de données.– Désigne toutes les instructions d'écriture sur un ensemble d'attributs. Sert, par exemple, lorsqu'on souhaite sauvegarder de manière persistante des données, représentées par un ensemble d'attributs, dans une base de données. Sert également dans les IHM pour mettre à jour les vues associées aux données.

Coupe d'appel de méthode.– Désigne toutes les instructions d'appel pour un ensemble de méthodes. Est, par exemple, utilisée lorsqu'on souhaite reconstituer le diagramme de séquence des appels de méthode.

Coupe d'exécution de méthode.– Désigne toutes les exécutions d'un ensemble de méthodes. Est, par exemple, utilisée lorsqu'on souhaite calculer les temps d'exécution respectifs d'un ensemble de méthodes.

Les codes advice

Nous avons vu qu'une coupe définit *où* un aspect doit être greffé dans une application. Elle désigne pour cela un ensemble de points de jonction. Le code advice définit quant à lui *ce que* l'aspect greffe dans l'application, autrement dit les instructions ajoutées par l'aspect.

Définition

Code advice.– Bloc de code définissant le comportement d'un aspect.

Le terme *advice* n'admet pas de traduction reconnue par la communauté POA francophone. Littéralement, il signifie conseil, avis, mais aucun auteur francophone n'emploie ces termes dans ce sens. Nous nous en tenons donc à cet usage.

Un aspect comporte un ou plusieurs codes advice. Chaque code advice définit un comportement particulier pour son aspect. Le code advice joue en quelque sorte le même rôle qu'une méthode. À la différence des méthodes, cependant, les codes advice sont associés à une coupe, et donc à des points de jonction, et ont un type. D'un point de vue plus abstrait, il convient de noter que si une méthode définit une fonctionnalité à part entière, un code advice définit plutôt l'intégration d'une fonctionnalité *a priori* transversale.

Chaque code advice est associé à une coupe. La coupe fournit l'ensemble des points de jonction autour desquels sera greffé le bloc de code advice. Une même coupe peut être utilisée par plusieurs codes advice. Dans ce cas, différents traitements sont à greffer autour des mêmes points de jonction. Cette situation pose le problème de la composition d'aspect, que nous traitons plus loin dans ce chapitre.

À titre d'illustration, nous fournissons ci-dessous quelques exemples de codes advice accompagnés de situations types dans lesquelles ils peuvent être utilisés.

Exemples de codes advice

Code advice de sauvegarde de données.– Permet de sauvegarder la valeur d'un attribut dans une base de données ou un fichier. Utilisé en conjonction avec une coupe de modification de données, permet d'implémenter un aspect de persistance de données.

Code advice de synchronisation.– Garantit que, en présence d'exécution multithread, l'accès à un ensemble de méthodes reste cohérent. Il s'agit, par exemple, de bloquer l'accès à une méthode lorsque cette dernière est en cours d'exécution.

Les différents types de code advice

Il existe trois types principaux de code advice, qui se différencient par la façon dont le bloc de code est exécuté lorsqu'un point de jonction de la coupe à laquelle ils sont associés apparaît :

- `before` : le code est exécuté avant les points de jonction.

- `after` : le code est exécuté après les points de jonction.

- `around` : le code est exécuté avant et après les points de jonction.

Dans le cas des codes advice `around`, il est nécessaire de délimiter la partie de code qui doit être exécutée avant le point de jonction et celle qui doit l'être après. Les outils de POA fournissent pour cela une instruction spéciale, nommée `proceed` (procéder, continuer). L'instruction `proceed` permet de revenir à l'exécution du programme, autrement dit d'exécuter le point de jonction.

Le déroulement d'un programme avec un code advice `around` peut être résumé de la façon suivante :

1. Exécution normale du programme.

2. Juste avant un point de jonction appartenant à la coupe, exécution de la partie avant du code advice.

3. Appel à `proceed`.

4. Exécution du code correspondant au point de jonction.

5. Exécution de la partie après du code advice.

6. Reprise de l'exécution du programme juste après le point de jonction.

L'appel à `proceed` est facultatif, et un code advice `around` peut parfaitement ne jamais appeler `proceed`. Dans ce cas, le code correspondant au point de jonction n'est pas exécuté, et le bloc de code advice remplace le point de jonction. Après l'exécution du code advice, le programme reprend son exécution juste après le point de jonction.

Un code advice `around` peut aussi appeler `proceed` dans certaines situations et pas dans d'autres. C'est le cas, par exemple, d'un aspect de sécurité qui contrôle l'accès à une méthode. Si l'utilisateur est correctement authentifié, l'appel de la méthode est autorisé, et l'aspect invoque `proceed`. Si l'utilisateur n'a pas les bons droits, l'aspect de sécurité n'invoque pas `proceed`, ce qui a pour effet de ne pas exécuter le point de jonction et donc de ne pas appeler la méthode.

Dans certains cas, `proceed` peut être appelé plusieurs fois. Cela peut s'avérer utile pour des aspects qui ont à faire plusieurs tentatives d'exécution du point de jonction, suite, par exemple, à des pannes ou à des erreurs d'exécution.

L'instruction `proceed` ne concerne pas les codes advice `before` et `after`. Par définition, un code advice `before` n'a qu'une partie avant. Il n'y a donc pas de partie après à délimiter. Un code advice `before` est automatiquement greffé avant le point de jonction. Il en va de même des codes advice `after`, qui n'ont qu'une partie après.

En plus des trois types principaux, `before`, `after` et `around`, certains outils de POA, comme AspectJ, définissent deux autres types de code advice : `after returning` et `after throwing`. L'idée est que certains points de jonction, comme les appels et les exécutions de méthode, peuvent se terminer de deux façons : soit normalement, soit anormalement, avec levée d'une exception. Ainsi, un code advice `after returning` est exécuté après le retour normal du point de jonction, tandis qu'un code advice `after throwing` l'est après un retour anormal.

Le mécanisme d'introduction

Les mécanismes de coupe et de code advice que nous avons vus jusqu'à présent permettent de définir des aspects qui étendent le comportement d'une application. Les coupes désignent des points de jonction dans l'exécution de l'application (appel de méthode, exécution, lecture d'attribut, etc.), tandis que les codes advice ajoutent du code avant ou après ces points.

Dans tous les cas, il est nécessaire que les codes correspondant aux points de jonction soient exécutés pour que les codes advice le soient également. Si les points de jonction n'apparaissent jamais, les codes advice ne sont jamais exécutés, et l'aspect n'a aucun effet.

Le mécanisme d'introduction permet d'étendre le comportement d'une application en lui ajoutant des éléments, essentiellement des attributs ou des méthodes. Le terme introduction renvoie au fait que ces éléments sont introduits, c'est-à-dire ajoutés à l'application.

Comme le mécanisme d'héritage des langages de programmation orientée objet, le mécanisme d'introduction de la POA permet d'étendre une classe. Néanmoins, contrairement à l'héritage, l'introduction ne permet pas de redéfinir une méthode. L'introduction est donc un mécanisme purement additif, qui ajoute de nouveaux éléments à une classe.

Contrairement aux codes advice, qui étendent le comportement d'une application si et seulement si certains points de jonction sont exécutés, le mécanisme d'introduction est sans condition : l'extension est réalisée dans tous les cas.

À titre d'illustration, nous fournissons ci-dessous quelques exemples d'introductions accompagnés de situations types dans lesquelles ils peuvent être utilisés.

Exemples d'introductions

Introduction d'interface d'accès distant.– Ajoute une interface d'accès distant à une classe et rend accessible à distance les instances de cette classe *via* un middleware (par exemple Java RMI ou des services Web).

Introduction d'un attribut de type date.– Ajoute un attribut de type date afin que la date de création de toutes les instances de cette classe puisse être enregistrée.

La composition d'aspects

L'ensemble des concepts présentés jusqu'à présent porte soit sur la définition des aspects, soit sur les interactions entre aspect et application *via* les mécanismes de point de jonction et de coupe. Cette section s'intéresse aux interactions entre aspects, que l'on désigne sous le terme général de composition d'aspects.

L'étude de la composition d'aspects peut être menée selon deux points de vue complémentaires : la conception et l'implémentation.

Conception

L'objectif de la POA est d'augmenter la modularité des programmes en isolant dans des aspects le code qui, en programmation orientée objet ou procédurale, serait dispersé dans l'application. Une fois écrit, un aspect est tissé sur une application, étendant ou modifiant ses fonctionnalités.

Dès qu'une même application doit utiliser plusieurs aspects, il est nécessaire de se préoccuper des conflits pouvant survenir entre aspects. Par exemple, deux aspects peuvent introduire des mécanismes incompatibles qui conduisent à des incohérences dans le fonctionnement de l'application. Il faut donc s'assurer que les aspects cohabitent de façon harmonieuse.

Les cas de conflits qui peuvent survenir entre aspects sont les suivants :

- **Incompatibilité.** Deux aspects peuvent introduire des fonctionnalités non compatibles. Un aspect de réplication de données, par exemple, peut entrer en conflit avec un aspect de tolérance aux pannes. Ces deux types d'aspects modifient la façon dont les données de l'application sont gérées. Selon la façon dont sont programmés les aspects, ces deux types de modification sont potentiellement conflictuels.

  On peut aussi citer les aspects de transaction et ceux de persistance de données. Dans le premier cas, il s'agit de faire en sorte que l'exécution d'un bloc de code respecte les propriétés d'atomicité, de cohérence, d'isolation et de durabilité. Dans le second cas, il s'agit de sauvegarder des données dans un SGBD. Les transactions sont gérées soit directement par le SGBD, soit par des moteurs transactionnels externes tels que JOTM *(http://jotm.objectweb.org)*. La persistance est prise en charge par des frameworks dédiés, comme Hibernate. Dans ce cas, les données sont sauvegardées dans un SGBD. On constate que les aspects de persistance et de transaction accèdent tous deux à un SGBD, que chaque aspect pris séparément n'a pas forcément conscience de l'utilisation qui est faite du SGBD par l'autre et qu'il est donc essentiel de s'assurer que les deux types d'accès au SBGD ne sont pas conflictuels.

- **Dépendance.** Deux aspects peuvent être liés l'un à l'autre. Dans ce cas, l'utilisation de l'un rend nécessaire l'utilisation de l'autre. Par exemple, des aspects permettant à des objets de communiquer à distance *via* des middlewares comme CORBA, SOAP ou Java RMI nécessitent des aspects de nommage. En effet, il est nécessaire que chaque objet auquel on accède à distance soit enregistré avec un nom dans un annuaire réparti (COSNaming pour CORBA, UDDI pour SOAP, RMI registry pour Java RMI). Si l'aspect de nommage réparti n'est pas présent, l'aspect de communication distante ne peut fonctionner.

- **Redondance.** Deux aspects peuvent introduire une même fonctionnalité de manière redondante. Par exemple, différents algorithmes de compression de données peuvent chacun faire l'objet d'une implémentation sous forme d'aspect. Il faut alors s'assurer qu'une même application n'utilise pas deux aspects de compression différents pour les mêmes données.

Ces vérifications sont d'ordre sémantique et ne peuvent pas être automatisées. Elles dépendent entièrement de la spécification et de la définition des aspects. Par exemple, un tisseur ne peut pas déduire automatiquement, uniquement à partir du code, que deux aspects implémentent des algorithmes de compression différents. Seul le programmeur est à même de définir la sémantique des aspects et donc de détecter les cas d'incompatibilité, de dépendance ou de redondance parmi un ensemble d'aspects.

Les outils de POA du futur introduiront peut-être des outils qui résoudront les conflits de manière automatique ou semi-automatique, mais cela reste pour l'instant une activité humaine.

Implémentation

Une fois les problèmes de conflit entre aspects résolus au niveau conceptuel, il peut subsister des incertitudes dans le tissage de différents aspects autour d'une même application.

Étant donné que chaque aspect désigne, *via* ses coupes, les points de jonction autour desquels il souhaite se greffer, deux aspects différents peuvent s'intéresser aux mêmes points de jonction. Par exemple, un aspect de trace et un aspect de sécurité peuvent vouloir s'appliquer à une même méthode, si l'on souhaite à la fois enregistrer son appel et contrôler les droits d'accès de l'appelant.

Du point de vue de l'implémentation, les conflits de composition d'aspects peuvent être résolus en fournissant un ordre de tissage autour des points de jonction. Cet ordre dépend néanmoins du comportement que le programmeur d'aspects souhaite obtenir. Dans l'exemple précédent, le programmeur souhaite-t-il que tous les appels soient tracés ou que seuls les appels autorisés le soient ? Dans le premier cas, l'aspect de trace doit être tissé avant celui de sécurité. Dans le second cas, c'est l'inverse.

L'ordonnancement des aspects est défini par le programmeur qui choisit de manière explicite l'ordre respectif des différents aspects de son application. Le langage AspectJ fournit des mots-clés pour définir cet ordre. De manière similaire, le tisseur du framework JAC permet de configurer un tel ordre *via* un fichier ou par l'utilisation d'une API Java. Dans les deux cas, AspectJ ou JAC, l'ordre est valable pour toute l'application.

L'ordre de tissage des aspects peut ne pas être complet. Un programmeur peut, par exemple, omettre l'ordre respectif de tissage de deux aspects. Dans ce cas, chaque tisseur applique sa propre politique. En règle générale, il n'y a aucune garantie sur l'ordre final d'application des aspects.

Partie II

Les outils de la POA

« Diviser chacune des difficultés que j'examinerais en autant de parcelles qu'il se pourrait, et qu'il serait requis pour les mieux résoudre. » (Descartes)

Cette partie présente les outils majeurs de la POA. Ces outils permettent de mettre en œuvre les concepts introduits au chapitre 2 et de programmer des applications orientées aspect. Les quatre premiers chapitres de cette partie s'intéressent chacun à un outil, tandis que le dernier en dresse un comparatif.

Le chapitre 3 présente AspectJ, historiquement le premier outil de programmation orientée aspect en Java. Créé par Gregor Kiczales et son équipe du Xerox PARC, AspectJ étend le langage Java et fournit un compilateur pour traduire les aspects en programmes exécutables.

Le chapitre 4 décrit JAC (Java Aspect Components). Contrairement à AspectJ, qui introduit une nouvelle syntaxe Java, JAC permet d'écrire des programmes orientés aspect en Java pur. JAC fournit un framework prenant en charge l'exécution des programmes et de leurs aspects. JAC est un projet du consortium ObjectWeb pour le middleware Open Source.

Le chapitre 5 s'intéresse à JBoss AOP, une extension du serveur d'applications Open Source JBoss pour la programmation orientée aspect. JBoss AOP permet de développer des applications associant des composants EJB et des aspects.

Le chapitre 6 présente AspectWerkz, un framework Java de POA Open Source sponsorisé par BEA. AspectWerkz effectue une synthèse entre l'approche d'AspectJ et les approches des frameworks Java de POA tels que JAC ou JBoss AOP.

3

AspectJ

Le chapitre précédent a présenté de façon générale les concepts de la programmation orientée aspect en familiarisant le lecteur avec les notions d'aspect, de coupe, de point de jonction et de code advice.

Le présent chapitre illustre la mise en œuvre de ces concepts avec AspectJ. La syntaxe et les concepts qui y sont décrits correspondent à la version 1.1 du langage. L'annexe A fournit les instructions à suivre pour télécharger et installer AspectJ.

Conçu et développé par Gregor Kiczales, l'inventeur du concept de POA, et son équipe du centre de recherche PARC (Palo Alto Research Center) de Xerox, AspectJ est l'outil phare de la POA. Les premières versions d'AspectJ datent de 1998. Depuis décembre 2002, le projet AspectJ a quitté le PARC et rejoint la communauté Open Source Eclipse. AspectJ est aujourd'hui le langage de POA le plus diffusé et le plus utilisé.

Historique d'AspectJ

L'histoire d'AspectJ est intimement liée à celle de la POA. AspectJ a toujours été considéré par Gregor Kiczales comme le projet permettant d'illustrer les concepts de la POA. Bien que la notion d'aspect date de 1996 et que la première version d'AspectJ ait été diffusée en 1998, les idées et travaux de recherche ayant permis de faire émerger la POA sont bien antérieurs. On peut citer notamment les travaux sur la réflexivité dans les années 1980 et ceux sur les implémentations ouvertes au début des années 1990.

Lancée en 1984 par Brian Smith, puis reprise et popularisée par Patricia Maes en 1987, la réflexivité est une technique de programmation qui introduit une architecture à deux niveaux. Le premier niveau, dit de base, est constitué par l'application, tandis que le second est un niveau dit *méta*, qui vient contrôler et superviser le niveau de base. Bien que les notions d'aspect et de niveau méta ne soient pas identiques, ils partagent un objectif commun, qui est de séparer les fonctionnalités métier et techniques afin d'obtenir des programmes plus modulaires. Avant d'inventer le concept d'aspect, G. Kiczales a été très actif dans le domaine de la réflexivité et était, en 1991, l'un des coauteurs de l'ouvrage de référence *The Art of The Meta-Object Protocol*.

La seconde source d'inspiration de la POA est un autre domaine de recherche, très actif au début des années 1990, connu sous le nom d'implémentation ouverte. Un point de vue répandu consiste à considérer les programmes informatiques comme des machines, qui, en fonction de données en entrée, fournissent des résultats en sortie. La façon dont ces résultats sont obtenus, autrement dit le programme, n'a pas à être connue de l'utilisateur. Le programme est donc une boîte noire. Lorsqu'il s'agit de réutiliser un programme dans différents contextes applicatifs, on s'aperçoit souvent que le programme n'est pas totalement adapté au nouveau contexte et qu'il convient de le modifier. Le concept de boîte noire empêche cette modification. L'implémentation ouverte consiste à proposer différentes techniques pour, tout à la fois, « ouvrir » les programmes, les rendre plus adaptables et faire en sorte qu'ils soient considérés comme des boîtes blanches, ou plutôt grises, car on ne veut montrer que le strict nécessaire. On peut retrouver dans la POA, et notamment dans les mécanismes permettant d'étendre le comportement d'une application avec des aspects, de nombreuses similitudes avec les objectifs des implémentations ouvertes.

Le document fondateur de la POA a été publié en 1997 par G. Kiczales et son équipe lors de la conférence ECOOP (European Conference on Object-Oriented Programming). Des présentations avaient été faites auparavant, notamment en 1996, mais c'est celle de 1997 qui a eu le plus grand retentissement. Parallèlement à ce document théorique, les premiers prototypes de langages adaptés à la POA sont également apparus en 1996-1997.

Christina Lopez, de l'équipe de G. Kiczales, a notamment développé le langage D. Ce langage, dont l'implémentation s'appelait DJava, permettait de gérer deux types d'aspects : ceux pour la répartition et ceux pour la gestion de la concurrence. Rapidement, C. Lopez et G. Kiczales se sont aperçu que l'expérience pouvait être généralisée à' d'autres aspects. Un langage généraliste, susceptible d'être utilisé pour développer n'importe quel type d'aspect, était donc nécessaire.

En 1998, G. Kiczales et son équipe décident d'abandonner le langage D et conçoivent AspectJ. Les premières implémentations d'AspectJ sont diffusées vers la fin de l'année. C'est aussi à cette époque que le premier prototype expérimental de JAC voit le jour, programmé en Tcl et appelé A-TOS. Depuis lors, le langage AspectJ a subi de nombreuses évolutions, pour aboutir à la version 1.0, sortie en novembre 2001. L'année 2001 voit la pleine reconnaissance de la POA par la communauté scientifique internationale. Cette reconnaissance est consacrée en novembre 2001 par un numéro spécial de la célèbre revue scientifique *Communications of the ACM*.

En décembre 2002, le projet AspectJ quitte le giron du Xerox PARC pour rejoindre la communauté Open Source Eclipse. Un important travail est mené pour intégrer AspectJ à Eclipse. Ce travail aboutit au plug-in AJDT, qui permet d'écrire, de compiler et d'exécuter des programmes orientés aspect depuis l'environnement de développement Eclipse d'IBM.

Première application avec AspectJ

Cette section fournit un exemple simple de mise en œuvre de la POA avec AspectJ, qui va nous permettre de présenter les bases de la syntaxe d'écriture des aspects, coupes et codes advice.

L'application s'appelle Gestion de commande. Comme son nom l'indique, elle permet de gérer des commandes client. Nous allons lui appliquer un aspect de gestion de traces applicatives. Cet aspect a pour fonction d'inspecter le comportement de l'application afin de connaître les méthodes appelées et l'ordre de ces appels.

L'application Gestion de commande

L'application Gestion de commande permet à un client d'ajouter des articles à une commande puis d'en calculer le montant. Les références et les prix des articles sont stockés dans un catalogue.

L'application comporte trois classes : `Customer`, `Order` et `Catalog`.

La classe `Customer` est le point d'entrée de l'application. Son code est le suivant :

```
package aop.aspectj;

public class Customer {

    public void run() {
        Order myOrder = new Order();
        myOrder.addItem("CD",2);
        myOrder.addItem("DVD",1);
        double amount = myOrder.computeAmount();
        System.out.println(
            "Montant de la commande : "+amount+" euros");
    }

    public static void main(String[] args) {
        new Customer().run();
    }
}
```

La méthode `main` crée un objet de la classe `Customer` et appelle la méthode `run`. Celle-ci crée une commande (objet `myOrder`), appelle deux fois la méthode `addItem` en fournissant une référence et une quantité puis calcule le montant de la commande et l'affiche.

Les commandes sont gérées par la classe `Order` suivante :

```
package aop.aspectj;

import java.util.*;

public class Order {

    private Map items = new HashMap();

    public void addItem(String reference,int quantity) {
        items.put(reference,new Integer(quantity));
        System.out.println(
            quantity+" item(s) "+reference+
            " ajouté(s) à la commande" );
    }

    public double computeAmount() {
        double amount = 0.0;
        Iterator iter = items.entrySet().iterator()
```

```
            while ( iter.hasNext() ) {
                Map.Entry entry = (Map.Entry) iter.next();
                String item = (String) entry.getKey();
                Integer quantity = (Integer) entry.getValue();
                double price = Catalog.getPrice(item);
                amount += price*quantity.intValue();
            }
            return amount;
    }
}
```

La classe Order stocke les articles et les quantités commandées dans une table de hachage (attribut items). Cette table est indexée par la référence de l'article. Les valeurs de la table représentent les nombres d'articles commandés. La méthode addItem ajoute un article à la commande et affiche un message à l'écran pour signaler cette opération. La méthode computeAmount passe en revue l'ensemble des articles commandés, détermine le prix de chacun et retourne le montant total de la commande.

Le prix de chaque article est déterminé à l'aide de la méthode Catalog.getPrice, dont le code est le suivant :

```
package aop.aspectj;

import java.util.*;

public class Catalog {

    private static Map priceList = new HashMap();

    static {
            priceList.put( "CD", new Double(15.0) );
            priceList.put( "DVD", new Double(20.0) );
    }

    public static double getPrice( String reference ) {
            Double price = (Double) priceList.get(reference);
            return price.doubleValue();
    }
}
```

La classe Catalog stocke les prix de chaque article dans la table de hachage priceList. Cette table est indexée par les références des articles. Les valeurs de cette table sont les prix des articles. Le bloc de code static initialise la table priceList avec deux articles : un CD qui vaut 15 euros et un DVD qui vaut 20 euros. La méthode getPrice retourne le prix d'un article dont la référence est passée en paramètre.

Exécution

Bien que dépourvue d'aspect, l'application Gestion de commande est opérationnelle et autonome. On retrouve là le principe de la POA qui est de ne pas polluer les applications avec du code non fonctionnel. L'application reste aussi pure que possible et permet au développeur de se concentrer sur son cœur de métier, ici la gestion de commande. Les préoccupations non fonctionnelles, comme la sécurité ou la gestion des traces ou des transactions, peuvent être ajoutées indépendamment par des aspects.

Une fois compilée avec le compilateur standard javac, l'application Gestion de commande peut être exécutée telle quelle. On obtient alors la trace d'exécution suivante :

```
2 item(s) CD ajouté(s) à la commande
1 item(s) DVD ajouté(s) à la commande
Montant de la commande : 50.0 euros
```

Premier aspect de trace

Maintenant que la partie métier est développée, nous pouvons passer à l'écriture d'un premier aspect. Nous souhaitons monitorer l'ensemble des articles commandés. Cela peut se réaliser simplement en affichant un message avant et après les appels à la méthode addItem de la classe Order.

Le code AspectJ de cet aspect est le suivant :

```
package aop.aspectj;

public aspect TraceAspect {

  pointcut toBeTraced():
    call( public void Order.addItem(String,int) );    ←❶

  void around(): toBeTraced() {    ←❷
    System.out.println("-> Avant appel addItem");
    proceed();
    System.out.println("<- Après appel addItem");
  }
}
```

AspectJ étend la syntaxe Java avec de nouveaux mots-clés. Le premier que nous rencontrons ici est aspect. De manière identique aux classes, les aspects ont un nom, ici Trace-Aspect, et peuvent être définis dans des packages, ici aop.aspectj. Nous verrons plus loin que les aspects peuvent aussi être étendus par héritage.

Dans l'esprit des concepteurs d'AspectJ, un aspect est une entité logicielle très similaire à une classe. Il définit du code, lequel abstrait et modularise une préoccupation comme le fait une classe. Bien que les différences se situent dans le caractère transversal de la préoccupation modularisée et dans la logique d'intégration liée à un aspect, classes et aspects sont des entités de même niveau, qui doivent obéir aux mêmes règles, dans la mesure du possible.

Dans les exemples fournis avec AspectJ, la symbiose est totale, puisqu'une même extension de fichier **.java** est utilisée pour les fichiers contenant des aspects et ceux contenant des classes. Ce point est cependant discutable. En effet, dans bon nombre d'applications, il existe une différence claire entre fonctionnalités métier et transversales, les premières étant implémentées dans des classes, et les secondes dans des aspects. Il peut donc être intéressant de matérialiser clairement cette différence en attribuant aux fichiers des extensions différentes. Nous pouvons, par exemple, choisir **.aj** ou **.ajava** pour les fichiers d'aspect et conserver **.java** pour les fichiers de classe.

Les aspects AspectJ comportent des coupes et des codes advice. Les sections qui suivent détaillent ces éléments.

Les coupes

À l'intérieur d'un aspect, le mot-clé `pointcut` définit une coupe. Les coupes ont un nom. Dans l'aspect `TraceAspect`, la coupe s'appelle `toBeTraced`. Il n'y en a pas d'autre. D'une façon générale, un aspect peut comporter autant de coupes que nécessaire. Une coupe peut être anonyme et associée directement à un code advice. Il est en effet inutile de nommer une coupe si elle n'est utilisée que dans un seul code advice. Pour la clarté de l'exposé, nous avons toutefois choisi ici de nommer explicitement `toBeTraced` la coupe utilisée dans l'application Gestion de commande.

Chaque coupe est associée à une expression (voir le repère ❶ du code de l'aspect `TraceAspect`), qui définit son ensemble de points de jonction. Les points de jonction sont typés, et chaque type est associé à un mot-clé. Une expression de coupe peut comporter des points de jonction de types différents. Ce n'est pas le cas dans l'exemple simple de la coupe `toBeTraced`, où seul le type `call` est utilisé.

Les points de jonction de type `call` désignent les points où une méthode est appelée. La méthode à prendre en compte est fournie, *via* son profil, entre parenthèses. Ici, nous constatons que le profil est très détaillé puisqu'il désigne la méthode `addItem` de la classe `Order`, prenant en paramètre une `String` et un `int`, retournant `void` et dont la visibilité est `public`. En fait, le profil est tellement détaillé qu'il ne désigne qu'une méthode parmi toutes celles existant dans l'application. Nous verrons plus loin qu'il est possible d'utiliser des wildcards pour désigner en une seule expression plusieurs méthodes.

La coupe `toBeTraced` est associée à la méthode `addItem`. Cela ne signifie pas qu'il n'y aura qu'un seul point de jonction pour cette coupe. Tous les points où la méthode est appelée sont concernés. En l'occurrence, il y a en deux, puisque la méthode `addItem` est appelée deux fois dans la méthode `run` de la classe `Customer`.

D'une façon générale, le nombre de points de jonction désignés par une coupe n'est pas prédéterminé. Il dépend de la coupe et de l'application. Pour une même expression de coupe, il peut y en avoir un, plusieurs ou aucun. Il est tout à fait possible d'écrire une coupe qui ne soit associée à aucun point de jonction. Dans ce cas, l'aspect n'a aucune influence sur l'application. Il est néanmoins rare qu'une coupe n'ait pas de point de jonction associé. La plupart du temps cela correspond à une erreur dans l'écriture de la coupe.

Des outils permettent de détecter de telles situations et de s'en prémunir. Par exemple, AJDT, le plug-in AspectJ pour Eclipse, fournit une vue indiquant, pour chaque coupe, les points de jonction correspondants. La figure 3.1 illustre une telle vue. À la rubrique advises, la coupe toBeTraced est associée à deux points de jonction dans la classe Customer. S'il n'y en avait aucun, on pourrait s'interroger sur la pertinence et la correction de la coupe.

Figure 3.1

*Points de jonction associés
à une coupe (vue avec AJDT)*

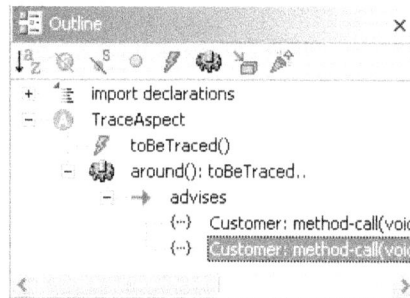

Les codes advice

L'aspect TraceAspect comporte un seul code advice (voir le repère ❷ dans le code précédent). Les codes advice peuvent être de trois types : before, after et around. Dans le premier cas, le code advice exécute du code avant chaque point de jonction associé à la coupe, dans le deuxième après et dans le troisième avant et après.

Quel que soit le type de code advice, les points de jonction à prendre en compte sont désignés par une coupe. Chaque code advice est donc associé à une coupe. Dans l'aspect TraceAspect, le code advice est de type around et est associé à la coupe toBeTraced. Le code est fourni entre accolades. Ici, il est exécuté avant et après les appels à la méthode addItem.

Les codes advice de type around spécifient un type de retour. Ici il s'agit de void. On s'attend donc que les méthodes concernées par la coupe ne retournent rien. Dans notre exemple, c'est bien le cas : addItem ne retourne rien.

Le code d'un advice est un bloc de code normal. On y retrouve toutes les instructions possibles en Java : appel de méthode, affectation de variable, for, while, if, etc. Un mot-clé est ajouté par AspectJ : proceed. Ce mot-clé déclenche l'exécution du point de jonction. En d'autres termes, toutes les instructions qui précèdent proceed sont exécutées avant le point de jonction, et toutes celles qui suivent proceed le sont après. proceed délimite donc une partie avant et une partie après dans le code advice.

Le déroulement d'un programme avec un code advice de type around peut être résumé de la façon suivante :

1. Exécution normale du programme.

2. Juste avant un point de jonction, exécution de la partie avant.

3. Appel à proceed.

4. Exécution du code correspondant au point de jonction.

5. Exécution de la partie après.

6. Reprise de l'exécution du programme juste après le point de jonction.

L'appel à `proceed` est facultatif, et un code advice `around` peut parfaitement ne jamais appeler `proceed`. Dans ce cas, le code correspondant au point de jonction n'est pas exécuté. Après exécution de l'advice, le programme reprend son exécution juste après le point de jonction.

Un code advice `around` peut appeler `proceed` dans certains cas et pas dans d'autres. C'est le cas, par exemple, d'un aspect de sécurité qui contrôle l'accès à une méthode. Si l'utilisateur est correctement authentifié, l'appel de la méthode est autorisé, et l'aspect invoque `proceed`. Si l'utilisateur n'a pas les bons droits, la méthode ne doit pas être appelée, et l'aspect de sécurité n'invoque pas `proceed`. Cela a pour effet de ne pas exécuter le point de jonction et donc de ne pas appeler la méthode.

Les codes advice `before` et `after` n'ont pas à appeler `proceed`. Par définition, AspectJ sait qu'ils s'exécutent soit avant, soit après le point de jonction. Le compilateur d'AspectJ produit d'ailleurs une erreur si `proceed` apparaît dans un code advice `before` ou `after`.

Compilation

AspectJ est un tisseur d'aspects qui intervient au moment de la compilation. Les aspects sont ajoutés aux classes pour produire une application finale dans laquelle aspects et classes sont tissés. L'application finale peut alors être exécutée comme une application Java normale.

La compilation de l'aspect et des trois classes de l'application Gestion de commande est réalisable simplement en invoquant dans un shell UNIX ou Windows le compilateur `ajc` de la façon suivante :

```
ajc TraceAspect.aj *.java
```

On obtient en retour un ensemble de fichiers **.class** qui contiennent le bytecode de l'application aspectisée.

Les premières versions d'AspectJ effectuaient une compilation de type Java vers Java. Cela consistait à prendre en entrée le code source des classes et des aspects et à produire en sortie un code Java dans lequel le code des aspects, c'est-à-dire les instructions présentes dans les codes advice, était inséré dans celui des classes. Le code Java produit pouvait alors être compilé avec le compilateur Java standard javac. L'avantage était que les développeurs pouvaient voir le code Java produit et donc étudier la façon dont les coupes et les codes advice étaient implémentés.

Cette technique présente toutefois plusieurs inconvénients. Le premier est lié aux performances. La traduction initiale Java vers Java est coûteuse. Elle nécessite d'analyser syntaxiquement le code Java puis de déterminer le code à générer. Or, écrire un analyseur syntaxique Java performant et capable de traiter des volumes de code importants est une tâche difficile. De plus, cette phase d'analyse syntaxique est complètement redondante avec celle effectuée lors de la compilation du code produit. Le deuxième inconvénient réside dans la nécessité d'avoir à sa disposition le code source des classes pour produire une application tissée. Dans certains cas, l'application peut être commerciale ou venir d'un tiers sans que le code source soit fourni. La technique de traduction Java vers Java est alors inapplicable.

Pour remédier à ces inconvénients, les nouvelles versions d'AspectJ permettent de tisser du bytecode fourni dans des fichiers **.jar.** Pour ce faire, on utilise l'option **–injars** du compilateur ajc.

Exécution

L'exécution de l'application Gestion de commande avec l'aspect `TraceAspect` s'effectue simplement en invoquant la machine virtuelle Java sur la classe `Customer`.

La commande à lancer dans un shell UNIX ou Windows est la suivante :

```
java aop.aspectj.Customer
```

Nous obtenons la trace d'exécution suivante :

```
    -> Début méthode addItem
    1 item(s) DVD ajouté(s) à la commande
    <- Fin méthode addItem
    -> Début méthode addItem
    2 item(s) CD ajouté(s) à la commande
    <- Fin méthode addItem
    Montant de la commande : 50.0 euros
```

Dans cette exécution, chaque appel à la méthode `addItem` correspond à un point de jonction. L'exécution est interceptée, et le code advice de l'aspect `TraceAspect` entre en jeu. C'est un advice de type `around`. Le code advice affiche le message « Début méthode addItem », appelle `proceed` et exécute la partie après, laquelle affiche le message « Fin méthode addItem ». L'appel à `proceed` exécute la méthode `addItem`.

Les coupes

La section précédente a introduit les éléments de base de la syntaxe d'AspectJ. Nous avons pu ainsi écrire, compiler et exécuter notre premier aspect.

Bien que très simple, l'application Gestion de commande illustre une caractéristique majeure de la POA : la séparation du code métier et du code technique. Les classes `Customer`, `Order` et `Catalog` constituent le code métier, tandis que l'aspect `TraceAspect` implémente le code technique. Les classes `Customer`, `Order` et `Catalog` restent inchangées suite à l'ajout de l'aspect `TraceAspect`. Cette indépendance est rendue possible par les coupes. Ce sont les coupes qui, tout en étant externes au code métier, permettent de décrire précisément où l'aspect doit intervenir dans ce code. Les coupes fournissent donc un moyen de « parler » de l'application en en désignant certains emplacements stratégiques.

Les sections suivantes examinent en détail les éléments syntaxiques d'AspectJ. Nous commençons par la syntaxe des coupes puis nous intéressons à celle des codes advice. Nous verrons ainsi comment écrire des aspects plus génériques, prenant en compte différents types de points de jonction et permettant de décrire des coupes plus complexes.

En ce qui concerne la syntaxe des coupes, nous définissons et fournissons des exemples d'utilisation pour les symboles appelés wildcards (*, .. et +), pour le mot-clé `thisJoin-Point`, qui permet d'obtenir des informations sur le point de jonction en cours, pour les mots-clés liés aux différents types de points de jonction et enfin pour les opérateurs qui permettent d'effectuer des sélections dans des ensembles de points de jonction.

Les wildcards

La coupe `toBeTraced` définie précédemment dans l'aspect `TraceAspect` est très peu générique et capture uniquement les appels à la méthode `addItem`. Il est clair que, dans des situations plus complexes, nous pouvons être amenés à définir des coupes qui capturent les appels à plusieurs méthodes.

AspectJ fournit un mécanisme permettant, à l'aide des symboles *, .. et +, de créer des expressions englobant plusieurs méthodes. Ces symboles sont appelés des wildcards. Les sections suivantes fournissent le principe, la définition et des exemples d'utilisation de ces wildcards.

Principe

Combiné aux différents types de coupes que nous présentons dans la suite de ce chapitre, le mécanisme de wildcard fournit une syntaxe riche permettant de décrire de nombreuses coupes. En contrepartie, cette richesse peut conduire à des expressions de coupe complexes et subtiles.

Une analogie peut être faite avec le langage C, qui, dans un autre domaine, offre également de nombreux opérateurs pour l'écriture des programmes. Pris individuellement, chaque opérateur a une sémantique simple. Par contre, la combinaison de plusieurs opérateurs suit des règles de précédence plus subtiles et souvent moins maîtrisées par les développeurs. Il est reconnu qu'un programme en C peut être rendu illisible et non maintenable si de nombreux opérateurs sont combinés à chaque instruction du programme.

La situation est comparable avec le langage de description de coupe d'AspectJ. Chaque opérateur est simple à définir, mais la compréhension d'une expression combinant plusieurs opérateurs est moins évidente. En tout état de cause, elle nécessite des outils de visualisation, qui offrent, comme l'illustre la figure 3.1, des vues graphiques des emplacements d'un code métier impactés par une coupe.

D'autres environnements de POA, comme JAC ou JBoss AOP *(voir les chapitres 4 et 5)*, ont fait des choix différents. Leurs langages de définition de coupe comportent moins d'opérateurs. Dans l'absolu, ils ne permettent donc pas de définir des coupes aussi détaillées qu'AspectJ. Cependant, leurs expressions de coupe sont plus simples à écrire, comprendre et mettre au point et sont, au finale, moins sujettes à erreur.

Le débat entre richesse et simplicité reste ouvert. Force est toutefois de constater qu'en informatique les solutions les plus simples sont souvent les plus utilisées. En tout état de cause, ce sont aussi les coupes les plus simples qui sont les plus réutilisables et donc les plus à même de mettre en avant et de promouvoir la POA.

Les sections qui suivent définissent les trois symboles *, .. et +. Ils sont présentés selon le type d'élément qu'ils permettent de remplacer : méthode, classe, profil, package et sous-type.

Les noms de méthode et de classe

Le symbole * peut être utilisé pour remplacer des noms de méthode ou de classe. Nous verrons plus loin qu'il peut l'être également pour des profils de méthode et des noms de package.

En ce qui concerne les méthodes, le symbole * s'emploie pour désigner tout ou partie des méthodes d'une classe.

L'expression suivante désigne toutes les méthodes publiques de la classe `Order` prenant en paramètre une `String` et un `int` et retournant `void` :

```
public void aop.aspectj.Order.*(String,int)
```

Le symbole * peut être combiné avec des caractères afin de désigner, par exemple, toutes les méthodes qui contiennent la sous-chaîne `Item` dans leur nom. Dans ce cas, l'expression s'écrit `*Item*`.

Le symbole * peut aussi être utilisé pour les noms de classe. L'expression suivante désigne toutes les méthodes publiques de toutes les classes du package `aop.aspectj`, qui prennent en paramètre une `String` et un `int` et qui retournent `void` :

```
public void aop.aspectj.*.ajouter*(String,int)
```

Les profils de méthode

Au-delà des noms, les paramètres, types de retour et attributs de visibilité (`public`, `protected`, `private`) jouent un rôle dans l'identification des méthodes. AspectJ offre la possibilité de les inclure dans les expressions de coupe.

Les paramètres de méthode peuvent être omis grâce au symbole ... L'expression suivante désigne toutes les méthodes publiques retournant `void` de la classe `Order`, quel que soit le profil de leurs paramètres :

```
public void aop.aspectj.Order.*(..)
```

Le symbole .. permet de la sorte de prendre en compte le polymorphisme des méthodes du langage Java.

Le type de retour et la visibilité d'une méthode peuvent quant à eux être omis à l'aide du symbole *.

L'expression suivante désigne toutes les méthodes de la classe `Order`, quels que soient leurs paramètres, type de retour et visibilité :

```
* * aop.aspectj.Order.*(..)
```

De façon complémentaire, le symbole `*` pour remplacer l'attribut de visibilité peut être omis sans que cela change la portée de la coupe.

L'expression suivante est identique à la précédente :

```
* aop.aspectj.Order.*(..)
```

Les noms de package

Les noms de package peuvent être remplacés par le symbole `...` Par exemple, l'expression suivante désigne toutes les méthodes de toutes les classes `Order` dans n'importe quel package de la hiérarchie `aop`, quel que soit le niveau de sous-package de cette hiérarchie :

```
* aop..Order.*(..)
```

La présence du symbole `..` entre `aop` et `Order` est fondamentale. Des expressions très proches syntaxiquement, comme `aop.Order.*(..)` ou `aop.*.Order.*(..)`, conduisent à des résultats très différents.

Dans les trois cas, on s'intéresse à toutes les méthodes définies dans une classe `Order`, mais avec les nuances suivantes :

- Avec `aop..Order.*(..)`, toute la hiérarchie ancrée dans le package `aop` est concernée.
- Avec `aop.Order.*(..)`, seule la classe `Order` du package `aop` est concernée.
- Avec `aop.*.Order.*(..)`, seules les classes `Order` des sous-packages de premier niveau du package `aop` sont concernées.

Les sous-types

Le dernier symbole, `+`, permet de raisonner en terme de hiérarchie de type et de désigner toutes les classes qui sont des sous-classes d'une classe donnée. L'expression suivante concerne toutes les méthodes de la classe `Order` et de toutes les sous-classes de `Order` :

```
* aop.aspectj.Order+.*(..)
```

Le symbole `+` peut aussi s'employer à la suite d'un nom d'interface. Dans ce cas, la coupe désigne toutes les méthodes de toutes les classes implémentant l'interface.

Comme le symbole `+` peut s'appliquer à une classe ou à une interface, on parle de façon générale d'opérateur de sous-typage. Il concerne alors les sous-types d'une classe, autrement dit ses sous-classes, ou d'une interface, c'est-à-dire les classes qui l'implémentent.

Exemple d'utilisation des wildcards

Nous allons illustrer l'utilisation des wildcards en écrivant une deuxième version de l'aspect de trace, que nous appellerons `TraceAspect2`. Cette version plus générale permet d'intercepter les appels à toutes les méthodes de la classe `Order`, et non plus seulement les appels à la méthode `addItem`.

Le code de l'aspect `TraceAspect2` est le suivant :

```
package aop.aspectj;

public aspect TraceAspect2 {

  pointcut toBeTraced():
      call(* aop.aspectj.Order.*(..));  ←❶

  Object around(): toBeTraced() {  ←❷
      System.out.println("-> Avant appel");
      Object ret = proceed();  ←❸
      System.out.println("<- Après appel ");
      return ret;  ←❹
    }
}
```

Une première différence par rapport à l'aspect `TraceAspect` se situe dans la coupe `toBeTraced` (repère ❶). Son expression est maintenant `call(* aop.aspectj.Order.*(..))`. Tous les appels aux méthodes de la classe `Order` sont capturés dans la coupe, et ce quels que soient leurs paramètres et leur type de retour.

Une deuxième différence se situe dans le type de retour du code advice. Auparavant ce type était `void`. À présent, la coupe `toBeTraced` capture à la fois une méthode qui retourne `void` (`addItem`) et une méthode qui retourne un `double` (`computeAmount`). Formellement, aucun surtype ne permet de généraliser à la fois un `void` et un `double`. Par convention, AspectJ choisit d'imposer que le type de retour du code advice soit `Object` (repère ❷). L'appel à `proceed` retourne un objet que nous stockons dans la variable `ret` (repère ❸) et que nous retournons à la fin du code advice (repère ❹).

Le mécanisme d'introspection de point de jonction

Afin de faciliter l'écriture d'une coupe, nous avons vu que des wildcards pouvaient être utilisées. Cela permet de définir des coupes qui englobent plusieurs méthodes. Nous allons maintenant voir comment obtenir, lors de l'exécution, des informations sur un point de jonction. Ce mécanisme est désigné sous le terme d'introspection de point de jonction.

Le terme introspection peut être interprété comme l'action d'« inspecter à l'intérieur ». Il s'agit en effet d'obtenir des informations sur le code ayant déclenché le point de jonction. Une analogie peut être faite avec l'API `java.lang.reflect`, qui permet à tout programme Java d'obtenir une description de ses classes, attributs et méthodes, ainsi que de leurs paramètres respectifs. On inspecte donc le programme Java pour obtenir des informations à son sujet.

Ici le principe est similaire : on inspecte le point de jonction pour obtenir des informations le concernant. Cette inspection va servir, par exemple, à déterminer la méthode dont l'appel a déclenché le point de jonction.

Mise en œuvre de l'introspection avec AspectJ

L'introspection de point de jonction s'effectue en AspectJ à l'aide du mot-clé `thisJoinPoint`. De la même façon que `this` est une référence à l'objet en cours, `thisJoinPoint` est une référence à un objet décrivant le point de jonction en cours.

Cet objet appartient à la classe prédéfinie `org.aspectj.lang.JoinPoint`. Le tableau 3.1 récapitule les méthodes principales de cette classe. Deux d'entre elles, `getSignature` et `getSourceLocation`, font appel à des interfaces prédéfinies, respectivement `Signature` et `SourceLocation`, que nous commentons brièvement au tableau 3.1. La documentation javadoc d'AspectJ fournit de façon détaillée les différentes méthodes offertes par ces interfaces.

Tableau 3.1 Méthodes principales de la classe org.aspectj.lang.JoinPoint

Signature de la méthode	Description	Commentaire
`Object[] getArgs()`	Retourne les arguments du point de jonction.	Dans le cas d'un point de jonction concernant une méthode, `getArgs` retourne les arguments de l'appel.
`Signature getSignature()`	Retourne la signature du point de jonction.	L'interface `Signature` représente la signature d'un point de jonction. Dans le cas d'un point de jonction concernant une méthode, `Signature` fournit des méthodes pour récupérer son nom, ses attributs de visibilité (`public`, `private`, etc.), sa classe et son type de retour.
`String getKind()`	Retourne le type du point de jonction.	
`SourceLocation getSourceLocation()`	Retourne la localisation du point de jonction dans le code source.	`SourceLocation` est une interface prédéfinie dans AspectJ qui fournit le nom du fichier, le numéro de la ligne et la classe définissant le point de jonction.
`Object getTarget()`	Retourne l'objet cible du point de jonction.	Dans le cas d'un point de jonction concernant une méthode, `getTarget` retourne l'objet appelé.
`Object getThis()`	Retourne l'objet source du point de jonction.	Dans le cas d'un point de jonction concernant une méthode, `getThis` retourne l'objet appelant.

Exemple d'utilisation

Nous allons illustrer l'introspection de point de jonction à l'aide d'une troisième version de l'aspect de trace. En plus des modifications introduites dans l'aspect `TraceAspect2`, nous allons faire en sorte d'afficher pour chaque point de jonction :

- Le nom de la méthode dont l'appel est intercepté.

- Les paramètres de l'appel.

- La référence de l'objet courant, autrement dit l'objet appelant.

- La référence de l'objet cible, autrement dit l'objet appelé.

L'aspect `TraceAspect3` dont le code est fourni ci-dessous réalise cette introspection et affiche ces quatre informations :

```
package aop.aspectj;
public aspect TraceAspect3 {

    pointcut toBeTraced():
        call(* aop.aspectj.Order.*(..));

    Object around(): toBeTraced() {

        String methodName = thisJoinPoint.getSignature().getName();
        Object[] args = thisJoinPoint.getArgs();
        Object caller  = thisJoinPoint.getThis();
        Object callee = thisJoinPoint.getTarget();

        System.out.println("-> Début méthode "+methodName);
        System.out.print("-> "+args.length+" paramètre(s) ");
        for (int i = 0; i < args.length; i++)
            System.out.print( args[i]+" " );
        System.out.println();
        System.out.println("-> "+caller+" vers "+callee);

        Object ret = proceed();
        System.out.println("<- Fin méthode "+methodName);
        return ret;
    }
}
```

Le résultat de l'exécution de l'application Gestion de commande avec cet aspect est fourni ci-dessous. Avant chaque appel à une méthode de la classe `Order`, trois lignes fournissent respectivement le nom de la méthode appelée, les paramètres de l'appel puis l'objet appelant et l'objet appelé :

```
-> Début méthode addItem
-> 2 paramètre(s) DVD 1
-> aop.aspectj.Customer@1cd2e5f vers aop.aspectj.Order@19f953d
1 item(s) DVD ajouté(s) à la commande
<- Fin méthode addItem
-> Début méthode addItem
-> 2 paramètre(s) CD 2
-> aop.aspectj.Customer@1cd2e5f vers aop.aspectj.Order@19f953d
2 item(s) CD ajouté(s) à la commande
<- Fin méthode addItem
-> Début méthode computeAmount
-> 0 paramètre(s)
-> aop.aspectj.Customer@1cd2e5f vers aop.aspectj.Order@19f953d
<- Fin méthode computeAmount
Montant de la commande : 50.0 euros
```

Définition de point de jonction

Les wildcards et l'introspection permettent d'introduire de la généricité dans l'écriture des coupes. Jusqu'à présent, nous nous sommes limités aux points de jonction qui désignent des appels de méthode. Dans cette section, nous allons voir que d'autres types de points de jonction peuvent être définis.

Les types de point de jonction

Les types de points de jonction fournis par AspectJ peuvent concerner des méthodes, des attributs, des exceptions, des constructeurs ou des blocs de code `static`. Un dernier type concerne les exécutions de codes advice.

Les méthodes

AspectJ autorise deux types de points de jonction sur les méthodes : les appels de méthode (mot-clé `call`) et les exécutions de méthode (mot-clé `execution`). Dans les deux cas, une expression est fournie pour désigner la ou les méthodes dont on veut capturer l'appel ou l'exécution.

Une première différence entre les types `call` et `execution` concerne le contexte dans lequel le programme se trouve au moment du point de jonction. Dans le cas de `call`, le contexte est celui du code appelant. Pour `execution`, il s'agit du code appelé.

Une deuxième différence, qui peut être vue comme une conséquence de la première, concerne les valeurs retournées par les méthodes d'introspection de point de jonction `getThis` et `getTarget`. Pour `call`, `getThis` retourne la référence de l'appelant et `getTarget` celle de l'appelé. Pour `execution`, `getThis` et `getTarget` retournent la même chose : la référence de l'appelé. Le type `call` est donc plus général, puisqu'il permet de manipuler à la fois l'appelant et l'appelé.

Notons enfin qu'une même méthode peut être associée à la fois à un point de jonction `call` et à un point de jonction `execution`. Dans ce cas, l'ordre d'exécution des différentes parties des deux codes advice est le suivant :

1. Partie avant du code advice associé au point de jonction `call`.

2. Partie avant du code advice associé au point de jonction `execution`.

3. Code de la méthode.

4. Partie après du code advice associé au point de jonction `execution`.

5. Partie après du code advice associé au point de jonction `call`.

Les attributs

Les points de jonction de types `get` et `set` permettent d'intercepter respectivement les lectures et écritures d'attributs. Ces points de jonction sont utiles lorsque nous souhaitons implémenter des aspects qui manipulent l'état d'un objet. Par exemple, dans le cas d'un aspect de persistance, nous voulons pouvoir stocker de manière fiable l'état d'un objet dans un fichier ou dans une base de données. L'interception des lectures et écritures permet de rediriger simplement ces dernières vers le fichier ou la base.

Les types `get` et `set` sont associés à des expressions — avec éventuellement des wildcards — qui définissent le ou les attributs dont nous souhaitons intercepter les accès. Ces expressions comprennent le type de l'attribut, sa classe et son nom.

L'expression suivante permet, par exemple, d'intercepter toutes les lectures de l'attribut `items` de type `Map` défini par la classe `Order` :

```
get( Map Order.items )
```

Comme pour les appels et les exécutions de méthode, les classes contenues dans les expressions `set` et `get` peuvent être complétées avec leur nom de package et les wildcards *, .. et +.

Les exceptions

Le type `handler` permet d'intercepter les débuts d'exécution des blocs `catch` et de définir des aspects qui interviennent lors de la récupération d'exceptions.

Ce point de jonction peut être utile pour, par exemple, journaliser dans un fichier les messages de toutes les exceptions levées par une application. Un autre exemple d'utilisation du type `handler` concerne la définition d'un traitement commun à toutes les exceptions d'un même type. Quelle que soit l'utilisation choisie, la gestion des exceptions dans un aspect permet souvent d'alléger le traitement des exceptions au sein du programme, le rendant ainsi plus lisible et plus maintenable.

Le type `handler` est associé à un nom d'exception. Ce nom peut être complété avec les wildcards *, .. et +. Par exemple, l'expression suivante désigne tous les débuts de blocs `catch` récupérant l'exception `java.io.IOException` ou l'un de ses sous-types :

```
handler(java.io.IOException+)
```

Avec la version actuelle d'AspectJ, seuls les codes advice de type `before` peuvent être définis pour les points de jonction de type `handler`. Nous pouvons donc exécuter du code au début du bloc `catch`, mais pas à la fin.

Les constructeurs

AspectJ offre la possibilité de définir des coupes prenant en compte les constructeurs de classe. Pour cela, deux types de point de jonction sont disponibles : `initialization` et `preinitialization`. La façon la plus simple d'appréhender la différence entre ces deux types consiste à étudier deux situations, selon que le constructeur fait ou non appel à un constructeur hérité.

Le cas le plus simple est celui où le constructeur ne fait pas appel à un constructeur hérité. Le point de jonction `initialization` correspond alors à l'exécution du constructeur, et nous sommes en mesure de définir des traitements avant et après l'exécution du constructeur.

Comme pour `call` et `execution`, le type `initialization` prend en paramètre une expression définissant le ou les constructeurs dont nous souhaitons intercepter l'exécution. Cette expression peut contenir les wildcards habituels (`*`, `..` et `+`). Elle contient un nom de classe, le mot-clé `new` et un profil de paramètres.

Par exemple, l'expression suivante correspond à toutes les exécutions d'un constructeur de la classe `Customer`, quel que soit son profil de paramètres :

```
initialization( Customer.new(..) )
```

AspectJ autorise la définition de codes advice `before` et `after` sur un point de jonction `initialization` mais pas de code advice `around`.

La seconde situation correspond aux constructeurs qui appellent, *via* l'instruction Java `super`, un constructeur hérité. Dans ce cas, `initialization` correspond à la partie du constructeur située après `super`, tandis que `preinitialization` correspond à celle située avant `super`. En fait, cette partie est vide, puisque Java impose que `super`, lorsqu'il est présent, soit la première instruction d'un constructeur. `preinitialization` permet donc d'intercepter les constructeurs exécutés avant l'appel à `super`.

Les blocs de code static

En Java, les blocs de code `static` permettent d'effectuer n'importe quel traitement d'initialisation d'une classe. Ils sont employés notamment pour initialiser les champs statiques d'une classe. Leur code est exécuté lors du chargement de la classe dans la machine virtuelle Java.

Plusieurs blocs de code `static` peuvent être associés à une même classe. Dans ce cas, ils sont exécutés dans l'ordre de leur définition. Les points de jonction de type `staticinitialization` correspondent aux exécutions des blocs de code `static`.

Nous sommes ainsi en mesure d'effectuer des traitements au début et à la fin d'un bloc de code `static`. Par exemple, l'expression suivante désigne tous les blocs de code `static` de la classe `Catalog` :

```
staticinitialization(Catalog)
```

Comme pour les autres points de jonction, les noms de classe peuvent contenir des noms de package et des wildcards.

Exécution de code advice

Le dernier type de point de jonction, `adviceexecution` permet de déclencher un aspect avant ou après l'exécution d'un code advice. Il est ainsi possible de définir un aspect qui modifie le comportement d'un autre aspect. La manipulation du type `adviceexecution` est toutefois délicate et peut conduire, si l'on n'y prend garde, à des programmes qui bouclent indéfiniment.

Contrairement aux points de jonction présentés jusqu'à présent, `adviceexecution` s'utilise tel quel, sans paramètre. Il capture tous les points de jonction correspondant à l'exécution d'un code advice.

Considérons la coupe et le code advice suivants :

```
pointcut adviceadviced(): adviceexecution();
Object before(): adviceadviced() { ... } ←❶
```

Avant toute exécution de code advice, la coupe `adviceadviced` exécute le code advice ❶. Or c'est un code advice « comme les autres ». Son exécution déclenche la coupe `adviceadviced`, qui exécute le code advice ❶, etc. Pour éviter cette boucle infinie, le type `adviceexecution` doit être utilisé en conjonction avec les opérateurs de filtrage que nous présentons ci-après.

Les opérateurs de filtrage

Les points de jonction présentés précédemment permettent de construire de nombreuses expressions de coupe. Nous verrons dans cette section que ces types peuvent être combinés à l'aide d'opérateurs logiques et que des filtrages permettent de sélectionner seulement certains points de jonction parmi tous ceux possibles.

Combinaisons logiques

Chaque expression de coupe peut être assimilée à une fonction booléenne. Pour un point de jonction donné, cette fonction vaut vrai si la coupe s'applique. Sinon, elle vaut faux.

Cette interprétation booléenne des expressions de coupe étant posée, il devient intuitif d'envisager de combiner plusieurs expressions à l'aide des opérateurs logiques AND, OR et NOT. Ces trois opérateurs sont supportés par AspectJ, qui les note à l'aide de la syntaxe Java &&, pour AND, ||, pour OR, et !, pour NOT.

L'expression suivante désigne l'ensemble des points de jonction correspondant à l'exécution des méthodes `computeAmount` ou `getPrice` :

```
execution(* Order.computeAmount(..)) ||
execution(* Catalog.getPrice(..))
```

L'évaluation d'une expression de coupe se fait pour un point de jonction donné. Or un point de jonction n'ayant qu'un seul type, il ne peut s'agir que de l'exécution de `computeAmount` ou de `getPrice`, mais pas des deux à la fois. En conséquence, une expression de coupe identique à la précédente mais avec && à la place de || ne désigne aucun point de jonction, ce qui n'est évidemment pas le résultat escompté.

L'emploi du && à la place du || dans une expression de coupe est un écueil fréquent auquel il convient de porter attention. L'expression reste syntaxiquement valide, et le compilateur d'AspectJ ne produit aucune erreur. Seul un examen des points de jonction associés aux coupes avec un outil tel que le plug-in AspectJ AJDT pour Eclipse *(voir figure 3.1)* permet de se rendre compte de l'absence de point de jonction et donc de l'erreur dans l'écriture de l'expression.

La combinaison de points de jonction d'un type différent dans une même expression de coupe s'effectue exclusivement à l'aide de l'opérateur ||. Nous verrons dans la suite que les opérateurs && et ! ont néanmoins leur utilité lorsqu'il s'agit de sélectionner certains points de jonction parmi tous les points de jonction d'un même type.

Les expressions de coupe peuvent inclure des tests sur des expressions booléennes quelconques. Pour cela, AspectJ fournit l'opérateur logique `if` associé à une expression booléenne. Les expressions construites avec `if` peuvent être incluses et combinées dans n'importe quelle expression de coupe.

Par exemple, l'expression suivante :

```
if(thisJoinPoint.getArgs().length == 1)
```

est vraie lorsque le point de jonction courant a un seul argument et fausse dans le cas contraire.

Filtrage

Une expression telle que `get(* aop..*.items)` désigne l'ensemble des points de jonction où l'attribut `items` est lu. En examinant le code de l'application Gestion de commande, nous nous apercevons que deux points font partie de cet ensemble :

- Celui dans le code de la méthode `addItem` où `items` est lu pour pouvoir appeler la méthode `put`.
- Celui dans le code de la méthode `computeAmount` où `items` est lu pour pouvoir appeler la méthode `get`.

Dans certaines situations, il peut être nécessaire de restreindre cet ensemble pour, par exemple, ne garder qu'un des deux points. Dans ce cas, il est possible d'utiliser le mot-clé `withincode`, associé à un nom de méthode. Ce nom peut contenir éventuellement des wildcards (*, .., +).

`withincode(expr)` s'évalue à vrai si le nom de la méthode dans laquelle se trouve le point de jonction courant vérifie l'expression `expr`.

L'expression suivante :

```
get(* aop..*.items) && !withincode(* aop..*.computeAmount(..))
```

désigne l'ensemble des instructions de lecture de l'attribut `items` qui ne se trouvent pas dans le code de la méthode `computeAmount`.

L'emploi de `||` à la place de `&&` dans cette expression ne conduit pas au résultat escompté. En effet, `!withincode(* aop..*.computeAmount(..))` désigne tous les points de jonction, quel que soit leur type, ne se trouvant pas dans la méthode `computeAmount`. L'emploi de `||` rend l'expression de coupe vraie pour tous ces points. Cela donne une coupe qui capture bien plus de points de jonction que ceux escomptés. Pratiquement, aucun cas concret ne nécessite l'utilisation conjointe de `||` et de `within`.

Alors que `withincode` est associé à un nom de méthode, le mot-clé `within` est associé à un nom de classe ou d'interface avec éventuellement des wildcards. Il permet de conserver les points de jonction se trouvant dans une classe ou un ensemble de classes données.

Les mots-clés `this` et `target` permettent quant à eux d'opérer des restrictions en fonction des références d'objet. Nous avons vu précédemment que les méthodes `getThis` et `getTarget` retournaient respectivement l'objet en cours et l'objet cible d'un point de jonction. Par exemple, pour le type `call`, il s'agit de l'appelant et de l'appelé. Les mots-clés `this` et `target` jouent un rôle similaire dans les expressions de coupe et permettent d'exprimer des restrictions en fonction de la classe de l'objet en cours ou de l'objet cible. Les deux sont associés à un nom de classe ou d'interface avec éventuellement des wildcards.

L'expression suivante :

```
call(* aop..*.addItem(..)) && this(aop.aspectj.Order)
```

désigne l'ensemble des appels à la méthode `addItem` à partir de la classe `Order`. Cela exclut de la coupe les appels à `addItem` provenant de tout autre classe.

Les filtrages fondés sur le flot de contrôle

Nous venons de voir qu'AspectJ offrait des opérateurs pour sélectionner certains points de jonction parmi tous ceux possibles et que `withincode` et `within` sélectionnaient les points de jonction en fonction de leur lieu de définition, tandis que `this` et `target` le faisaient respectivement en fonction de la source et de la destination du point de jonction. Ces sélections peuvent être qualifiées de statiques, puisqu'elles ne dépendent pas de la dynamique du programme, c'est-à-dire de la façon dont celui-ci s'exécute.

AspectJ fournit les deux opérateurs `cflow` et `cflowbelow` pour prendre en compte la dynamique d'exécution d'un programme. On parle à leur propos d'opérateurs de flot de contrôle. Schématiquement, le flot de contrôle d'un programme recouvre l'ensemble des méthodes par lesquelles passe le programme lors de son exécution.

Afin d'illustrer l'utilisation des opérateurs de flot de contrôle `cflow` et `cflowbelow`, prenons l'exemple simple d'un programme qui appelle dans sa méthode `main` une méthode `Foo.foo` puis une méthode `Bar.bar`. La méthode `Foo.foo` appelle quant à elle la méthode `Bar.bar` et cette dernière ne fait aucun appel.

Les expressions suivantes permettent de capturer l'appel à la méthode `bar` seulement lorsqu'elle est appelée par la méthode `foo` et non lorsqu'elle est appelée directement par la méthode `main` :

```
pointcut foo(): call(* Foo.foo(..));
pointcut callToBarInFoo(): call(* Bar.bar(..)) && cflow(foo());
```

L'expression de coupe `callToBarInFoo` spécifie que seuls les appels à `bar` situés dans le flot de contrôle de la coupe `foo` (`cflow(foo())`) sont retenus. La coupe `foo` désigne quant à elle tous les appels à la méthode `foo`.

Schématiquement, on peut considérer que le flot de contrôle du programme pénètre dans la coupe `foo` lors de l'appel à `foo` et en ressort lors du retour de l'appel. L'expression `cflow(foo())` désigne tous les points de jonction situés entre ce point d'entrée et ce point de sortie.

Formellement, l'opérateur `cflow` est associé à un nom de coupe `p`. Il sélectionne l'ensemble des points de jonction situés entre le moment où le programme passe par un des points de jonction désignés par la coupe `p` et le moment où le programme ressort de ce point de jonction. Les points de jonction de la coupe p font partie des points sélectionnés par `cflow`.

L'opérateur `cflowbelow` est identique à `cflow` à la différence près que les points de jonction de la coupe p ne font pas partie des points de jonction retournés par `cflowbelow`.

Paramétrage des coupes

Les mots-clés, opérateurs et symboles que nous avons vus jusqu'à présent permettent de définir des coupes. Chaque coupe est nommée et définie dans un aspect. Les codes advice s'appuient sur les noms des coupes pour définir le code à exécuter avant ou après les points de jonction désignés par les coupes.

De la même façon que les méthodes d'une classe sont identifiées par un nom et un profil de paramètre, les coupes d'un aspect peuvent se voir adjoindre des paramètres pour compléter l'identification fournie par leur nom. Dans ce cas, les paramètres sont des informations qui sont transmises de la coupe vers les codes advice qui l'utilisent.

Les paramètres d'une coupe se définissent comme ceux d'une méthode après le nom de la coupe et entre parenthèses. Lorsqu'il y a plusieurs paramètres, une virgule les sépare. Chaque paramètre possède un identificateur et un type.

La coupe `toBeTraced` suivante accepte quatre paramètres, `src`, `dst`, `ref` et `qte`, de types respectifs `Customer`, `Order`, `String` et `int` :

```
pointcut toBeTraced(Customer src, Order dst, String ref, int qte)
```

Les paramètres de la coupe peuvent transmettre trois sortes d'information : la source, la cible et les paramètres des points de jonctions désignés par la coupe. Il s'agit donc de rendre visibles ces informations pour le code qui utilisera la coupe.

La source et la cible des points de jonction peuvent être rendues visibles à l'aide d'une version modifiée des opérateurs `this` et `target` que nous avons vus précédemment. Plutôt que d'être associés à un nom de classe, ces opérateurs le sont à un identificateur. Les arguments du point de jonction sont quant à eux rendus visibles à l'aide d'un nouvel opérateur `args` associé à une liste d'identificateurs.

La coupe `toBeTraced2` suivante :

```
pointcut
  toBeTraced2( Customer src, Order dst, String ref, int qte ):
    call(* *.*(..)) &&
    this(src) && target(dst) && args(ref,qte);
```

désigne les appels à n'importe quelle méthode de n'importe quelle classe (`call(* *.*(..))`) mais spécifie que la source doit correspondre au paramètre `src` (`this(src)`), la destination à `dst` (`target(dst)`) et les paramètres à `ref` et `qte` (`args(ref,qte)`). Vu la définition de ces paramètres dans le profil de la coupe, nous en déduisons que la coupe concerne les appels aux méthodes de la classe `Order` acceptant deux paramètres de types respectifs `String` et `int` et issus de la classe `Customer`.

Nous avons vu précédemment que la source (src), la destination (dst) et les arguments (ref et qte) du point de jonction pouvaient aussi être récupérés *via* les méthodes fournies par thisJoinPoint. Le paramétrage de coupe et l'introspection de point de jonction fournissent donc deux techniques similaires pour accéder à ces informations. Précisons que l'introspection de point de jonction offre cette possibilité pour n'importe quel point de jonction. Le paramétrage de coupe nécessite en revanche de prévoir cette possibilité lors des déclarations de coupes. Le mécanisme est en ce cas moins général mais conduit à de meilleures performances.

Résumé

Le langage de définition de coupe d'AspectJ comporte de nombreux mots-clés. Comparé à JAC, JBoss AOP et AspectWerkz, que nous présentons en détail aux chapitres suivants, AspectJ permet de décrire des coupes plus précises. En contrepartie, le langage est certainement plus long à apprendre et à maîtriser.

En guise de conclusion sur les points de jonction, le tableau 3.2 récapitule les types de points de jonction offerts par AspectJ. Ils peuvent être classés en six catégories selon qu'ils concernent les méthodes (call et execution), les attributs (get et set), les exceptions (handler), les constructeurs (initialization et prinitialization), les blocs de code static (staticinitialization) ou les codes advice (adviceexecution).

Tableau 3.2 Récapitulatif des points de jonction AspectJ

Type	Description
call(methexpr)	Appel d'une méthode dont le nom vérifie methexpr.
execution(methexpr)	Exécution d'une méthode dont le nom vérifie methexpr.
get(attrexpr)	Lecture d'un attribut dont le nom vérifie attrexpr.
set(attrexpr)	Écriture d'un attribut dont le nom vérifie attrexpr.
handler(exceptexpr)	Exécution d'un bloc de récupération d'une exception dont le nom vérifie exceptexpr.
initialization(constrexp)	Exécution d'un constructeur dont le nom vérifie constrexp.
preinitialization(constrexpr)	Exécution d'un constructeur hérité dans un constructeur dont le nom vérifie constrexp.
staticinitialization(classexpr)	Exécution d'un bloc de code static dans une classe dont le nom vérifie classexpr.
adviceexecution()	Exécution d'un code advice.

En plus des types de points de jonction, les expressions de coupes d'AspectJ peuvent inclure les opérateurs récapitulés au tableau 3.3. Ces derniers peuvent être regroupés en quatre catégories : logique (&&, ||, !, if), emplacement du point de jonction dans le code (withincode et within), source et cible du point de jonction (this et target) et flot de contrôle (cflow et cflowbelow).

Tableau 3.3 Récapitulatif des opérateurs AspectJ

Mot-clé	Description
&&	Et logique
||	Ou logique
!	Négation logique
if(expr)	Évaluation de l'expression booléenne expr
withincode(methexpr)	Vrai lorsque le point de jonction est défini dans une méthode dont le profil vérifie methexpr.
within(typeexpr)	Vrai lorsque le point de jonction est défini dans un type (classe ou interface) dont le nom vérifie typeexpr.
this(typeexpr)	Vrai lorsque le type de l'objet source du point de jonction vérifie typeexpr.
target(typeexpr)	Vrai lorsque le type de l'objet destination du point de jonction vérifie typeexUpr.
cflow(coupe)	Vrai pour tout point de jonction situé entre l'entrée dans la coupe et sa sortie (y compris l'entrée et la sortie)
cflowbelow(coupe)	Vrai pour tout point de jonction situé entre l'entrée dans la coupe et sa sortie (sauf pour l'entrée et la sortie)

Les codes advice

Nous avons vu que les coupes permettaient de décrire où les instructions d'aspect devaient être ajoutées dans un code métier. Les codes advice définissent quant à eux les instructions d'aspect proprement dites.

De la même façon que les méthodes définissent le comportement d'une classe, les codes advice définissent le comportement d'un aspect. Plusieurs codes advice peuvent être définis dans un aspect. Chaque code advice fournit une série d'instructions écrites dans un bloc de code. Il possède également un type et est attaché à une coupe.

Les sections qui suivent présentent les différents éléments qui entrent dans la définition d'un code advice AspectJ.

Les blocs de code advice

Les blocs de code advice AspectJ sont identiques aux blocs de code d'une méthode. Toutes les instructions Java que nous pouvons légalement trouver dans une méthode sont autorisées dans un code advice : appel de méthodes, affectation, instanciation (new), boucle (for, while, do/while), test (if), gestion d'exception (try/catch), etc.

En plus de ces instructions Java, AspectJ fournit deux mots-clés supplémentaires, proceed et thisJoinPoint, utilisables uniquement dans le bloc de code d'un code advice. Le mot-clé proceed n'est utilisable que dans les codes advice de type around, pour lesquels il permet d'exécuter le point de jonction. Le mot-clé thisJoinPoint est utilisable pour tout type d'aspect. Comme expliqué précédemment, il s'agit d'une référence vers un objet qui fournit une description du point de jonction courant.

Les différents types de code advice

AspectJ fournit cinq types de code advice, les trois types principaux, `before`, `after` et `around`, que nous trouvons dans tous les outils de POA, et deux types supplémentaires, `after returning` et `after throwing`. Ces derniers sont des raffinements du type `after`.

En plus de son type, un code advice est associé à une coupe. Par rapport aux points de jonction désignés par la coupe, le type d'un advice définit le moment auquel nous souhaitons que le bloc de code soit exécuté. Globalement, le bloc de code peut être exécuté avant ou après les points de jonction.

Le type before

Un code advice de type `before` exécute son bloc de code avant chacun de ses points de jonction.

Le code suivant fournit un exemple d'utilisation du type `before` :

```
before(): toBeTraced() {
  System.out.println(
    "... avant les points de jonction de toBeTraced ...");
}
```

Le nom de la coupe associée au code advice suit le symbole : (deux-points) situé après le mot-clé `before`. Le bloc de code est fourni entre accolades.

Il n'est pas obligatoire d'associer une coupe nommée au code advice. Nous pouvons fournir la définition de la coupe tout de suite après le symbole :, comme l'illustre le code suivant, où la coupe est dite anonyme :

```
before(): call(* Order.addItem(..)) { ... }
```

L'utilisation des coupes nommées conduit à du code plus propre, et donc souvent plus maintenable. De plus, une même coupe pouvant être utilisée dans plusieurs codes advice, il est plus rentable d'utiliser un nom plutôt que d'avoir à recopier plusieurs fois une définition de coupe identique.

Nous avons vu précédemment que les coupes pouvaient être associées à des paramètres. Un code advice utilisant une coupe paramétrée doit lui aussi être paramétré.

Le code suivant reprend l'exemple de la coupe `toBeTraced2`, qui exhibe quatre paramètres :

```
pointcut
  toBeTraced2( Customer src, Order dst, String ref, int qte ):
    call(* *.*(..)) &&
    this(src) && target(dst) && args(ref,qte);
before( Customer src, Order dst, String ref, int qte ): ←❶
  toBeTraced2(src,dst,ref,qte) {
    System.out.println(
      "... avant les points de jonction de toBeTraced2 ...");
    System.out.println( src + " " + dst + " " + ref + " " + qte );
}
```

Les quatre paramètres de la coupe se retrouvent dans la définition du code advice `before` (repère ❶). Ils sont donc exploitables dans le bloc de code.

Le type after

Un code advice de type `after` exécute son bloc de code après chacun de ses points de jonction. Il suit les mêmes règles d'écriture qu'un code advice `before`. Les deux exemples de code advice fournis ci-dessus avec les coupes `toBeTraced` et `toBeTraced2` peuvent être transformés en code advice `after` en remplaçant le mot-clé `before` par `after`.

En plus du type `after`, AspectJ fournit les types `after returning` et `after throwing`. L'idée est qu'un point de jonction, par exemple un point de jonction correspondant à l'exécution d'une méthode, peut se terminer de deux façons : soit normalement, soit de façon anormale avec la levée d'une exception. Le premier cas est traité par le type `after returning` et le second par le type `after throwing`.

Le type after returning

Un code advice de type `after returning` exécute son bloc de code après chaque terminaison normale d'un de ses points de jonction.

Le code suivant fournit un exemple d'utilisation du type `after returning` :

```
after() returning (double d): ... {
  System.out.println("La valeur de retour est : "+d);
}
```

La valeur de retour du point de jonction peut être rendue visible *via* une variable nommée et typée, que nous définissons entre parenthèses après le mot-clé `returning`. Dans l'exemple, il s'agit de la variable `d` de type `double`.

Le type after throwing

Un code advice de type `after throwing` exécute son bloc de code après chaque terminaison anormale d'un de ses points de jonction, c'est-à-dire après chaque terminaison ayant donné lieu à la levée d'une exception.

Le code suivant fournit un exemple d'utilisation du type `after throwing` :

```
after() throwing (Exception e): ... {
  System.out.println("L'exception levée est : "+e);
}
```

L'exception levée par le point de jonction peut être rendue visible *via* une variable nommée et typée, que nous définissons entre parenthèses après le mot-clé `throwing`. Dans l'exemple, il s'agit de la variable `e` de type `Exception`.

Le type around

Un code advice de type `around` exécute son bloc de code avant et après chacun de ses points de jonction. Le mot-clé `proceed` permet de délimiter les parties avant et après. Ce mot-clé correspond à l'exécution du point de jonction : la partie avant est d'abord exécutée puis vient le point de jonction, *via* l'utilisation de proceed, et la partie après.

Dans un code advice de type around, les parties après ou avant peuvent être vides, ce qui fournit un comportement équivalent à celui des types before et after. L'utilisation de proceed est facultative. Si proceed n'est pas utilisé, le point de jonction n'est pas exécuté. Ce comportement est utilisé, par exemple, dans les aspects de sécurité, qui autorisent les exécutions lorsque l'utilisateur est authentifié et la refusent lorsque ce n'est pas le cas. Finalement, proceed peut être utilisé plusieurs fois dans un même code advice de type around. Ce cas est néanmoins plus marginal et correspond aux situations où nous souhaitons faire plusieurs tentatives d'exécution de l'application, suite, par exemple, à une erreur.

Contrairement aux codes advice before et after, les codes advice around ont un type de retour qui correspond au type de retour des points de jonction. Ce type se définit devant le mot-clé around, en tête du code de l'advice. Dans le cas où une incohérence existe entre le type de retour du code advice et le type de retour de ses points de jonction, le compilateur d'AspectJ signale une erreur.

Il se peut qu'une coupe désigne des points de jonction dont les types de retour sont différents. Dans ce cas, il est nécessaire que le type de retour du code advice soit un surtype commun à tous ces types. En Java, le type Object est le surtype de tous les autres types. Il peut donc être toujours utilisé comme type de retour d'un code advice around, y compris lorsque le type de retour des points de jonction est void.

Le code suivant fournit un exemple de définition de code advice around :

```
Object around(): ... {
  System.out.println("avant");
  Object ret = proceed();
  System.out.println("après");
  return ret;
}
```

L'appel à proceed génère une valeur de retour que nous stockons dans la variable locale ret. Cette valeur correspond à la valeur retournée par le point de jonction et doit être retournée (instruction return ret) en fin de code advice.

Lorsque le code advice around est associé à une coupe paramétrée, il est nécessaire de transmettre tous les paramètres de la coupe lors de l'appel à proceed, ce qu'illustre le code suivant :

```
Oject around(Customer src, Order dest, String ref, int qte):
  toBeTraced2(src,dest,ref,qte) {
    System.out.println("avant");
    Object ret = proceed(src,dest,ref,qte);
    System.out.println("après");
    return ret;
}
```

Code advice et exception

Dans certaines situations, les codes advice peuvent avoir à lever des exceptions. Dans ce cas, le ou les types d'exception doivent être spécifiés dans la signature du code advice. Comme dans les signatures de méthode, cette spécification se fait après le mot-clé `throws`.

Le code suivant définit un code advice `around` qui lève une exception de type `Exception` :

```
Object around() throws Exception: ... {
  /* ... */
  if ( /*condition*/ )
    throw new Exception() ;
  /* ... */
}
```

Tous les types de code advice peuvent être associés à une exception. Encore faut-il que les points de jonction puissent lever cette exception. En d'autres termes, le code métier doit être « conscient » de l'exception que le code advice cherche à lever. Cette limitation est néanmoins facilement contournable. Il suffit que l'advice lève une `RuntimeException`. Le langage Java n'imposant pas de déclarer les exceptions de ce type, il n'est pas nécessaire de modifier le code métier pour qu'un code advice puisse lever une exception de ce type.

Le mécanisme d'introduction

Les mécanismes de coupe et de code advice que nous avons vus jusqu'à présent permettent de définir des aspects qui étendent le comportement d'une application. Les coupes désignent des points de jonction dans l'exécution de l'application (appel de méthode, exécution, lecture d'attribut, etc.), et les codes advice ajoutent du code avant ou après ces points. Dans tous les cas, il est nécessaire que les points de jonction soient exécutés pour que les codes advice le soient également. Si les points de jonction n'apparaissent jamais, les codes advice ne sont jamais exécutés, et l'aspect n'a aucun effet.

Le mécanisme d'introduction permet d'étendre le comportement d'une application en lui ajoutant des éléments. Le terme introduction renvoie au fait que l'aspect ajoute des éléments de code à l'application. Les six catégories d'éléments suivantes peuvent être ajoutées par le mécanisme d'introduction d'AspectJ : attribut, méthode, constructeur, classe héritée, interface implémentée et exception. Les sections suivantes détaillent la façon dont ces éléments peuvent être introduits.

Contrairement aux codes advice, qui étendent le comportement d'une application si et seulement si certains points de jonction sont exécutés, le mécanisme d'introduction est sans condition. L'extension est donc réalisée dans tous les cas.

Le mécanisme d'introduction est désigné en AspectJ sous le terme de déclaration intertype. L'idée est qu'un aspect, considéré comme un type, déclare des éléments (attribut, méthode, classe héritée, interface implémentée) pour le compte d'autres types, en l'occurrence les classes de l'application.

AspectJ ne fournit pas de mot-clé pour annoncer une introduction. Comme l'illustrent les sections suivantes, un aspect souhaitant introduire des éléments dans une application effectue une déclaration pour le compte d'un autre type.

Attributs, méthodes et constructeurs

Un aspect souhaitant introduire dans une classe des attributs, des méthodes ou des constructeurs effectue une déclaration pour le compte de cette classe. Cette déclaration suit les mêmes règles que les déclarations Java normales. Le nom des attributs et des méthodes est simplement précédé du nom de la classe dans laquelle nous souhaitons faire l'introduction et d'un point. Les constructeurs sont désignés par le mot-clé new.

L'aspect suivant introduit un attribut date, deux méthodes, getDate et setDate, et un constructeur dans la classe Order :

```
import java.util.Date;

public aspect AddDate {

  private Date Order.date;
  public Date Order.getDate() { return date; }
  public void Order.setDate(Date date) { this.date=date; }
      public Order.new(Date date) { this.date=date; }

  after(): initialization(Order.new(..)) {
    Order myOrder = (Order) thisJoinPoint.getTarget();
    myOrder.date = new Date();
  }
}
```

Il est clair que les éléments introduits ne peuvent être exploités que par un aspect. En aucun cas ils ne peuvent l'être par l'application elle-même. En effet, l'application ne peut ni utiliser un élément dont elle ignore l'existence ni savoir qu'il sera introduit par un aspect.

Dans l'exemple de l'aspect AddDate, un code advice after est défini après toutes les instanciations de la classe Order. Ce code advice récupère la référence de la commande instanciée et affecte la date courante à l'attribut ajouté date.

Bien que simple, la manipulation d'introductions peut se révéler délicate. En effet, il ne faut pas qu'il y ait de conflit entre les éléments présents dans l'application et ceux que l'on introduit *via* un aspect. Par exemple, la classe Order ne doit pas déjà contenir d'attribut nommé date, sinon la compilation échoue.

AspectJ ne fournit pas de moyen *a priori* pour savoir si les attributs ou les méthodes que nous sommes sur le point d'introduire existent déjà dans l'application. Il se contente de produire une erreur de compilation lorsque c'est le cas. Le programmeur doit alors modifier manuellement le code de l'aspect pour résoudre le conflit.

Héritage et implémentation

En plus de l'ajout d'éléments, le mécanisme d'introduction d'AspectJ permet de modifier les hiérarchies d'héritage et d'implémentation d'une application. Pour cela, AspectJ fournit le mot-clé `declare parents`, que nous faisons suivre du nom de la classe à modifier.

L'aspect suivant ajoute l'interface `AddDateItf` à la classe `Order` et fait de `Order` une sous-classe de `AddDateImpl` :

```
public aspect AddDate2 {
  declare parents: Order implements AddDateItf;
  declare parents: Order extends AddDateImpl;
}
```

Si l'ajout d'une nouvelle interface est toujours possible, il n'en va pas de même pour la modification de l'héritage. En effet, il se peut que la classe que nous cherchons à modifier hérite déjà d'une surclasse.

Supposons que `Order` soit initialement une sous-classe de `Document`. Il faudrait que `AddDateImpl` soit aussi une sous-classe de `Document` pour que la modification de l'héritage par l'aspect `AddDate2` soit possible. Dans le cas contraire, une erreur serait produite par le compilateur d'AspectJ.

Le nom des classes à modifier peut comporter des wildcards. Il est possible de construire des combinaisons logiques avec l'opérateur || pour modifier plusieurs classes en une seule déclaration.

Exception

Un dernier élément peut être introduit par un aspect AspectJ. Il s'agit d'un moyen de récupérer de manière systématique et automatique les exceptions d'une application.

Ce mécanisme s'apparente à l'ajout d'un gestionnaire d'exceptions. Les exceptions de l'application sont encapsulées dans une exception de type `org.aspectj.lang.SoftException`.

Le mot-clé `declare soft` permet d'introduire un tel mécanisme de gestion d'exception. Il est associé à un type et à une coupe. Le type correspond au type d'exception que l'on souhaite récupérer. Des wildcards peuvent être utilisées dans l'écriture du type. La coupe correspond quant à elle aux points de jonction autour desquels on souhaite récupérer l'exception.

Par exemple, la ligne de code suivante :

```
declare soft: IOException+: call(* InputStream.*(..));
```

déclare que toutes les sous-classes de l'exception `IOException` levée par un appel d'une méthode de la classe `InputStream` seront encapsulées dans l'exception `org.aspectj.lang.SoftException`.

Fonctionnalités avancées

Ce vaste panorama d'AspectJ ne serait pas complet sans mentionner quelques fonctionnalités et un concept avancés qui concernent la définition d'aspects.

Ces fonctionnalités sont les aspects abstraits, l'héritage, l'instanciation et l'ordonnancement d'aspect, et le concept celui d'aspect privilégié.

Les aspects abstraits

Les aspects AspectJ peuvent être définis abstraits. Le principe est le même que pour les classes. Il s'agit de définir un aspect dont certains éléments (méthodes ou coupes) ne sont pas définis. Ces éléments sont alors dits abstraits. La définition concrète de ces éléments est effectuée ultérieurement dans un sous-aspect.

Les aspects abstraits permettent de factoriser un ensemble de définitions communes à d'autres aspects. Comme les classes abstraites, les aspects abstraits ne sont pas instanciables.

Les aspects abstraits se définissent avec le mot-clé `abstract` placé devant le mot-clé `aspect`. Les coupes ou méthodes abstraites de l'aspect sont également précédées du mot-clé `abstract`. Nous présentons un exemple d'aspect abstrait à la section suivante.

L'héritage d'aspect

Comme pour les classes, la notion d'héritage est disponible pour les aspects. L'idée est de pouvoir enrichir, redéfinir ou spécialiser le comportement d'un aspect sans avoir à le réécrire complètement. Seul l'héritage simple d'aspect est supporté.

Comme pour les classes, le mot-clé `extends` permet d'hériter d'un aspect. Dans le code suivant, l'aspect `TraceAspect2` hérite de `TraceAspect` :

```
public aspect TraceAspect2 extends TraceAspect { ... }
```

L'héritage d'aspect suit néanmoins des règles légèrement différentes de celles en vigueur pour l'héritage de classe. Un aspect ne peut étendre qu'un aspect abstrait, par exemple, mais peut étendre une classe. Dans ce cas, il hérite des attributs et méthodes définis dans la classe. De façon complémentaire, un aspect peut aussi implémenter une ou plusieurs interfaces.

Une coupe peut être redéfinie dans un sous-aspect. Lorsqu'une coupe redéfinie est utilisée, par exemple dans un code advice, la règle est de toujours utiliser la version redéfinie et non la version originale. La redéfinition de coupe dans l'héritage d'aspect suit les mêmes règles que la redéfinition de méthode dans l'héritage de classe.

Les codes advice, en revanche, ne peuvent être redéfinis. Les codes advice hérités sont donc toujours présents tels quels dans les sous-aspects.

Le code suivant définit un aspect abstrait `TraceAspect` avec une coupe abstraite `toBeTraced`. L'aspect `TraceAspect2` hérite de `TraceAspect` et fournit la définition de la coupe `toBeTraced` :

```
public abstract aspect TraceAspect {
  abstract pointcut toBeTraced();
  before(): toBeTraced() { ... }
}

public aspect TraceAspect2 extends TraceAspect {
  pointcut toBeTraced(): call(* Order.*(..));
}
```

L'instanciation d'aspect

Par défaut, un aspect est instancié une fois et une seule lors de l'exécution de l'application. L'aspect est alors dit *singleton,* signifiant que c'est la même instance d'aspect qui est partagée par tous les objets de l'application.

Pour des besoins particuliers, il est possible d'avoir plusieurs instances d'un même aspect. Différentes parties de l'application sont alors contrôlées par différentes instances d'aspect, ce qui permet, par exemple, de gérer des données propres à chacune de ces parties.

Les trois cas suivants sont possibles :

- L'aspect est un singleton (cas par défaut), et une seule instance de l'aspect est présente à l'exécution.
- L'aspect est instancié plusieurs fois, et chaque instance est associée à des groupes d'objets de l'application.
- L'aspect est instancié plusieurs fois, et chaque instance est associée à des flots de contrôle de l'application.

Aucune déclaration spéciale n'est à faire pour le premier cas. Les aspects s'écrivent tels que nous les avons écrits jusqu'à présent.

Deux mots-clés sont disponibles pour le deuxième cas : perthis et pertarget. Les aspects s'écrivent alors :

```
aspect nom perthis(coupe) { ... }
aspect nom pertarget(coupe) { ... }
```

Dans le cas perthis, tous les objets qui sont les objets source de la coupe sont associés à une même instance de l'aspect. Dans le cas pertarget, tous les objets cibles de la coupe sont associés à une même instance de l'aspect.

Deux mots-clés sont disponibles pour le troisième cas : percflow et percflowbelow. Les aspects s'écrivent alors :

```
aspect nom percflow(coupe) { ... }
aspect nom percflowbelow(coupe) { ... }
```

Dans le cas percflow, une instance d'aspect est créée pour chaque flot de contrôle désigné par la coupe. Comme pour l'opérateur cflow, les points de jonction font partie du flot de contrôle. Dans le cas percflowbelow, une instance d'aspect est aussi créée pour chaque flot de contrôle désigné par la coupe, mais les points de jonction ne font pas partie du flot de contrôle.

Dans tous les cas, la méthode statique aspectOf est définie pour chaque aspect. Elle permet de récupérer la ou les références d'aspect. Par exemple, dans le cas d'un aspect singleton TraceAspect, l'appel TraceAspect.aspectOf() retourne la référence du singleton. Pour les aspects de type perthis ou pertarget, un paramètre doit être ajouté à aspectOf. Il s'agit de l'objet source ou cible auquel est associée l'instance d'aspect que l'on souhaite récupérer. Pour les aspects de type percflow et percflowbelow, la méthode aspectOf n'accepte pas de paramètre. Elle retourne l'instance d'aspect ou null selon que l'exécution se trouve ou ne se trouve pas dans le flot de contrôle associé à l'aspect.

L'ordonnancement d'aspect

Lorsque deux ou plusieurs aspects interviennent sur un même point de jonction, il est nécessaire de déterminer dans quel ordre ils doivent être exécutés.

Globalement, AspectJ fournit deux mécanismes pour ordonner les aspects : soit de manière explicite, en laissant le programmeur fournir un ordre, soit de manière implicite, en appliquant un certain nombre de règles prédéterminées.

Ordonnancement explicite

Le mot-clé declare precedence permet de déclarer un ordre dans l'application des aspects.

Le code suivant en fournit un exemple d'utilisation :

```
aspect OrdreGlobal {
  declare precedence: Authentication, Trace;
}
aspect Authentication { ... }
aspect Trace { ... }
```

Dans cet exemple, l'aspect Authentication est toujours appliqué avant Trace. Il est possible d'utiliser des wildcards dans les noms d'aspects associés à declare precedence.

Quel que soit l'endroit où il est défini, l'ordre est valable pour l'ensemble du programme. Le mot-clé declare precedence peut être employé plusieurs fois dans un même programme. Il est alors possible d'aboutir à des incohérences. Dans ce cas, une erreur est signalée par le compilateur d'AspectJ.

Ordonnancement implicite

Lorsque aucun ordre n'est fourni ou que l'ordre spécifié est partiel, AspectJ applique les règles suivantes :

- Les sous-aspects sont appliqués avant les aspects hérités.

- Il n'y a aucun ordre garanti pour des aspects non liés par une relation d'héritage.

- Si, dans un même aspect, plusieurs codes advice s'appliquent à un même point de jonction, les deux règles suivantes sont appliquées pour tout couple de codes advice :
  - Si l'un des deux codes advice est de type `after`, le second dans l'ordre de déclaration précède le premier.
  - Sinon, les codes advice sont appliqués dans leur ordre de déclaration.

Ces deux règles conduisent à des incohérences, signalées par AspectJ, lorsque, par exemple, un code advice `after` est déclaré entre des codes advice `before`.

D'une façon générale, il est conseillé de spécifier autant que faire se peut l'ordre d'application des aspects avec `declare precedence`. À l'intérieur d'un même code advice, il est impératif de respecter un principe simple, qui consiste à déclarer d'abord tous les codes advice `before` puis tous les codes advice `after`.

Le concept d'aspect privilégié

Lorsqu'il s'agit d'accéder à des attributs ou à des méthodes, les aspects suivent les mêmes règles que les classes Java. Un aspect ne peut pas lire un attribut déclaré `private` ou appeler une méthode `protected`, par exemple. Ces règles sont destinées à garantir l'intégrité d'un programme et à faire en sorte que son comportement ne soit pas altéré de façon non contrôlée.

Dans certaines situations, il est néanmoins nécessaire de contourner cette limitation. AspectJ introduit pour cela le concept d'aspect privilégié :

```
privileged aspect nom { ... }
```

Un aspect privilégié a la possibilité d'accéder à tous les attributs et à toutes les méthodes d'une application, et ce quelle que soit leur visibilité. Cette possibilité est cependant à utiliser avec prudence pour ne pas mettre en péril la cohérence et la correction du comportement de l'application.

4

JAC
(Java Aspect Components)

Le chapitre précédent a présenté de façon concrète la syntaxe et la mise en œuvre d'AspectJ. Ce chapitre aborde un deuxième environnement de POA : Java Aspect Components (JAC).

L'annexe B fournit les instructions à suivre pour télécharger et installer JAC.

Comme AspectJ, JAC permet de développer des programmes orientés aspect. Néanmoins, une première différence entre ces deux outils concerne leur nature. Alors que AspectJ est un langage, JAC est un framework. AspectJ introduit de nouveaux mots-clés pour l'écriture des programmes. Avec JAC, l'écriture d'un programme orienté aspect se fait en Java pur. Une API dédiée permet la définition d'aspects, de coupes et de codes advice.

Une deuxième différence entre AspectJ et JAC concerne le tissage d'aspects. Avec AspectJ, le tissage intervient au moment de la compilation. JAC effectue le tissage lors de l'exécution. Cette caractéristique introduit plus de souplesse dans la gestion des applications. Ainsi, avec JAC, les aspects peuvent être ajoutés ou retirés dynamiquement lors de l'exécution.

JAC a été conçu et développé en 1999 par une équipe dirigée par Renaud Pawlak et comprenant Laurent Martelli et Lionel Seinturier. Les premières versions du framework ont été distribuées en 2000. JAC est issu de travaux de recherche menés depuis 1998 par cette équipe avec différents laboratoires de recherche en informatique : le laboratoire CEDRIC (Centre de recherche en informatique du CNAM) du CNAM Paris, le laboratoire LIP6 de l'Université Pierre et Marie Curie et le laboratoire LIFL de l'Université Lille 1. Plusieurs chercheurs ont contribué aux travaux ayant permis l'émergence de JAC, notamment Laurence Duchien et Gérard Florin.

JAC est un logiciel Open Source distribué librement et gratuitement selon les termes de la licence GNU LGPL (Lesser General Public License). Tout en étant fondé sur le modèle Open Source, cette licence autorise une utilisation de JAC dans des produits commerciaux. Le site Web de JAC est *http://jac.objectweb.org.*

Depuis 1999, la société de service Aopsys *(http://www.aopsys.com),* créée par R. Pawlak, Maxime Pawlak et Laurent Martelli, assure le support et une partie importante du développement de JAC. Jusqu'en 2003, elle en assurait aussi l'hébergement Internet. Depuis juin 2003, le projet JAC a rejoint la communauté ObjectWeb pour le middleware Open Source *(http://www.objectweb.org).*

Tous les développements du framework JAC, qu'ils soient assurés par la société Aopsys ou par d'autres contributeurs extérieurs, sont versés dans la base de code sous licence LGPL. Seules les applications développées par Aopsys pour le compte de clients restent propriétaires.

Aopsys

Fondée en janvier 2000 par Renaud Pawlak et Laurent Martelli, Aopsys a pour objectif de promouvoir la POA dans l'industrie en proposant des services tels que formation, développement et conseil et en développant des outils et systèmes orientés aspect utilisables en entreprise.

Aopsys est notamment impliquée dans le développement de la plate-forme JAC (ObjectWeb) en partenariat avec le projet Jacquard INRIA-CNRS. Aopsys utilise actuellement JAC à l'UIMM (Union des industries et métiers de la métallurgie) pour le développement d'un site de formation pilote. Le succès du projet devrait donner lieu à l'essor de JAC et donc de la POA dans un plus grand nombre de projets.

Première application avec JAC

Cette section fournit un exemple simple de mise en œuvre de la POA avec JAC, qui va nous permettre de présenter les bases de la syntaxe d'écriture des aspects, coupes et codes advice.

Nous reprenons l'application Gestion de commande décrite au chapitre 3. Rappelons qu'elle permet de gérer des commandes client. Nous allons lui appliquer le même aspect de gestion de traces applicatives qu'au chapitre 3. Cet aspect sera écrit cette fois avec JAC. Il a pour fonction d'inspecter le comportement de l'application afin de connaître les méthodes appelées et l'ordre de ces appels.

Premier aspect de trace

Le premier aspect que nous allons écrire avec JAC trace les exécutions de la méthode `addItem` de la classe `Order`.

Le code de cet aspect comporte deux classes : `TraceAspect` et `TraceWrapper`. La classe `TraceAspect` définit la coupe. Nous fournissons son code ci-dessous. La classe `TraceWrapper` définit quant à elle le code advice qui, dans la terminologie JAC, s'appelle un wrapper. Nous présentons cette classe en détail à la section « Les wrappers », ultérieurement dans ce chapitre.

```
package aop.jac;

import org.objectweb.jac.core.AspectComponent;

public class TraceAspect extends AspectComponent {

    public TraceAspect() {
        pointcut(
          ".*",  ←❶
          "aop.jac.Order",  ←❷
          "addItem(java.lang.String,int):void",  ←❸
          "aop.jac.TraceWrapper",  ←❹
          null, false );
    }
}
```

Comme nous pouvons le constater, aucun mot-clé nouveau n'est introduit. Contrairement à AspectJ, qui étend la syntaxe du langage Java, un programme orienté aspect avec JAC s'écrit en Java pur.

La classe TraceAspect définit une coupe. Elle hérite pour cela de la classe AspectComponent, qui est fournie par JAC. De ce fait, les aspects JAC sont parfois désignés sous le terme de composants d'aspect.

Les coupes

La classe TraceAspect comporte un constructeur qui appelle la méthode pointcut. Cette méthode est héritée de la classe AspectComponent. Elle permet de déclarer une nouvelle coupe. Six paramètres sont fournis pour cela. Les trois premiers concernent la définition proprement dite de la coupe. Le quatrième, ici aop.jac.TraceWrapper, fournit le wrapper associé à la coupe. Les deux derniers sont des propriétés associées à la coupe. Ils définissent respectivement un gestionnaire d'exception *(voir la section « Les gestionnaires d'exception »)* et la façon dont les aspects sont instanciés *(voir la section « L'instanciation d'aspect »).*

Les trois premiers paramètres de la méthode pointcut définissent les méthodes de l'application qui font partie de la coupe. Il s'agit de définir quelles méthodes (repère ❸) de quels objets (repère ❶) de quelles classes (repère ❷) appartiennent à la coupe. Comme nous le verrons à la section « Les coupes », ces trois paramètres sont des chaînes de caractères qui peuvent contenir des expressions régulières. C'est le cas ici pour le 1er paramètre.

La coupe définie par l'aspect TraceAspect concerne la méthode addItem, prenant en paramètres une chaîne de caractères et un entier, sur tous les objets de la classe aop.jac.Order.

JAC permet d'inclure dans une coupe certains objets d'une classe et pas d'autres (c'est le rôle du 1er paramètre). Pour cela, les objets sont nommés par JAC. Cette possibilité est particulièrement intéressante en environnement réparti, lorsque certains objets seulement d'une classe, correspondant, par exemple, à des serveurs accessibles à distance, doivent être étendus par un aspect. Nous y reviendrons à la section « Le nommage d'objet ».

Les wrappers

Les concepteurs de JAC parlent de wrappers plutôt que de codes advice. Nous emploierons donc ce terme tout au long de ce chapitre. Il n'y a néanmoins pas de différence fondamentale entre un code advice AspectJ et un wrapper JAC : ce sont tous deux des blocs de code qui définissent le comportement d'un aspect. Le code d'un wrapper, comme un code advice, s'exécute avant ou après un point de jonction. De même, les wrappers JAC sont identiques aux intercepteurs JBoss AOP, que nous présentons au chapitre 5.

Avec JAC, les wrappers sont définis dans une classe différente de celle de l'aspect. Cela permet de réutiliser les wrappers indépendamment des aspects et *vice-versa.*

Le nom de la classe implémentant un wrapper est fourni au moment de la définition du pointcut (repère ❹ dans le code de la classe `TraceAspect`). Ici, il s'agit de la classe `TraceWrapper`, dont le code est le suivant :

```
package aop.jac;

import org.aopalliance.intercept.ConstructorInvocation;
import org.aopalliance.intercept.MethodInvocation;
import org.objectweb.jac.core.AspectComponent;
import org.objectweb.jac.core.Wrapper;

public class TraceWrapper extends Wrapper {

  public TraceWrapper(AspectComponent ac) {
    super(ac); ←❶
  }

  public Object invoke(MethodInvocation mi) throws Throwable {
    System.out.println("Avant addItem");
    Object ret = proceed(mi); ←❷
    System.out.println("Après addItem");
    return ret; ←❸
  }

  public Object construct(ConstructorInvocation ci)
      throws Throwable {
    return proceed(ci); ←❹
  }
}
```

Les wrappers JAC sont des classes qui héritent de la classe `Wrapper`. Un wrapper JAC permet d'exécuter des instructions avant ou après les points de jonction d'une coupe. C'est systématiquement un wrapper de type `around`. Il n'y a pas de type `before` ou `after` avec JAC. Cette limitation n'en est pas vraiment une, puisqu'il suffit de définir un wrapper around sans partie après pour obtenir un wrapper before. De même, un wrapper around sans partie avant est équivalent à un wrapper after.

L'interface d'un wrapper JAC est conforme à l'API AOP Alliance.

AOP Alliance

AOP Alliance est une initiative Open Source de plusieurs créateurs de frameworks de POA pour standardiser un certain nombre de fonctionnalités communes à plusieurs tisseurs d'aspects. Le site d'AOP Alliance est *http://sourceforge.net/projects/aopalliance*.

Les frameworks de POA se différencient par les fonctionnalités, modèles de programmation et outils offerts aux développeurs d'aspects. Néanmoins, tous les frameworks de POA partagent en interne un certain nombre de fonctionnalités communes. Le rôle d'AOP Alliance est d'identifier ces fonctionnalités et d'en proposer des API. Ainsi, même si ces fonctionnalités sont implémentées de façons différentes, elles reposent toutes sur les mêmes interfaces. La construction d'un tisseur à partir de composants internes provenant d'autres frameworks est facilitée.

Deux frameworks de POA implémentent à ce jour les API d'AOP Alliance : JAC et Spring *(http://www.springframework.org/index.html)*.

Un wrapper doit définir un constructeur prenant en paramètre une instance de la classe AspectComponent. Ce constructeur peut contenir n'importe quelle instruction, mais il faut au minimum qu'il appelle le constructeur hérité (repère ❶). Ce constructeur est appelé par le framework JAC lorsqu'il instancie un wrapper. La référence de l'instance d'aspect associée au wrapper est alors transmise. Chaque wrapper est de la sorte en relation avec l'aspect étant à l'origine de sa création.

Les points de jonction pris en compte par un wrapper sont soit des exécutions de méthode, soit des exécutions de constructeur. Les méthodes invoke et construct permettent de définir pour ces deux types de point de jonction du code avant et après.

Les méthodes invoke et construct sont invoquées par le framework JAC juste avant l'exécution d'un point de jonction appartenant à une coupe. Leur signature est imposée par JAC : elles retournent un Object et lève éventuellement une exception Throwable. En Java, Throwable est la classe ancêtre de toutes les exceptions. De cette façon, la méthode invoke est à même de lever n'importe quel type d'exception. La méthode invoke prend en paramètre une instance de MethodInvocation, et la méthode construct une instance de ConstructorInvocation. Ces deux paramètres permettent d'introspecter le point de jonction. Nous revenons sur cette fonctionnalité à la section « Le mécanisme d'introspection de point de jonction ».

La méthode proceed délimite les parties avant et après d'un wrapper. Dans la méthode invoke, le paramètre mi de type MethodInvocation doit être transmis lors de l'appel à proceed (repère ❷). Il en va de même pour le paramètre ci de type ConstructorInvocation dans la méthode construct (repère ❹). Ces paramètres sont fournis par le framework JAC lorsque ces méthodes sont invoquées. La valeur de retour de proceed correspond à la valeur retournée par le point de jonction. Elle doit être retournée par le wrapper. Par exemple, dans le code de la méthode invoke ci-dessus, nous la stockons dans la variable ret et la retournons en fin de méthode (repère ❸).

Les wrappers sont libres d'appeler ou non proceed. S'ils ne le font pas, le point de jonction n'est pas exécuté. proceed peut aussi être appelée plusieurs fois.

Le wrapper TraceWrapper de l'exemple précédent fournit des instructions pour la méthode invoke. Ces instructions sont exécutées autour de tous les points de jonction de type exécution de méthode appartenant à la coupe de l'aspect. La méthode construct, quant à elle, se contente d'appeler proceed. Les points de jonction de type exécution de constructeur sont exécutés tels quels, sans instruction supplémentaire.

Notons que les méthodes invoke et construct sont obligatoires, même si elles se contentent d'appeler proceed. Si l'une des deux est absente, une erreur de compilation est produite, indiquant que l'interface d'un wrapper requiert obligatoirement invoke et construct.

Configuration d'aspect

La configuration d'aspect est un concept essentiel de JAC. Alors qu'AspectJ ne l'aborde pas du tout, c'est une des clés qui permettent d'adapter les aspects de JAC à des applications nouvelles et donc d'augmenter de façon importante leur réutilisabilité.

Chaque aspect JAC est associé à un fichier de configuration. À partir de propriétés choisies par le développeur de l'aspect, le fichier de configuration fournit des valeurs pour ces propriétés. Par exemple, pour un aspect de transaction, il s'agit d'indiquer quelles méthodes de l'application doivent être rendues transactionnelles. De même, pour un aspect de persistance, il s'agit d'indiquer les attributs dont les valeurs doivent être sauvegardées dans une base de données.

Ce principe de fichier de configuration est présent dans d'autres approches, comme les serveurs d'applications J2EE. L'idée est de séparer le code des services de certaines valeurs d'initialisation de ce code. Le code des services est en effet utilisable tel quel, quel que soit le contexte d'exécution, tandis que les valeurs d'initialisation peuvent varier en fonction de ce contexte. Une fois externalisées dans des fichiers, ces valeurs peuvent être modifiées selon les besoins, sans avoir à toucher au code des services ou à le recompiler.

Précisons toutefois que si J2EE définit un ensemble fixe et immuable de propriétés de configuration, celles associées aux aspects JAC sont entièrement choisies par le développeur d'aspect. Le mécanisme de configuration de JAC est donc nettement plus souple et extensible que celui de J2EE.

Syntaxe

Les fichiers de configuration d'aspects JAC sont des fichiers texte. Par convention, l'extension **.acc** leur est réservée. Ils sont chargés et exécutés par le framework JAC lorsque leur aspect correspondant est instancié.

Pour une application donnée, chaque aspect est associé à un fichier de configuration. Le contenu de ce fichier peut varier d'une exécution à une autre afin de tester différentes configurations de l'application. Un fichier de configuration peut également être modifié au cours d'une exécution. Il est alors possible de demander au framework JAC de recharger ce fichier afin que les nouvelles valeurs soient prises en compte.

Chaque ligne d'un fichier de configuration correspond à l'appel d'une méthode publique de l'aspect qui lui est associé. La ligne commence par le nom de la méthode, suivi éventuellement, après un espace, des paramètres de la méthode, séparés eux aussi par des espaces. Les chaînes de caractères sont entre guillemets, et les tableaux entre accolades. Chaque ligne se termine par un point-virgule. Nous revenons plus en détail sur la syntaxe de ces fichiers à la section « Configuration des aspects ». Ces quelques éléments sont néanmoins suffisants pour comprendre l'exemple que nous fournissons ci-après.

Exemple

Reprenons l'aspect TraceAspect afin de rendre la coupe configurable. Plutôt que de coder en dur sa définition dans le constructeur de l'aspect, nous allons définir une méthode trace pour cela.

Le code de l'aspect TraceAspect2 est le suivant :

```
package aop.jac;

import org.objectweb.jac.core.AspectComponent;

public class TraceAspect2 extends AspectComponent {

    public void trace(
    String objectPE, String classPE, String methodPE ) {
      pointcut(
        objectPE, classPE, methodPE,
        "aop.jac.TraceWrapper",
        null, false );
    }
}
```

La méthode trace accepte trois paramètres : objectPE, classPE et methodPE. Le suffixe PE est l'abréviation de *pointcut expression,* ou expression de coupe. Il suggère que ces paramètres entrent dans la définition de la coupe. Munie de ces trois valeurs, trace appelle pointcut, la méthode héritée de AspectComponent. Elle définit donc une coupe en précisant que TraceWrapper est le wrapper associé.

Pour obtenir un comportement identique à celui de TraceAspect, le fichier de configuration traceaspect2.acc contient alors :

```
  trace ".*" "aop.jac.Order" "addItem(java.lang.String,int):void" ;
```

Ce fichier fournit les valeurs effectives des trois paramètres objectPE, classPE et methodPE de la méthode trace. L'aspect TraceAspect2 est ainsi plus générique et donc plus réutilisable que TraceAspect. En fournissant dans le fichier de configuration la définition de la coupe,

TraceAspect2 peut être tissée à n'importe quelle application. De plus, la méthode trace peut être utilisée plusieurs fois dans le fichier de configuration, ce qui permet de définir plusieurs coupes.

Nous avons choisi ici de paramétrer les trois valeurs objectPE, classPE et methodPE. Le nom de la classe correspondant au wrapper, aop.jac.TraceWrapper, aurait également pu être inclus. De même, une seule méthode trace est fournie pour les trois paramètres. Le développeur d'aspect aurait pu choisir de définir trois méthodes, une pour chaque paramètre, et de fournir une quatrième méthode appelant pointcut. La façon dont un aspect JAC doit être configuré est totalement libre et relève du choix du développeur d'aspect.

Le descripteur d'application

Le descripteur d'application est un fichier qui, comme son nom l'indique, fournit une description d'une application orientée aspect avec JAC. Il fournit toutes les informations nécessaires au lancement de l'application et au tissage de ses aspects et constitue un point d'entrée pour le lancement de l'application.

Le descripteur d'application se présente sous la forme d'un fichier texte fournissant des couples de propriétés et de valeurs. Par convention, ce fichier est associé à l'extension **.jac**.

Nous revenons plus en détail sur le format des descripteurs d'application à la section « Configuration des applications ». Nous en présentons ci-dessous une description par l'exemple pour l'application Gestion de commande.

Exemple

Le fichier customer.jac suivant fournit le descripteur de l'application Gestion de commande :

```
applicationName: Gestion de commande
launchingClass: aop.jac.Customer
aspects: traceid traceaspect2.acc true
jac.acs: traceid aop.jac.TraceAspect2
```

Chaque ligne commence par le nom d'une propriété. Ce dernier est suivi du caractère deux-points et de la valeur de la propriété. La première, applicationName, est une chaîne de caractères, ici Gestion de commande, qui identifie l'application. La deuxième, launching-Class, fournit le nom de la classe de lancement de l'application, ici aop.jac.Customer.

Les propriétés aspects et jac.acs concernent les aspects initialement tissés sur l'application. Pour chaque aspect, trois valeurs sont fournies dans la propriété aspects : un identificateur, ici traceid, librement choisi par le développeur du descripteur d'application, le nom du fichier de configuration, ici traceaspect2.acc, et une valeur true ou false pour indiquer si l'aspect est initialement tissé ou non. Finalement, la propriété jac.acs fournit, pour chaque identificateur défini dans aspects, donc pour chaque aspect, le nom de la classe Java implémentant l'aspect, ici aop.jac.TraceAspect2.

Compilation

Nous avons vu qu'une application orientée aspect avec JAC comportait cinq catégories de fichiers :

- les fichiers Java de l'application, ici les fichiers `Customer.java`, `Order.java` et `Catalog.java` de l'application Gestion de commande ;

- les fichiers Java d'aspect, ici `TraceAspect2.java` ;

- les fichiers Java contenant les wrappers, ici `TraceWrapper.java` ;

- les fichiers de configuration d'aspect, ici `traceaspect2.jac` ;

- le fichier descripteur d'application, ici `customer.jac`.

Les deux dernières catégories sont des fichiers texte qui sont lus lors de l'exécution par le framework JAC. Ils n'ont donc pas à être compilés. Les fichiers Java sont compilables avec n'importe quel compilateur Java, par exemple javac ou jikes. Il suffit de mentionner la bibliothèque **jac.jar** dans les bibliothèques à utiliser.

Supposons que JAC soit installé dans le répertoire **c:\jac** et que les fichiers de l'application, des aspects, des wrappers et de configuration d'aspect ainsi que le descripteur d'application se trouvent dans un répertoire **src.** La commande suivante effectue la compilation :

```
javac -d classes -classpath c:\jac\jac.jar src\*.java
```

Le résultat de la compilation, c'est-à-dire les fichiers **.class,** est placé dans le répertoire **classes.**

Exécution

L'exécution d'une application orientée aspect avec JAC se fait en demandant au framework de charger un fichier **.jac.** Le lancement du framework s'effectue quant à lui à l'aide de la bibliothèque **jac.jar.**

La commande suivante permet de lancer l'application Gestion de commande :

```
java -jar c:\jac\jac.jar -R c:\jac -C src;classes customer.jac
```

L'option -jar n'est pas propre à JAC. C'est une option générale de la commande java qui permet le lancement d'une application dont la méthode main se trouve dans un fichier **.jar.** Ici, il s'agit du fichier c:\jac\jac.jar, qui correspond au framework JAC installé dans le répertoire **c:\jac.** La méthode main se trouve dans la classe org.objectweb.jac.core.Jac.

Le reste de la ligne de commande, à partir de -R, est spécifique de JAC. Nous revenons plus en détail à la section « Les options de lancement du framework » sur les différentes options fournies par JAC. Nous décrivons ici les trois options principales :

- -R c:\jac indique le répertoire dans lequel est installé JAC (ici **c:\jac**).

- -C classes;src fournit, à la manière d'un CLASSPATH, la liste des répertoires dans lesquels le framework peut trouver les exécutables (fichiers **.class**) et ressources (fichiers **.jac** et **.acc**) de l'application.

- customer.jac descripteur de l'application à exécuter.

Résultat de l'exécution

La commande précédente fournit le résultat suivant.

```
JAC version 0.11
--- Launching Application Gestion de commande ---
--- configuring traceid aspect ---
Avant addItem
1 article(s) DVD ajoutè(s) à la commande
Après addItem
Avant addItem
2 article(s) CD ajouté(s) à la commande
Après addItem
Montant de la commande : 50.0 euros
JAC system shutdown: notifying all ACs...
Bye bye.
```

La première ligne est un message de bienvenue du framework JAC. Nous utilisons ici la version 0.11. La deuxième ligne fournit le nom de l'application qui est lancée, ici Gestion de commande. La troisième ligne indique que l'aspect traceid est chargé et configuré.

L'exécution du programme proprement dit commence à la quatrième ligne. Les deux exécutions de la méthode addItem sont encadrées par les messages « Avant addItem » et « Après addItem », définis dans l'aspect TraceAspect.

Les deux dernières lignes sont des messages de fin d'exécution produits par le framework JAC.

Les coupes

La section précédente a montré comment écrire, compiler et exécuter notre premier aspect. La présente section examine en détail le mécanisme de définition de coupe.

Comme expliqué précédemment, la définition d'une coupe passe par l'appel de la méthode pointcut de la classe AspectComponent. Nous allons voir qu'il existe plusieurs versions de la méthode pointcut. Chacune d'elles correspond à un profil de paramètres différent et à une manière particulière de définir une coupe.

Les trois catégories de paramètres suivantes sont associées à la méthode pointcut :

- **Expressions de coupe.** Définissent les points de jonction de l'application qui font partie de la coupe. La méthode pointcut accepte trois ou quatre paramètres de type chaîne de caractères pour définir les expressions de coupe.

- **Wrapper associé à une coupe.** Fournit le code qui s'exécutera avant et après les points de jonction de la coupe. Ce code doit être écrit dans une sous-classe de la classe Wrapper. Le nombre de paramètres de la méthode pointcut pour la définition du wrapper varie entre un et trois.

- **Gestionnaire d'exception.** L'exécution des points de jonction associés à la coupe ou celle du wrapper peuvent générer des exceptions. Il est possible d'associer un gestionnaire d'exception à la coupe pour récupérer et traiter ces exceptions. Ce gestionnaire est une méthode de la classe implémentant le wrapper. La méthode pointcut accepte un paramètre de type chaîne de caractères pour désigner ce gestionnaire. La valeur du paramètre correspond au nom de la méthode ou à null s'il n'y a pas de gestionnaire.

Les sections suivantes détaillent les caractéristiques des expressions de coupe et du wrapper associé à une coupe.

Les expressions de coupe

Une coupe JAC se définit à l'aide d'expressions, dites expressions de coupe. Trois expressions de coupe sont utilisées dans les cas standards. Une quatrième expression entre en jeu lorsqu'on souhaite prendre en compte des points de jonction de programmes répartis sur des machines distantes.

JAC permet de manipuler des points de jonction de type exécution de méthode et exécution de constructeur. Le comportement des méthodes est de surcroît analysé par JAC afin de déterminer les méthodes qui consultent ou modifient l'état de leur objet. Il est de la sorte possible de définir des coupes qui tiennent compte des setters et des getters sur les attributs.

Les trois expressions de coupe standards concernent les classes, les objets et les méthodes. On les désigne sous les termes respectifs d'expression de classe, expression d'objet et expression de méthode. Ces expressions peuvent être vues comme des filtres. Parmi l'ensemble de toutes les classes, de tous les objets et de toutes les méthodes, il s'agit de ne retenir dans la coupe que les méthodes qui vérifient l'expression de méthode tout en appartenant aux objets qui vérifient l'expression d'objet, lesquels eux-mêmes appartiennent aux classes qui vérifient l'expression de classe.

Nous pouvons résumer les rôles respectifs de chacune de ces expressions de la façon suivante :

- **Expressions de classe.** Définissent des filtres sur les noms de classes. Ces filtres portent sur les noms complets des classes, incluant les noms des packages et ceux des classes proprement dites.

- **Expressions d'objet.** Définissent des filtres sur les noms d'objets. Tous les objets applicatifs créées dans le cadre du framework JAC sont associés à un nom. Ce nom joue un rôle similaire à celui de la référence d'objet Java : il s'agit d'identifier de manière non ambiguë tous les objets en leur attribuant un nom unique qui ne soit attribué à aucun autre objet.

  Cette fonctionnalité prend tout son intérêt en environnement réparti, lorsque les objets sont des serveurs accessibles à distance et que certains serveurs doivent être étendus par un aspect et pas d'autres. L'extension peut alors être mise en œuvre *via* une coupe utilisant les noms d'objets. Les noms d'objets sont choisis de manière automatique par JAC : il s'agit du nom de la classe en minuscules, suivi du caractère dièse, suivi d'un numéro d'instance. Les numéros d'instance commencent à 0. Par exemple, order#0 représente la première instance de la classe Order.

- **Expressions de méthode.** Définissent des filtres sur les signatures de méthode. La signature d'une méthode comprend son nom, suivi, entre parenthèses, de la liste des types de ses paramètres séparés par une virgule, suivie du caractère deux-points, suivi du type de retour de la méthode. L'expression addItem(java.lang.String,int):void représente, par exemple, la méthode addItem, prenant en paramètre une chaîne de caractères et un entier et ne retournant rien.

Le filtrage défini par ces trois types d'expression est défini à l'aide d'un mécanisme d'expression régulière que nous présentons ci-dessous.

Les expressions régulières GNU regexp

Plutôt que de réinventer un mécanisme spécifique, les créateurs de JAC ont choisi d'en réutiliser un existant : il s'agit du mécanisme des expressions régulières GNU, dit GNU regexp.

Une expression régulière est une séquence de caractères dont on souhaite retrouver les occurrences dans un texte. Cette séquence est soit une chaîne de caractères *in extenso,* par exemple la chaîne « bonjour », soit une chaîne comportant des répétitions de caractères. Il s'agit, par exemple, de retrouver les occurrences d'une chaîne commençant par « Bonjour », se poursuivant par « M. » ou « Mme » et comportant n'importe quelle séquence de caractères jusqu'à un caractère point.

Le mécanisme des expressions régulières GNU regexp est implémenté par une bibliothèque Java disponible sur le site *http://www.cacas.org/java/gnu/regexp/.* Cette bibliothèque est intégrée de façon standard dans JAC.

Les opérateurs GNU regexp

Les expressions régulières sont des patterns contenant des caractères et des opérateurs pour désigner des caractères (opérateur .), indiquer des répétitions (opérateurs + et *), des ensembles (opérateur []), des exclusions (opérateur ^) ou des intervalles de valeurs (opérateur -).

L'opérateur . permet de désigner un caractère quelconque. L'opérateur * correspond à une répétition 0 ou *n* fois d'une expression. L'opérateur + est une répétition 1 ou *n* fois d'une expression.

L'opérateur [] permet d'exprimer des ensembles de caractères. Par exemple, l'expression [abc] désigne soit le caractère a, soit le caractère b, soit le caractère c. L'opérateur d'exclusion ^ peut s'employer conjointement avec [] pour indiquer que des caractères ne doivent pas apparaître. Ainsi, l'expression [^abc] désigne n'importe quel caractère, sauf les caractères a, b ou c. Par ailleurs, l'opérateur - indique des intervalles de valeurs. Par exemple, l'expression [a-z] désigne n'importe quelle lettre minuscule comprise entre a et z.

Les opérateurs que nous venons de décrire correspondent à ceux qui sont le plus couramment employés dans les expressions de coupes JAC, mais plusieurs autres opérateurs sont disponibles. Nous renvoyons le lecteur intéressé à la documentation de la bibliothèque Java GNU regexp.

Les opérateurs ajoutés par JAC

En plus des opérateurs fournis en standard par la bibliothèque GNU regexp, JAC fournit quatre opérateurs supplémentaires : ALL, ||, && et !.

L'opérateur ALL est synonyme de l'expression .*. Les opérateurs ||, && et ! correspondent respectivement à OR, AND et NOT.

Exemples

Les exemples suivants illustrent l'utilisation des expressions régulières GNU regexp dans JAC.

L'expression de méthodes set.*:void permet de détecter toutes les méthodes dont la signature commence par set et finit par :void. Il s'agit donc des méthodes dont le nom commence par set, dont le type de retour est void et qui acceptent un nombre quelconque de paramètres ou aucun.

L'expression de méthodes set.*(java.lang.String):void détecte toutes les méthodes dont le nom commence par set, qui acceptent un paramètre de type java.lang.String et dont le type de retour est void.

L'expression de méthodes get.*():.* détecte toutes les méthodes dont le nom commence par get, qui ne prennent pas de paramètres et dont le type de retour est quelconque.

L'expression de classes ALL permet de désigner n'importe quel nom de classe. L'expression est utilisable aussi pour les méthodes et les objets.

Les opérateurs de type de méthode

Le mécanisme d'expressions régulières GNU regexp est utilisable pour toutes les expressions de coupe. Les expressions de méthode peuvent en plus utiliser des opérateurs dits de type de méthode.

Les opérateurs de type de méthode permettent de caractériser le comportement de méthodes vis-à-vis des attributs de leur classe.

Par exemple, un aspect de persistance doit connaître les méthodes qui modifient l'état d'un objet, c'est-à-dire les méthodes qui effectuent au moins une opération d'écriture sur un ou plusieurs attributs de leur classe. De telles méthodes sont désignées sous le terme anglais de *modifier* (du verbe *to modify,* modifier). Après toute méthode de ce type, un aspect de persistance doit enregistrer la valeur des attributs modifiés dans une base de données.

De façon symétrique, les méthodes qui effectuent une opération de lecture sur un ou plusieurs attributs sont appelées *accessors* (du verbe *to access,* accéder) car elles accèdent à l'état de l'objet. Un aspect de persistance doit, avant toute méthode `accessor`, récupérer la valeur des attributs afin que le getter travaille avec des valeurs à jour.

Certaines méthodes sont qualifiées de *setter* ou de *getter*. Une méthode setter est une méthode dont le profil contient un paramètre et qui affecte la valeur de ce paramètre à un attribut. Une méthode getter retourne quant à elle la valeur d'un attribut.

Mise en œuvre

JAC effectue une analyse de bytecode pour caractériser les méthodes. Toutes les instructions de toutes les méthodes sont passées en revue afin de déterminer le comportement de la méthode vis-à-vis des attributs de sa classe. Nous verrons que des caractérisations concernant les collections sont également prises en compte. Cette analyse est effectuée une fois pour toutes lors du chargement des classes dans la machine virtuelle Java.

Les opérateurs suivants sont disponibles dans les expressions de méthode de JAC :

- `ACCESSORS` sélectionne l'ensemble des méthodes qui effectuent une opération de lecture sur au moins un attribut de leur classe.

- `MODIFIERS` sélectionne l'ensemble des méthodes qui effectuent une opération d'écriture sur au moins un attribut de leur classe.

- `GETTERS(liste)` sélectionne les méthodes qui retournent la valeur d'un des attributs de la liste. `liste` est une liste de noms d'attributs séparés par des virgules, par exemple `GETTERS(nom,adresse)`.

- `SETTERS(liste)` sélectionne les méthodes qui effectuent une opération d'écriture sur au moins un attribut de la liste. `liste` est une liste de noms d'attributs séparés par des virgules, par exemple `SETTERS(nom,adresse)`. Le profil de chaque méthode peut contenir un ou plusieurs paramètres, et la valeur écrite doit nécessairement provenir d'un de ces paramètres.

Ces opérateurs peuvent être combinés à l'aide des expressions régulières GNU regexp.

L'expression suivante :

```
MODIFIERS || GETTERS(age) || calcul.*
```

sélectionne les méthodes qui effectuent au moins une opération d'écriture sur un attribut de leur classe, ainsi que les méthodes qui retournent la valeur de l'attribut age et celles dont le nom commence par calcul.

Afin d'illustrer les opérateurs de sélection de type de méthode, considérons la classe Person suivante :

```
public class Person {
  private String name;
  private int age;
  public void birthday() { age++; }
  public String whatIsYourNamePlease() { return name; }
  public void foo(String first,String last) { name=first+last; }
  public void bar(String name) { this.name=name; }
}
```

Les quatre opérateurs ACCESSORS, MODIFIERS, GETTERS et SETTERS agissent de la façon suivante :

- ACCESSORS sélectionne les méthodes whatIsYourNamePlease et birthday. La méthode birthday lit l'attribut age avant de l'incrémenter, et la méthode whatIsYourNamePlease lit l'attribut name avant de le retourner.

- MODIFIERS sélectionne les méthodes birthday, foo et bar. Ces trois méthodes modifient au moins un attribut de la classe Person.

- GETTERS(name) sélectionne la méthode whatIsYourNamePlease qui retourne l'attribut name.

- SETTERS(name) sélectionne la méthode bar qui effectue une opération d'écriture sur l'attribut name. La valeur écrite fait partie des paramètres de la méthode. Cette dernière condition est importante car la méthode foo effectue aussi une opération d'écriture sur l'attribut name. Cependant, la valeur écrite n'est pas un paramètre « direct » de la méthode mais résulte de la concaténation de deux paramètres. La méthode foo n'est donc pas considérée comme un setter mais est simplement une méthode de type ACCESSORS.

De façon complémentaire, les opérateurs ADDERS et REMOVERS caractérisent le comportement des méthodes vis-à-vis des attributs de type java.util.Collection. Ils permettent de détecter des méthodes qui modifient le contenu d'une collection. Les deux opérateurs suivants sont disponibles :

- ADDERS(liste) sélectionne les méthodes qui ajoutent un élément dans une collection. L'élément ajouté doit faire partie des paramètres de la méthode. liste est une liste de noms d'attributs de type Collection séparés par des virgules, par exemple ADDERS(clients,fournisseurs).

- REMOVERS(liste) sélectionne les méthodes qui retirent un élément dans une collection. L'élément retiré doit faire partie des paramètres de la méthode. liste est une liste de noms d'attributs de type Collection séparés par des virgules, par exemple REMOVERS (clients,fournisseurs).

Le wrapper associé à une coupe

Dans les exemples d'aspect TraceAspect et TraceAspect2, nous avons vu que la méthode pointcut permettait de définir des coupes. Ses premiers paramètres concernent les expressions de coupe : expressions de classe, d'objet et de méthode.

Dans cette section, nous nous intéressons aux paramètres de la méthode pointcut qui permettent d'indiquer le wrapper associé à la coupe. Trois cas se présentent : un, deux ou trois paramètres peuvent être fournis pour indiquer le wrapper. L'ordre de présentation que nous adoptons ci-dessous correspond à la fréquence d'utilisation des trois cas.

Dans le cas le plus usuel, deux paramètres sont utilisés pour définir le wrapper : une chaîne de caractères wrapperClassName et un booléen one2one. wrapperClassName contient le nom de la classe implémentant le wrapper. Cette classe doit être une sous-classe de org.objectweb.jac.core.Wrapper. Le framework JAC se charge de l'instanciation de la classe wrapperClassName.

Deux cas de figure peuvent se présenter, correspondant chacun à une valeur différente du booléen one2one :

• Le développeur souhaite que tous les points de jonction de la coupe partagent la même instance de wrapper. Dans ce cas, il fournit la valeur false pour le booléen one2one, et le wrapper est un singleton.

• Le développeur souhaite que chaque point de jonction soit associé à sa propre instance de wrapper. Dans ce cas, il fournit la valeur true pour le paramètre one2one.

La valeur false pour le booléen one2one génère moins d'objets, ce qui économise l'espace mémoire. Cependant, le wrapper peut devoir stocker des données. Si ces données sont propres à chaque point de jonction et si la cohabitation entre les données de plusieurs points de jonction s'avère problématique, il est plus intéressant de disposer d'une instance de wrapper par point de jonction. Dans ce cas, la valeur true pour le booléen one2one s'impose.

Dans le deuxième cas, trois paramètres sont utilisés pour définir le wrapper : la chaîne de caractères wrapperClassName, le booléen one2one et un tableau d'objets initParameters. Il n'y a pas de différence fondamentale entre ce cas et le précédent. Le framework JAC prend en charge l'instanciation de la classe wrapperClassName et le booléen one2one définit la cardinalité de cette classe. Le tableau d'objets initParameters est utilisé lors de l'instanciation pour transmettre des valeurs initiales au constructeur du wrapper.

Dans le dernier cas, le développeur fournit directement une instance de la classe implémentant le wrapper. Un seul paramètre wrappee de type Wrapper est nécessaire. Cette solution s'impose lorsque l'instance ne peut être créée simplement en appelant un constructeur. Cette situation se présente, par exemple, lorsque l'instance doit être récupérée auprès d'une *factory*, ou lorsqu'un processus complexe est nécessaire pour initialiser l'instance. Cette instance est partagée par tous les points de jonction de la coupe.

Résumé

En guise de conclusion sur la définition des coupes, le tableau 4.1 récapitule les différents profils disponibles pour la méthode `pointcut`. Les deux cas possibles pour les expressions de coupe (trois ou quatre paramètres) et les trois cas possibles pour le wrapper (un, deux ou trois paramètres) aboutissent aux six combinaisons présentées.

Tableau 4.1 Profils de paramètres de la méthode pointcut

Profil		Description

1	`String objectExpr, String classExpr, String methodExpr,`
	`String wrapperClassName,`
	`String exceptionHandler,`
	`boolean one2one`
		Trois expressions de coupe
		Instanciation du wrapper par le framework

2	`String objectExpr, String classExpr, String methodExpr,`
	`String wrapperClassName,`
	`Object[] initParameters,`
	`String exceptionHandler,`
	`boolean one2one`
		Idem profil 1, plus :
		tableau de valeurs initiales pour l'instanciation du wrapper

3	`String objectExpr, String classExpr, String methodExpr,`
	`String wrapperClassName,`
	`String hostExpr,`
	`String exceptionHandler,`
	`boolean one2one`
		Idem profil 1, plus :
		quatrième expression (`hostExpr`) pour définir la coupe

4	`String objectExpr, String classExpr, String methodExpr,`
	`String wrapperClassName,`
	`Object[] initParameters,`
	`String hostExpr,`
	`String exceptionHandler,`
	`boolean one2one`
		Idem profil 1, plus :
		tableau de valeurs initiales pour l'instanciation du wrapper, plus :
		quatrième expression (`hostExpr`) pour définir la coupe

5	`String objectExpr, String classExpr, String methodExpr,`
	`Wrapper wrapper,`
	`String exceptionHandler`
		Trois expressions de coupe
		Instance de wrapper fournie par le développeur

6	`String objectExpr, String classExpr, String methodExpr,`
	`Wrapper wrapper,`
	`String hostExpr,`
	`String exceptionHandler`
		Idem profil 5, plus :
		quatrième expression (`hostExpr`) pour définir la coupe

Les wrappers

Après avoir détaillé aux sections précédentes la façon dont les coupes sont définies avec JAC, la présente section se penche sur les wrappers.

Comme expliqué avec les exemples d'aspects `TraceAspect` et `TraceAspect2`, les programmes orientés aspect avec JAC comportent deux catégories de classes : celles pour définir les aspects et les coupes et celles pour définir les wrappers. C'est une différence notable avec AspectJ, où coupes et codes advice sont définis conjointement dans l'aspect. La définition des coupes et des wrappers dans deux classes différentes facilite leur réutilisation.

Les wrappers sont des classes qui héritent de la classe `org.objectweb.jac.core.Wrapper`. Cette classe est la classe racine de tous les wrappers.

Les wrappers sont par défaut de type `around`. Les types `before` et `after` n'existent pas explicitement.

Les instances de wrapper sont créées par le framework JAC. Nous avons vu précédemment que le nombre d'instance d'un wrapper dépendait de la valeur du paramètre `one2one` fourni lors de la définition de la coupe. Soit le wrapper est un singleton, soit une instance de wrapper est créée par point de jonction. Dans tous les cas, les instances de wrapper sont toujours liées à l'instance d'aspect qui les a créées. Ce lien se matérialise lors de l'instanciation du wrapper : l'aspect transmet sa référence au wrapper, qui la mémorise dans un attribut.

Concrètement, les classes implémentant les wrappers doivent fournir un constructeur avec un paramètre de type `org.objectweb.jac.core.AspectComponent`, qui est la classe de base de tous les aspects. Ce paramètre peut être mémorisé simplement en appelant le constructeur hérité de la classe `Wrapper`.

Une classe `MyWrapper` implémentant un wrapper commence par les définitions suivantes :

```
import org.objectweb.jac.core.AspectComponent;
import org.objectweb.jac.core.Wrapper;

public class MyWrapper extends Wrapper {
  public MyWrapper(AspectComponent ac) { super(ac); }
```

Un wrapper fournit des parties avant et après pour les points de jonction de type exécution de méthode et exécution de constructeur. Ces parties sont définies dans des méthodes `invoke` et `construct`, que nous détaillons dans les sections suivantes.

Les méthodes

Le code greffé avant et après un point de jonction de type exécution de méthode est défini dans la méthode `invoke` du wrapper. Le profil de cette méthode est imposé : la méthode accepte un paramètre de type `MethodInvocation`, retourne un `Object` et doit spécifier une exception `Throwable`. Nous revenons plus en détail sur le type `MethodInvocation` ultérieurement dans ce chapitre.

La méthode `invoke` est définie de la façon suivante :

```
public Object invoke(MethodInvocation mi) throws Throwable;
```

La méthode `proceed` est disponible dans un wrapper pour provoquer l'exécution du point de jonction. Plusieurs aspects peuvent être tissés autour d'un même point de jonction. Dans ce cas, une liste chaînée de wrappers est créée autour du point de jonction. `proceed` exécute soit le wrapper suivant dans la liste, soit le point de jonction, si la fin de la liste est atteinte.

La méthode proceed peut être appelée dans invoke aucune, une ou plusieurs fois. Dans les cas les plus fréquents, proceed est appelée une fois. L'aspect peut néanmoins décider que le point de jonction ne soit pas exécuté. Dans ce cas, proceed n'est pas appelée. Plusieurs tentatives d'exécution du point de jonction peuvent être effectuées en appelant proceed à plusieurs reprises.

La méthode proceed doit être appelée avec le paramètre de type MethodInvocation de la méthode invoke.

Le schéma général de la méthode invoke est le suivant :

```
public Object invoke(MethodInvocation mi) throws Throwable {
   // code avant
   Object ret = proceed(mi);
   // code après
   return ret;
}
```

Même dans le cas où aucun code avant ou après n'est défini, la méthode invoke est obligatoire. Elle se contente alors d'appeler proceed et de retourner son résultat :

```
public Object invoke(MethodInvocation mi) throws Throwable {
   return proceed(mi);
}
```

Les constructeurs

De même que les méthodes, les exécutions de constructeur peuvent être interceptées. La méthode construct de la classe implémentant le wrapper fournit pour cela les parties de code avant et après.

La méthode construct est définie de la façon suivante :

```
public Object construct(ConstructorInvocation ci) throws Throwable;
```

La méthode proceed joue le même rôle dans la méthode construct que dans la méthode invoke en permettant d'exécuter le point de jonction. Elle peut être appelée aucune, une ou plusieurs fois. Elle prend en paramètre l'instance de ConstructorInvocation de la méthode construct.

Le schéma général de la méthode construct est le suivant :

```
public Object construct(ConstructorInvocation ci) throws Throwable{
   // code avant
   Object ret = proceed(ci);
   // code après
   return ret;
}
```

Même si aucun code avant ou après n'est défini, la méthode construct est obligatoire dans un wrapper.

Le mécanisme d'introspection de point de jonction

Le terme introspection peut être interprété comme l'action d'« inspecter à l'intérieur ». Il s'agit d'obtenir des informations sur le point de jonction courant. Comme nous l'avons vu précédemment, ce point de jonction peut correspondre à l'exécution d'une méthode ou d'un constructeur.

Les informations sur le point de jonction courant sont accessibles *via* le paramètre de type MethodInvocation de la méthode invoke et le paramètre de type ConstructorInvocation de la méthode construct. Ces types sont définis dans l'API AOP Alliance qui est incluse de façon standard dans JAC.

La figure 4.1 illustre la définition des interfaces MethodInvocation et ConstructorInvocation du package org.aopalliance.intercept. Comme son nom le suggère, ce package s'intéresse aux interceptions. Il propose donc un certain nombre d'interfaces pour matérialiser les informations disponibles lorsqu'une interception a lieu.

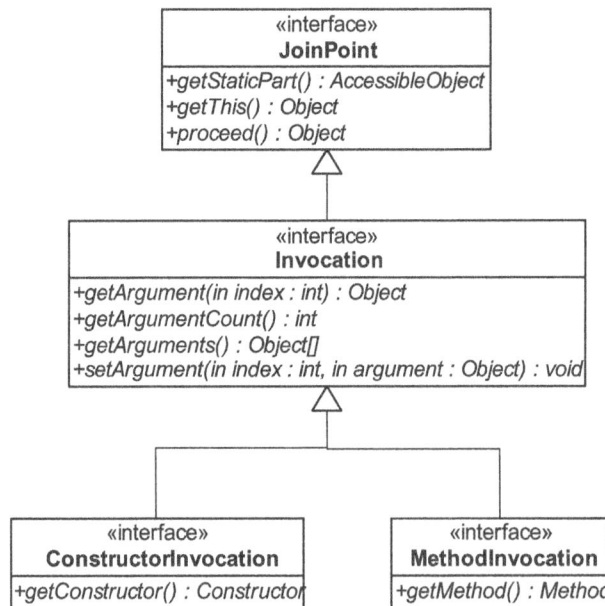

Figure 4.1

Extrait de la hiérarchie d'interfaces org.aopalliance.intercept

L'interface JoinPoint est le type de base pour toutes les interceptions. Son nom suggère que, dans l'esprit des créateurs d'AOP Alliance, toute interception concerne nécessairement un point de jonction. Nous retrouvons dans cette interface la méthode proceed, qui permet d'exécuter le point de jonction. La méthode getThis retourne l'objet applicatif dans lequel le point de jonction a été déclenché. Finalement, la méthode getStaticPart retourne l'élément du programme dans lequel le point de jonction a été déclenché. Cet élément peut être soit une méthode, soit un constructeur. Le type de cet élément est représenté par la classe `java.lang.reflect.AccessibleObject`. Cette classe, présente dans J2SE depuis la version 1.2, est la surclasse commune aux classes fournissant les API d'introspection des constructeurs, des méthodes et des attributs.

L'interface `Invocation` étend `JoinPoint`. Ses quatre méthodes principales permettent de manipuler les paramètres d'une invocation. Ainsi, les méthodes `getArgument`, `getArgument-Count` et `getArguments` retournent respectivement un paramètre, le nombre de paramètres et tous les paramètres. La méthode `setArgument` permet quant à elle de modifier la valeur d'un paramètre.

Les deux dernières interfaces, `ConstructorInvocation` et `MethodInvocation`, étendent `Invocation`. Elles correspondent aux interfaces présentées précédemment. Ces deux interfaces fournissent une méthode pour retourner respectivement le constructeur et la méthode correspondant au point de jonction. Ces éléments sont définis avec les classes respectives, `java.lang.reflect.Constructor` et `java.lang.reflect.Method`. Ces méthodes appartiennent à l'API d'introspection de J2SE.

Exemple

Le wrapper `TraceWrapper2` suivant illustre l'utilisation du mécanisme d'introspection de point de jonction :

```
package aop.jac;

import org.aopalliance.intercept.ConstructorInvocation;
import org.aopalliance.intercept.MethodInvocation;
import org.objectweb.jac.core.AspectComponent;
import org.objectweb.jac.core.Wrapper;

public class TraceWrapper2 extends Wrapper {

    public TraceWrapper2(AspectComponent ac) { super(ac); }

    public Object construct(ConstructorInvocation ci)
      throws Throwable {
        return proceed(ci);
    }

    public Object invoke(MethodInvocation mi) throws Throwable {

        String methodName = mi.getMethod().getName();
        Object[] args = mi.getArguments();
        Object callee = mi.getThis();

        System.out.println("-> Début méthode "+methodName);
        System.out.print("-> "+args.length+" paramètre(s) ");
        for (int i = 0; i < args.length; i++)
        System.out.print( args[i]+" " );
        System.out.println();
```

```
        System.out.println("-> vers "+callee);

        Object ret = proceed(mi);
        System.out.println("<- Fin méthode "+methodName);
        return ret;
    }
}
```

Avant chaque exécution d'une méthode de la coupe, ce wrapper affiche le nom de la méthode exécutée, les paramètres de la méthode et la référence de l'appelé. L'exécution de ce wrapper conjointement avec l'aspect `TraceAspect2` fournit le résultat suivant :

```
JAC version 0.11
--- Launching Application Gestion de commande ---
--- configuring traceid aspect ---
-> Début méthode addItem
-> 2 paramètre(s) DVD 1
-> vers aop.jac.Order@6963d0
1 article(s) DVD ajouté(s) à la commande
<- Fin méthode addItem
-> Début méthode addItem
-> 2 paramètre(s) CD 2
-> vers aop.jac.Order@6963d0
2 article(s) CD ajouté(s) à la commande
<- Fin méthode addItem
Montant de la commande : 50.0 euros
JAC system shutdown: notifying all ACs...
Bye bye.
```

La classe Interaction

Les interfaces précédentes fournissent des informations de base sur les points de jonction. Elles ne sont pas propres à JAC mais sont issues des spécifications de l'initiative AOP Alliance. Comme toutes les interfaces, elles doivent être implémentées.

La classe `org.objectweb.jac.core.Interaction` est la classe JAC qui implémente les interfaces `MethodInvocation` et `ConstructorInvocation`. Deux classes d'implémentation, plutôt qu'une, auraient pu être définies. Néanmoins, de nombreux traitements étant communs aux deux cas, les créateurs de JAC ont préféré ne conserver qu'une seule classe d'implémentation.

Les chaînes de wrappers

Plusieurs wrappers peuvent être associés à un même point de jonction. On parle alors d'une chaîne de wrappers. L'appel de la méthode `proceed` dans un wrapper provoque soit l'exécution du wrapper suivant dans la chaîne, soit l'exécution du point de jonction si la fin de la chaîne est atteinte.

La figure 4.2 illustre ce fonctionnement pour une chaîne de trois wrappers. Chaque flèche représente un appel de méthode ou un retour. Les flèches sont numérotées pour matérialiser leur ordre d'occurrence.

Figure 4.2

Ordre d'exécution en présence d'une chaîne de wrappers

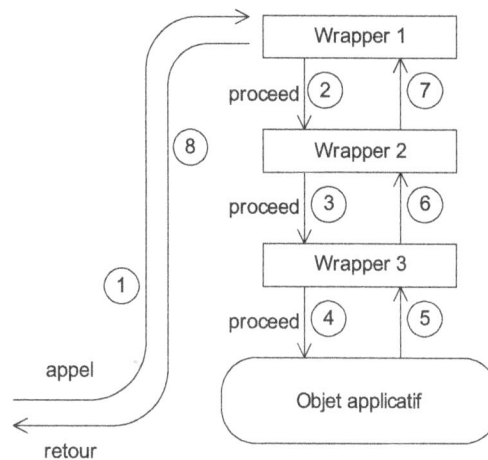

L'appel initial est transmis au premier wrapper de la chaîne, qui exécute sa partie de code avant. Le premier (repère 2) et le deuxième appel (repère 3) de `proceed` provoquent l'exécution du wrapper suivant dans la chaîne. Arrivé au wrapper 3, la chaîne étant terminée, l'appel de `proceed` provoque l'exécution du code correspondant au point de jonction. Une fois terminée, cette exécution provoque un retour dans le wrapper 3 (repère 5), qui peut alors exécuter sa partie de code après. De proche en proche, les parties de code après des wrappers 2 et 1 sont exécutées. Finalement, l'appel de méthode est retourné à son émetteur.

Le mécanisme de configuration

La configuration est le mécanisme clé qui permet de faire en sorte que les aspects JAC soient facilement réutilisables.

Cette section détaille la syntaxe des fichiers de configuration d'aspect ainsi que celle des fichiers de configuration d'application.

Configuration des aspects

Chaque aspect utilisé dans une application JAC est associé à un fichier texte de configuration, dont l'extension est **.acc.**

Le fichier de configuration d'aspect fournit les paramètres qui permettent d'adapter l'aspect au contexte, c'est-à-dire à l'application sur laquelle il est tissé. Par exemple, pour un aspect de transaction, il s'agit d'indiquer quelles méthodes de l'application doivent être exécutées de façon transactionnelle.

La notion de fichier de configuration est présente dans d'autres approches, comme J2SE ou J2EE. Dans J2SE, il s'agit de fichiers contenant des valeurs pour des ensembles de propriétés prédéfinies. Dans J2EE, il s'agit de fichiers XML fournissant des valeurs pour des éléments définis dans une DTD. Dans les deux cas, il s'agit de fournir des valeurs pour des variables. Ces valeurs ne sont pas codées en dur dans l'application mais sont fournies par un fichier texte externe. Il est donc possible de modifier ces valeurs, et par voie de conséquence la configuration, sans avoir à recompiler l'application.

Dans son principe, la configuration des aspects JAC est différente. Il s'agit de spécifier une suite d'appels de méthodes fournies par l'aspect. Ces méthodes exécutent des traitements de configuration. L'éventail de traitements de configuration réalisables grâce à un enchaînement de méthodes est potentiellement plus étendu que celui découlant de l'affectation de valeurs à des variables.

Syntaxe

Toutes les méthodes publiques d'un aspect sont susceptibles d'être appelées à partir de son fichier de configuration. Le fichier de configuration est exécuté lorsque l'aspect est instancié.

Chaque ligne d'un fichier de configuration correspond à l'appel d'une méthode publique de son aspect. La ligne commence par le nom de la méthode et finit par un point-virgule. Entre ces deux éléments, des paramètres peuvent être spécifiés.

Les paramètres de l'appel à une méthode de configuration sont séparés par des espaces, et les chaînes de caractères mises entre guillemets. Les tableaux sont des listes de paramètres entre accolades séparés par des virgules. Les guillemets des chaînes de caractères peuvent être omis lorsqu'il n'y a pas d'ambiguïté, c'est-à-dire lorsque la chaîne ne contient ni espace, ni point-virgule, ni virgule, ni accolade, ni caractère de contrôle.

Les fichiers de configuration peuvent contenir des commentaires, dont la syntaxe est identique à celle des commentaires Java.

Un fichier de configuration peut inclure le contenu d'un autre fichier à l'aide du mot-clé `include` suivi du nom du fichier entre guillemets.

Exemple

Considérons l'aspect `PresentationAC` suivant :

```
package aop.jac;

import org.objectweb.jac.core.AspectComponent;
```

```
public class PresentationAC extends AspectComponent {
  public void display() { /* ... *. }
  public void setAttributesOrder(
                String className,
                String[] attributeNames ) { /* ... */ }
  public void setCategory(
                String className,
                String attributeNames,
                String value ) { /* ... */ }
}
```

Cet aspect fournit une méthode `setAttributesOrder` permettant de spécifier l'ordre dans lequel les attributs d'une classe `className` doivent être affichés. Cet ordre est fourni par le tableau `attributeNames` qui contient des noms d'attributs.

Le fichier de configuration `presentation.acc` suivant :

```
setAttributesOrder Customer { lastName, firstName, phone, email };
display ;
```

appelle la méthode `setAttributesOrder` puis la méthode `display`. Le premier appel s'effectue avec la valeur `Customer` pour l'attribut `className` et les quatre valeurs `lastName`, `first-Name`, `phone` et `email` dans le tableau `attributeNames`. L'appel de la méthode `display` ne comporte pas de paramètre.

Groupement

Le mécanisme dit de groupement permet d'accélérer l'écriture des fichiers de configuration lorsque certains attributs sont fréquemment répétés.

La syntaxe du groupement est la suivante :

```
class <valeur> {
   <méthode> [ <paramètre> ... ] ;
   ...
}
```

La valeur fournie avec `class` correspond à un paramètre ajouté en tête de tous les appels contenus entre accolades. Cela évite les recopies inutiles lorsqu'une même valeur apparaît à de nombreuses reprises.

Le fichier de configuration `presentation2.acc` suivant est équivalent à `presentation.acc` :

```
class Customer {
  setAttributesOrder { lastName, firstName, phone, email };
}
display ;
```

Le mot `class` n'est pas un mot-clé. C'est une simple valeur laissée au libre choix du développeur qui permet d'annoncer un groupement. Toute valeur ne correspondant pas au nom d'une méthode de l'aspect peut être choisie.

Les groupements peuvent être imbriqués les uns dans les autres. Par exemple, le fichier de configuration suivant :

```
class Customer {
  attribute lastName {
    setCategory General ;
  }
}
```

est équivalent au fichier suivant :

```
setCategory Customer lastName General ;
```

Comme nous pouvons le constater dans le groupement imbriqué, c'est le mot `attribute` qui a été choisi.

Les groupements peuvent être factorisés. Par exemple, le fichier suivant :

```
class Customer,Employee {
  setAttributesOrder { lastName, firstName, phone, email };
}
```

est équivalent à :

```
setAttributesOrder Customer { lastName, firstName, phone, email };
setAttributesOrder Employee { lastName, firstName, phone, email };
```

Les groupements peuvent être factorisés et imbriqués.

Configuration des applications

Les descripteurs d'application sont des fichiers texte qui fournissent les informations nécessaires au lancement de l'application et au tissage des aspects initiaux. Ce sont des fichiers de configuration au sens J2SE du terme, autrement dit des fichiers comportant des valeurs pour des propriétés prédéfinies. Les descripteurs d'applications sont associés à l'extension **.jac.**

Chaque ligne d'un descripteur d'application commence par le nom de la propriété, suivi du caractère deux-points et de la valeur de la propriété. Lorsque cette dernière ne tient pas sur une seule ligne, le caractère antislash permet de poursuivre la définition sur plusieurs lignes.

Par exemple, le descripteur d'application suivant :

```
applicationName: Gestion de commande
launchingClass: \
        aop.jac.Customer
```

fournit les valeurs « Gestion de commande » et « aop.jac.Customer » pour les propriétés `applicationName` et `launchingClass`.

Les lignes de commentaires dans un descripteur d'application commencent par le caractère dièse.

Le tableau 4.2 donne la liste des principales propriétés utilisables dans un fichier de description d'application.

Tableau 4.2 Principales propriétés des descripteurs d'application

Propriété	Description
applicationName	Nom de l'application
launchingClass	Nom de la classe de lancement de l'application
aspects	Triplet contenant un identificateur d'aspect, le nom de son fichier de configuration et une valeur true ou false selon que l'aspect est tissé ou non.
jac.acs	Couple contenant un identificateur d'aspect et le nom de la classe l'implémentant
jac.comp.wrappingOrder	Ordre de tissage des wrappers lorsque plusieurs wrappers sont tissés sur un même point de jonction.
jac.topology	En fonctionnement réparti, adresses des sites de l'environnement sur lesquels l'application est installée.

Le mécanisme d'introduction

Le mécanisme d'introduction permet d'étendre le comportement d'une application en lui ajoutant des éléments. Le terme introduction renvoie au fait que l'aspect ajoute des éléments de code à l'application. Deux catégories d'éléments peuvent être introduits : des méthodes et des gestionnaires d'exception.

Les méthodes

L'introduction de méthodes permet de définir de nouveaux comportements non prévus initialement dans l'application.

Une méthode introduite est déclarée dans la classe d'un wrapper. Le nom de cette méthode est libre. Son premier paramètre doit être de type org.objectweb.jac.core.Wrappee. Il correspond à l'objet applicatif sur lequel l'exécution de la méthode introduite est réalisée. Une méthode introduite peut définir d'autres paramètres. Son type de retour est également libre.

L'exemple suivant illustre la définition d'une méthode introduite :

```
package aop.jac;

import org.aopalliance.intercept.ConstructorInvocation;
import org.aopalliance.intercept.MethodInvocation;
import org.objectweb.jac.core.AspectComponent;
import org.objectweb.jac.core.Wrappee;
import org.objectweb.jac.core.Wrapper;

public class TraceWrapper3 extends Wrapper {

  public TraceWrapper3(AspectComponent ac) { super(ac); }
```

```
public void computeAmountAndPrint( Wrappee o, String header ) {
  double amount = ((Order)o).computeAmount();
  System.out.println(header+amount);
}

public Object construct(ConstructorInvocation ci)
  throws Throwable {
    return proceed(ci);
}
public Object invoke(MethodInvocation mi) throws Throwable {
  return proceed(mi);
}
}
```

La méthode `computeAmountAndPrint` est introduite pour le compte de la classe `Order`. Elle a pour objet de calculer le montant d'une commande et de l'afficher. Le premier paramètre, `Wrappee o`, correspond à l'instance de `Order` sur lequel elle est invoquée. Le second paramètre, `String header`, correspond à un en-tête que l'on souhaite afficher avant le montant.

Une méthode introduite est appelée à l'aide de la méthode `invokeRoleMethod` de la classe `org.objectweb.jac.core.Wrapping`. Cette méthode accepte trois paramètres : l'instance de l'objet sur lequel nous souhaitons appeler la méthode introduite, le nom de la méthode introduite et un tableau d'objets correspondant aux paramètres de la méthode.

Par exemple, le fragment de code suivant :

```
public Object invoke(MethodInvocation mi) throws Throwable {
  Wrapping.invokeRoleMethod(
    (Wrappee)mi.getThis(), "computeAmountAndPrint",
    new Object[]{">> "});
}
```

correspond à l'appel de la méthode `computeAmountAndPrint` sur l'objet courant du point de jonction avec un paramètre qui est la chaîne de caractères `">> "`.

Les gestionnaires d'exception

L'introduction de gestionnaires d'exception a pour fonction de modulariser le traitement des exceptions. Plutôt que de disperser dans le code applicatif de nombreux blocs `try/catch` identiques, il est préférable de traiter les exceptions dans une entité logicielle clairement identifiée, en l'occurrence le gestionnaire d'exception.

Les gestionnaires d'exception sont des méthodes définies dans les classes implémentant les wrappers. Ils peuvent traiter des exceptions générées par l'exécution des points de jonction ou des wrappers.

Comme expliqué précédemment, les gestionnaires d'exception se déclarent lors de l'appel à la méthode `pointcut`. Un gestionnaire d'exception est une méthode d'un wrapper. Le nom de cette méthode est libre, mais son profil doit comprendre un unique paramètre de type Exception. Le type de retour est Object. Cette méthode peut elle-même lever une exception.

Chaque gestionnaire peut être spécialisé dans le traitement d'un type d'exception. Par exemple, un gestionnaire peut prendre en charge les IOException et un autre traiter les exceptions sur les sockets.

L'aspect TraceAspect4 suivant fournit un exemple de définition de gestionnaire d'exception :

```
package aop.jac;

import org.aopalliance.intercept.ConstructorInvocation;
import org.aopalliance.intercept.MethodInvocation;
import org.objectweb.jac.core.AspectComponent;
import org.objectweb.jac.core.Wrapper;

public class TraceAspect4 extends AspectComponent {
    public TraceAspect4() {
        pointcut(
    "ALL","ALL","ALL", "aop.jac.TraceWrapper4",
        "myIOExceptionHandler", false );  ←❶
    }
}


public class TraceWrapper4 extends Wrapper {

  public TraceWrapper4(AspectComponent ac) { super(ac); }

  public Object myIOExceptionHandler(Exception e)
    throws Exception {
    System.out.println( "Exception "+e.getMessage()+"levée" );
    if ( ! (e instanceof java.io.IOException) )
        throw e;  ←❷
    return null;
  }

  public Object construct(ConstructorInvocation ci)
    throws Throwable {
      return proceed(ci);
  }
  public Object invoke(MethodInvocation mi) throws Throwable {
     return proceed(mi);
  }
}
```

La méthode pointcut (repère ❶) spécifie que la méthode myIOExceptionHandler de la classe aop.jac.TraceWrapper4 est le gestionnaire d'exception pour les points de jonction de la coupe. Cette coupe est très générique puisqu'elle concerne toutes les méthodes (opérateur ALL) de tous les objets de toutes les classes de l'application. La méthode myIOExceptionHandler affiche un message de trace et teste le type de l'exception. Tout autre exception que IOException est repropagée (repère ❷).

Plusieurs gestionnaires d'exception peuvent être définis pour un même point de jonction. Dans ce cas, ils forment une liste chaînée. Tous les gestionnaires sont exécutés jusqu'à ce que l'exception cesse d'être propagée. Si tous les gestionnaires propagent l'exception, l'application se termine.

La bibliothèque d'aspects de JAC

JAC fournit en standard une bibliothèque de 19 aspects. Cette caractéristique originale fait défaut à d'autres outils, tel AspectJ.

La bibliothèque d'aspects de JAC a pour objectif de faciliter la tâche des développeurs d'applications en leur fournissant des solutions prêtes à l'emploi. Bien évidemment, les développeurs ont la possibilité de développer leurs propres aspects, s'ils estiment que ceux de la bibliothèque ne répondent pas à leur besoin.

La configuration d'aspect est le mécanisme clé qui permet de réutiliser de façon efficace les aspects de la bibliothèque. Un développeur souhaitant réutiliser un aspect doit donc écrire le fichier de configuration permettant d'adapter l'aspect à son application. Ce fichier de configuration contient une série d'appels aux méthodes publiques de l'aspect.

Beaucoup d'aspects de la bibliothèque sont présents en tant que prototypes. Ils servent avant tout à démontrer qu'une approche orientée aspect est possible dans de nombreux cas. Ils sont suffisants pour des phases de maquettage, mais leur utilisation dans un contexte opérationnel impose de les améliorer et de les compléter. La société Aopsys *(http://www.aopsys.com)* a notamment pour mission d'assurer le conseil et la formation pour ce genre de situation. Comme le code source de ces aspects est disponible sous licence LGPL dans la distribution de JAC, ce travail d'amélioration est mis à la portée de n'importe quel développeur.

Certains des 19 aspects disponibles ont déjà atteint un niveau de finition qui les rend aptes à des contextes opérationnels. Il s'agit des aspects d'IHM, d'authentification, de gestion utilisateur, de confirmation, de persistance et d'intégrité.

Les sections suivantes présentent les 19 aspects de la bibliothèque de JAC selon une répartition en cinq catégories : IHM, persistance et transaction, répartition, supervision et autres aspects.

IHM

L'aspect de construction d'IHM (interfaces homme-machine), en anglais GUI (Graphical User Interface), est certainement le plus original de JAC. Il a pour rôle de définir le rendu graphique d'une application.

Cet aspect est disponible en deux versions, Swing et HTML. À partir d'une même application et d'une même configuration de l'aspect d'IHM, l'utilisateur interagit avec l'application, soit *via* une interface Swing, soit *via* un navigateur HTML.

L'aspect d'IHM est implémenté dans la classe `org.objectweb.jac.aspects.gui.GuiAC`.

Illustration

Les figures 4.3 et 4.4 illustrent l'utilisation de l'aspect d'IHM. Il s'agit d'une application de gestion de clients et de factures. L'application permet d'ajouter et de retirer des clients et des factures. Chaque facture est attribuée à un client. Il est possible de visualiser la liste des clients ainsi que, pour chaque client, les factures qui lui sont associées. Il est également possible d'afficher la liste des factures et le client à qui la facture est attribuée. Cette application est décrite en détail sur le site du projet JAC *(http://jac.objectweb.org,* liens Documentation puis JAC Tutorial).

La figure 4.3 est une copie d'écran de la version Swing de l'application, et la figure 4.4 une copie d'écran de la version HTML. Dans les deux cas, le code Java de l'application est identique. Le fichier de configuration de l'aspect d'IHM est lui aussi inchangé. La seule différence se situe au niveau d'une option de la ligne de commande de JAC, qui permet d'utiliser une IHM Swing ou HTML.

Figure 4.3

Version Swing d'une application avec l'aspect d'IHM

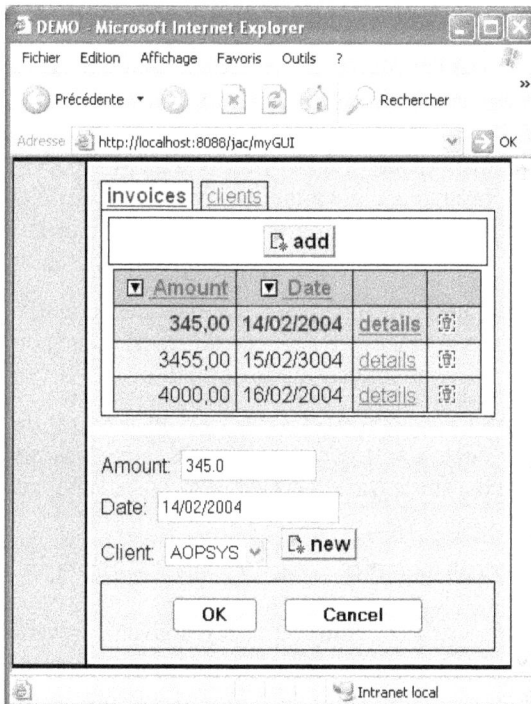

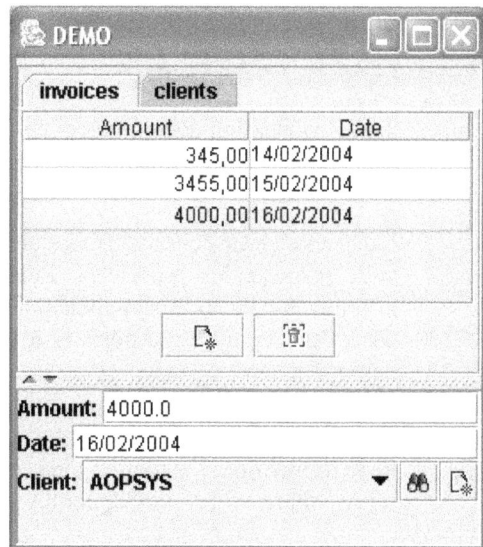

Figure 4.4

Version HTML d'une application avec l'aspect d'IHM

Autres aspects pour la gestion des relations utilisateur

En plus de l'aspect `GuiAC`, qui gère le rendu graphique d'une application, les aspects suivants sont disponibles pour gérer les relations entre les utilisateurs et les programmes :

- Aspect d'authentification (`AuthenticationAC`) : permet de gérer des listes de contrôle d'accès aux applications. Les exécutions de méthodes peuvent être réservées aux seuls utilisateurs autorisés.

- Aspect de gestion d'utilisateurs (`UserAC`) : permet de gérer des profils utilisateur.

- Aspect de gestion de session (`SessionAC`) : permet de gérer des sessions utilisateur. Des données propres à chaque utilisateur peuvent être conservées tant que ce dernier reste connecté à l'application.

- Aspect de confirmation (`ConfirmationAC`) : permet de gérer des boîtes de dialogues demandant à l'utilisateur une confirmation. Cela évite certaines erreurs de manipulation en demandant à l'utilisateur de confirmer son intention d'exécuter une action critique.

Persistance et transaction

Toute application devant gérer ses données de façon sûre doit disposer d'un moyen pour les enregistrer dans un support fiable, fichier ou base de données. C'est le rôle de l'aspect de persistance.

L'aspect de transaction permet quant à lui de faire en sorte que l'exécution d'un bloc de code respecte les propriétés d'atomicité, de cohérence, d'isolation et de durabilité. Chaque bloc de code est appelé une transaction. Par exemple, lors d'un transfert bancaire entre deux comptes, le débit et le crédit doivent obligatoirement être exécutés tous les deux. Il ne faut pas que, suite à une erreur ou à un mauvais fonctionnement d'une des deux actions, seul le débit ou seul le crédit soit exécuté. En cas de problème, l'aspect de transaction doit être capable de restaurer un état stable, c'est-à-dire l'état antérieur au début de la transaction. De même, l'aspect de transaction doit éviter que des exécutions simultanées de transferts sur des comptes identiques aboutissent à des situations incohérentes.

Les aspects de persistance et de transaction utilisent tous deux des bases de données, l'aspect de persistance pour sauvegarder des données et l'aspect de transaction pour garantir les propriétés d'atomicité, de cohérence, d'isolation et de durabilité.

Deux aspects de persistance sont disponibles avec JAC : `PersistenceAC` et `HibernateAC`. `PersistenceAC` permet de sauvegarder des données soit dans des fichiers, soit dans une base de données *via* JDBC. `HibernateAC` s'appuie sur le framework de persistance Hibernate pour réaliser cette sauvegarde.

Deux aspects de transaction sont également disponibles : `TransactionAC` et `DisTransAC`. `TransactionAC` permet d'effectuer de façon simple des transactions sur des objets stockés en mémoire. Cet aspect ne gère cependant pas les conflits d'accès pouvant provenir d'exécutions concourantes de transactions. `DisTransAC` est un aspect de transaction qui utilise le moteur transactionnel JOTM du consortium ObjectWeb. JOTM implémente un protocole de validation à deux phases sur des données stockées dans des bases, éventuellement situées sur des sites distants. Il permet donc d'effectuer des transactions distribuées. JOTM est disponible sur le site *http://jotm.objectweb.org* et est inclus de façon standard dans JAC. L'aspect `DisTransAC` permet d'intégrer à une application les fonctionnalités de JOTM.

Répartition

La bibliothèque de JAC fournit un ensemble d'aspects permettant de répartir des applications orientées aspect sur plusieurs sites. Dans ce cas, les objets applicatifs communiquent à distance *via* Java RMI (Remote Method Invocation). Un prototype d'implémentation des communications distantes avec CORBA (Common Object Request Broker Architecture) est également disponible pour remplacer Java RMI.

L'utilisation de la répartition nécessite le lancement préalable du framework JAC sur chacun des sites de l'environnement réparti. JAC se comporte alors comme un programme dit démon et reste en attente de commandes provenant de sites distants.

Les quatre aspects de répartition suivants concernent le déploiement, la cohérence, la diffusion et l'équilibrage de charge :

- `DeploymentAC` permet de déployer une application sur un ou plusieurs sites distants. Le déploiement consiste, à partir d'un site de référence, en un chargement du bytecode de l'application sur le ou les sites cibles puis en une copie ou une instanciation des objets de l'application sur ces sites. De façon complémentaire, l'aspect de déploiement permet d'installer plusieurs répliques d'un même objet sur différents sites. Cette fonctionnalité permet de se prémunir de la défaillance d'un site en conservant des copies des objets, et donc des données de l'application, sur plusieurs sites.

- `ConsistencyAC` implémente un protocole de cohérence mémoire entre les répliques d'un objet. La politique mise en œuvre est une cohérence forte : dès qu'une modification est faite sur une des répliques, elle est propagée sur toutes les autres répliques. Il s'agit de faire en sorte que toutes les répliques d'un objet conservent les mêmes informations.

- `BroadcastingAC` est un aspect qui permet de diffuser un appel de méthodes à un ensemble de répliques situées sur des sites distants.

- `LoadBalancingAC` est un aspect d'équilibrage de charge qui implémente un mécanisme qui, à partir d'un site dit frontal, distribue des requêtes à un ensemble d'objets situés sur des sites différents. Il s'agit de profiter de la puissance de calcul de plusieurs sites pour traiter plus de requêtes que ne pourrait le faire un seul site. Le site frontal implémente un algorithme simple de distribution des requêtes, dit round-robin. Les requêtes sont distribuées linéairement, une à chaque site, en fonction d'un ordre prédéfini. Lorsque chaque site a reçu une requête, la distribution recommence au premier, et ainsi de suite.

Lors de l'exécution d'un programme orienté aspect avec JAC, les aspects instanciés sont des objets JAC « comme les autres ». Ils peuvent donc se voir appliquer les mêmes aspects que les objets applicatifs. En particulier, ils peuvent être déployés et répliqués à distance à l'aide de `DeploymentAC` et maintenus en cohérence avec `ConsistencyAC`.

La prise en compte de la répartition dans JAC ne se limite pas aux quatre aspects précédents mais est également prise en compte au niveau des coupes. Comme nous l'avons vu à la section « Les coupes », trois expressions permettent, de façon standard, de définir des coupes. Il s'agit des expressions de classe, d'objet et de méthode. Une quatrième expression, dite expression d'hôte, entre en jeu avec la répartition.

L'expression d'hôte permet de spécifier la ou les machines qui appartiennent à une coupe. La coupe n'a plus dès lors seulement un statut local mais peut inclure des points de jonction situés sur des sites différents. Les aspects sont tissés sur tous les points de jonction qui vérifient les quatre expressions de coupes, et uniquement ceux-là.

La définition d'une coupe avec une expression d'hôte s'effectue généralement avec la méthode `pointcut`. Au même titre que les trois autres expressions de coupe, l'expression d'hôte peut contenir des opérateurs GNU regexp.

Supervision

Les aspects de supervision suivants permettent d'inspecter et de contrôler le comportement d'une application afin de comprendre son fonctionnement, de corriger des erreurs ou d'améliorer ses performances :

- `TracingAC` gère les traces applicatives en généralisant l'aspect `TraceAspect` présenté en début de chapitre. Il détermine pour cela les méthodes appelées au cours de l'exécution d'une application. L'aspect `TracingAC` permet également de déterminer les temps d'exécution respectifs de chaque méthode de l'application.

- `CountingAC` dénombre les appels aux méthodes d'une application. Il est ainsi possible de connaître les méthodes les plus sollicitées. En règle générale, ces méthodes sont celles dont le code doit être optimisé en priorité pour améliorer les performances de l'application.

- `DebuggingAC` est un aspect de débogage permettant d'exécuter une application pas à pas. Il est le plus souvent utilisé pour déterminer de façon fine la cause d'une erreur de fonctionnement.

Autres aspects

Les trois aspects suivants complètent ce panorama de la bibliothèque de JAC. Ce sont des aspects généraux, susceptibles d'être utilisés dans n'importe quel contexte applicatif :

- `CacheAC` est un aspect de cache de résultats qui permet de mémoriser les résultats fournis par certaines méthodes. L'idée est de pouvoir réutiliser ces résultats ultérieurement, sans avoir à réexécuter les méthodes. En évitant des réexécutions inutiles de méthodes, cet aspect améliore la performance des applications. Il se révèle particulièrement utile pour des méthodes dont les temps d'exécution sont élevés et dont le comportement est déterministe, c'est-à-dire dont on est sûr que, étant donné des paramètres identiques, deux exécutions de la même méthode fournissent toujours le même résultat.

- IntegrityAC est un aspect d'intégrité de données qui permet d'ajouter des contraintes d'intégrité référentielle entre les données d'une application. Dans une application de gestion de commandes et de clients, par exemple, il s'agit d'éviter la suppression d'un client si certaines factures lui sont toujours attachées.

- SynchronisationAC est un aspect de contrôle de la concourance d'exécution de méthodes. Il s'agit de faire en sorte que, parmi un ensemble de méthodes, au plus une seule soit en cours d'exécution à un instant donné. Cet aspect est utile lorsque des ressources sont partagées par plusieurs méthodes et que des accès concourants pourraient en altérer l'intégrité.

UMLAF

UMLAF (UML Aspect Factory) est un IDE (Integrated Development Environment) fourni en standard par JAC. Il s'agit d'un atelier de conception d'applications utilisant UML.

UMLAF ne fournit pas une implémentation complète de la norme UML mais se limite essentiellement aux diagrammes de classes. Ces diagrammes sont néanmoins les plus importants et ceux qui sont le plus couramment définis avec UML. Ce choix est délibéré de la part des créateurs de JAC. Il s'agit avant tout de disposer d'un IDE permettant de créer des applications de façon très rapide, plutôt que de proposer un outil implémentant de façon exhaustive toutes les caractéristiques d'UML.

UMLAF étend la notation UML afin de lui ajouter les notions d'aspect et de coupe. Les aspects sont vus comme un nouveau type de classe et les coupes comme un nouveau type de relation entre un aspect et des classes. Elles symbolisent les méthodes de classe qui font partie de la coupe.

La figure 4.5 est une copie d'écran d'UMLAF. Elle présente une application simple, composée de trois classes (Invoices, Invoice et Client) et d'un aspect (TraceAspect) qui définit une coupe vers la classe Invoice.

UMLAF couvre l'ensemble du cycle de développement d'une application orientée aspect avec JAC. Il est possible de concevoir la partie métier de l'application, de lui ajouter de nouveaux aspects ou des aspects faisant partie de la bibliothèque JAC et de définir les fichiers de configuration des aspects et le descripteur d'application. Le code des différentes méthodes peut être saisi à l'aide de boîtes de dialogue. UMLAF génère le code Java correspondant et le compile. L'application peut alors être lancée à partir d'UMLAF.

UMLAF est une application Java écrite avec JAC qui utilise les aspects GuiAC, SessionAC, PersistenceAC, ConfirmationAC et IntegrityAC.

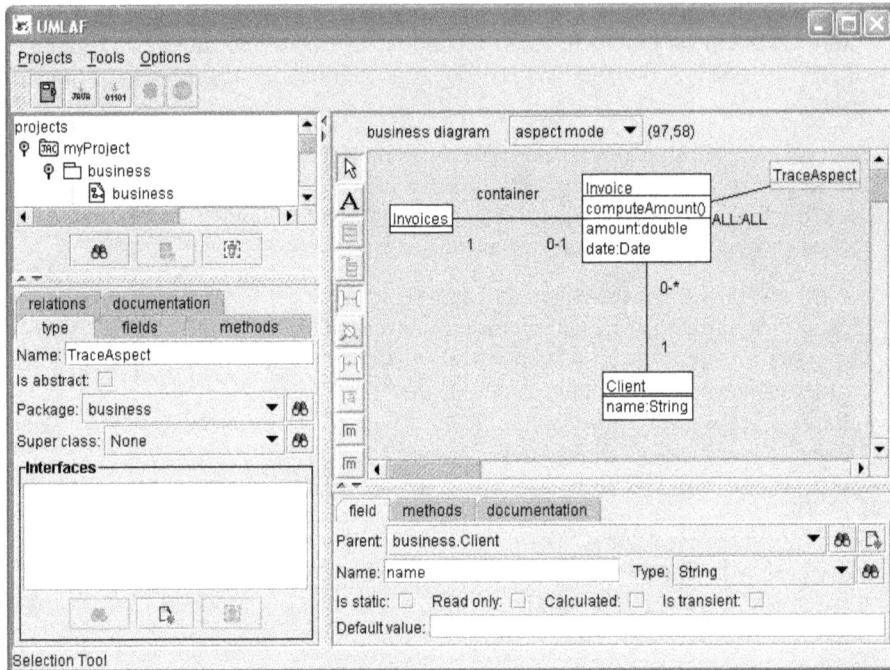

Figure 4.5

UMLAF : Atelier UML pour la conception orientée aspect

Fonctionnalités avancées

Ce panorama de JAC ne saurait être complet sans la présentation de fonctionnalités avancées, telles que l'instanciation et l'ordonnancement d'aspect, le mécanisme RTTI, le nommage d'objet et les options de lancement du framework.

L'instanciation d'aspect

Chaque aspect JAC est associé à deux classes Java, l'une qui hérite de `org.object-web.jac.core.AspectComponent` pour définir l'aspect proprement dit et l'autre qui hérite de `org.objectweb.jac.core.Wrapper` pour définir le wrapper. Un même aspect peut être associé à plusieurs wrappers.

La cardinalité de la classe correspondant à l'aspect est toujours égale à un. Chaque aspect est représenté par une seule instance. Bien évidemment, il peut y avoir plusieurs aspects par application. Le gestionnaire d'aspect (classe `org.objectweb.jac.core.ACManager`) est une entité spéciale chargée de gérer toutes ces instances. Cette entité est notamment à même de déclencher l'opération de tissage des aspects sur l'application.

La cardinalité de la classe implémentant un wrapper varie de façon plus complexe. Tout d'abord, un wrapper peut être utilisé dans plusieurs coupes. Ensuite, pour chaque coupe, la cardinalité varie en fonction de la valeur du paramètre booléen `one2one` de la méthode `pointcut`. La cardinalité varie en outre selon que l'application est répartie ou non.

Lorsque `one2one` vaut faux, une seule instance du wrapper est associée à la coupe. Cette instance est donc partagée par tous les points de jonction qui font partie de la coupe. Lorsque plusieurs coupes utilisent le même wrapper, chaque coupe possède sa propre instance de wrapper.

Lorsque `one2one` vaut vrai, chaque point de jonction est associé à sa propre instance d'aspect. Il y a donc autant d'instances de wrapper que de points de jonction dans les différentes coupes.

Un wrapper partagé par plusieurs coupes peut être défini avec une valeur vrai pour le booléen `one2one` dans certaines d'entre elles et faux dans d'autres.

Lorsque l'application est répartie sur des sites différents, les règles précédentes sont appliquées sur chaque site. Un wrapper défini dans une seule coupe avec un paramètre `one2one` valant faux est associé à autant d'instances qu'il y a de sites dans l'environnement réparti. Chaque instance est installée sur un site différent.

L'ordonnancement d'aspect

Lorsque deux aspects interviennent sur un même point de jonction, il est nécessaire de définir l'ordre dans lequel leurs wrappers doivent être appliqués.

Pour cela, JAC fournit dans le descripteur d'application la propriété `jac.comp.wrappingOrder`. Cette propriété est une liste de noms de classes implémentant des wrappers. Cette liste reflète l'ordre dans lequel les wrappers doivent être exécutés.

Par exemple, la définition suivante :

```
jac.comp.wrappingOrder: \
    org.objectweb.jac.aspects.authentication.AuthenticationWrapper \
    org.objectweb.jac.wrappers.VerboseWrapper
```

spécifie que le wrapper `AuthenticationWrapper` doit être appliqué avant `VerboseWrapper`. Le premier est le wrapper de l'aspect d'authentification qui autorise ou non l'exécution d'une méthode en fonction de l'identité du demandeur. Le second est le wrapper de l'aspect de gestion de traces applicatives. Cette définition spécifie donc que l'authentification doit avoir lieu avant la gestion des traces.

La définition de l'ordre d'exécution des wrappers est entièrement du ressort du développeur d'aspect. C'est lui qui, au regard de la sémantique de ses aspects, décide de leur ordre respectif d'application.

Lorsque la propriété `jac.comp.wrappingOrder` est omise, aucune autre règle n'est appliquée. Il n'existe dans ce cas aucune garantie sur l'ordre d'application des aspects.

Le mécanisme RTTI

Le mécanisme RTTI (Run-Time Type Information) de JAC peut être vu comme une extension du mécanisme de réflexion de Java. Il s'agit de disposer d'une représentation des éléments d'un programme Java. Les éléments comprennent les classes, les méthodes et les attributs.

Ce mécanisme a un rôle descriptif. Il permet de connaître, par exemple, l'ensemble des méthodes d'une classe, ainsi que les types des paramètres de chaque méthode et les noms et types des attributs d'une classe.

Nous avons vu à la section « Les opérateurs de types de méthode » que les expressions de coupes pouvaient contenir des mots-clés caractérisant le comportement des méthodes. Ces mots-clés permettent de sélectionner, par exemple, l'ensemble des méthodes qui modifient l'état de leur classe. Ce type d'information est déterminé lors du chargement des classes par analyse de leur bytecode. Le résultat de cette analyse est stocké par le mécanisme RTTI sous forme de métadonnées. Ces propriétés peuvent être interrogées pour retrouver, par exemple, la liste de toutes les méthodes qui modifient l'état d'une classe.

En plus des propriétés correspondant aux opérateurs de types de méthodes, des propriétés personnalisées peuvent être attachées aux éléments. Par exemple, la propriété persistant peut être attachée à tous les attributs dont la valeur doit être sauvegardée. De plus, chaque propriété peut être associée à une valeur. Par exemple, la propriété authorizedUsers et la valeur 10 peuvent être associées à une méthode pour signifier qu'au maximum 10 utilisateurs peuvent exécuter cette méthode en parallèle. Ces propriétés peuvent être lues et écrites.

Le nommage d'objet

Tous les objets applicatifs chargés par le framework JAC sont associés à un nom qui permet de les identifier de manière unique. Ce nom est construit par défaut à partir du nom de la classe en minuscules, suivi du caractère dièse et d'un numéro incrémenté à chaque nouvelle instanciation de la classe. Les numéros d'instance commencent à 0. Par exemple, order#0 représente la première instance de la classe Order.

Les noms de ces objets sont exploitables dans les expressions de coupe. Il est ainsi possible d'inclure dans une coupe certaines instances d'une classe et pas d'autres.

La classe org.objectweb.jac.core.NameRepository fournit un annuaire de tous les noms et de tous les objets.

Le fragment de code suivant affiche le nom et la référence de tous les objets applicatifs présents dans JAC :

```
Repository rep = NameRepository.get();
Object[] objects = rep.getObjects();
for (int i = 0; i < objects.length; i++) {
  String name = rep.getName(objects[i]);
  System.out.println(name+" "+objects[i]);
}
```

L'annuaire peut également être interrogé pour retrouver une référence à partir d'un nom et réciproquement.

Les options de lancement du framework

Toute application orientée aspect avec JAC se lance par le biais de la classe org.objectweb.jac.core.Jac présente en standard dans le fichier **jac.jar.** À partir d'un nom de fichier contenant un descripteur d'application, cette classe lance une application et ses aspects.

La ligne de commande qui lance la classe Jac accepte un certain nombre d'options. Ces options sont récapitulées au tableau 4.3.

Tableau 4.3 Options de la ligne de commande pour le lancement de JAC

Catégorie	Option	Description
Principale	-R repertoire	Fournit le répertoire dans lequel JAC est installé.
	-C classpath	Fournit le CLASSPATH de l'application, i.e. la liste d'emplacements dans lesquels JAC doit rechercher les fichiers de l'application.
Informative	-r	Affiche le numéro de version de JAC.
	-v	Affiche des messages d'information sur le fonctionnement de JAC.
	-d	Affiche des messages de débogage sur le fonctionnement de JAC.
	-L file	Redirige tous les messages vers le fichier spécifié.
	-h	Affiche un message d'aide.
IHM	-G name	Lance la version Swing de l'interface graphique *name*.
	-W name[:port]	Lance la version HTML de l'interface graphique *name* en spécifiant éventuellement un numéro de port pour le serveur Web.
Répartition	-D [name]	Lance JAC en mode distribué en attribuant éventuellement un nom au serveur.
Dynamicité	-a app asp serv	Recharge la configuration de l'aspect *asp* sur le serveur *serv* pour l'application *app*.
	-u app asp serv	Détisse l'aspect *asp* sur le serveur *serv* pour l'application *app*.
	-n app cl serv path	Ajoute un aspect *asp* dont la classe est *cl* et dont le fichier de configuration se trouve dans *path* sur le serveur *serv*.
Cache de classes	-w	Sauvegarde les classes transformées sur disque pour une utilisation ultérieure.
	-c	Nettoie le cache de classes.

5

JBoss AOP

Ce chapitre aborde un troisième environnement de POA : JBoss AOP. La syntaxe et les concepts décrits dans ce chapitre correspondent à la version, dite standalone DR2 (Developer Release 2), de JBoss AOP disponible à la date où nous publions cet ouvrage. Comme son nom le suggère, cette version est destinée aux développeurs. L'équipe en charge de JBoss AOP n'a pas encore diffusé de version finale destinée à une utilisation de production.

L'annexe C fournit les instructions à suivre pour télécharger et installer JBoss AOP.

Comme JAC, JBoss AOP est un framework pour la programmation orientée aspect. Cela signifie que l'écriture d'un aspect se fait en Java pur, sans extension syntaxique. Alors que les coupes sont définies en Java avec JAC, elles le sont en XML avec JBoss AOP. Les codes advice sont par contre écrits en Java. Comme dans JAC, le tissage est dynamique et s'effectue à l'exécution.

JBoss AOP a été conçu et développé par Bill Burke avec la collaboration de contributeurs, dont Marc Fleury, le CEO du JBoss Group. JBoss AOP peut s'utiliser de façon autonome ou conjointement avec le serveur d'applications J2EE JBoss. Dans le premier cas, la version autonome est appelée standalone. Dans le deuxième cas, à partir de la version 4.0, le serveur d'applications JBoss inclut en standard le framework JBoss AOP.

JBoss AOP est un logiciel Open Source distribué librement et gratuitement selon les termes de la licence GNU LGPL (Lesser General Public License). Tout en étant fondé sur le modèle Open Source, cette licence autorise une utilisation de JBoss AOP dans des produits commerciaux. Le site Web de JBoss AOP est *http://www.jboss.org/developers/projects/ jboss/aop.*

Première application avec JBoss AOP

Cette section fournit un exemple simple de mise en œuvre de la POA avec JBoss AOP, qui va nous permettre de présenter les bases de la syntaxe d'écriture des aspects, coupes et codes advice.

Reprenons l'application Gestion de commande décrite au chapitre 3. Rappelons qu'elle permet de gérer des commandes client. Nous allons lui appliquer le même aspect de gestion de traces applicatives qu'au chapitre 3. Cet aspect a pour fonction d'inspecter le comportement de l'application afin de connaître les méthodes appelées et l'ordre de ces appels.

Premier aspect de trace

Le premier aspect que nous allons écrire avec JBoss AOP trace les exécutions des méthodes de la classe `Order`. Le code de cet aspect comporte deux fichiers, **jboss-aop.xml** et **TraceInterceptor.java.** Le premier est un fichier XML qui définit une coupe, et le second un fichier Java qui fournit le code advice associé à cette coupe. Nous fournissons le contenu de ces fichiers dans les deux sections suivantes.

Les concepteurs de JBoss AOP parlent d'intercepteur plutôt que de code advice. Nous emploierons donc ce terme tout au long de ce chapitre. Il n'y a néanmoins pas de différence fondamentale entre un code advice AspectJ et un intercepteur JBoss AOP. Ce sont tous deux des blocs de code qui définissent le comportement d'un aspect. Le code d'un intercepteur, comme un code advice, s'exécute avant ou après un point de jonction.

Les coupes

Si AspectJ définit les coupes à l'aide de mots-clés et JAC en fournissant une méthode `pointcut`, JBoss AOP utilise un fichier XML. Le nom de ce fichier XML est imposé : il s'agit de **jboss-aop.xml.**

JBoss AOP fournit donc un ensemble de balises XML et d'attributs pour définir des coupes et leurs intercepteurs associés. Les deux balises principales utilisées par JBoss AOP pour définir des coupes sont `<interceptor-pointcut>` et `<interceptor>`. Nous examinons en détail la signification de ces balises à la section « Les coupes ».

Pour l'instant, il nous suffit de dire que `<interceptor-pointcut>` permet de désigner les points de jonction appartenant à la coupe, tandis que `<interceptor>` indique l'intercepteur associé à ces points de jonction.

À titre d'exemple, examinons le fichier **jboss-aop.xml** suivant :

```
<?xml version="1.0" encoding="UTF-8"?>
<aop>
  <interceptor-pointcut class="aop.jboss.Order" ←❶
      methodFilter="ALL" ←❷
      constructorFilter="NONE" ←❸
      fieldFilter="NONE" > ←❹
    <interceptors>
```

```
        <interceptor class="aop.jboss.TraceInterceptor" /> ←❺
      </interceptors>
    </interceptor-pointcut>
  </aop>
```

La première ligne est l'en-tête standard pour tout fichier XML. La seconde ligne contient la balise `<aop>`, qui est la balise principale de tous les fichiers **jboss-aop.xml.**

La balise `<interceptor-pointcut>` (repère ❶) débute la définition d'une coupe. L'attribut `class` fournit la ou les classes que l'on souhaite inclure dans la coupe. Ici, il n'y en a qu'une : il s'agit de la classe `aop.jboss.Order`. Des expressions régulières peuvent être utilisées dans le nom de la classe.

Pour une classe donnée incluse dans une coupe définie avec la balise `<interceptor-point-cut>`, tous les points de jonction de type exécution de méthode, exécution de constructeur, lecture d'attribut et écriture d'attribut situés dans la classe font partie par défaut de la coupe. Le nombre de ces points de jonction étant potentiellement élevé, les attributs `methodFilter` (repère ❷), `constructorFilter` (repère ❸) et `fieldFilter` (repère ❹) de la balise `<interceptor-pointcut>` permettent de n'en retenir que certains.

Les attributs `methodFilter`, `constructorFilter` et `fieldFilter` concernent respectivement les exécutions de méthode, les exécutions de constructeur et les lectures et écritures d'attribut. La section « Les coupes » détaille l'ensemble des valeurs légales pour ces attributs. Pour l'instant, retenons que chacun d'eux peut être associé à la valeur `ALL` ou à la valeur `NONE`. Dans le premier cas, les points de jonction du type correspondant font partie de la coupe, tandis qu'ils n'en font pas partie dans le second cas. Ainsi, la coupe de l'exemple précédent contient tous les points de jonction de type exécution de méthode situés dans la classe `aop.jboss.Order`, mais aucun point de jonction de type exécution de constructeurs, lecture d'attribut ou écriture d'attribut.

La balise `<interceptor>` (repère ❺) fournit, *via* l'attribut `class`, le nom de la classe implémentant l'intercepteur. Il s'agit ici de la classe `aop.jboss.TraceInterceptor` dont nous fournissons le code à la section suivante.

Les intercepteurs

Un intercepteur JBoss AOP exécute du code avant ou après les points de jonction appartenant à une coupe. Le code d'un intercepteur est fourni dans une classe qui doit implémenter l'interface `org.jboss.aop.Interceptor`. Cette interface définit deux méthodes, `getName`, qui doit retourner le nom de l'intercepteur, et `invoke`, qui doit fournir le code avant/après.

La classe `TraceInterceptor` suivante fournit le code de l'intercepteur associé à la coupe précédente :

```
package aop.jboss;

import org.jboss.aop.Invocation;
import org.jboss.aop.InvocationResponse;
import org.jboss.aop.Interceptor;
```

```
import org.jboss.aop.MethodInvocation;

public class TraceInterceptor implements Interceptor {
    public String getName() { return "TraceInterceptor"; }  ←❶

    public InvocationResponse invoke(Invocation invocation)  ←❷
      throws Throwable {

        MethodInvocation mi = (MethodInvocation) invocation;  ←❸
        String methodName = mi.method.getName();

        System.out.println("Avant "+methodName);
        InvocationResponse rsp = invocation.invokeNext();  ←❹
        System.out.println("Après "+methodName);
        return rsp;
    } }
```

Dans cet exemple, la méthode getName (repère ❶) retourne la chaîne de caractères TraceInterceptor. C'est le nom que l'on souhaite attribuer à l'intercepteur. Par convention, il s'agit souvent du nom de la classe, mais n'importe quelle autre valeur peut être choisie.

La méthode invoke (repère ❷) est appelée par le framework JBoss AOP juste avant un des points de jonction de la coupe associée à l'intercepteur. La signature de la méthode invoke est imposée : un seul paramètre de type Invocation est autorisé et le type de retour est InvocationResponse. Le type d'exception Throwable doit être présent. Le paramètre de type Invocation permet d'introspecter le point de jonction. Le type InvocationResponse constitue la valeur retournée par l'intercepteur à l'appelant. Throwable est le type racine de toutes les exceptions et erreurs en Java. Sa mention indique que la méthode invoke est susceptible de lever n'importe quelle exception ou erreur.

Dans la classe TraceInterceptor, la méthode invoke commence par récupérer, *via* le paramètre mi (repère ❸), le nom de la méthode dont nous interceptons l'exécution. Rappelons que la coupe définie dans le fichier **jboss-aop.xml** et associée à cet intercepteur concerne uniquement les exécutions de méthodes. Le nom de méthode intercepté est affiché, précédé du message « Avant ». L'appel de la méthode invokeNext (repère ❹) exécute le code correspondant au point de jonction. invokeNext joue le même rôle que proceed dans AspectJ ou dans JAC. La valeur retournée par invokeNext doit être propagée à l'appelant : c'est ce que fait l'instruction return. Avant cela, un message « Après » suivi du nom de la méthode interceptée est affiché.

Compilation

Une application orientée aspect avec JBoss AOP est composée de fichiers Java pour l'application et les intercepteurs et d'un fichier XML pour la définition des coupes. Le fichier XML doit s'appeler **jboss-aop.xml** et être situé dans un répertoire **META-INF** accessible *via* la variable d'environnement CLASSPATH. Ce fichier XML n'est pas utilisé par la compilation. Il est néanmoins obligatoire pour l'exécution.

La version standalone DR2 de JBoss AOP est livrée avec quatre bibliothèques utilisées lors de la compilation et de l'exécution des programmes. Il s'agit de **jboss-common.jar, jboss-aop.jar, javassist.jar** et **trove.jar.** Ces bibliothèques doivent être présentes dans la variable d'environnement CLASSPATH.

Supposons que JBoss AOP soit installé dans le répertoire ***root.*** Sous Windows, la commande pour définir la variable CLASSPATH est la suivante :

```
set CLASSPATH=.;root\jboss-common.jar;root\jboss-aop.jar;
  root\javassist.jar;root\trove.jar
```

Pour faciliter la compilation et l'exécution, nous incluons de plus le répertoire courant à la variable CLASSPATH.

Sous UNIX, la commande équivalente est :

```
export CLASSPATH=.:root/jboss-common.jar:root/jboss-aop.jar:
  root/javassist.jar:root/trove.jar
```

Une fois la variable CLASSPATH correctement positionnée, la compilation des fichiers Java de l'application et des intercepteurs peut se faire simplement au moyen de la commande `javac`.

En supposant que les trois fichiers de l'application, **Customer.java, Order.java** et **Catalog.java,** et le fichier de l'intercepteur, **TraceInterceptor.java,** se trouvent dans le répertoire **aop/jboss,** la compilation sous Windows s'effectue par le biais de la commande suivante :

```
javac aop\jboss\*.java
```

Sous UNIX, la commande équivalente est :

```
javac aop/jboss/*.java
```

Exécution

Une fois compilée, l'application peut être lancée à l'aide de la commande `java`. Deux conditions doivent néanmoins être respectées :

- La propriété `java.system.class.loader` doit être redéfinie. Comme nous le verrons ci-après, cette redéfinition peut se faire au moyen de l'option `-D` de la commande `java`. La propriété `java.system.class.loader` doit fournir le nom de la classe à utiliser pour charger les classes de l'application. JBoss AOP impose l'utilisation d'une de ses classes. Il s'agit de `org.jboss.aop.standalone.SystemClassLoader`.

- Le répertoire **META-INF** contenant le fichier **jboss-aop.xml** de description de coupe doit être accessible dans la variable d'environnement CLASSPATH.

Le lancement de l'application Gestion de commande avec l'aspect de trace peut alors s'effectuer de la façon suivante :

```
java -Djava.system.class.loader=org.jboss.aop.standalone.SystemClas
sLoader aop.jboss.Customer
```

Résultat de l'exécution

La commande précédente fournit le résultat suivant :

```
Avant addItem

1 article(s) DVD ajouté(s) à la commande

Après addItem

Avant addItem

2 article(s) CD ajouté(s) à la commande

Après addItem

Avant computeAmount

Après computeAmount

Montant de la commande : 50.0 euros
```

Toutes les lignes commençant par « Avant » correspondent à l'interception d'un point de jonction par la méthode invoke de la classe TraceInterceptor. Nous constatons que les deux exécutions de la méthode addItem et l'exécution de la méthode computeAmount ont été interceptées.

Les coupes

Cette section revient sur le mécanisme de définition de coupe et l'examine en détail.

Avec JBoss AOP, les coupes sont définies dans des fichiers XML. Chaque application est associée à un fichier XML de définition de coupe. Comme expliqué précédemment, le nom de ce fichier est obligatoirement **jboss-aop.xml.** Plusieurs coupes peuvent être définies dans un même fichier **jboss-aop.xml.**

La balise principale d'un fichier **jboss-aop.xml** de coupe est <aop>. Tout fichier de définition de coupe a la structure suivante :

```
<?xml version="1.0" encoding="UTF-8"?>
<aop>
    ....
</aop>
```

La première ligne est un en-tête standard en XML. Les définitions de coupe sont comprises entre les balises <aop> et </aop>.

Il existe plusieurs types de coupes avec JBoss AOP : les types classe, appel de méthode, exécution de méthode, constructeur et attribut.

À l'heure où nous publions ce livre, la version standalone DR2 de JBoss AOP contient un bogue qui empêche l'utilisation correcte des trois derniers types de coupe (exécution de méthode, constructeur et attribut). Ce bogue devrait être corrigé dans la prochaine version. Les développeurs désireux d'utiliser dès à présent ces trois types de coupes peuvent se référer à l'annexe C, dans laquelle nous expliquons la cause probable de ce bogue.

Les types de coupes

Comme expliqué à la section précédente, JBoss AOP permet de définir cinq types de coupes : classe, appel de méthode, exécution de méthode, constructeur et attribut. Chacun de ces types est associé à une balise XML. Avant de les examiner en détail, nous introduisons les expressions régulières Java. Ces expressions permettent de désigner des patterns de caractères et sont utilisées dans toutes les expressions de coupe.

Après avoir présenté les types de coupes, nous analysons la façon dont un ou plusieurs intercepteurs peuvent être associés à une coupe. Quel que soit le type de coupe, ce mécanisme est identique.

Les expressions régulières Java

Comme nous le verrons dans la présentation des types de coupes, certaines valeurs d'attributs XML utilisent des expressions régulières Java. Le format de ces expressions est défini dans le package `java.util.regexp` à partir de la version 1.4 de J2SE.

Comme pour les expressions régulières GNU regexp de JAC, les expressions régulières Java de JBoss AOP peuvent contenir des opérateurs. Les principaux d'entre eux sont ., + et *. L'opérateur . permet de remplacer n'importe quel caractère, tandis que les opérateurs + et * correspondent à des répétitions de caractères. L'opérateur + désigne une répétition avec au moins une occurrence, et * une répétition de 0 ou *n* occurrences. L'opérateur `[]` permet quant à lui d'exprimer des plages de valeurs légales : par exemple, `[a-z]` désigne n'importe quel caractère compris entre a et z.

Les opérateurs que nous venons de décrire correspondent à ceux qui sont le plus couramment employés dans les expressions régulières Java, mais plusieurs autres opérateurs sont disponibles. Pour plus d'information, se reporter à la documentation javadoc de J2SE disponible sur le site *http://java.sun.com/j2se/*.

Le type classe

Nous avons vu dans l'exemple de l'aspect de trace pour l'application Gestion de commande que la balise `<interceptor-pointcut>` permettait de désigner simultanément des points de jonction de type exécution de méthode, exécution de constructeur, lecture d'attribut et écriture d'attribut. Ces points de jonction ont pour caractéristique commune d'être dans une classe. En conséquence, on dit que la balise `<interceptor-pointcut>` définit des coupes de type classe.

La balise `<class-pointcut>` est un synonyme pour `<interceptor-pointcut>`. Elle a exactement la même signification. Les deux s'emploient indifféremment dans les fichiers **jboss-aop.xml.**

L'attribut class associé à la balise <interceptor-pointcut> permet de désigner la ou les classes dont on souhaite intercepter les points de jonction. La valeur de cet attribut est une expression régulière Java.

La balise <interceptor-pointcut> peut être associée à trois autres attributs : methodFilter, constructorFilter et fieldFilter. Comme leur nom le suggère, ces attributs permettent de filtrer les points de jonction pris en compte dans la coupe. Ce filtrage s'effectue sur les attributs de visibilité Java associés aux méthodes, constructeurs et attributs. Les filtres methodFilter, constructorFilter et fieldFilter agissent respectivement sur les méthodes, les constructeurs et les attributs.

Le format de définition d'une coupe de type classe dans un fichier **jboss-aop.xml** est donc :

```
<interceptor-pointcut class="classExpression"
                      methodFilter="value"
                      constructorFilter="value"
                      fieldFilter="value" >
    ...
</interceptor-pointcut>
```

Les valeurs légales pour chacun des trois attributs methodFilter, constructorFilter et fieldFilter peuvent se diviser en quatre groupes :

- ALL ou NONE. Avec la valeur ALL, tous les éléments sont pris en compte. Avec la valeur NONE, aucun élément n'est inclus.

- PUBLIC, PRIVATE, PROTECTED, PACKAGE_PROTECTED. Ces quatre valeurs correspondent à la visibilité d'une méthode, d'un constructeur ou d'un attribut Java. La valeur PUBLIC pour l'attribut methodFilter inclut ainsi dans la coupe toutes les méthodes publiques des classes désignées par la valeur de l'attribut class.

- MEMBER ou STATIC. Avec la valeur STATIC, tous les éléments statiques sont pris en compte. La valeur MEMBER correspond aux éléments non statiques.

- TRANSIENT ou NON_TRANSIENT. La valeur TRANSIENT correspond aux éléments associés à l'attribut Java transient. La valeur NON_TRANSIENT désigne tous les autres attributs.

Hors mis ALL et NONE, toutes les autres valeurs peuvent être combinées à l'aide de l'opérateur | (ou logique). L'expression PUBLIC|PROTECTED|STATIC désigne ainsi tous les éléments publics ou protégés ou statiques.

Nous pouvons remarquer que certaines combinaisons de valeurs sont équivalentes à la valeur ALL. MEMBER|STATIC, par exemple, désigne tous les membres puisqu'un élément est soit statique, soit non statique. De même, TRANSIENT|NON_TRANSIENT est équivalent à ALL. Au finale, PUBLIC|PRIVATE|PROTECTED|PACKAGE_PROTECTED produit le même effet que la valeur ALL.

L'omission d'un attribut methodFilter, constructorFilter ou fieldFilter est équivalente à une valeur ALL pour cet attribut.

Par exemple, la coupe suivante :

```
<interceptor-pointcut class="aop.jboss.O.*"
                      constructorFilter="PUBLIC|PROTECTED"
                      fieldFilter="NONE" >
    ...
</interceptor-pointcut>
```

désigne tous les points de jonction de type exécution de constructeur public ou protégé et exécution de toutes les méthodes (methodFilter est omis) des classes dont le nom commence par C dans le package aop.jboss.

Le type appel de méthode

La balise <caller-pointcut> permet de définir des coupes qui désignent des points de jonction de type appel de méthode. Cette balise est associée aux quatre attributs suivants, dont les valeurs sont des expressions régulières Java :

- class : désigne la ou les classes dans lesquelles se trouvent les points de jonction de type appel de méthode.

- withinMethodName : désigne la ou les méthodes des classes désignées par l'attribut class dans lesquelles se trouvent les points de jonction de type appel de méthode.

- calledClass : désigne la ou les classes cibles des points de jonction de type appel de méthode.

- calledMethod : désigne la ou les méthodes cibles des points de jonction de type appel de méthode.

Seuls les points de jonction vérifiant ces quatre expressions régulières font partie de la coupe.

Le format de définition d'une coupe de type appel de méthode dans un fichier **jboss-aop.xml** est donc :

```
<caller-pointcut class="sourceClassExpression"
                 withinMethodName="sourceMethodExpression"
                 calledClass="targetClassExpression"
                 calledMethod="targetMethodExpression" >
    ...
</caller-pointcut>
Par exemple, la coupe suivante :
  <caller-pointcut class="aop.jboss.F.*"
                   withinMethodName="f.*"
                   calledClass="aop.jboss.B.*"
                   calledMethodName="bar" >
    ...
</caller-pointcut>
```

Cette coupe désigne tous les point de jonction qui correspondent à un appel d'une méthode bar d'une classe dont le nom commence par aop.jboss.B et qui sont situés dans une méthode dont le nom commence par f et une classe dont le nom commence par aop.jboss.F.

Le type exécution de méthode

La balise `<method-pointcut>` permet de définir des coupes comprenant des points de jonction de type exécution de méthode. Cette balise est associée aux attributs `class` et `methodName`. Les valeurs de ces attributs sont des expressions régulières Java.

Comme pour les types précédents, l'attribut `class` correspond aux classes que l'on souhaite inclure dans la coupe. L'attribut `methodName` est quant à lui un filtre sur les noms de méthode de ces classes.

Le format de définition d'une coupe de type exécution de méthode dans un fichier **jboss-aop.xml** est donc :

```
<method-pointcut class="classExpression"
                 methodName="methodExpression" >
   ...
</method-pointcut>
```

où `classExpression` et `methodExpression` sont des expressions régulières Java.

À titre d'exemple, la coupe suivante :

```
<method-pointcut class="aop.jboss.C.*" methodName="set.*" >
   ...
</method-pointcut>
```

comprend toutes les exécutions des méthodes dont le nom commence par `set` dans les classes du package `aop.jboss` dont le nom commence par `C`.

Notons que les balises `<interceptor-pointcut>` et `<method-pointcut>` permettent toutes deux de définir des coupes comprenant des points de jonction de type exécution de méthode. Le filtrage s'effectue sur les attributs de visibilité des méthodes avec `<interceptor-pointcut>`, tandis qu'il s'effectue sur leur nom avec `<method-pointcut>`.

Le type constructeur

Les coupes de type constructeur comprennent des points de jonction de type exécution de constructeur. Elles se définissent avec la balise `<constructor-pointcut>`. Cette balise est associée à l'attribut `class`, dont la valeur est une expression régulière sur les noms de classe.

Le format de définition d'une coupe de type exécution de constructeur est :

```
<constructor-pointcut class="classExpression" >
   ...
</constructor-pointcut>
```

où `classExpression` est une expression régulière Java.

Par exemple, la coupe suivante :

```
<constructor-pointcut class=".*" >
   ...
</constructor-pointcut>
```

désigne toutes les exécutions de constructeurs de toutes les classes de l'application.

Les balises `<interceptor-pointcut>` et `<constructor-pointcut>` permettent de définir des coupes comprenant des points de jonction de type exécution de constructeur. La balise `<interceptor-pointcut>` est plus générale, car elle permet d'effectuer des filtrages sur les attributs de visibilité des constructeurs.

Le type attribut

La balise `<field-pointcut>` permet de définir des coupes comprenant des points de jonction de type lecture et écriture d'attributs. Un filtrage est possible sur le nom des classes avec l'attribut `class` et sur le nom des attributs avec l'attribut `fieldName`.

Le format de définition d'une coupe de type attribut dans un fichier est :

```
<field-pointcut class="classExpression"
                fieldName="fieldExpression" >
    ...
</field-pointcut>
```

où `classExpression` et `fieldExpression` sont des expressions régulières Java.

Les balises `<interceptor-pointcut>` et `<field-pointcut>` permettent de définir des coupes comprenant des points de jonction de types lecture et écriture d'attributs. Le filtrage s'effectue sur la visibilité des attributs avec `<interceptor-pointcut>`, tandis qu'il s'effectue sur leur nom avec `<field-pointcut>`.

Les intercepteurs associés à une coupe

Nous avons vu comment désigner l'ensemble des points de jonction d'une coupe. Nous allons maintenant compléter la définition d'une coupe en fournissant le ou les intercepteurs qui lui sont associés.

Déclaration d'un intercepteur

Quel que soit le type de coupe, la déclaration du ou des intercepteurs associés suit les mêmes règles. La balise XML `<interceptors>` délimite la partie consacrée aux intercepteurs. Cette balise s'emploie après une des six balises de définition de coupe vues précédemment. Concrètement, la balise `<interceptors>` remplace les points de suspension mentionnés dans les définitions précédentes.

Entre les balises `<interceptors>` et `</interceptors>`, la balise `<interceptor>` annonce un intercepteur. Cette balise est associée à un attribut `class` qui fournit le nom de la classe qui implémente l'intercepteur.

À titre d'exemple, la déclaration suivante :

```
<interceptor-pointcut class="aop.jboss.O.*"
                      methodFilter="ALL"
                      constructorFilter="NONE"
                      fieldFilter="NONE" >
    <interceptors>
      <interceptor class="aop.jboss.MyInterceptor" />
    </interceptors>
</interceptor-pointcut>
```

associe l'intercepteur implémenté par la classe `aop.jboss.MyInterceptor` à la coupe comprenant les exécutions de toutes les méthodes des classes dont le nom commence par `O` dans le package `aop.jboss`.

Les intercepteurs nommés

Lorsqu'un même intercepteur est utilisé dans plusieurs coupes, il peut être fastidieux de répéter la classe qui l'implémente à chaque utilisation. De plus, si cette classe change, il est nécessaire de répercuter ce changement plusieurs fois pour toutes les coupes qui utilisent l'intercepteur. Pour résoudre ce problème, JBoss AOP permet de déclarer globalement les intercepteurs dans le fichier **jboss-aop.xml.** Les intercepteurs sont alors nommés, et les coupes font référence à ce nom pour indiquer qu'elles utilisent l'intercepteur.

La balise `<interceptor>` permet de déclarer globalement un intercepteur dans le fichier **jboss-aop.xml.** Cette balise est associée à un attribut `name` qui fournit le nom de l'intercepteur et à un attribut `class` qui indique la classe implémentant l'intercepteur.

Par exemple, la ligne suivante :

```
<interceptor name="myInter" class="aop.jboss.MyInterceptor" />
```

définit l'intercepteur `myInter` implémenté par la classe `aop.jboss.MyInterceptor`.

Les coupes font référence à un intercepteur nommé à l'aide de la balise `<interceptor-ref>` associée à l'attribut `name`.

La déclaration suivante :

```
<interceptor-pointcut class="aop.jboss.Order" >
    <interceptors>
      <interceptor-ref name="myInter" />
    </interceptors>
</interceptor-pointcut>
```

associe l'intercepteur `myInter` à la classe `aop.jboss.Order`.

Les piles d'intercepteurs

Plusieurs intercepteurs peuvent être associés à une coupe. JBoss AOP parle en ce cas de pile d'intercepteurs.

Les intercepteurs sont exécutés dans leur ordre de définition dans la pile. Un même intercepteur peut apparaître plusieurs fois dans une pile. Il est alors exécuté plusieurs fois. L'appel de la méthode invokeNext dans le code d'un intercepteur permet de passer à l'exécution de l'intercepteur suivant ou à l'exécution du code correspondant au point de jonction s'il n'y a plus d'intercepteur.

Une pile d'intercepteurs se définit soit en utilisant plusieurs balises <interceptor> entre les balises <interceptors> et </interceptors> dans la définition d'une coupe, soit en déclarant une pile de façon globale dans le fichier **jboss-aop.xml** à l'aide de la balise <stack>.

La balise <stack> pour définir une pile d'intercepteurs est suivie de la liste des intercepteurs faisant partie de la pile. Ceux-ci peuvent être définis explicitement à l'aide de la balise <interceptor> ou correspondre à un intercepteur nommé. Dans ce dernier cas, la balise <interceptor-ref> est utilisée.

La déclaration suivante :

```
<stack name="myStack">
  <interceptor-ref name="myInter" />
  <interceptor class="aop.jboss.Interceptor2" />
</stack>
```

définit la pile myStack, qui comprend deux intercepteurs. Le premier est l'intercepteur myInter défini précédemment. Le second est implémenté par la classe aop.jboss.Interceptor2.

Les coupes font référence à une pile d'intercepteurs à l'aide de la balise <stack-ref>.

La déclaration suivante :

```
<interceptor-pointcut class="aop.jboss.Order" >
  <interceptors>
    <stack-ref name="myStack" />
  </interceptors>
</interceptor-pointcut>
```

associe la pile d'intercepteurs myStack à la classe aop.jboss.Order.

Les piles peuvent inclure d'autres piles. Ainsi, la pile myStack2 suivante :

```
<stack name="myStack2">
  <interceptor class="aop.jboss.Interceptor3" />
  <stack-ref name="myStack" />
</stack>
```

contient l'intercepteur implémenté par la classe aop.jboss.Interceptor3 et les intercepteurs de la pile myStack.

Résumé

Le tableau 5.1 récapitule les caractéristiques des types de coupe que nous venons de présenter. Il présente en outre les types de point de jonction pris en compte par chacun de ces types de coupe.

Tableau 5.1 Points de jonction pris en compte par les types de coupe

		Type de point de jonction			Filtrage
		Exécution de méthode	Appel de méthode	Exécution de constructeur	Lecture/écri-ture d'attribut	
	Classe	Oui		Oui	Oui	Sur le nom de la classe et les attributs de visibilité
	Appel de méthode		Oui			Sur les noms des classes et des méthodes appelantes et appelées
Type de coupe	Exécution de méthode	Oui				Sur les noms des classes et des méthodes
	Constructeur			Oui		Sur les noms des classes
	Attribut				Oui	Sur les noms des classes et des attributs

Les intercepteurs

Nous avons vu à la section précédente comment définir en XML des coupes avec JBoss AOP. Cette section s'intéresse à l'écriture des intercepteurs.

Rappelons que les intercepteurs de JBoss AOP fournissent du code qui s'exécute avant ou après les points de jonction. Les intercepteurs de JBoss AOP sont équivalents aux codes advice d'AspectJ et aux wrappers de JAC.

Implémentation d'un intercepteur

Les intercepteurs JBoss AOP s'écrivent en Java dans des classes qui doivent implémenter l'interface `org.jboss.aop.Interceptor`.

Les deux méthodes suivantes sont définies dans cette interface :

- `getName` : retourne le nom de l'intercepteur. Le nom est choisi librement par le développeur.

- `invoke` : définit le code à exécuter avant et après un point de jonction.

De ces deux méthodes, `invoke` est la plus importante. C'est la méthode invoquée par le framework JBoss AOP juste avant un point de jonction associé à l'intercepteur.

La signature de la méthode `invoke` est imposée. Elle accepte un seul paramètre de type `org.jboss.aop.Invocation`. Comme nous le verrons à la section suivante, ce paramètre permet de faire de l'introspection de point de jonction. N'importe quelle exception est susceptible d'être levée par la méthode `invoke`. Sa signature doit donc comporter l'exception `Throwable`, classe ancêtre de toutes les exceptions Java. Finalement, le type de retour de la méthode `invoke` doit être `org.jboss.aop.InvocationResponse`.

Dans un intercepteur, l'appel de la méthode `invokeNext` permet de délimiter les parties de code qui s'exécutent avant et après le point de jonction. La méthode `invokeNext` doit être appelée sur l'objet de type `Invocation` passé en paramètre de la méthode `invoke`. La méthode `invokeNext` joue pour JBoss AOP le même rôle que `proceed` pour AspectJ et JAC.

Lorsqu'un point de jonction ne comporte qu'un seul intercepteur, la méthode `invokeNext` exécute le code correspondant au point de jonction. Lorsque plusieurs intercepteurs sont greffés autour du même point de jonction, `invokeNext` invoque l'intercepteur suivant ou le code correspondant au point de jonction si le dernier intercepteur est atteint.

L'appel de la méthode `invokeNext` est facultatif. Si elle n'est pas appelée, le code correspondant au point de jonction n'est pas exécuté. Ce comportement correspond à des aspects, par exemple un aspect de sécurité, qui ne souhaitent pas exécuter ce code ou qui souhaitent le remplacer par un autre comportement.

La méthode `invokeNext` peut être appelée plusieurs fois. Dans ce cas, le code correspondant au point de jonction est exécuté à plusieurs reprises. Ce comportement correspond à des aspects qui tentent d'exécuter à plusieurs reprises l'application, par exemple en cas de défaillance.

La méthode `invoke` retourne une valeur de type `InvocationResponse`. Ce type correspond à la valeur retournée par le code du point de jonction. Il est nécessaire de propager cette valeur à l'appelant.

Le format général de la classe Java implémentant un intercepteur est donc :

```
package aop.jboss;

import org.jboss.aop.Invocation;
import org.jboss.aop.InvocationResponse;
import org.jboss.aop.Interceptor;

public class MyInterceptor implements Interceptor {
    public String getName() { return "unNom"; }

    public InvocationResponse invoke(Invocation invocation)
      throws Throwable {

        System.out.println("Code avant");
        InvocationResponse rsp = invocation.invokeNext();
        System.out.println("Code après");
        return rsp;
    } }
```

Le mécanisme d'introspection de point de jonction

Le terme introspection peut être interprété comme l'action d'« inspecter à l'intérieur ». Il s'agit d'obtenir des informations sur le point de jonction courant. L'introspection est réalisée à l'aide du paramètre de type `org.jboss.aop.Invocation` de la méthode `invoke` d'un intercepteur.

Le type `Invocation` correspond à une classe qui possède plusieurs sous-classes. Chaque sous-classe correspond à un type de point de jonction particulier. La figure 5.1 fournit une vue de cette hiérarchie de classes. Seuls les attributs et les méthodes principales sont représentés. La documentation javadoc fournie avec JBoss AOP contient une description exhaustive de ces classes.

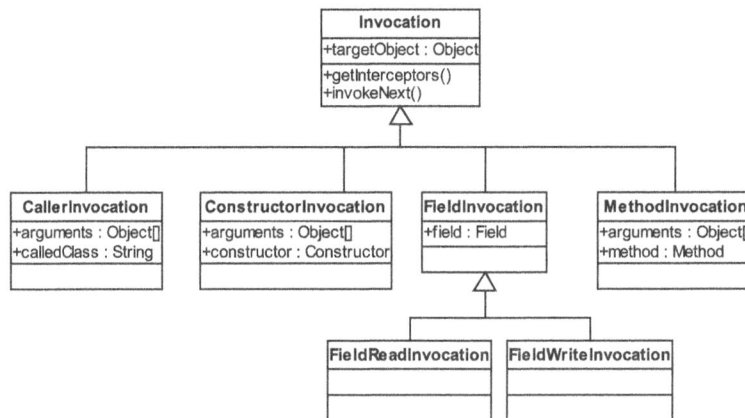

Figure 5.1

Extrait de la hiérarchie de classes `org.jboss.aop.Invocation`

La classe `Invocation` est la classe commune à tous les points de jonction. Elle possède un attribut `targetObject` qui désigne l'objet du point de jonction courant. La méthode `get Interceptors` retourne une liste de tous les intercepteurs greffés autour du point de jonction. La méthode `invokeNext` permet d'exécuter le code correspondant au point de jonction.

Chacune des sous-classes de `Invocation` correspond à un type de point de jonction différent :

- La classe `CallerInvocation` représente les points de jonction de type appel de méthode. Ses attributs `arguments` et `calledClass` permettent de récupérer respectivement les paramètres de l'appel et le nom de la classe appelée.

- La classe `ConstructorInvocation` correspond aux exécutions de constructeur. Son attribut `arguments` contient les paramètres d'appel du constructeur. L'attribut `constructor` de type `java.lang.reflect.Constructor` permet de récupérer une représentation du constructeur *via* l'API de réflexion de Java.

- La classe `FieldInvocation` est associée aux points de jonction concernant les attributs. Ses deux sous-classes, `FieldReadInvocation` et `FieldWriteInvocation`, concernent respectivement les lectures et les écritures d'attributs. L'attribut `field` de la classe `Field-Invocation` permet de récupérer une représentation de l'attribut intercepté.

- La classe `MethodInvocation` correspond aux exécutions d'une méthode. Les paramètres d'appel de la méthode, ainsi qu'une représentation de celle-ci, peuvent être récupérés respectivement à l'aide des attributs `arguments` et `method`.

Le mécanisme mix-in

Le mécanisme mix-in de JBoss AOP permet d'étendre le comportement d'une application. Ce mécanisme est identique au mécanisme d'introduction d'AspectJ.

Concrètement le mécanisme mix-in consiste à ajouter aux classes existantes de l'application des interfaces ou des attributs et des méthodes provenant d'une classe.

Le mécanisme mix-in atteint donc, par d'autres biais, le même objectif que l'héritage : il permet d'étendre une classe. Contrairement à l'héritage, cependant, il ne permet pas de redéfinir ou de surcharger des méthodes existantes.

Définition

Le mécanisme mix-in se définit dans le fichier **jboss-aop.xml** au moyen de la balise `<introduction-pointcut>` associée à l'attribut `class`. Cet attribut est une expression régulière Java qui indique la ou les classes étendues par le mécanisme mix-in. La balise est suivie d'une balise `<mixin>`.

Le fragment de fichier XML suivant illustre la définition d'un mécanisme mix-in concernant la classe `aop.jboss.Order` :

```
<introduction-pointcut class="aop.jboss.Order">
<mixin>
   ...
</mixin>
</introduction-pointcut>
```

Nous complétons ce fragment de fichier à la section suivante (« Exemple »).

Les balises `<introduction-pointcut>` cohabitent au sein des fichiers **jboss-aop.xml** avec les balises de définition de coupe que nous avons vues jusqu'à présent. Elles sont écrites, comme elles, entre les balises `<aop>` et `</aop>`, qui délimitent le début et la fin d'un fichier **jboss-aop.xml.**

Les points de suspension de l'exemple précédent accueillent la définition des éléments qui vont être ajoutés, ici dans la classe `aop.jboss.Order`. Deux types d'éléments peuvent être ajoutés : des interfaces et des classes. Chacun de ces éléments est associé à une balise XML.

La balise `<interfaces>` fournit les noms de la ou des interfaces ajoutées. Lorsqu'il y a plusieurs interfaces, leurs noms sont séparés par une virgule.

La balise `<class>` donne le nom de la classe à ajouter. Tous les attributs et toutes les méthodes de cette classe sont ajoutés à la ou aux classes initiales, ici à la classe `aop.jboss.Order`.

Conceptuellement, le mécanisme mix-in étend une classe existante. Cependant, en pratique, deux instances subsistent lorsque le programme s'exécute : celle de la classe initiale, non étendue, et celle de la classe correspondant à l'extension. Une troisième balise `<construction>` est disponible dans la définition d'un mécanisme mix-in pour indiquer comment cette seconde instance doit être créée. Concrètement, cette balise fournit, à l'aide de l'instruction `new`, la ligne de code qui permet de créer l'instance.

Par exemple, le fragment XML suivant :

```
<construction> new aop.jboss.Calendar(this) </construction>
```

indique que l'instance étendue doit être créée en appelant le constructeur de la classe `aop.jboss.Calendar` et en lui passant en paramètre la référence `this`.

La création de l'instance étendue s'effectue dans le contexte de l'instance initiale. La référence `this` correspond à la référence de l'instance initiale. Nous sommes de la sorte à même de transmettre à l'instance étendue la référence de l'instance initiale. L'instance étendue connaît la référence de l'instance qu'elle étend.

Exemple

Afin d'illustrer le mécanisme mix-in, nous allons étendre la classe `Order` de l'application Gestion de commande. Il s'agit de faire en sorte que toutes les commandes soient datées. Pour cela, nous allons définir une interface et une classe.

L'interface `CalendarItf` fournit la signature des méthodes que nous souhaitons ajouter à la classe `Order`. Il s'agit de deux méthodes permettant respectivement de positionner et de récupérer la date :

```
package aop.jboss;
import java.util.Date;
public interface CalendarItf {
  public void setDate(Date date);
  public Date getDate();
}
```

La classe `Calendar` fournit l'implémentation de l'interface `CalendarItf` :

```
package aop.jboss;
import java.util.Date;
public class Calendar implements CalendarItf {
  private Object initial;
  private Date date;
  public Calendar( Object initial ) {  ←❶
    this.initial = initial;
    date = new Date();
  }
```

```
    public void setDate(Date date) {
      this.date = date;
    }
    public Date getDate() {
      return date;
    }
  }
```

En plus de fournir l'implémentation des méthodes setDate et getDate, la classe Calendar définit un attribut date et un constructeur (repère ❶) prenant en paramètre un objet. Ce constructeur est appelé par le framework JBoss AOP. Le paramètre contient alors la référence de l'objet initial étendu.

Le fichier **jboss-aop.xml** suivant permet de déclarer le mécanisme mix-in :

```
<?xml version="1.0" encoding="UTF-8"?>
<aop>
  <introduction-pointcut class="aop.jboss.Order">
  <mixin>
    <interfaces> aop.jboss.CalendarItf </interfaces>
    <class> aop.jboss.Calendar </class>
    <construction> new aop.jboss.Calendar(this) </construction>
  </mixin>
  </introduction-pointcut>
</aop>
```

L'interface Calendar et la classe CalendarItf sont ajoutées à la classe Order.

Les éléments introduits par le mécanisme mix-in sont principalement utilisés par les aspects. Ainsi, l'interface CalendarItf et les méthodes setDate et getDate de la classe Calendar sont utilisées dans des intercepteurs associés à une coupe concernant la classe Order.

De façon complémentaire, tout objet étendu par le mécanisme mix-in peut être converti vers le type correspondant à l'interface introduite. Dans l'exemple, les objets de la classe Order peuvent être convertis vers CalendarItf. Il est de la sorte possible à tout moment de tirer parti des méthodes introduites, ici setDate et getDate. Cette caractéristique est particulièrement intéressante lorsqu'une application, tout en étant indépendante de l'implémentation d'un aspect, sait qu'une interaction avec cet aspect doit être mise en œuvre. Il est alors possible de convertir tout objet applicatif vers l'interface introduite et d'utiliser les méthodes introduites par l'aspect.

Les métadonnées

Les concepts abordés jusqu'à présent nous ont permis d'écrire des programmes orientés aspect avec JBoss AOP. Nous avons pu écrire des coupes et associer des intercepteurs aux points de jonction désignés par ces coupes. Nous avons vu également que le mécanisme mix-in permettait d'étendre le comportement d'une application.

Cette section s'intéresse aux métadonnées. Les métadonnées représentent des informations, donc des données, qui sont associées à une application. On leur associe le préfixe *méta* car ce sont des données qui ne sont pas manipulées directement par l'application mais qui apportent des informations décrivant l'application elle-même.

Les métadonnées ne sont pas propres à la POA. On les trouve dans d'autres domaines de l'informatique, comme les bases de données ou la programmation réflexive. Elles sont néanmoins très prisées en POA car elles permettent d'associer des informations concernant un aspect aux éléments d'une application (classe, méthode, attribut, etc.). Grâce à elles, nous pouvons par exemple désigner les méthodes dont les exécutions doivent être tracées par un aspect de trace ou les attributs dont les valeurs doivent être sauvegardées par un aspect de persistance.

L'intérêt des métadonnées est de découpler l'application de ses aspects. Prenons l'exemple d'un aspect de trace. Il est nécessaire d'indiquer quelles méthodes doivent être tracées. Si cette information est contenue directement dans le code de l'aspect, ce dernier n'est pas réutilisable puisque son code doit être modifié pour toute nouvelle application. Par contre, si l'indication des méthodes à tracer est effectuée grâce aux métadonnées et si l'aspect exploite les informations contenues dans les métadonnées pour retrouver les méthodes à tracer, l'aspect devient indépendant des applications et est donc réutilisable.

Les métadonnées de JBoss AOP améliorent la réutilisabilité des aspects en adaptant chaque aspect au contexte particulier d'une application. En cela, elles jouent un rôle similaire à celui des fichiers de configuration d'aspect de JAC ou à celui des aspects abstraits d'AspectJ.

Définition des métadonnées

Les métadonnées de JBoss AOP se définissent dans le même fichier XML que celui qui sert aux coupes et au mécanisme mix-in. Lorsque plusieurs aspects sont tissés sur une même application, chaque aspect est associé à ses propres métadonnées.

La balise `<class-metadata>` permet de définir des métadonnées. Elle accepte deux attributs : `group` et `class`. La valeur du premier fournit un nom pour identifier les métadonnées. *A priori,* chaque aspect choisit un nom qui lui est propre et qui lui permet de retrouver ses métadonnées. Deux aspects différents ne doivent pas utiliser le même nom pour l'attribut `group`. Le second attribut `class` est une expression régulière sur les noms de classes de l'application. Il indique le ou les classes auxquelles on souhaite attacher des métadonnées pour cet aspect.

Par exemple, le fragment XML suivant :

```
<class-metadata group="toBeTraced" class="aop.jboss.C.*" >
   ...
</class-metadata>
```

définit des métadonnées pour toutes les classes du package `aop.jboss` dont le nom commence par `C`. Ces métadonnées sont associées au nom `toBeTraced`.

Entre les balises `<class-metadata>` et `</class-metadata>`, il est possible de définir des métadonnées pour des méthodes ou des attributs à l'aide respectivement des balises

<method> et <field>. Ces deux balises sont associées à l'attribut XML name, qui est une expression régulière. Cette expression régulière fournit les méthodes ou les attributs auxquels on souhaite attacher les métadonnées.

Le fragment XML suivant :

```
<class-metadata group="toBeTraced" class="aop.jboss.Order" >
  <method name="addItem.*" >
    ...
  </method>
  <field name="articles" >
    ...
  </field>
</class-metadata>
```

définit des métadonnées pour toutes les méthodes de la classe Order dont le nom commence par addItem et pour l'attribut articles.

Les points de suspension contiennent les métadonnées proprement dites. Il n'y a pas de balise XML imposée pour cela, et n'importe quel fragment XML syntaxiquement correct peut être utilisé. Le fragment peut être composé d'une ou de plusieurs balises.

Le fichier XML suivant :

```
<?xml version="1.0" encoding="UTF-8"?>
<aop>
  <class-metadata group="toBeTraced" class="aop.jboss.Order" >
    <method name="addItem.*" >
      <tracedMethod>true</tracedMethod> ←❶
    </method>
    <field name="articles" >
      <traceField>true</traceField> ←❷
      <traceFieldOption>writeOnly</traceField>á ←❸
    </field>
  </class-metadata>
</aop>
```

définit la balise <traceMethod> (repère ❶) comme métadonnée pour les méthodes et les balises <traceField> (repère ❷) et <traceFieldOption> (repère ❸) comme métadonnées pour les attributs. Les valeurs respectives de ces trois balises sont true, true et writeOnly. Insistons sur le fait que le nombre, les noms et les valeurs des balises définissant les métadonnées sont laissés au libre choix des développeurs.

Entre les balises <class-metadata> et </class-metadata>, plusieurs balises <method> et <field> peuvent être utilisées pour définir des métadonnées pour plusieurs méthodes et attributs. Si une méthode ou un attribut apparaît plusieurs fois avec la même métadonnée, seule la dernière valeur définie pour la métadonnée est prise en compte.

Une balise <default> permet de définir des métadonnées pour les attributs et les méthodes qui n'ont pas été mentionnés avec les balises <method> et <field>.

Interrogation des métadonnées

Les métadonnées définies dans le fichier **jboss-aop.xml** sont exploitées par les aspects. Chaque intercepteur a donc accès aux métadonnées et peut orienter son comportement en fonction de celles-ci. Par exemple, un intercepteur de type exécution de méthode peut interroger les métadonnées pour connaître la valeur de la balise <tracedMethod> associée à la méthode interceptée. Si cette valeur est true, il peut décider de tracer l'exécution de la méthode.

La méthode getMetaData de la classe Invocation permet d'interroger les métadonnées. Elle accepte deux paramètres de type String. Le premier paramètre correspond au nom du groupe de métadonnées, c'est-à-dire à une valeur définie à l'aide de l'attribut group de la balise <class-metadata>. Le deuxième paramètre correspond au nom de la métadonnée, c'est-à-dire à une balise située après les balises <method> ou <field> dans le fichier **jboss-aop.xml.** Finalement, la valeur de retour de la méthode getMetaData est de type Object et représente la valeur de la métadonnée. Lorsque le nom du groupe de métadonnées ou le nom de la métadonnée n'existent pas, la valeur retournée est null.

L'intercepteur suivant illustre l'utilisation de la méthode getMetaData (nous supposons que le fichier **jboss-aop.xml** de la section précédente est utilisé) :

```java
package aop.jboss;

import org.jboss.aop.Invocation;
import org.jboss.aop.InvocationResponse;
import org.jboss.aop.Interceptor;

public class MyInterceptor2 implements Interceptor {
  public String getName() { return "MyInterceptor2"; }
  public InvocationResponse invoke(Invocation invocation)
      throws Throwable {

    String data = (String)
      invocation.getMetaData("toBeTraced","tracedMethod"); ←❶

    if ( data!=null && data.equals("true") ) {
       System.out.println("Avant l'appel");
       InvocationResponse rsp = invocation.invokeNext();
       System.out.println("Après l'appel");
       return rsp;
    }
    else {
       return invocation.invokeNext(); ←❷
    }
  }
}
```

L'intercepteur MyInterceptor2 commence par interroger la méthode getMetaData (repère ❶). Si la valeur est non nulle et égale à true, l'exécution est tracée, et deux messages sont affichés avant et après. Sinon, le point de jonction s'exécute normalement (repère ❷).

Modification des métadonnées

Nous venons de voir comment définir et interroger des métadonnées. Ce sont les deux opérations les plus couramment effectuées. En complément à cette présentation des métadonnées de JBoss AOP, la présente section montre comment des métadonnées peuvent être modifiées pendant l'exécution du programme.

Le fichier **jboss-aop.xml** permet de définir les métadonnées initiales de l'application. Ce fichier est lu une fois et une seule au démarrage du programme. Le programme en cours d'exécution ne relit jamais le fichier **jboss-aop.xml,** même si son contenu change. Toute modification de ce fichier n'est donc prise en compte qu'au lancement suivant du programme.

JBoss AOP fournit une API qui permet de modifier les métadonnées d'un programme en cours d'exécution. Avant d'indiquer la procédure à suivre pour aboutir à cela, il est nécessaire de préciser que plusieurs niveaux de métadonnées existent dans JBoss AOP.

Les niveaux de métadonnées

Les métadonnées de JBoss AOP peuvent appartenir à l'un des niveaux suivants : invocation, thread, instance ou classe. Il y a une relation d'inclusion entre ces niveaux puisqu'une invocation est contenue dans un thread qui lui-même concerne une instance qui appartient à une classe.

Le niveau invocation

Le niveau invocation est le plus fin. Les modifications faites sur les métadonnées à ce niveau ne sont prises en compte que pendant la durée de vie de l'invocation, c'est-à-dire tant que nous restons dans le corps de la méthode invoke d'un intercepteur. Dès que cette méthode se termine, les modifications sont perdues. De plus, si plusieurs invocations se déroulent en parallèle, les modifications de métadonnées faites dans une invocation ne sont pas vues par les autres.

La méthode setMetaData de la classe Invocation permet de modifier une métadonnée au niveau invocation. Elle prend en paramètre une instance de la classe org.jboss.aop.Simple-MetaData. Cette dernière possède une méthode addMetaData avec trois paramètres de type String : un nom de groupe de métadonnées, un nom de métadonnées et une valeur.

Les trois lignes de code suivantes dans une méthode invoke :

```
SimpleMetaData smd = new SimpleMetaData();
smd.addMetaData( "toBeTraced", "tracedMethod", "false" );
invocation.setMetaData(smd);
```

positionnent la valeur false pour la métadonnée tracedMethod du groupe toBeTraced.

Insistons sur le fait que dès que la méthode invoke se termine, cette modification est perdue.

Le niveau thread

Dans ce niveau, les métadonnées sont attachées à un thread. Lorsque l'application est multithread, chaque thread possède ses propres métadonnées. Les métadonnées de niveau thread existent tant que le thread s'exécute.

La méthode statique `instance` de la classe `org.jboss.aop.ThreadMetaData` retourne l'instance de la classe `SimpleMetaData`, qui permet de modifier les métadonnées de niveau thread.

Le code suivant effectue la même modification de métadonnée que précédemment, mais cette fois au niveau thread :

```
ThreadMetaData.instance().
  addMetaData( "toBeTraced", "tracedMethod", "false");
```

Le niveau instance

Dans ce niveau, les métadonnées sont attachées à une instance, c'est-à-dire à un objet de l'application.

Avec JBoss AOP, chaque objet de l'application peut être converti vers le type `org.jboss.aop.Advised`. Celui-ci fournit une méthode `_getInstanceAdvisor`, qui retourne l'instance de `SimpleMetaData` correspondant aux métadonnées attachées à cet objet.

À titre d'exemple, nous allons modifier une métadonnée de l'objet applicatif contenant le point de jonction courant. Rappelons pour cela que, dans une méthode `invoke`, cet objet s'obtient à l'aide de l'attribut `targetObject` du paramètre `invocation`.

La modification de métadonnée au niveau instance s'effectue de la façon suivante :

```
Advised obj = (Advised) invocation.targetObject;
obj._getInstanceAdvisor().getMetaData().
  addMetaData( "toBeTraced", "tracedMethod", "false" );
```

Le niveau classe

Le niveau classe est le plus macroscopique. Les métadonnées de niveau classe sont connues de façon globale par toutes les instances de cette classe et sont accessibles dans tous les threads, quelle que soit l'invocation.

Les métadonnées définies dans un fichier **jboss-aop.xml** ont un niveau classe. De ce fait, contrairement aux métadonnées des niveaux inférieurs, les métadonnées de niveau classe ne sont pas modifiables par programme.

Fonctionnalités avancées

Ce panorama de JBoss AOP ne serait pas complet sans la présentation de fonctionnalités avancées. Ces fonctionnalités concernent l'instanciation, la configuration et l'ordonnancement des intercepteurs.

Instanciation des intercepteurs

Par défaut, JBoss AOP crée une instance d'intercepteur par classe incluse dans une coupe. Il y a deux façons de modifier ce comportement par défaut. La première consiste à indiquer que l'intercepteur est un singleton, et la seconde à fournir une classe dite `factory` pour contrôler finement la façon dont les intercepteurs sont instanciés.

Singleton

La première technique permettant de modifier la façon dont JBoss AOP instancie les intercepteurs consiste à indiquer que l'intercepteur est un singleton. Dans ce cas, chaque classe d'intercepteur est associée à une seule instance. Celle-ci est chargée de traiter les interceptions pour tous les points de jonction de l'application. Cette technique est utile si nous souhaitons partager des données définies au niveau de l'intercepteur entre tous les points de jonction de l'application.

Un intercepteur singleton se définit dans le fichier **jboss-aop.xml** à l'aide de l'attribut singleton de la balise <interceptor>.

Le fragment XML suivant :

```
<interceptor name="myInter" class="aop.jboss.MyInterceptor"
    singleton="true" />
```

indique que l'intercepteur myInter implémenté par la classe aop.jboss.MyInterceptor est un singleton.

Factory

La seconde technique permettant de modifier la façon dont JBoss AOP instancie les intercepteurs consiste à fournir une classe dite factory chargée de créer des instances d'intercepteurs de façon personnalisée.

La classe factory est invoquée par le framework JBoss AOP chaque fois qu'il a besoin d'une instance d'intercepteur. La classe factory peut alors choisir de lui en fournir une nouvelle ou de lui fournir un intercepteur existant.

La classe factory doit implémenter l'interface org.jboss.aop.InterceptorFactory et fournir un constructeur sans argument. La classe InterceptorFactory définit une seule méthode create. Celle-ci a un paramètre de type org.jboss.aop.Advisor qui permet d'obtenir des métadonnées associées à la classe pour laquelle JBoss AOP souhaite un intercepteur. Le type de retour de la méthode create est Interceptor.

La classe suivante fournit un exemple de classe factory :

```
package aop.jboss;

import org.jboss.aop.Advisor;
import org.jboss.aop.Interceptor;
import org.jboss.aop.InterceptorFactory;

public class TraceInterceptorFactory implements InterceptorFactory{
  private index;
  public TraceInterceptorFactory() {}
  public Interceptor create(Advisor advisor) {
    return new TraceInterceptor(index++);
  }
}
```

Cette classe `TraceInterceptorFactory` crée une nouvelle instance de l'intercepteur `TraceInterceptor` à chaque appel de la méthode `create`. Chaque intercepteur reçoit un numéro unique *via* l'attribut `index` qui est incrémenté pour chaque nouvel intercepteur.

Les classes factory se définissent dans le fichier **jboss-aop.xml** à l'aide de l'attribut `factory` associé à la balise `<interceptor>`.

Le fragment XML suivant :

```
<interceptor name="myInter" class="aop.jboss.MyInterceptor"
    factory="aop.jboss.TraceInterceptorFactory" />
```

indique d'utiliser la classe `aop.jboss.TraceInterceptorFactory` comme classe factory pour l'intercepteur `myInter`.

Configuration des intercepteurs

Nous avons vu que le fichier **jboss-aop.xml** permettait de définir des coupes, des intercepteurs, le mécanisme mix-in et des métadonnées. Nous allons voir dans cette section qu'il permet également de configurer les intercepteurs.

La balise `<interceptor>` permet de définir un intercepteur. Trois attributs peuvent lui être associés : `name`, `class`, `factory` et `singleton`. JBoss AOP permet d'inclure entre les balises `<interceptor>` et `</interceptor>` n'importe quel fragment XML syntaxiquement correct. Ce fragment n'est pas exploité directement par JBoss AOP mais fait partie de la configuration de l'intercepteur. L'idée est de pouvoir passer à l'intercepteur des paramètres de configuration définis en XML.

Par exemple, la déclaration suivante :

```
<interceptor name="myInter" class="aop.jboss.MyInterceptor"
    factory="aop.jboss.TraceInterceptorFactory2">
    <type>verbose</type>
    <level>10</level>
</interceptor>
```

définit une configuration de l'intercepteur `myInter` comprenant deux balises XML, `<type>` et `<level>`. Ces balises sont associées respectivement aux valeurs `verbose` et 10. Les noms des balises ne sont pas imposés par JBoss AOP. Chaque développeur est donc libre de choisir les noms qu'il souhaite dès lors que ces derniers n'entrent pas en conflit avec les balises existantes de JBoss AOP.

Pour pouvoir exploiter les balises XML de configuration, les classes factory doivent implémenter l'interface `org.jboss.util.xml.XmlLoadable`. Cette interface définit la méthode `importXml` suivante :

```
public void importXml( org.w3c.dom.Element element )
    throws Exception;
```

La méthode `importXml` est appelée par le framework JBoss AOP. Le paramètre `element` contient l'arbre XML DOM de la balise `<interceptor>`. Il est alors possible de récupérer, *via* l'API org.w3c.dom, l'ensemble des balises incluses dans la balise <interceptor>, notamment les balises <type> et <level>. L'API org.w3c.dom est fournie en standard dans J2SE à partir de la version 1.4.

La classe TraceInterceptorFactory2 suivante illustre l'utilisation des paramètres de configuration :

```
package aop.jboss;

import org.jboss.aop.Advisor;
import org.jboss.aop.Interceptor;
import org.jboss.aop.InterceptorFactory;
import org.jboss.util.xml.XmlLoadable;
import org.w3c.dom.Element;

public class TraceInterceptorFactory2
  implements InterceptorFactory, XmlLoadable {

  private index;

  public TraceInterceptorFactory() {}

  public Interceptor create(Advisor advisor) {
    return new TraceInterceptor(index++);
  }

  public void importXml( org.w3c.dom.Element element )
    throws Exception {

    Element type =
      (Element) element.getElementsByTagName("type").item(0);
    String typeValue = type.getFirstChild().getNodeValue();

    Element level =
      (Element) element.getElementsByTagName("level").item(0);
    String levelValue = type.getFirstChild().getNodeValue();
  }
}
```

La méthode getElementByTagName permet de récupérer un élément fils. Ici, nous récupérons successivement les fils des noms type et level. Plusieurs éléments fils pouvant correspondre, l'appel de la méthode item(0) permet de ne retenir que le premier. Les valeurs des éléments type et level sont à nouveau des fils de ces éléments. Nous les récupérons à l'aide de l'appel getFirstChild().getNodeValue().

Avec le fichier **jboss-aop.xml** précédent, les variables typeValue et levelValue contiennent respectivement, à la fin de la méthode importXml, verbose et 10.

Ordonnancement des intercepteurs

Nous avons vu précédemment que le mécanisme de pile d'intercepteurs permettait d'associer plusieurs intercepteurs à une coupe. Les intercepteurs sont alors exécutés dans leur ordre de déclaration dans la pile.

Il se peut qu'un même point de jonction soit désigné par plusieurs coupes. Dans ce cas, il est associé à plusieurs intercepteurs ou à plusieurs piles. L'ordre d'exécution des intercepteurs et des piles correspond à l'ordre de déclaration de la coupe dans le fichier **jboss-aop.xml.** Les intercepteurs ou les piles de la coupe apparaissant en premier sont d'abord appliqués, puis vient le tour des piles ou des intercepteurs des coupes suivantes, toujours dans leur ordre de déclaration.

6

AspectWerkz

Comme JAC et JBoss AOP, AspectWerkz est un framework de POA. Avec AspectWerkz, l'écriture d'un programme orienté aspect se fait en Java pur, avec des commentaires java-doc spécifiques et des API qui permettent la définition d'aspects, de coupes et de codes advice. Les commentaires peuvent être remplacés par une configuration sous forme XML.

En tant que framework de POA, AspectWerkz effectue le tissage à l'exécution, appelé dans sa terminologie mode online, par le biais notamment de la technologie HotSwap. Introduite avec la version 1.4 de J2SE, cette dernière est plus performante que celles utilisées avec J2SE 1.3. AspectWerkz propose aussi un tissage à la compilation, appelé mode offline. Celui-ci est notamment employé lorsque AspectWerkz est utilisé au sein de serveurs d'applications comme WebSphere.

AspectWerkz a été conçu et développé par Jonas Bonér et Alexandre Vasseur. Les premières versions du framework ont été distribuées en 2002. La version présentée ici est la 0.10 RC1 (Release Candidate 1). L'éditeur de logiciel BEA sponsorise ce projet, d'où un support spécifique de la JVM de BEA, JRockit, par AspectWerkz.

AspectWerkz est un logiciel Open Source distribué librement et gratuitement selon les termes de la licence GNU LGPL (Lesser General Public License), qui autorise une utilisation d'AspectWerkz dans des produits commerciaux. Le site Web d'AspectWerkz est *http://aspectwerkz.codehaus.org.*

L'annexe D fournit les instructions à suivre pour télécharger et installer AspectWerkz.

Première application avec AspectWerkz

Cette section fournit un exemple simple de mise en œuvre de la POA avec AspectWerkz, afin d'illustrer la syntaxe d'écriture des aspects, coupes et codes advice.

L'exemple reprend l'application Gestion de commande décrite au chapitre 3, avec le même aspect de gestion de traces applicatives qu'aux chapitres précédents, mais écrit cette fois avec AspectWerkz. Cet aspect a pour fonction d'inspecter le comportement de l'application afin de connaître les méthodes appelées et l'ordre de ces appels.

Premier aspect de trace

Le premier aspect que nous allons écrire avec AspectWerkz trace les exécutions des méthodes de la classe Order. Le code de cet aspect comporte deux fichiers, **aspectwerkz .xml** et **TraceAspect.java.** Le premier est un fichier XML qui définit l'aspect en question avec sa coupe et le code advice associé. Le second est un fichier Java qui correspond à la classe implémentant le code advice. Nous détaillons le contenu de ces fichiers dans les sections suivantes.

Les coupes

Comme expliqué aux chapitres précédents, pour définir une coupe, AspectJ utilise un mot-clé, JAC une méthode pointcut et JBoss AOP un fichier de configuration XML. Pour sa part, AspectWerkz propose un fichier de configuration soit XML, soit javadoc. Nous ne nous penchons dans un premier temps que sur la configuration XML, la configuration javadoc étant présentée à la section concernant les introductions. Le nom de ce fichier XML est, par défaut, **aspectwerkz.xml.**

AspectWerkz fournit un ensemble de balises XML et d'attributs pour définir des aspects. Les trois balises principales sont ⟨aspect⟩, ⟨pointcut⟩ et ⟨advice⟩. ⟨aspect⟩ encapsule les définitions des coupes avec la balise ⟨pointcut⟩ et celles des codes advice avec la balise ⟨advice⟩.

À titre d'exemple, examinons le fichier **aspectwerkz.xml** suivant :

```xml
<?xml version="1.0" encoding="UTF-8"?>
<!DOCTYPE aspectwerkz PUBLIC
    "-//AspectWerkz//DTD//EN"
    "http://aspectwerkz.codehaus.org/dtd/aspectwerkz.dtd">

<aspectwerkz> ←❶
    <system id="tracing"> ←❷
            <aspect class="aop.aspectwerkz.TraceAspect"> ←❸
              <pointcut name="toBeTraced" pattern=
            "call(void aop.aspectwerkz.Order.addItem(String,int))"/> ←❹
              <advice name="toBeTraced" type="around"
            bind-to="traceScope"/> ←❺
            </aspect>
    </system>
</aspectwerkz>
```

La première ligne correspond à l'en-tête standard de tout fichier XML. La deuxième indique la DTD qui permet de valider le format de la configuration XML qui suit. La balise `<aspectwerkz>` (repère ❶) est la balise principale de tous les fichiers **aspectwerkz.xml.** C'est elle qui encapsule toutes les définitions d'aspects.

Prévue pour une utilisation future, la balise `<system>` (repère ❷) permettra d'avoir plusieurs instances du framework AspectWerkz au sein d'une même JVM. Inutile pour l'instant, elle est néanmoins obligatoire.

Avec la balise `<aspect>` (repère ❸) débute la définition de l'aspect. L'attribut `class` fournit le nom de la classe implémentant l'aspect (ce type de classe est appelé classe d'aspects). Ici, il s'agit de la classe `TraceAspect`, qui contient le code advice de trace, abordé plus loin.

La coupe est définie à l'aide de la balise `<pointcut>` (repère ❹). Elle permet, *via* son attribut `pattern`, d'exprimer les points de jonction utilisés par la coupe au moyen d'un langage similaire à celui d'AspectJ.

La balise `<advice>` (repère ❺) fournit, *via* l'attribut `name`, le nom de la méthode de la classe d'aspects implémentant le code advice. Il s'agit ici de la méthode `trace`, dont nous fournissons le code à la section suivante. L'association entre coupe et code advice est assurée par l'attribut `bind-to`, dont la valeur désigne la coupe. Le code advice `trace` est associé à la coupe `trace`.

Les aspects

Les aspects d'AspectWerkz peuvent exécuter, comme ceux d'AspectJ, des codes advice de types `before`, `after` et `around`. Les codes advice d'un aspect sont rassemblés dans une classe d'aspects, qui étend directement ou indirectement la classe `org.codehaus.aspectwerkz.aspect.Aspect`.

Dans la classe, les méthodes implémentant les codes advice respectent une norme de signature en fonction de leur type. Pour les codes advice de type `around`, par exemple, la signature est la suivante : `public Object nomDeLaMethode(JoinPoint joinPoint) throws Throwable`. Le nom de la méthode est quelconque. Pour les codes advice de types `after` et `before`, la signature est la suivante : `public void nomDeLaMethode(JoinPoint joinPoint) throws Throwable`. Le nom de la méthode est là aussi quelconque.

À titre d'exemple, la classe `TraceAspect` suivante fournit le code advice `trace` de l'aspect associé à la coupe précédente :

```
package aop.aspectwerkz;

import org.codehaus.aspectwerkz.aspect.Aspect;
import org.codehaus.aspectwerkz.joinpoint.JoinPoint;
import org.codehaus.aspectwerkz.joinpoint.MemberSignature;

public class TraceAspect extends Aspect {
```

```
public Object trace(JoinPoint joinPoint) throws Throwable {
    MemberSignature signature =
  (MemberSignature)joinPoint.getSignature();
    System.out.println("Avant " + signature.getName());
    Object result = joinPoint.proceed();
    System.out.println("Après " + signature.getName());
    return result;
}
}
```

La méthode `trace` est appelée par le framework AspectWerkz juste avant un des points de jonction de la coupe associée à l'aspect. La signature de la méthode `trace`, en tant que code advice de type `around`, est imposée : un seul paramètre de type `JoinPoint` est autorisé, le type de retour est `Object` et le type d'exception `Throwable` doit être présent. Le paramètre de type `JoinPoint` permet d'introspecter le point de jonction. Le type `Object` constitue la valeur retournée par le code advice à l'appelant. `Throwable` est la classe ancêtre de toutes les exceptions en Java. Sa mention indique que la méthode `trace` est susceptible de lever n'importe quelle exception.

Dans la classe `TraceAspect`, la méthode `trace` commence par récupérer, *via* le paramètre `joint-Point`, le nom de la méthode dont nous interceptons l'exécution. Le nom de la méthode interceptée est affiché, précédé du message « Avant ». L'appel de la méthode `proceed` de l'objet `joinPoint` exécute le code correspondant au point de jonction, comme avec AspectJ et JAC. La valeur retournée par `joinPoint` doit être propagée à l'appelant. C'est ce que fait l'instruction `return`. Avant cela, un message « Après » suivi du nom de la méthode interceptée est affiché.

Compilation

Une application orientée aspect écrite avec AspectWerkz est composée de fichiers Java pour l'application et les classes d'aspects et d'un fichier XML pour la configuration des aspects. Le fichier XML doit s'appeler **aspectwerkz.xml** et être accessible *via* la variable d'environnement CLASSPATH. Bien que ce fichier XML ne soit pas utilisé par la compilation, il est obligatoire pour l'exécution.

La version 0.10 RC1 d'AspectWerkz est livrée avec plusieurs bibliothèques utilisées lors de la compilation et de l'exécution des programmes. Ces bibliothèques doivent être présentes dans la variable d'environnement CLASSPATH. L'initialisation automatique de cette variable est assurée par le script **setenv,** situé dans le répertoire **bin** du framework. Pour qu'il fonctionne, il est nécessaire d'initialiser la variable d'environnement ASPECTWERKZ_HOME, qui doit contenir le chemin complet du répertoire d'installation d'AspectWerkz.

À titre d'exemple, supposons qu'AspectWerkz soit installé dans le répertoire **c:\aw** (**/aw** pour UNIX). Sous Windows, la série de commandes permettant de définir les variables d'environnement nécessaires à AspectWerkz est la suivante :

```
set ASPECTWERKZ_HOME=c:\aw
cd %ASPECTWERKZ_HOME%\bin
setenv
```

Pour faciliter la compilation et l'exécution, nous incluons de plus le répertoire courant à la variable CLASSPATH.

Sous UNIX, la commande équivalente est :

```
export ASPECTWERKZ_HOME=/aw
cd $ASPECTWERKZ_HOME/bin
setenv
```

Une fois la variable CLASSPATH correctement positionnée, la compilation des fichiers Java peut se faire simplement au moyen de la commande javac. En supposant que les quatre fichiers de l'application, **Customer.java, Order.java, Catalog.java** et **TraceAspect.java,** se trouvent dans le répertoire **aop/aspectwerkz,** la compilation sous Windows s'effectue au moyen de la commande suivante :

```
javac aop\aspectwerkz\*.java
```

Sous UNIX, la commande équivalente est :

```
javac aop/aspectwerkz/*.java
```

Cette compilation est suffisante pour le mode online car le tissage des aspects s'effectue à l'exécution. Une étape supplémentaire est nécessaire pour le mode offline du fait que le compilateur javac n'est pas en mesure d'effectuer lui-même ce tissage. Cette étape s'effectue en appelant le script aspectwerkz, disponible dans le répertoire **bin** du framework, au moyen du paramètre —offline.

Exécution

Une fois compilée, l'application peut être lancée à l'aide du script aspectwerkz disponible dans le répertoire **bin** du framework.

Le lancement de l'application Gestion de commande par le biais de l'aspect de trace peut alors s'effectuer de la façon suivante pour le mode online :

```
aspectwerkz aop.aspectwerkz.Customer
```

Le script aspectwerkz fourni pour Windows ne fonctionne pas sur certains systèmes. L'annexe D précise les corrections à lui apporter pour qu'il fonctionne correctement.

Pour le mode offline, il suffit d'appeler directement la commande Java, puisque le tissage est déjà effectué :

```
java aop.aspectwerkz.Customer
```

Résultat de l'exécution

La commande précédente fournit le résultat suivant :

```
Avant addItem
1 article(s) DVD ajouté(s) à la commande
Après addItem
Avant addItem
2 article(s) CD ajouté(s) à la commande
Après addItem
Montant de la commande : 50.0 euros
```

Toutes les lignes commençant par « Avant » correspondent à l'interception d'un point de jonction par la méthode `trace` de la classe `TraceAspect`. Nous constatons que les deux appels de la méthode `addItem` ont été interceptées.

Les coupes

La section précédente a montré comment écrire, compiler et exécuter une application avec AspectWerkz. La présente section examine en détail le mécanisme de définition de coupe.

Les wildcards

La coupe `toBeTraced` définie précédemment dans l'aspect `TraceAspect` est très peu générique et capture uniquement les appels à la méthode `addItem`. Il est clair que, dans des situations plus complexes, nous pouvons être amenés à définir des coupes qui capturent les appels à plusieurs méthodes.

AspectWerkz fournit pour cela un mécanisme similaire à celui d'AspectJ, permettant, à l'aide des symboles *, .. et +, de créer des expressions englobant plusieurs classes, méthodes, constructeurs, attributs ou exceptions. Ces symboles sont appelés des *wildcards*. Les sections suivantes fournissent le principe, la définition et des exemples d'utilisation de ces wildcards.

Les noms de méthode et de classe

Le symbole * peut être utilisé pour remplacer des noms de méthode ou de classe. Nous verrons plus loin qu'il peut l'être également pour des profils de méthode et des noms de package.

En ce qui concerne les méthodes, le symbole * s'emploie pour désigner tout ou partie des méthodes d'une classe.

L'expression suivante désigne toutes les méthodes publiques de la classe `Order` prenant en paramètre une `String` et un `int` et retournant `void` :

```
void aop.aspectwerkz.Order.*(String,int)
```

Le symbole * peut être combiné avec des caractères afin de désigner, par exemple, toutes les méthodes qui contiennent la sous-chaîne `Item` dans leur nom. Dans ce cas, l'expression s'écrit *Item*.

Le symbole * peut aussi être utilisé pour les noms de classe. L'expression suivante désigne toutes les méthodes publiques de toutes les classes du package `aop.aspectwerkz`, qui prennent en paramètre une `String` et un `int` et qui retournent `void` :

```
void aop.aspectwerkz.*.*(String,int)
```

Les paramètres d'une méthode ou d'un constructeur peuvent aussi être définis avec des wildcards. Si nous ne voulons pas spécifier la nature et la quantité de paramètres, c'est le symbole .. qu'il faut utiliser.

L'expression suivante désigne toutes les méthodes de toutes les classes du package `aop.aspectwerkz` qui retournent `void` (pas de contrainte sur leurs paramètres) :

```
void aop.aspectwerkz.*.*(..)
```

Il est aussi possible d'utiliser le symbole * avec les paramètres afin de ne spécifier que leur quantité. Leur type est indifférent. L'expression suivante désigne toutes les méthodes de toutes les classes du package `aop.aspectwerkz` ayant deux paramètres quelconques et qui retournent `void` :

```
void aop.aspectwerkz.*.*(*,*)
```

Les noms de package

Les noms de package peuvent être remplacés par le symbole *. Par exemple, l'expression suivante désigne toutes les méthodes de toutes les classes `Order` dans n'importe quel sous-package du package `aop` :

```
* aop.*.Order.*(..)
```

Les sous-types

Le dernier symbole, +, permet de raisonner en terme de hiérarchie de type et de désigner toutes les classes qui sont des sous-classes d'une classe donnée. L'expression suivante concerne toutes les méthodes de la classe `Order` et de toutes les sous-classes de `Order` :

```
* aop.aspectwerkz.Order+.*(..)
```

Le mécanisme d'introspection de point de jonction

Nous avons vu que des wildcards pouvaient être utilisés pour faciliter l'écriture d'une coupe. Cela permet de définir des coupes qui englobent plusieurs éléments. Nous allons voir comment obtenir, lors de l'exécution, des informations sur un point de jonction. Ce mécanisme est désigné sous le terme d'introspection de point de jonction.

Comme expliqué précédemment dans cet ouvrage, le terme introspection peut être interprété comme l'action d'« inspecter à l'intérieur ». Il s'agit d'obtenir des informations sur le code ayant déclenché le point de jonction. Une analogie peut être faite avec l'API `java.lang.reflect`, qui permet à tout programme Java d'obtenir une description de ses classes, attributs et méthodes, ainsi que de leurs paramètres respectifs. Le programme Java est inspecté afin d'obtenir des informations à son sujet.

Ici le principe est similaire : le point de jonction est inspecté afin d'obtenir des informations le concernant. Cette inspection va servir, par exemple, à déterminer la méthode dont l'appel a déclenché le point de jonction.

Mise en œuvre de l'introspection avec AspectWerkz

Dans AspectWerkz, l'introspection de point de jonction s'effectue à l'aide de la classe `org.codehaus.aspectwerkz.joinpoint.JoinPoint`. De la même façon que `this` est une référence à l'objet en cours, l'instance de JoinPoint passée en paramètre aux méthodes implémentant les codes advice est une référence à un objet décrivant le point de jonction en cours.

Le tableau 6.1 récapitule les méthodes principales de cette classe. La documentation javadoc d'AspectWerkz fournit de façon détaillée les différentes méthodes disponibles sur ces interfaces.

**Tableau 6.1 Méthodes principales de la classe
org.codehaus.aspectwerkz.joinpoint.JoinPoint**

Signature de la méthode	Description
Signature getSignature()	Retourne la signature du point de jonction.
String getType()	Retourne le type du point de jonction.
Object getTargetInstance()	Retourne l'objet cible du point de jonction. Dans le cas d'un point de jonction concernant une méthode, getTargetInstance retourne l'objet appelé.
Object proceed()	Équivalent du mot-clé proceed d'AspectJ

Définition de point de jonction

Les wildcards et l'introspection permettent d'introduire de la généricité dans l'écriture des coupes. Jusqu'à présent, nous nous sommes limités aux points de jonction qui désignent des appels de méthode. Nous allons voir dans cette section que d'autres types de points de jonction peuvent être définis.

Les types de point de jonction

Les types de points de jonction fournis par AspectWerkz peuvent concerner des méthodes, des attributs, des exceptions et des constructeurs. Un dernier type concerne les exécutions de codes advice.

Les points de jonction sont utilisés pour définir les coupes au travers de l'attribut pattern de la balise <pointcut>.

Méthodes et constructeurs

AspectWerkz autorise deux types de points de jonction sur les méthodes et les constructeurs, les appels de méthode (mot-clé call) et les exécutions de méthode (mot-clé execution). Dans les deux cas, une expression est fournie pour désigner la ou les méthodes ou constructeurs dont nous souhaitons capturer l'appel ou l'exécution.

La différence entre les types call et execution concerne le contexte dans lequel le programme se trouve au moment du point de jonction. Dans le cas de call, le contexte est celui du code appelant. Pour execution, il s'agit du code appelé.

Pour désigner une méthode, c'est sa signature qui est utilisée. La coupe suivante intercepte les appels aux méthodes de la classe Order :

```
<pointcut name="coupe" pattern=
        "call(void aop.aspectwerkz.Order.*(..))"/>
```

Pour désigner un constructeur, nous utilisons le mot-clé new. La coupe suivante intercepte les appels au constructeur par défaut de la classe Order :

```
<pointcut name="coupe" pattern=
            "call(aop.aspectwerkz.Order.new())"/>
```

Les attributs

Les points de jonction de types get et set permettent d'intercepter respectivement les lectures et écritures d'attributs. Ces points de jonction sont utiles lorsque nous souhaitons implémenter des aspects qui manipulent l'état d'un objet. Par exemple, dans le cas d'un aspect de persistance, nous pouvons vouloir stocker de manière fiable l'état d'un objet dans un fichier ou dans une base de données. L'interception des lectures et écritures permet de rediriger simplement ces dernières vers le fichier ou la base.

Les types get et set sont associés à des expressions — avec éventuellement des wildcards — qui définissent le ou les attributs dont nous souhaitons intercepter les accès. Ces expressions comprennent le type de l'attribut, sa classe et son nom.

L'expression suivante, par exemple, permet d'intercepter toutes les lectures de l'attribut items de type Map défini par la classe Order :

```
<pointcut name="coupe" pattern=
            "get(Map Order.items)"/>
```

Comme pour les appels et les exécutions de méthode, les classes contenues dans les expressions set et get peuvent être complétées avec leur nom de package et les wildcards *, .. et +.

Les exceptions

Le type handler permet d'intercepter les débuts d'exécution des blocs catch et de définir des aspects qui interviennent lors de la récupération d'exceptions.

Ce point de jonction peut être utile pour, par exemple, journaliser dans un fichier les messages de toutes les exceptions levées par une application. Un autre exemple d'utilisation du type handler concerne la définition d'un traitement commun à toutes les exceptions d'un même type. Quelle que soit l'utilisation choisie, la gestion des exceptions dans un aspect permet souvent d'alléger le traitement des exceptions au sein du programme, le rendant ainsi plus lisible et plus maintenable.

Le type handler est associé à un nom d'exception. Ce nom peut contenir des wildcards. Par exemple, l'expression suivante désigne tous les débuts de blocs catch récupérant l'exception java.io.IOException et ses sous-classes :

```
<pointcut name="coupe" pattern=
            " handler(java.io.IOException+)"/>
```

Avec la version actuelle d'AspectWerkz, seuls les codes advice de type before peuvent être définis pour les points de jonction de type handler. Nous pouvons donc exécuter du code au début du bloc catch mais pas à la fin.

Les opérateurs de filtrage

Les points de jonction présentés précédemment permettent de construire de nombreuses expressions de coupe. Nous verrons dans cette section que ces types peuvent être combinés à l'aide d'opérateurs logiques et que des filtrages permettent de sélectionner seulement certains points de jonction parmi tous ceux possibles.

Combinaisons logiques

Chaque expression de coupe peut être assimilée à une fonction booléenne. Pour un point de jonction donné, cette fonction vaut vrai si la coupe s'applique. Sinon, elle vaut faux.

Cette interprétation booléenne des expressions de coupe étant posée, il devient intuitif d'envisager de combiner plusieurs expressions à l'aide des opérateurs logiques AND, OR et NOT. Ces trois opérateurs sont supportés par AspectWerkz, qui les note à l'aide de la syntaxe Java &&, pour AND, ||, pour OR, et !, pour NOT.

L'expression suivante désigne l'ensemble des points de jonction correspondant à l'exécution des méthodes computeAmount et getPrice :

```
<pointcut name="coupe" pattern=
        " execution(* Order.computeAmount(..)) ||
        execution(* Catalog.getPrice(..))"/>
```

L'évaluation d'une expression de coupe se fait pour un point de jonction donné. Or un point de jonction n'ayant qu'un seul type, il ne peut s'agir que de l'exécution de compute Amount ou de getPrice, mais pas des deux à la fois. En conséquence, une expression de coupe identique à la précédente mais avec && à la place de || ne désigne aucun point de jonction, ce qui n'est évidemment pas le résultat escompté. L'emploi du && à la place du || dans une expression de coupe est un écueil fréquent, auquel il convient de porter attention.

Les filtrages fondés sur le flot de contrôle

AspectWerkz fournit l'opérateur cflow pour prendre en compte la dynamique d'exécution d'un programme. On parle d'opérateur de flot de contrôle. Schématiquement, le flot de contrôle d'un programme recouvre l'ensemble des méthodes par lesquelles passe le programme lors de son exécution.

Afin d'illustrer l'utilisation de l'opérateur de flot de contrôle cflow, prenons l'exemple simple d'un programme qui appelle dans sa méthode main une méthode Foo.foo puis une méthode Bar.bar. La méthode Foo.foo appelle la méthode Bar.bar, mais cette dernière ne fait aucun appel.

Les expressions suivantes permettent de capturer l'appel à la méthode bar seulement lorsqu'elle est appelée par la méthode foo et non lorsqu'elle est appelée directement par la méthode main :

```
<pointcut name="callToBarInFoo" pattern=
        "call(* Bar.bar(..)) && cflow(* Foo.foo(..))"/>
```

L'expression de coupe `callToBarInFoo` spécifie que seuls les appels à `bar` situés dans le flot de contrôle des méthodes `foo` sont retenus.

L'expression `cflow(* Foo.foo(..))` désigne tous les points de jonction situés entre le point d'entrée et le point de sortie des méthodes `foo`.

Formellement, l'opérateur `cflow` est associé à une coupe de constructeur ou de méthode `p`. Il sélectionne l'ensemble des points de jonction situés entre le moment où le programme passe par un des points de jonction désignés par la coupe `p` et le moment où le programme ressort de ce point de jonction. Les points de jonction de la coupe `p` font partie des points sélectionnés par `cflow`.

Résumé

Le langage de définition de coupe d'AspectWerkz comporte de nombreux mots-clés. Comme nous l'avons vu, AspectWerkz est très proche d'AspectJ dans la description des coupes.

En guise de conclusion sur les points de jonction, le tableau 6.2 récapitule les types de points de jonction offerts par AspectWerkz. Ils peuvent être classés en cinq catégories selon qu'ils concernent les méthodes ou constructeurs (`call` et `execution`), les attributs (`get` et `set`) ou les exceptions (`handler`).

Tableau 6.2 Récapitulatif des points de jonction d'AspectWerkz

Type	Description
`call(methexpr)`	Appel d'une méthode ou d'un constructeur dont la signature vérifie `methexpr`.
`execution(methexpr)`	Exécution d'une méthode ou d'un constructeur dont la signature vérifie `methexpr`.
`get(attrexpr)`	Lecture d'un attribut dont le nom vérifie `attrexpr`.
`set(attrexpr)`	Écriture d'un attribut dont le nom vérifie `attrexpr`.
`handler(exceptexpr)`	Exécution d'un bloc de récupération d'une exception dont le nom vérifie `exceptexpr`.

En plus des types de points de jonction, les expressions de coupe d'AspectWerkz peuvent inclure les opérateurs récapitulés au tableau 6.3.

Tableau 6.3 Récapitulatif des opérateurs d'AspectWerkz

Mot-clé	Description
`&&`	Et logique
`||`	Ou logique
`!`	Négation logique
`cflow(methexpr)`	Flot de contrôle. Vrai pour tout constructeur ou méthode dont la signature vérifie `methexpr`.

Les codes advice

Plusieurs codes advice peuvent être définis dans une classe d'aspect. Chaque code advice fournit une série d'instructions écrites dans une méthode. Chaque code advice possède également un type et est attaché à une coupe.

Les sections qui suivent présentent les différents éléments qui entrent dans la définition d'un code advice AspectWerkz.

Les méthodes de code advice

Les méthodes de code advice d'AspectWerkz sont similaires à celles que nous avons rencontrées dans les frameworks JAC et JBoss AOP.

De ce fait, les codes advice d'AspectWerkz peuvent être de différents types.

Les différents types de code advice

AspectWerkz fournit les trois types de code advice principaux before, after et around, que nous trouvons dans tous les langages et frameworks de POA. Ces types sont déclarés dans le fichier **aspectwerkz.xml.**

En plus de son type, un code advice est associé à une coupe grâce à l'attribut bind-to de la balise <advice>. Par rapport aux points de jonction désignés par la coupe, le type d'un code advice définit le moment auquel nous souhaitons que le bloc de code soit exécuté. Globalement, la méthode peut être exécutée avant ou après les points de jonction.

L'extrait suivant fournit un exemple de définition de code advice pour chaque type :

```
<advice name="beforeAdvice" type="before"
        bind-to="coupe"/>
<advice name="afterAdvice" type="after"
        bind-to="coupe"/>
<advice name="aroundAdvice" type="around"
        bind-to="coupe"/>
```

Le type before

Un code advice de type before exécute le code de sa méthode avant chacun de ses points de jonction.

La méthode de code advice de type before doit respecter le formalisme suivant pour sa signature : public void nomDeLaMethode(JoinPoint joinPoint) throws Throwable.

Le code suivant fournit un exemple d'utilisation du type before :

```
package aop.aspectwerkz;

import org.codehaus.aspectwerkz.aspect.Aspect;
import org.codehaus.aspectwerkz.joinpoint.JoinPoint;
```

```
import org.codehaus.aspectwerkz.joinpoint.MemberSignature;

public class TraceAspect extends Aspect {
    public void toBeTraced(JoinPoint joinPoint) throws Throwable {
        System.out.println(
            "... avant les points de jonction de toBeTraced ...");
    }
}
```

Le paramètre `joinPoint` permet d'introspecter le point de jonction sur lequel s'exécute le code advice, comme nous l'avons vu au début du chapitre.

Le type after

Un code advice de type `after` exécute son bloc de code après chacun de ses points de jonction. Il suit les mêmes règles d'écriture qu'un code advice `before`. L'exemple de code advice fourni ci-dessus peut être transformé en code advice `after` en remplaçant le mot-clé `before` par `after` dans l'attribut `type` de la balise `<advice>`.

Le type around

Un code advice de type `around` exécute sa méthode avant et après chacun de ses points de jonction. La méthode `proceed` de la classe `org.codehaus.aspectwerkz.joinpoint.JoinPoint` permet de délimiter les parties avant et après. Cette méthode correspond à l'exécution du point de jonction : la partie avant est d'abord exécutée puis vient le point de jonction, *via* l'utilisation de `proceed`, et la partie après.

Dans un code advice de type `around`, les parties après ou avant peuvent être vides, ce qui fournit un comportement équivalent à ceux des types `before` et `after`. L'utilisation de `proceed` est facultative. Si `proceed` n'est pas utilisé, le point de jonction n'est pas exécuté. Ce comportement est utilisé, par exemple, dans les aspects de sécurité, qui autorisent les exécutions lorsque l'utilisateur est authentifié et la refusent lorsque ce n'est pas le cas.

`proceed` peut être utilisé plusieurs fois dans un même code advice de type `around`. Ce cas est néanmoins plus marginal et correspond aux situations où nous souhaitons faire plusieurs tentatives d'exécution de l'application, suite, par exemple, à une erreur.

Contrairement aux codes advice `before` et `after`, les codes advice `around` ont un type de retour de type `Object`, qui est le surtype de tous les autres types Java. Il peut être toujours utilisé comme type de retour d'un code advice `around`, y compris lorsque le type de retour des points de jonction est `void`.

La méthode de code advice de type `before` doit respecter le formalisme suivant pour sa signature : `public Object nomDeLaMethode(JoinPoint joinPoint) throws Throwable`.

Le code suivant fournit un exemple de définition de code advice `around` :

```
package aop.aspectwerkz;

import org.codehaus.aspectwerkz.aspect.Aspect;
import org.codehaus.aspectwerkz.joinpoint.JoinPoint;
```

```
import org.codehaus.aspectwerkz.joinpoint.MemberSignature;

public class TraceAspect extends Aspect {
    public Object toBeTraced(JoinPoint joinPoint) throws Throwable{
        System.out.println("avant");
        Object ret = joinPoint.proceed();
        System.out.println("après");
        return ret;
    }
}
```

L'appel à proceed génère une valeur de retour que nous stockons dans la variable locale ret. Cette valeur correspond à la valeur retournée par le point de jonction et doit être retournée (instruction return ret) en fin de code advice.

Le mécanisme mix-in

Le mécanisme mix-in d'AspectWerkz permet d'étendre le comportement d'une application en lui ajoutant des classes et des interfaces. Similaire à celui de JBoss AOP, il consiste à ajouter aux classes existantes de l'application des interfaces dont les méthodes sont implémentées par l'aspect.

Définition

Pour rappel, les coupes et codes advice peuvent aussi être définis avec des commentaires javadoc. Nous vous invitons à consulter la documentation du framework pour plus d'information sur ce point.

Les introductions se définissent dans la classe d'aspects sous forme de commentaires javadoc portant sur des attributs ou des classes internes en fonction de leur nature :

```
/**
 * @Aspect ←❶
 */
public class IntroductionAspect extends Aspect {
    /**
     * @Implements class(aop.aspectwerkz.*) ←❷
     */
    public java.io.Serializable introduction; ←❸

    /**
     * @Introduce class(aop.aspectwerkz.*) ←❹
     */
    public class MixIn implements ToBeIntroduced{ ←❺

        ...
    }
}
```

Le commentaire javadoc @Aspect (repère ❶) indique que la classe IntroductionAspect est un aspect.

Deux types d'introduction sont possibles :

- L'introduction d'interfaces vides, c'est-à-dire sans méthodes. L'intérêt de ces interfaces est de marquer les classes.

- L'introduction d'interfaces définissant des méthodes à implémenter.

Pour le premier type d'introduction, le commentaire javadoc @Implements (repère ❷) définit la portée d'une introduction vide. Ici, toutes les classes du package aop.aspectwerkz vont être étendues. Nous constatons que le point de jonction class, spécifique de la définition de coupe d'introduction, est utilisé. L'attribut introduction (repère ❸) spécifie l'interface vide à introduire, en l'occurrence java.io.Serializable. Ainsi, toutes les classes du package aop.aspectwerkz vont implémenter l'interface java.io.Serializable.

Pour le deuxième type d'introduction, proche de celui de JBoss AOP, une classe implémentant les méthodes de l'interface à introduire doit être développée. Avec AspectWerkz, celle-ci doit être interne à la classe d'aspect et être marquée par le commentaire javadoc @Introduce. Ce commentaire définit les classes qui seront étendues (repère ❹), ici les classes du package aop.aspectwerkz. La classe interne doit bien sûr implémenter l'interface à introduire (repère ❺). Elle doit en outre être publique et disposer d'un constructeur par défaut public.

Cette introduction est dite anonyme car la coupe n'a pas de nom. Il est possible d'utiliser une coupe nommée à l'aide du commentaire javadoc @Expression, comme ci-dessous :

```
/**
  * @Aspect
  */
public class IntroductionAspect extends Aspect {
    /**
      * @Expression class(aop.AspectWerkz.*)
      */
      Pointcut pc;

    /**
      * @Introduce pc
      */
      public class MixIn implements ToBeIntroduced {
          ...
      }
}
```

Compilation

Les commentaires javadoc d'AspectWerkz n'étant pas interprétés par le compilateur Java lors de la génération du bytecode de l'application, il est nécessaire de procéder à une deuxième étape de compilation pour tisser les aspects.

La procédure à suivre est simple :

1. Définir correctement la variable d'environnement CLASSPATH à l'aide du script setenv disponible dans le répertoire **bin** du framework.

2. Ajouter à la variable d'environnement CLASSPATH les bibliothèques **bcel-patch.jar** et **bcel.jar,** disponibles dans le répertoire **lib** du framework.

3. Compiler les fichiers Java avec la commande javac, comme expliqué en début de chapitre.

4. Lancer la commande suivante :

```
java org.codehaus.aspectwerkz.definition.AspectC [-verbose] <src> < bin>
   [<destination>]
```

L'option –verbose permet d'activer l'affichage des informations détaillées de compilation. <src> spécifie le chemin des fichiers sources Java, <class> le chemin de répertoire racine des fichiers compilés **(.class),** et <destination> (optionnel) le répertoire dans lequel seront écrits les fichiers traités.

Une fois la deuxième phase de compilation effectuée, il faut déclarer l'aspect dans le fichier **aspectwerkz.xml** au moyen de la balise <aspect>. Il n'y a pas de coupe ou de code advice à définir.

L'exécution de l'application s'effectue ensuite de manière classique avec le script aspectwerkz.

Exemple

Afin d'illustrer le mécanisme mix-in, nous allons étendre la classe Order de l'application Gestion de commande. Il s'agit de faire en sorte que toutes les commandes soient datées. Pour cela, nous allons définir une interface et une classe.

L'interface CalendarItf fournit la signature des méthodes que nous souhaitons ajouter à la classe Order. Il s'agit de deux méthodes permettant respectivement de positionner et de récupérer la date :

```
package aop.aspectwerkz;
import java.util.Date;
public interface CalendarItf {
  public void setDate(Date date);
  public Date getDate();
}
```

La classe Calendar fournit l'implémentation de l'interface CalendarItf :

```
package aop.aspectwerkz;

[...]

/**
```

```
 * @Aspect
 */
public class IntroductionAspect extends Aspect {
    /**
      * @Introduce class(aop.aspectwerkz.Order)
      */
public class Calendar implements CalendarItf {
  private Date date;
  public void setDate(Date date) {
        this.date = date;
  }
  public Date getDate() {
        return date;
  }
    }
}
```

Le fichier **aspectwerkz.xml** suivant permet de déclarer l'aspect :

```
<?xml version="1.0" encoding="UTF-8"?>
<!DOCTYPE aspectwerkz PUBLIC
    "-//AspectWerkz//DTD//EN"
    "http://aspectwerkz.codehaus.org/dtd/aspectwerkz.dtd">

<aspectwerkz>
    <system id="intro">
            <aspect class="poa.aspectwerkz.IntroductionAspect"/>
    </system>
</aspectwerkz>
```

L'interface Calendar et la classe CalendarItf sont ajoutées à la classe Order.

Fonctionnalités avancées

Ce panorama d'AspectWerkz ne serait pas complet sans la présentation de ses fonctionnalités avancées.

Instanciation des aspects

Par défaut, AspectWerkz crée une instance d'aspect par JVM. Pour modifier ce comportement, il suffit d'initialiser l'attribut deployment-model de la balise <aspect> dans le fichier **aspectwerkz.xml.** Le même principe est appliqué pour la configuration sous forme de commentaire javadoc.

Cet attribut peut prendre les valeurs suivantes :

- perJVM : une seule instance d'aspect par JVM ;
- perClass : une instance d'aspect par classe ;
- perInstance : une instance d'aspect par instance de classe ;
- perThread : une instance d'aspect par thread.

Paramétrage des aspects

Les aspects peuvent être paramétrés dans le fichier **aspectwerkz.xml.** Il suffit pour cela d'utiliser la balise `<param>` de la manière suivante :

```
<aspect name="TraceAspect">
        <param name="level" value="error"/>
</aspect>
```

Les paramètres sont récupérés dans la classe d'aspect grâce à la méthode `___AW_getParameter` héritée de la classe `Aspect` du framework. Cette méthode prend comme unique paramètre le nom spécifié dans l'attribut `name` de la balise `<param>`.

Réglage de la portée du tissage

Avec AspectWerkz, il est possible de préciser que certaines portions de l'application doivent être exclues du tissage d'aspect. Deux balises sont utilisables pour inclure ou exclure les packages concernés.

La wildcard `*` peut être utilisée à cette fin, mais uniquement en fin d'expression :

```
<aspectwerkz>
    <system id="x">
        <include package="aop.aspectwerkz"/>
        <exclude package="com.*"/>
        ...
    </system>
</aspectwerkz>
```

Commentaires javadoc personnalisés

Il est possible de spécifier des métadonnées dans les applications grâce à des commentaires javadoc personnalisés.

Leur format est le suivant :

```
/**
 * @@<name> [value]
 */
```

où `<name>` correspond au nom de la métadonnées et `[value]` (optionnel) à sa valeur.

Ces commentaires personnalisés peuvent être associés à des classes, des méthodes, des constructeurs ou des attributs de classe selon les mêmes principes que dans javadoc.

Par exemple, pour une méthode, nous pouvons définir une métadonnée de la manière suivante :

```
/**
 * @@LogFile aMethod.txt
 */
```

```
public void aMethod() {
...
}
```

Les métadonnées sont récupérées grâce à la méthode `getAttributes` de la classe `org.code-haus.aspectwerkz.definition.attribute.Attributes`.

Ces commentaires javadoc n'étant pas reconnus par le compilateur Java, il est nécessaire de suivre la même procédure de compilation que pour le mécanisme mix-in.

7

Comparaison
des outils de POA

Les chapitres précédents ont présenté de façon concrète AspectJ, JAC, JBoss AOP et AspectWerkz, quatre outils de programmation orientée aspect en Java. Nous avons vu comment écrire, compiler et exécuter des applications orientées aspect dans ces quatre environnements. En guise de synthèse, ce chapitre propose une comparaison de ces outils.

AspectJ, JAC, JBoss AOP et AspectWerkz implémentent chacun à leur manière les concepts généraux de la POA présentés au chapitre 2. Si les notions d'aspect, de coupe et de code advice, qui sont les trois notions principales de la POA, se retrouvent dans les quatre approches, la syntaxe mise à la disposition des développeurs par chacune d'elles n'est pas la même.

Parfois, le vocabulaire varie. À l'expression code advice, par exemple, qui est employée principalement par AspectJ et AspectWerkz, JAC préfère celle de wrapper, tandis que JBoss AOP retient celle d'intercepteur.

Ce chapitre est l'occasion de revenir sur ces différences, parfois superficielles et d'autres fois plus fondamentales.

Principes généraux

En programmation orientée aspect, une application est composée de classes et d'aspects. Les classes implémentent les fonctionnalités de base de l'application, tandis que les aspects s'intéressent aux fonctionnalités dites transversales, autrement dit à celles qui ont un impact sur l'ensemble de l'application. Bien souvent, les fonctionnalités transversales correspondent à des services techniques (gestion des traces, sécurité, etc.), mais elles peuvent aussi être liées à des services plus proches des caractéristiques métier (règle de gestion, contrat de bon fonctionnement, etc.).

La notion d'aspect n'est attachée à aucun langage particulier. De même que nous pouvons programmer avec des objets en C++, Java ou Smalltalk, nous pouvons utiliser des aspects dans n'importe quel langage. Il existe d'ailleurs des outils de POA pour de nombreux langages informatiques (Java, C#, C++, Smalltalk, etc.). Il se trouve simplement que les premières expériences de POA ont été réalisées autour de Java et que ce langage très populaire dans la communauté des chercheurs en informatique a été utilisé par la suite dans de nombreux projets. AspectJ, JAC, JBoss AOP et ApectWerkz sont tous quatre des outils de POA en Java.

Un tisseur d'aspects est un outil informatique qui réalise une opération d'intégration entre un ensemble de classes et un ensemble d'aspects. Une première différence entre AspectJ, JAC, JBoss AOP et AspectWerkz se situe dans la façon dont est réalisé le tissage. AspectJ effectue un tissage à la compilation, tandis que JAC et JBoss AOP réalisent le tissage à l'exécution. AspectWerkz propose à la fois le tissage à la compilation (mode offline) et le tissage à l'exécution (mode online).

AspectJ est donc un compilateur qui accepte en entrée des classes et des aspects et fournit en sortie une application dans laquelle classes et aspects sont intégrés. Cette application peut être exécutée comme n'importe quelle autre application Java. Du fait de leur intégration au reste de l'application au moment de la compilation, les aspects n'existent plus en tant que tels lors de l'exécution. Leur code est évidemment présent, mais il s'exécute au même titre que le code des classes. À l'exécution, il n'est pas possible d'isoler les parties qui proviennent des aspects de celles qui proviennent des classes.

L'avantage du tissage à la compilation effectué par AspectJ se situe au niveau des performances. Il n'y a quasiment pas de surcoût entre une application orientée objet et une application avec les mêmes fonctionnalités mais dont certaines ont été implémentées avec des aspects plutôt qu'avec des classes. L'inconvénient du tissage à l'exécution est que les aspects ne peuvent pas être retirés, ajoutés ou modifiés en cours d'exécution. La prise en compte de tout changement nécessite une recompilation de l'application.

Lors du tissage à l'exécution dans JAC et JBoss AOP, classes et aspects sont compilés séparément, l'opération de tissage, qui consiste à intégrer les aspects aux classes, s'effectuant au moment de l'exécution. Que ce soit pour JAC ou pour JBoss AOP, le tisseur se présente sous la forme d'un chargeur de classes, ou classloader, spécialisé. En plus du mécanisme habituel d'installation du bytecode dans la machine virtuelle Java, ce chargeur est capable de lier les classes et les aspects. Les instances de classes et d'aspects cohabitent au sein de la machine virtuelle Java, et l'exécution du programme met en jeu l'ensemble de ces instances en fonction des liaisons mises en place par le tisseur.

Dans cette approche de tissage à l'exécution, les instances de classes et d'aspects ont chacune une existence propre et autonome. Il est de la sorte plus facile d'ajouter, d'enlever ou de remplacer des aspects puisqu'il n'est pas nécessaire de recompiler l'application.

L'avantage du tissage à l'exécution effectué par JAC et JBoss AOP se situe au niveau de l'adaptabilité des applications. L'ajout ou le retrait d'une fonctionnalité peut être envisagé sans que l'application doive être arrêtée. Cette caractéristique est intéressante pour les serveurs Web ou les serveurs d'applications, tel J2EE. Les applications réalisées pour ces serveurs étant souvent utilisées vingt-quatre heures sur vingt-quatre par de nombreux utilisateurs, l'ajout ou le retrait « à chaud » d'une fonctionnalité sans arrêt de l'application est un atout important. Cela permet, par exemple, d'installer de nouvelles fonctionnalités ou de mettre en œuvre de façon ponctuelle des procédures de diagnostic du fonctionnement de l'application.

Au registre des inconvénients, le tissage à l'exécution présente de moins bonnes performances que le tissage à la compilation. Pour des applications client-serveur sur des réseaux longue distance, comme les applications de commerce en ligne sur Internet avec des serveurs J2EE, le surcoût du tissage à l'exécution est toutefois marginal par rapport aux autres coûts (communications réseau, accès aux bases de données, gestion des composants par le serveur d'applications, etc.).

En proposant les deux types de tissage, AspectWerkz permet de choisir la solution la mieux adaptée à chaque application. Il utilise pour cela la technologie HotSwap, introduite avec la version 1.4 de J2SE, qui permet un tissage à l'exécution plus performant que les techniques utilisées par JAC et JBoss AOP.

Les aspects

AspectJ, JAC, JBoss AOP et AspectWerkz sont des outils de POA autour du langage Java. Nous avons eu l'occasion de signaler au cours des chapitres précédents qu'une première différence entre eux est que AspectJ introduisait de nouveaux mots-clés pour écrire les aspects, tandis que JAC, JBoss AOP et ApectWerkz restaient en Java pur.

Avec AspectJ, un aspect se déclare à l'aide du mot-clé `aspect` dans un fichier dont l'extension est, au choix, **.aj, .ajava** ou **.java.** Les aspects sont nommés. Ils définissent des coupes ou des codes advice et peuvent être abstraits. La notion d'héritage entre aspects existe, mais avec certaines limitations. Un aspect concret peut hériter d'un aspect abstrait, mais pas d'un autre aspect concret, par exemple.

Avec JAC, les aspects sont des classes Java qui héritent de la classe `org.objectweb.jac.core.AspectComponent`. Un aspect définit des coupes, mais pas de code advice. Les codes advice sont écrits dans des classes à part. Les aspects JAC étant des classes Java « comme les autres », les techniques habituelles du langage Java, telles que l'héritage ou la délégation, peuvent être mises en œuvre pour réutiliser le code défini dans un aspect.

En dehors de la définition des coupes, les classes implémentant les aspects JAC peuvent contenir n'importe quelle méthode. En particulier, JAC introduit la notion de configuration d'aspect, sur laquelle nous reviendrons à la section « Fonctionnalités avancées ». Il s'agit de déterminer, *via* des fichiers externes de configuration, la valeur des paramètres nécessaires au bon fonctionnement de l'aspect. Par exemple, pour un aspect de persistance de données, il peut s'agir de fournir l'URL JDBC de la base dans laquelle doivent être sauvegardées les données.

Aucune entité logicielle n'implémente explicitement la notion d'aspect dans JBoss AOP. Comme nous le verrons dans les sections suivantes, JBoss AOP permet en revanche de définir des coupes dans des fichiers XML et des codes advice, appelés intercepteurs, dans des fichiers Java. Les coupes utilisent les intercepteurs, mais il n'existe pas de mot-clé ou de classe dédié à la définition d'un aspect.

L'aspect JBoss AOP est donc simplement un ensemble de coupes et d'aspects définis de façon indépendante.

AspectWerkz implémente un aspect sous la forme d'une classe Java, laquelle implémente les codes advice sous la forme de méthodes aux signatures normalisées. Les aspects sont configurés soit dans le fichier **aspectwerkz.xml,** soit directement dans les classes d'aspects avec des commentaires javadoc spécifiques d'AspectWerkz.

Les coupes

La notion de coupe permet de désigner des ensembles de points de jonction. Un point de jonction est un point dans l'exécution d'un programme autour duquel un ou plusieurs aspects peuvent être ajoutés.

La notion de coupe est un élément très important de la POA. En désignant un ensemble de points de jonction de l'application autour desquels les aspects vont être greffés, une coupe exprime le caractère transversal d'une fonctionnalité.

Les outils de POA se différencient par les types de points de jonction qu'ils prennent en compte. Les sections qui suivent comparent les types de points de jonction de AspectJ, JAC, JBoss AOP et AspectWerkz. Avant cela, nous nous intéressons à la façon dont les coupes sont définies dans ces quatre outils.

Définition

L'écriture des coupes est assez différente d'un outil à l'autre, puisque AspectJ fournit des mots-clés, JAC des méthodes, JBoss AOP et AspectWerkz des balises XML. AspectWerkz propose en outre de les définir directement dans la classe de l'aspect sous forme d'attribut de type Pointcut avec un commentaire javadoc spécifique.

Le point commun entre ces approches est l'utilisation d'expressions régulières. Il s'agit de construire, à l'aide de caractères spéciaux, comme le caractère étoile, des expressions désignant tous les éléments d'un certain ensemble. Nous pouvons, par exemple, désigner dans une coupe toutes les méthodes dont le nom commence par le préfixe set et se poursuit par n'importe quelle autre séquence de caractères.

Nos quatre outils de POA utilisent des expressions régulières mais selon une syntaxe différente. JAC utilise la syntaxe des expressions régulières GNU regexp, tandis que JBoss AOP utilise celle des expressions régulières de J2SE. Les différences sont toutefois minimes entre les deux approches. La plupart des expressions régulières courantes s'écrivent de la même façon avec JAC et avec JBoss AOP, par exemple. AspectJ et AspectWerkz utilisent pour leur part une syntaxe spécifique pour les expressions régulières.

Hormis les expressions régulières, la façon de déclarer les coupes diffère d'un outil à l'autre.

Une coupe avec AspectJ se déclare à l'aide du mot-clé `pointcut`. Ce mot-clé est suivi d'une expression, elle-même construite à l'aide d'opérateurs logiques et de mots-clés. Les mots-clés désignent essentiellement des types de points de jonction. Les opérateurs permettent de filtrer les points de jonction pour n'en retenir que certains parmi tous ceux possibles. Les coupes AspectJ peuvent être paramétrées. Une coupe peut en outre en utiliser une autre, ce qui permet de factoriser les définitions courantes et de simplifier l'écriture des coupes complexes.

Une coupe avec JAC se définit en appelant la méthode `pointcut` de la classe `AspectComponent`. Une coupe est associée à des expressions régulières de classe, de méthode et d'objet, ainsi que, dans le cas des applications réparties sur différentes machines d'un réseau, à une expression régulière d'hôte. Il s'agit d'opérer une sélection sur l'ensemble des objets, l'ensemble des classes, l'ensemble des méthodes et éventuellement l'ensemble des machines, pour ne retenir que les éléments qui font partie de la coupe.

Ces quatre expressions sont donc des expressions régulières GNU regexp. Les expressions de méthodes peuvent de plus contenir des opérateurs spécifiques portant sur le comportement des méthodes. Par exemple, un opérateur sélectionne les méthodes dites setters, c'est-à-dire les méthodes qui modifient la valeur d'un attribut. Contrairement à AspectJ ou à JBoss AOP, qui sont obligés de s'appuyer sur des conventions d'écriture pour sélectionner les méthodes setters — en imposant, par exemple, que le nom de la méthode commence par `set` —, JAC effectue cette sélection à partir d'une analyse du bytecode des méthodes.

Avec JBoss AOP, une coupe est définie à l'aide de balises XML dans un fichier **jboss-aop.xml.**

Il existe plusieurs types de coupes. La coupe principale, de type classe, est définie à l'aide de la balise `<interceptor-pointcut>`. Les autres types de coupes concernent les appels de méthode (balise `<caller-pointcut>`), les exécutions de méthode (balise `<method-pointcut>`), les exécutions de constructeur (balise `<constructor-pointcut>`) et les attributs (balise `<field-pointcut>`).

Les coupes de type classe permettent d'intercepter les points de jonction de type exécution de méthode, exécution de constructeur et lecture et écriture d'attribut.

Avec AspectWerkz, une coupe peut être définie de deux manières : soit dans le fichier **aspectwerkz.xml** à l'aide de la balise `<pointcut>`, soit directement dans la classe d'aspects en créant un attribut de type `Pointcut` documenté avec l'attribut javadoc `@Expression`, spécifique d'AspectWerkz.

Pour clore cette comparaison sur la façon d'écrire une coupe, signalons que les coupes AspectJ et AspectWerkz sont définies indépendamment des codes advice. Ce sont les codes advice qui mentionnent la coupe à laquelle ils sont associés. La situation est inversée avec JAC et JBoss AOP, où les coupes mentionnent le code advice, appelé wrapper dans le cas de JAC et intercepteur dans le cas de JBoss AOP, qu'elles utilisent.

Les types de point de jonction

AspectJ est l'outil qui supporte le plus grand nombre de types de point de jonction.

Nous recensons ci-dessous les différents types de point de jonction pris en compte par chacun des outils :

- **Exécution de méthode.** Intercepte les exécutions d'une méthode. C'est le type le plus courant, et il est pris en compte par les quatre outils.

- **Appel de méthode.** Intercepte les appels d'une méthode. Ce type est fourni par AspectJ, JBoss AOP et AspectWerkz. JAC ne le prend pas en compte dans le cas général. Lorsque l'appel de méthode est distant, il est néanmoins possible d'intercepter l'appel au niveau du proxy client, ce qui revient à effectuer une interception d'appel de méthode.

- **Exécution de constructeur.** Intercepte les exécutions de constructeur. Ce type est pris en compte par les quatre outils.

- **Exécution de constructeur hérité.** Lorsqu'un constructeur fait appel à un constructeur hérité, AspectJ permet de différencier l'exécution du constructeur initial de celle du constructeur hérité. Aucun autre outil abordé dans cet ouvrage ne supporte cette fonctionnalité.

- **Lecture d'attribut.** Désigne les instructions qui lisent la valeur d'un attribut. Ce point de jonction est supporté par AspectJ, JBoss AOP et AspectWerkz. JAC ne le fournit pas explicitement mais est capable de détecter par analyse de bytecode les méthodes qui lisent la valeur d'un attribut.

- **Écriture d'attribut.** Désigne les instructions qui écrivent la valeur d'un attribut. AspectJ, JBoss AOP et AspectWerkz supportent ce type de point de jonction, tandis que JAC est capable de détecter les méthodes qui écrivent la valeur d'un attribut.

- **Exception.** Les débuts d'exécution des blocs catch de récupération d'une exception peuvent être interceptés avec AspectJ et AspectWerkz. Il n'existe pas d'équivalent dans JAC ni JBoss AOP.

- **Exécution de bloc de code static.** Présent dans AspectJ mais sans équivalent dans les autres outils abordés dans cet ouvrage.

- **Exécution de code advice.** Existe explicitement dans AspectJ. En théorie, les wrappers JAC, les intercepteurs JBoss AOP et les aspects AspectWerkz sont des objets Java « comme les autres ». Il est donc envisageable d'intercepter des points de jonction les concernant. En pratique, la mise en œuvre de tels points de jonction aussi bien dans JAC que dans JBoss AOP est délicate.

- **Flot de contrôle.** AspectJ et AspectWerkz proposent des opérateurs pour détecter l'entrée et la sortie de l'exécution des programmes dans des flots de contrôle. Cette possibilité est absente de JAC et de JBoss AOP. Néanmoins, elle peut être simulée en gérant des variables mises à jour lors de l'entrée ou de la sortie d'un flot de contrôle.

Les codes advice

Les coupes permettent de décrire « où » un aspect doit être intégré dans une application. Les codes advice s'intéressent quant à eux à « ce que fait » l'aspect lorsqu'il est intégré. En d'autres termes, les codes advice fournissent les instructions qui sont greffées autour des points de jonction de la coupe.

Si les termes « aspect », « coupe » et « point de jonction » sont universellement adoptés par les outils de POA, le terme « code advice » ne fait pas l'unanimité et n'existe en tant que tel que dans la terminologie AspectJ et AspectWerkz. JAC parle de « wrapper », de l'anglais *to wrap,* envelopper. JBoss AOP utilise quant à lui le terme « intercepteur ».

Quel que soit le terme employé, le concept est identique : il s'agit d'exécuter des instructions avant ou après les points de jonction d'une coupe.

Les codes advice AspectJ sont des blocs de code écrits dans le corps d'un aspect.

Les wrappers JAC sont des classes qui doivent étendre la classe `org.objectweb.jac.core` `.Wrapper`. Les méthodes `invoke` et `construct` de cette classe doivent obligatoirement être définies dans un wrapper. La méthode `invoke` correspond aux interceptions d'exécution de méthode, et la méthode `construct` aux exécutions de constructeur.

Les intercepteurs JBoss AOP sont des classes qui implémentent l'interface `org.jboss.aop` `.Interceptor`. Cette interface impose de définir une méthode `invoke`. Contrairement à la méthode `invoke` de JAC, qui ne concerne que les exécutions de méthode, la méthode `invoke` de JBoss AOP concerne les exécutions de tous les types de points de jonction.

Les classes d'aspects AspectWerkz sont des classes qui doivent étendre la classe `org.codehaus` `.aspectwerkz.aspect.Aspect`. Cette dernière contient la définition des codes advice sous forme de méthodes, dont la signature respecte une norme qui varie en fonction du type du code advice.

Les types de code advice

Il existe de façon standard trois types de code advice : `before`, `after` et `around` :

- `before` permet d'exécuter des instructions avant les points de jonction de la coupe.

- `after` concerne des instructions qui sont exécutées après les points de jonction.

- `around` est une combinaison des deux précédents qui exécute des instructions avant et après les points de jonction.

Ces trois types sont présents à la fois dans AspectJ, JAC, JBoss AOP et AspectWerkz.

AspectJ et AspectWerkz comportent explicitement trois mots-clés, `before`, `after` et `around`, correspondant à ces trois types. AspectWerkz spécifie par ailleurs une norme pour la signature des méthodes qui implémente les codes advice en fonction du type de ces derniers.

JAC et JBoss AOP considèrent, de façon pragmatique, qu'un code advice de type before est équivalent à un code advice de type around sans partie après et que, de même, un code advice de type after est équivalent à un code advice de type around sans partie avant. Il n'y a donc qu'une seule façon d'écrire des codes advice avec JAC et JBoss AOP : le type dépend de la présence d'instructions avant ou après.

Dans le cas d'un code advice de type around, il est nécessaire de délimiter les parties de code avant et après. AspectJ fournit pour cela le mot-clé proceed, JAC et AspectWerkz la méthode proceed, et JBoss AOP la méthode invokeNext.

Dans les quatre cas, le comportement est identique. Il s'agit d'exécuter le code correspondant à la coupe. Ce code peut parfois retourner une valeur, par exemple lorsqu'il s'agit d'un point de jonction de type exécution de méthode. Cette valeur constitue la valeur de retour de proceed ou de invokeNext.

En plus des trois types de code advice before, after et around, AspectJ définit les types after returning et after throwing. L'idée est que certains points de jonction peuvent se terminer de deux façons, soit normalement, en retournant une valeur, soit de façon anormale, avec la levée d'une exception. Les types after returning et after throwing permettent de différencier ces deux cas. Les codes advice AspectJ sont ainsi en mesure de définir des instructions différentes en fonction du type de terminaison.

Les types de point de jonction after returning et after throwing n'existent explicitement dans aucun autre outil présenté dans cet ouvrage. Il est néanmoins possible de les simuler aisément en plaçant l'appel à proceed ou à invokeNext dans un bloc try/catch de récupération d'exception.

Introspection de point de jonction

Les codes advice permettent de greffer des instructions autour de points de jonction. Ces instructions correspondent au comportement mis en œuvre par l'aspect. Dans ce cadre, il est courant d'avoir besoin d'informations sur le point de jonction qui est en cours d'exécution. Par exemple, pour un point de jonction de type appel de méthode, nous pouvons vouloir connaître le nom de la méthode appelée, les arguments de l'appel ou l'identité de l'appelé. L'ensemble de ces informations est accessible *via* le mécanisme d'introspection de points de jonction.

AspectJ, JAC, JBoss AOP et AspectWerkz permettent de faire de l'introspection de point de jonction.

AspectJ permet d'utiliser le mot-clé thisJoinPoint dans un code advice. Il s'agit d'une référence à un objet qui fournit des informations sur le point de jonction courant. Un sous-ensemble de ces informations est commun à tous les types, tandis que d'autres varient en fonction du type de point de jonction. Par exemple, les informations ne sont pas identiques pour les points de jonction de type lecture d'attribut et pour ceux de type appel de méthode.

Avec JAC, l'introspection de point de jonction est réalisée *via* les paramètres des méthodes `invoke` et `construct` présentes dans les wrappers. Dans le cas de la méthode `invoke`, ce paramètre est de type `MethodInvocation`. Il fournit des informations sur l'exécution de la méthode en cours. Dans le cas de la méthode `construct`, le type est `ConstructorInvocation`.

JBoss AOP adopte une démarche identique à celle de JAC. La méthode `invoke` des intercepteurs accepte un paramètre de type `Invocation`, qui permet d'introspecter le point de jonction. Le type `Invocation` contient toutes les informations communes à l'ensemble des points de jonction. Ce type possède autant de sous-types qu'il y a de points de jonction différents. Chaque sous-type fournit les informations spécifiques du point de jonction auquel il est associé. Nous pouvons, par exemple, utiliser un type `CallerInvocation` pour les appels de méthode, un type `FieldReadInvocation` pour les lectures d'attribut, etc.

AspectWerkz fonctionne de manière similaire à JAC et JBoss AOP au travers de l'objet de type `org.codehaus.aspectwerkz.joinpoint.JoinPoint` passé systématiquement en paramètre aux méthodes qui implémentent les codes advice.

Les introductions

Le mécanisme d'introduction offre la possibilité d'étendre le comportement d'une classe à l'aide d'éléments (attributs, méthodes, etc.) définis dans un aspect.

Dans AspectJ, le mécanisme d'introduction est désigné sous le terme de déclaration intertype (en anglais *Inter-Type Declaration*). Il s'agit d'effectuer des déclarations dans un aspect, donc dans un type, pour le compte d'un autre type, en l'occurrence une classe. Les éléments introduits peuvent être des attributs, des méthodes ou des constructeurs. Ces éléments sont introduits dans une classe et une seule. S'il est nécessaire d'introduire plusieurs fois le même élément dans différentes classes, il faut effectuer autant d'introductions qu'il y a de classes cibles.

De façon complémentaire, des gestionnaires d'exception peuvent être introduits par AspectJ. Le mot-clé `declare soft` récupère toutes les exceptions d'un certain type.

JAC permet d'introduire deux types d'éléments : des méthodes et des gestionnaires d'exception. Les méthodes, dites méthodes de rôle, sont définies dans les wrappers. Les gestionnaires d'exception sont aussi des méthodes définies dans les wrappers. Les méthodes introduites peuvent être invoquées à l'aide d'une API dédiée. Associés à une coupe, les gestionnaires d'exception permettent de récupérer les exceptions levées lors de l'exécution des points de jonction de la coupe.

JBoss AOP et AspectWerkz autorisent l'introduction des interfaces et des classes par le biais d'un mécanisme appelé mix-in. Une classe de l'application peut ainsi implémenter une nouvelle interface et être étendue grâce aux méthodes et attributs définis dans une autre classe.

La déclaration des introductions avec JBoss AOP s'effectue dans le fichier XML **jboss-aop.xml,** qui contient également la définition des coupes. Pour AspectWerkz, cette déclaration est faite soit sous forme de commentaires javadoc spécifiques du framework, soit sous forme XML dans le fichier **aspectwerkz.xml.**

Fonctionnalités avancées

Au-delà des aspects, coupes, codes advice et introductions, AspectJ, JAC, JBoss AOP et AspectWerkz présentent un certain nombre de fonctionnalités avancées communes, que nous analysons dans les sections suivantes.

Instanciation d'aspect

L'instanciation d'aspect est effectuée de façon automatique par les quatre outils de POA. Dans aucun de ces outils, le développeur n'instancie explicitement les aspects, et il n'existe pas, à la différence des classes, d'instruction new pour créer des instances d'aspect. Les développeurs ont néanmoins la possibilité de fournir un certain nombre de directives pour contrôler cette création.

Dans le cas de JAC, ce n'est pas tellement la notion d'instance d'aspect qui est importante, mais celle d'instance de wrapper. En ce qui concerne JBoss AOP, on s'intéresse aux instances d'intercepteur. Pour AspectWerkz, on s'intéresse aux instances des classes d'aspects.

Par défaut, AspectJ et AspectWerkz gèrent les aspects comme des singletons, chaque aspect étant instancié une fois et une seule pour toute l'application. Tous les points de jonction autour desquels est greffé l'aspect partagent la même instance d'aspect.

Le comportement par défaut de JAC en environnement centralisé consiste également à considérer que chaque wrapper est un singleton. Lorsqu'un programme JAC est réparti sur plusieurs machines d'un réseau, il y a néanmoins une instance de wrapper sur chaque machine concernée.

JBoss AOP a choisi une politique par défaut différente puisqu'il existe autant d'instance d'intercepteur que de classe différente contenant des points de jonction autour desquels est tissé l'aspect. Si un intercepteur est associé à trois points de jonction différents localisés dans deux classes, il existe deux instances d'intercepteur.

Dans les quatre approches, le comportement par défaut peut être modifié. En ce qui concerne AspectJ, nous pouvons désigner des groupes d'objets et faire en sorte qu'une instance d'aspect soit créée pour chaque groupe. Nous avons de la sorte autant d'instance d'aspect que de groupe différent.

Avec JAC, il est possible de faire en sorte que chaque point de jonction soit associé à sa propre instance de wrapper. La solution de JBoss AOP est celle qui apporte le plus de souplesse, puisqu'une classe factory peut être fournie avant de laisser la possibilité au développeur de programmer la façon dont les instances doivent être créées. AspectWerkz permet de régler la politique d'instanciation aspect par aspect, l'instanciation pouvant se faire par JVM, par classe, par instance de classe ou par Thread.

Ordonnancement d'aspect

Lorsque plusieurs aspects sont tissés autour d'un même point de jonction, il est nécessaire de fournir l'ordre respectif d'exécution des aspects. Cet ordre a des conséquences importantes sur le déroulement de l'application. Par exemple, dans le cas d'un aspect de trace et d'un aspect de sécurité tissés autour des mêmes points de jonction, si l'aspect de sécurité est exécuté en premier, seuls les appels authentifiés sont tracés. Dans le cas contraire, tous les appels, y compris ceux provenant d'utilisateurs non autorisés, sont tracés.

L'ordre d'exécution des aspects est défini de manière globale dans AspectJ et dans JAC. AspectJ fournit pour cela le mot-clé `declare precedence` associé à une liste ordonnée d'aspects. JAC fournit quant à lui, dans le fichier **jac.prop,** une propriété `jac.comp.wrappingOrder`, qui joue le même rôle pour l'ordre d'exécution des wrappers.

En cas d'omission d'un aspect ou d'un wrapper dans la définition de l'ordre, AspectJ ou JAC ne fournit aucune garantie sur l'ordre d'exécution.

Dans JBoss AOP, chaque intercepteur est associé à une coupe, et toutes les coupes d'une application sont définies dans un même fichier **jboss-aop.xml.** Les intercepteurs peuvent être groupés en piles. Une coupe utilise un ou plusieurs intercepteurs ou une ou plusieurs piles. Dans tous les cas, l'ordre de définition des coupes dans le fichier **jboss-aop.xml** fournit l'ordre dans lequel les intercepteurs ou les piles sont greffés autour des points de jonction.

Réutilisation d'aspect

De la même façon que des classes doivent pouvoir être réutilisées dans différents contextes applicatifs, il est important de faire en sorte que les aspects soient suffisamment indépendants des applications pour lesquelles ils ont été conçus initialement.

D'une façon générale, les coupes sont peu réutilisables. Ce sont principalement les codes advice — ou les wrappers et intercepteurs — qui sont réutilisés.

Les coupes dépendent fortement d'une application. Il s'agit en effet d'indiquer quelles localisations d'une application sont concernées par un aspect. À l'exception des coupes très génériques, comme celles qui désignent toutes les méthodes de toutes les classes d'une application, les coupes font référence à des noms de classe ou de méthode. Or ces éléments sont intimement liés à une application. De plus, chacun de ces éléments est dépendant du contexte, c'est-à-dire de ce que fait l'application.

Les codes advice sont *a contrario* indépendants des applications car ils définissent le comportement de l'aspect. Quelle que soit l'application à laquelle il est appliqué, un aspect a, *a priori,* toujours le même comportement.

En conséquence, les coupes doivent généralement être réécrites pour chaque nouvelle application, tandis que les codes advice peuvent être réutilisés dans différentes applications. Partant de ce constat, la réutilisation d'aspect s'effectue différemment dans chacun des quatre outils présentés dans cet ouvrage.

Dans AspectJ, la réutilisation d'aspect se fait à l'aide de l'héritage et des aspects abstraits. Un aspect abstrait est un aspect qui ne contient que des codes advice et dont les coupes sont abstraites, c'est-à-dire non définies. Un aspect abstrait est donc réutilisable. Il est possible d'étendre un aspect abstrait pour hériter de ses codes advice et définir les coupes qui permettent d'adapter l'aspect à l'application.

JAC découple l'écriture des coupes et des wrappers en les écrivant dans des classes Java différentes. Il est ainsi possible de réutiliser aisément les wrappers avec différentes coupes.

JBoss AOP définit les coupes dans des fichiers XML et les intercepteurs dans des fichiers Java. Comme pour JAC, il est donc possible de réutiliser les intercepteurs dans des contextes applicatifs variés. Il en va de même des classes d'aspects d'AspectWerkz.

Les métadonnées

Le mécanisme de métadonnées permet d'associer des attributs et des valeurs aux éléments tels que classes et méthodes d'une application. Cette association est faite de manière externe à l'application. Il est, par exemple, possible d'associer l'attribut `transaction` à toutes les méthodes dont nous souhaitons que l'exécution s'effectue de manière transactionnelle.

Une fois associées aux éléments d'un programme, les métadonnées peuvent être exploitées pour orienter le comportement d'un aspect. Ainsi, un aspect de transaction vérifie la présence ou l'absence de l'attribut `transaction` pour savoir si une méthode doit être exécutée de façon transactionnelle ou non.

JAC, JBoss AOP et AspectWerkz permettent de gérer des métadonnées. AspectJ ne le permet pas.

Dans JAC, les métadonnées sont accessibles *via* l'API du mécanisme RTTI (Run-Time Type Information). Le mécanisme RTTI de JAC permet de faire de l'introspection de programme. Il permet également d'associer des attributs et des valeurs aux éléments (classes, méthodes, attributs) d'un programme.

Les métadonnées de JBoss AOP sont définies en XML dans le fichier **jboss-aop.xml.** Une balise `<class-metadata>` fournit le nom des classes, méthodes et attributs qui doivent être associés à des métadonnées. Une API spécifique permet d'interroger ces métadonnées par la suite dans le corps d'une méthode d'interception.

Les métadonnées d'AspectWerkz sont définies sous forme de commentaires utilisant une forme spécifique de commentaire javadoc. Ces commentaires peuvent porter sur une classe, un attribut, un constructeur ou une méthode, comme n'importe quel commentaire javadoc. Une méthode de la classe `org.codehaus.aspectwerkz.aspect.Aspect` permet ensuite d'accéder à ces métadonnées.

Tableau récapitulatif

En guise de conclusion, le tableau 7.1 récapitule les principales caractéristiques comparées de AspectJ, JAC, JBoss AOP et AspectWerkz.

Tableau 7.1 Caractéristiques principales de AspectJ, JAC, JBoss AOP et AspectWerkz

Caractéristique	AspectJ	JAC	JBoss AOP	AspectWerkz
Définition d'aspect	Mot-clé `aspect`	Classe `AspectComponent`		Classe AsUpect
Tissage	Compilation	Exécution	Exécution	Exécution
Coupe	Mots-clés	Méthode `pointcut`	Balises XML	Balises XML ou commentaires javadoc
Expression régulière	Propre à AspectJ	GNU regexp	`java.util.regexp`	Similaire à AspectJ
Code avant/après	Code advice	Wrapper	Intercepteur	Méthode
Appel de l'objet métier	`proceed`	`Proceed`	`InvokeNext`	`proceed`
Mécanisme d'introduction	Inter-Type Declaration	Méthodes de rôle et de gestion d'exception	Mix-in	Mix-in
Instanciation d'aspect par défaut	Singleton	Singleton	Une instance d'aspect par classe métier associée à l'aspect	Singleton
Ordonnancement d'aspect	Mot-clé `declare precedence`	Propriété `jac.comp.wrapping Order`	Ordre de déclaration des intercepteurs et des piles dans **jboss-aop.xml**	Ordre de déclaration des codes advice dans **aspectwerkz .xml**
Métadonnées		API RTTI	Balises XML	Commentaires javadoc spécifiques

Partie III

Applications de la POA

« Il vaut mieux faire les choses systématiquement, puisque nous sommes seulement humains et que le désordre est notre pire ennemi. » (Hésiode)

Cette partie présente plusieurs applications de la programmation orientée aspect et décrit ses avantages en comparaison des techniques traditionnelles. Les trois chapitres qui la composent concernent chacun une problématique majeure du développement actuel, traitée par ordre de complexité croissante.

Le chapitre 8 explore le catalogue des design patterns les plus connus et détaille lesquels de ces éléments de programmation génériques et réutilisables peuvent bénéficier de la puissance de la POA.

Le chapitre 9 aborde les techniques pouvant êtres mises en œuvre afin d'améliorer la robustesse des applications et de faciliter la supervision de leur exécution grâce à la POA.

Le chapitre 10 met en lumière les perspectives offertes par la POA pour la prise en compte de la séparation des préoccupations dans les serveurs d'applications.

8

Design patterns
et POA

Bien connus des développeurs qui utilisent la programmation orientée objet, les design patterns, ou modèles de conception réutilisables, apportent des solutions génériques à des problèmes récurrents. Ces modèles étant indépendants des langages, la plupart des problèmes qu'ils aident à résoudre ne sont pas spécifiques d'un paradigme de programmation et peuvent être implémentés en POA.

Un certain nombre de design patterns ont été popularisés en 1995 par l'ouvrage collectif *Design patterns : catalogue de modèles de conception réutilisables,* de Erich Gamma, Richard Helm, Ralph Johnson et John Vlissides, plus connus sous le nom de Gang of Four, ou GoF. Si, depuis lors, de nombreux autres design patterns ont été formalisés, un grand nombre d'entre eux dérivent des travaux du GoF.

Ce chapitre vise à mettre les design patterns à l'épreuve de l'approche orientée aspect. Par comparaison avec l'approche orientée objet, il s'emploie ainsi à dégager les avantages de la POA.

Pour ceux qui connaissent peu ou pas les design patterns, nous consacrons la première section à une description synthétique de ces modèles de conception réutilisables.

Nous présentons ensuite les design patterns pour lesquels les apports de la POA sont particulièrement significatifs en terme de modularisation. Nous signalons enfin ceux pour lesquels la POA n'apporte guère d'amélioration de conception.

Les design patterns, ou éléments de conception réutilisables

Les design patterns, en français modèles de conception, constituent une des matérialisations de ce concept fort de la programmation orientée objet qu'est la réutilisation.

La notion de pattern n'est pas propre à la programmation. Elle est en fait issue du domaine du bâtiment et est couramment utilisée en architecture et dans l'urbanisme. Elle a été formalisée par l'architecte Christopher Alexander, dont les idées ont été reprises et adaptées à la programmation orientée objet par Ward Cunnigham et Ken Beck dans leur article *"Using pattern languages for Object-Oriented Programs"*, présenté en 1987 lors d'une conférence à Orlando.

Comme expliqué en introduction, un design pattern offre une solution générique à un problème récurrent dans un certain contexte, un même problème ne se résolvant pas de la même manière dans un contexte différent. Afin de garantir la qualité du design pattern, cette solution doit être une abstraction d'une implémentation concrète et éprouvée d'une solution.

Pour reprendre une image évoquée par Jim Coplien dans *Software Patterns,* les design patterns peuvent être vus un peu comme des patrons de couturière. La finalité d'un patron est de faire un habit, qui est le problème à résoudre. Les caractéristiques de cet habit constituent le contexte, et les instructions du patron la solution.

Pour être facilement utilisable, un design pattern doit être correctement documenté. Dans les différents catalogues de design patterns, celui du GoF étant le plus connu, chacun d'eux est généralement décrit au travers de plusieurs rubriques, notamment les suivantes :

- nom du design pattern ;
- description du problème et du contexte concernés par le design pattern ;
- description de la solution (structure, collaborations) et de ses éventuelles variantes ;
- résultat obtenu avec ce design pattern et éventuelles limitations ;
- exemples ;
- design patterns apparentés.

Grâce à cette documentation, la mise en œuvre des design patterns est à la portée de tous et permet, à moindre coût, d'utiliser les meilleures pratiques au sein des développements. Il reste bien entendu nécessaire de comprendre le fonctionnement et le domaine d'application d'un design pattern pour bien l'utiliser.

Afin d'illustrer notre propos, prenons l'exemple d'un des design patterns les plus simples du GoF, le singleton :

- **Le problème et son contexte.** Certaines classes ne doivent pas avoir plus d'une instance lors de l'exécution du programme auquel elles appartiennent. Cela se justifie soit par la nature de la classe — elle modélise un objet unique, par exemple un ensemble de variables globales à l'application —, soit par souci d'économie de ressource mémoire — une instance unique fournit le même niveau de service que de multiples instances.

- **La solution du problème.** La classe doit comporter un attribut statique, généralement appelé instance, destiné à recevoir la référence de l'instance unique et une méthode, généralement appelée getInstance, renvoyant la valeur d'instance. Si instance est vide, getInstance crée une nouvelle instance de la classe en la stockant dans l'attribut instance et la renvoie à l'appelant.

Le code ci-dessous montre un exemple d'implémentation d'un singleton en Java :

```
public class MySingleton {
    [...]
    private static MySingleton instance = null;

    public static MySingleton getInstance() {
        if (instance==null) {
            instance = new MySingleton();
        }
        return instance;
    }

    [...]
}
```

Grâce à la méthode getInstance, les classes utilisatrices de la classe MySingleton sont certaines d'utiliser la même instance de cette dernière. L'inconvénient est que l'opérateur new n'est pas utilisable par les appelants. L'application du design pattern singleton à la classe MySingleton n'est donc pas transparente pour les classes utilisatrices, puisqu'elles doivent appeler en lieu et place du constructeur la méthode getInstance.

Ce problème de « transparence » du design pattern vis-à-vis des autres classes n'est pas spécifique du singleton. En fait, les design patterns ont un fort impact sur la structure de l'application. Leur implémentation n'est plus dissociable des classes concernées. Cette relation étroite entre le design pattern et ses implémentations noie au finale la modélisation initiale dans le code.

S'il est facile de reconnaître un singleton en lisant le code, d'autres design patterns sont nettement plus difficiles à identifier, le design pattern commande, par exemple. Alors que les design patterns sont par nature réutilisables en tant qu'éléments de conception, leurs implémentations sont généralement spécifiques du contexte, ce qui implique une absence de réutilisation au niveau des développements.

Maintenant que nous savons ce que sont les design patterns et quelles sont les conséquences de leur utilisation, nous allons détailler quelques-uns d'entre eux, dont le singleton, et leur appliquer les techniques de la POA pour améliorer leur modularité.

Implémentation des design patterns avec la POA

L'implémentation de design patterns à l'aide de la POA est un domaine de recherche très actif. La raison en est que de nombreux design patterns sont transversaux et, de ce fait, difficilement modularisables à l'aide des techniques de la programmation orientée objet.

Le ton a été donné par les travaux précurseurs de Jan Hannemann et Gregor Kiczales, dont les résultats sont synthétisés dans leur article *"Design Pattern Implementation in Java and AspectJ"*, présenté en 2002 à la conférence OOPSLA.

Ces travaux ont permis de dégager les avantages suivants de la POA pour l'implémentation de certains design patterns :

- **Localisation.** Meilleure modularisation du code en concentrant celui-ci au sein d'aspects.

- **Réutilisation.** Meilleure réutilisation, la factorisation du code au sein d'aspects pouvant s'accompagner d'un meilleur degré d'abstraction.

- **Composition.** Possibilité de faire participer un même objet à plusieurs design patterns de manière transparente pour lui.

- **Adaptabilité.** Lien moins fort entre l'application et les design patterns qu'elle emploie. Ce lien peut se résumer à un simple paramétrage permettant d'activer ou non un design pattern, par exemple par la transformation ou non d'une classe en singleton.

Ces quatre avantages ne sont toutefois pas systématiques, certains design patterns bénéficiant de l'ensemble de ces avantages et d'autres d'aucun. Sur les vingt-trois design patterns du GoF, dix-sept bénéficient ainsi de la POA, dont douze des quatre avantages.

La section suivante donne un exemple introductif de cette démarche, après quoi nous appliquons les techniques de la POA à un échantillon de design patterns issus du GoF.

Exemple introductif

Avant de dresser le catalogue des design patterns qui bénéficient de la POA, nous présentons l'implémentation du singleton avec la POA. Cette implémentation illustre à la fois la puissance de la POA comme nouveau moyen de modularisation du code et les dangers d'une utilisation non maîtrisée de ses techniques.

Limites de la programmation orientée objet

Supposons que nous ayons plusieurs classes du type singleton à implémenter. En programmation orientée objet, une méthode `getInstance` doit être développée pour chacune de ces classes. Or le contenu de ces différentes méthodes `getInstance` varie peu d'une classe à une autre. L'algorithme appliqué, du type « si l'attribut instance est `null` alors… », est toujours le même. Sa seule dépendance vis-à-vis de la classe est le type de l'attribut `instance` et la signature du constructeur. Cette gestion d'un singleton est au finale assez générique et doit pouvoir être réutilisable.

Essayons dans un premier temps de mieux modulariser le singleton avec les techniques orientées objet.

Nous commençons par définir la classe `Singleton` censée modulariser la gestion du singleton :

```
public class Singleton {

    private static Singleton instance = null;
```

```
public static Singleton getInstance() {
        if (instance==null) {
                instance = new Singleton(); ←❶
        }
        return instance;
    }


}
```

Nous sommes obligé de définir cette classe comme étant concrète, par opposition à classe abstraite, pour pouvoir appeler le constructeur par défaut (repère ❶) dans la méthode getInstance. En effet, une classe abstraite ne peut appeler un de ses constructeurs. La modularisation ne peut donc s'effectuer sur ce type de classe.

Nous définissons ensuite notre singleton, appelé MySingleton :

```
public class MySingleton extends Singleton {
    […]
}
```

Cette classe hérite de Singleton et ne peut donc plus hériter d'autres classes, le langage Java ne supportant pas l'héritage multiple. Dans certaines applications, cette contrainte peut être particulièrement gênante.

Enfin, nous définissons une classe de test faisant appel à la méthode getInstance :

```
public class SingletonTest {

    public static void main(String[] args) {
        MySingleton singleton;
        singleton = (MySingleton)MySingleton.getInstance(); ←❶
    }
}
```

La méthode getInstance renvoyant une instance de type Singleton, il est nécessaire de faire un conversion de type vers MySingleton (repère ❶).

Si nous exécutons cette classe, nous obtenons le résultat suivant :

```
java.lang.ClassCastException: Singleton

at SingletonTest.main(SingletonTest.java:18)

Exception in thread "main"
```

Le constructeur appelé par getInstance est celui de la classe mère et non celui de la classe fille. La gestion du singleton n'est donc pas modularisée par la classe Singleton.

Grâce à JBoss AOP et AspectJ nous pouvons combler cette lacune, mais cela ne va pas sans risque, comme le montre la section suivante.

L'aspect singleton

Le design pattern singleton peut-il être implémenté sous forme d'aspect ? Avec JBoss AOP et AspectJ la réponse est oui.

Pour rappel, notre objectif vis-à-vis du singleton est de bénéficier si possible des quatre avantages de la POA appliquée aux design patterns (localisation, réutilisation, composition et adaptabilité).

Comme expliqué précédemment, le principal problème de la modularisation vient de l'adhérence de la méthode getInstance au constructeur de la classe implémentant le singleton.

JBoss AOP et AspectJ permettent de résoudre ce problème simplement et efficacement en modifiant le comportement du constructeur, puisque c'est lui qui est appelé par l'opérateur new pour créer une nouvelle instance de classe. Cette modification du comportement du constructeur constitue ni plus ni moins la gestion du singleton.

Avec JBoss AOP, nous pouvons définir l'intercepteur suivant :

```
package aop.patterns.singleton;

import org.jboss.aop.Interceptor;
import org.jboss.aop.Invocation;
import org.jboss.aop.InvocationResponse;
import org.jboss.aop.InvocationType;

public class SingletonInterceptor implements Interceptor {

private InvocationResponse singleton;   ←❶

    public String getName() {
        return "SingletonInterceptor";
    }

    public InvocationResponse invoke(Invocation invocation)
      throws Throwable {
        if (invocation.getType()==InvocationType.CONSTRUCTOR) {
            if (singleton==null) {   ←❷
                singleton = invocation.invokeNext();   ←❸
            }
            return singleton;
        }
        return invocation.invokeNext();
    }
}
```

Le code de cet intercepteur n'est pas sans rappeler l'implémentation orientée objet du singleton puisqu'il comporte un attribut destiné à stocker l'instance unique de notre singleton (repère ❶) et que la méthode invoke emploie le même type de test (repère ❷) pour vérifier l'existence ou non de l'instance en cas d'appel à un constructeur. Si l'instance n'existe pas, invoke appelle le constructeur de la classe et stocke dans l'attribut singleton l'instance ainsi générée (repère ❸).

Nous constatons que l'intercepteur concentre toute la mécanique de gestion du singleton et que son application sur une classe donnée est totalement transparente.

Pour les besoins de nos exemples, nous utilisons une classe Stats contenant diverses statistiques pour un site de commerce électronique :

```
public class Stats {
    private int orders = 0;
    private float totalAmount = 0;
    private String status = "OK";

    public int getOrders() {
            return orders;
    }

    public void incOrders() {
            orders++;
    }

    public float getTotalAmount() {
            return totalAmount;
    }

    public void addAmount(float p) {
            totalAmount+=p;
    }

    public String getStatus() {
            return status;
    }

    public void setStatus(String p) {
            status = p;
    }

    public void reset() {
            orders = 0;
            totalAmount = 0;
            status = "OK";
    }
}
```

Nous lui appliquons le design pattern singleton en paramétrant le fichier **jboss-aop.xml** de la manière suivante :

```
<interceptor-pointcut methodFilter="NONE"
  constructorFilter="ALL" fieldFilter="NONE"
  class="aop.patterns.singleton.Stats">
      <interceptors>
          <interceptor
            class="aop.patterns.singleton.SingletonInterceptor"/>
      </interceptors>
</interceptor-pointcut>
```

La bonne application du design pattern peut être aisément testée avec la classe suivante :

```
package aop.patterns.singleton;

public class SingletonExample {

    public static void main(String[] args) {
        Stats stats1 = new Stats(); ←❶
        Stats stats2 = new Stats(); ←❷
        if (stats1==stats2) {
            System.out.println("Ce sont les mêmes instances !");
        } else {
            System.out.println("Ce ne sont pas les mêmes
                instances !");
        }
    }
}
```

La méthode getInstance a été supprimée, le singleton étant accédé par un appel classique au constructeur (repères ❶ et ❷). Le design pattern singleton est ainsi devenu totalement transparent pour l'application.

Le résultat obtenu en exécutant ce programme est le suivant :

```
    Ce sont les mêmes instances !
```

Le design pattern singleton a bel et bien été appliqué à la classe Stats sans nécessiter de modification du code utilisant Stats ni de la classe appelante.

Le même résultat peut être obtenu avec AspectJ. Pour cela, nous définissons dans un premier temps un aspect abstrait indépendant de la coupe désignant les classes à transformer en singletons :

```
package aop.patterns.singleton;

public abstract aspect AbstractSingletonAspect {

    private Object singleton = null;

    abstract pointcut singletonPointcut(); ←❶

    Object around(): singletonPointcut() {
        if (singleton == null) { ←❷
            singleton = proceed();
        }
        return singleton;
    }
}
```

L'aspect abstrait est composé de deux éléments : une coupe abstraite, qui doit être définie par les aspects concrets dérivant de AbstractSingletonAspect (repère ❶), et un code advice around (repère ❷), similaire à la méthode invoke de l'intercepteur JBoss AOP.

On peut se poser la question de la nécessité de cet aspect abstrait : pourquoi ne pas implémenter directement un aspect dont la coupe couvrirait l'ensemble des classes à transformer en singleton ? Pour AspectJ, un aspect est, par défaut, lui-même un singleton. Une seule instance de l'aspect est partagée par l'ensemble des classes à transformer désignées par la coupe singletonPointcut. Or un aspect singleton unique ne peut être partagé entre plusieurs classes, chaque classe écrasant le singleton de l'autre.

Les mots-clés AspectJ perthis et pertarget ne nous sont d'aucune utilité car ils génèrent une instance de l'aspect par instance de classe, ce qui est l'inverse de l'effet escompté (une instance de l'aspect par classe sur laquelle est appliqué le design pattern singleton).

Les deux solutions suivantes permettent de résoudre ce problème :

- Définir un aspect abstrait dont dérivent plusieurs aspects concrets, un aspect concret par classe à transformer en singleton. Ainsi, chaque classe n'interfère pas avec les autres singletons. C'est la solution retenue ici.
- Utiliser une table de hachage (java.util.Hashtable) stockant les singletons pour chacune des classes transformées, comme nous le verrons à la section suivante.

Nous pouvons maintenant définir un aspect concret par classe à transformer en singleton. Si nous voulons transformer la classe Stats en singleton, comme nous l'avons fait précédemment avec JBoss AOP, il suffit de créer l'aspect suivant :

```
package aop.patterns.singleton;

public aspect SingletonAspect extends AbstractSingletonAspect {

    pointcut singletonPointcut() : call(Stats.new(..));

}
```

Une fois la compilation de l'application terminée, nous pouvons l'exécuter pour obtenir le résultat ci-dessous :

```
Ce sont les mêmes instances !
```

Nous obtenons le même résultat qu'avec JBoss AOP : la classe Stats a été transformée en singleton.

Critique de l'implémentation en POA du singleton

Cet exemple d'implémentation du design pattern singleton est malheureusement limité et dangereux.

La limite qui saute immédiatement aux yeux est le problème des constructeurs multiples. Dans l'exemple, nous renvoyons ainsi la même instance de la classe, quel que soit le constructeur employé.

De surcroît, cette implémentation est intrusive et peut avoir des effets de bord nuisibles au bon fonctionnement de l'application.

Gestion des constructeurs multiples

Dans le cas d'une utilisation de l'aspect singleton au sein d'une application existante, lors d'un refactoring, par exemple, nous pouvons désirer transformer en singleton une classe possédant plusieurs constructeurs. Ce type de classe n'est pas réellement adapté à l'application du design pattern singleton, qui est plutôt prévu pour ne fonctionner qu'avec un seul constructeur. Nous pouvons cependant l'étendre pour supporter ce cas de figure.

Avec des constructeurs différents, nous pouvons nous attendre à des instances différentes. Cette difficulté est toutefois loin d'être insurmontable. Il est possible de stocker non pas une mais plusieurs instances, une par constructeur différent appelé. Par différent, nous entendons non seulement la signature mais aussi les valeurs des paramètres.

Avec AspectJ, nous obtenons le résultat suivant pour l'aspect abstrait :

```
package aop.patterns.singleton;

import java.util.Hashtable;

public abstract aspect AbstractMultipleSingletonAspect {

    private Hashtable singletons = new Hashtable(); ←①

    abstract pointcut singletonPointcut();

    private String getValue(Object o) { ←②
        if (!o.getClass().isArray()) {
            return Integer.toString(o.hashCode());
        } else {
            StringBuffer value = new StringBuffer();
            Object[] temp = (Object[]) o;
            for (int i=0;i<temp.length;i++) {
                value.append(getValue(temp[i]));
                value.append('|');
            }
            return value.toString();
        }
    }

    Object around(): singletonPointcut() {
        String arguments;
```

```
            String signature =
                thisJoinPoint.getSignature().toString();  ←❸
            if(thisJoinPoint.getArgs().length>0) {
                arguments = getValue(thisJoinPoint.getArgs());  ←❹
            } else {
                arguments = "";
            }

            Object singleton = singletons.get(signature+arguments);
            if (singleton == null) {
                singleton = proceed();
                singletons.put(signature+arguments,singleton);
            }
            return singleton;
    }
}
```

Cette nouvelle implémentation de l'aspect abstrait est plus complexe que la précédente. Cette complexité tient à la gestion de la table de hachage stockant les multiples singletons (repère ❶). La clé utilisée pour identifier le singleton associé à un appel de constructeur donné est calculée en fonction de la signature du constructeur (repère ❸) et de la valeur des arguments qui lui sont passés par l'appel (repère ❹). Cette valeur est obtenue par la méthode getValue (repère ❺), dont le fonctionnement est décrit au chapitre 9 pour les tests de non-régression.

Il suffit maintenant de faire dériver l'aspect SingletonAspect de l'aspect abstrait Abstract-MultipleSingletonAspect pour que les constructeurs multiples soient supportés. Nous remarquons que cette implémentation permet aussi de résoudre le problème de l'aspect concret partagé par plusieurs classes à transformer.

Fonctionnement intrusif

Le fait de pouvoir transformer toute classe en singleton par la simple application d'un aspect et sans modification du code est à première vue intéressant. Cependant, cette modification intrusive du fonctionnement d'un opérateur Java, l'opérateur new, n'est pas neutre.

Tout d'abord, le choix de transformer une classe en singleton n'est pas sans conséquence sur le reste des développements. L'avantage de la méthode getInstance dans l'approche objet est qu'elle indique clairement la nature de la classe. Avec l'implémentation POA du singleton, toute classe est potentiellement un singleton puisqu'il suffit pour cela de paramétrer correctement l'aspect. En dehors de ce dernier, rien dans le code de l'application ne permet de savoir si une classe est ou non un singleton. Cette incertitude sur la nature de la classe peut mener à des bogues.

Ensuite, il faut prendre beaucoup de précaution lorsque nous transformons une classe existante en singleton. Comme il s'agit d'un objet, et non d'une classe, commun et partagé par tous ces objets utilisateur, il nous faut veiller à ce que son fonctionnement ne soit pas perturbé. Un bogue classique est l'écrasement inopportun des données du singleton d'un appel à un autre.

Enfin, cet aspect compromet la composition d'aspect, qui est une fonctionnalité importante de la POA. Par exemple, l'aspect singleton n'est pas composable avec un autre aspect réalisant lui-même le remplacement de l'instance renvoyée par un constructeur. Cela peut être typiquement le cas avec un aspect remplaçant une instance d'un objet local par une instance d'un proxy d'objet distant.

Ce type d'aspect intrusif est impossible à réaliser avec JAC, car il n'est pas possible de modifier l'instance générée par l'appel d'un constructeur intercepté. JAC est à cet égard plus strict que JBoss AOP et AspectJ. Cela n'a rien à voir avec une limitation technique. Il s'agit d'un choix conceptuel de la part des créateurs de JAC, qui vise à permettre une composition d'aspects la plus fiable possible.

Une bonne pratique en POA consiste à développer un aspect contrôlant la bonne utilisation d'un singleton. Nous allons pour cela implémenter un test vérifiant l'unicité de l'instance dans un code advice de type `before` associé à une coupe portant sur les constructeurs de la classe `Singleton` (il s'agit d'une précondition, comme nous le verrons au chapitre 9).

Avec JAC, ce test est implémenté sous forme de wrapper de la manière suivante :

```
package aop.patterns.singleton;

import org.aopalliance.intercept.ConstructorInvocation;
import org.aopalliance.intercept.MethodInvocation;
import org.objectweb.jac.core.AspectComponent;
import org.objectweb.jac.core.Interaction;
import org.objectweb.jac.core.Wrapper;

public class SingletonWrapper extends Wrapper {

  private boolean instanciated = false;

  public SingletonWrapper(AspectComponent ac) {
    super(ac);
  }

  public Object invoke(MethodInvocation mi) throws Throwable {
    if (instanciated) {
      throw new RuntimeException("Le singleton est déjà instancié !");
    }
    instanciated = true;
    return proceed(mi);
    throw new RuntimeException
      ("Ce wrapper ne supporte pas le wrapping de méthode");
  }

  public Object construct(ConstructorInvocation ci) throws Throwable {
    if (instanciated) {
      throw new RuntimeException
        ("Le singleton est déjà instancié");
    }
```

```
    instanciated = true;
    return proceed(ci);
  }
}
```

La coupe paramétrable en fonction de la classe à transformer est définie par le composant d'aspect suivant :

```
package aop.patterns.singleton;

    import org.objectweb.jac.core.AspectComponent;

    public class SingletonAC extends AspectComponent {

      public void isSingleton(String wrappeeClassExpr) {
        pointcut(
          "ALL",wrappeeClassExpr,"CONSTRUCTORS",
          SingletonWrapper.class.getName(),
          null,false);
      }
    }
```

Il suffit de définir le fichier de paramétrage de cet aspect pour transformer la classe Stats :

```
    isSingleton "aop.patterns.singleton.Stats";
```

Le résultat obtenu avec la classe de test utilisée pour JAC est le suivant :

```
        WrappedThrowableException(java.lang.RuntimeException: Le singleton est
        déjà instancié !)
```

Cette classe de test effectuant deux appels au constructeur de la classe Stats, le non-respect du design pattern singleton est immédiatement détecté par notre aspect JAC.

Implémentation des autres design patterns avec la POA

Notre exemple introductif a montré que l'utilisation de la POA pour implémenter un design pattern pouvait être très efficace mais que ces techniques devaient être utilisées à bon escient.

La présente section se penche sur quatre design patterns — les patterns observateur, commande, chaîne de responsabilité et proxy — pour lesquels les gains de la POA sont évidents et ne génèrent pas de conséquences néfastes, à la différence du singleton.

Dans une logique similaire à celle employée par le GoF, nous présentons les quatre design patterns de la manière suivante :

- description du problème à résoudre ;
- description de la solution orientée objet avec un exemple ;
- critique de la solution orientée objet et détermination des éléments transversaux ;

- description de la solution orientée aspect avec le même exemple ;

- évaluation de la solution orientée aspect selon les quatre critères de Hannemann et Kiczales.

Le design pattern observateur

Au cours de sa vie, un objet peut être amené à changer plusieurs fois d'état. Au niveau de l'application, ces changements d'état doivent générer des traitements. Par exemple, pour un traitement de texte, la modification du fichier ouvert doit activer la fonctionnalité d'enregistrement. Si notre objet a la charge d'effectuer tous les traitements liés à ses changements d'état, nous pouvons arriver rapidement à un objet obèse, difficile à maintenir. De plus, certains traitements peuvent être déclenchés par des changements d'état de plusieurs objets.

Le design pattern observateur permet à un objet de signaler un changement de son état à d'autres objets appelés observateurs. Ce design pattern est particulièrement adapté à la programmation d'IHM graphiques. Tout contrôle graphique signale ses différents changements d'état au travers d'événements capturés par divers objets pour réaliser leur traitement. Par exemple, dans un logiciel de traitement de texte, l'appui sur un bouton de la barre d'outils déclenche des traitements qui ne sont pas pris en charge directement par le bouton mais par ses observateurs.

Dans l'API Swing de J2SE, ce design pattern est abondamment utilisé au travers de la notion de listener, qui équivaut à un observateur.

Implémentation orientée objet du design pattern observateur

Le design pattern observateur est simple à implémenter. Il repose sur deux interfaces, une à implémenter par les observateurs et l'autre par les sujets d'observation.

Le code ci-dessous reproduit l'interface des observateurs :

```
package aop.patterns.observer;

public interface Observer {
        public void sendNotify(Subject s);
}
```

Cette interface est très simple. Elle ne contient qu'une méthode sendNotify, qui est appelée par le sujet d'observation pour avertir ses observateurs d'un changement d'état.

Le code ci-dessous reproduit l'interface des sujets d'observation :

```
package aop.patterns.observer;

public interface Subject {
    public void addObserver(Observer o);
    public void removeObserver(Observer o);
}
```

Cette interface comprend deux méthodes utilisées pour inscrire (addObserver) et désinscrire (removeObserver) un observateur auprès d'un sujet d'observation.

Si nous reprenons notre classe Stats, nous pouvons la transformer en sujet d'observation en lui faisant implémenter l'interface Subject :

```
package aop.patterns.observer;

import java.util.Iterator;
import java.util.Vector;

public class Stats implements Subject {
    […]

    private Vector observers = new Vector();

    public void addObserver(Observer o) {
        observers.add(o);
    }

    public void removeObserver(Observer o) {
        observers.remove(o);
    }
    public void notifyObservers() {
        Iterator iterator = observers.iterator(); ←❶
        while (iterator.hasNext()) {
            Observer o = (Observer) iterator.next();
            o.sendNotify(this);
        }
    }

    […]

    public void incOrders() {
        orders++;
        notifyObservers(); ←❷
    }

    […]
    }
```

Nous avons permis à des observateurs de surveiller l'évolution du nombre de commandes (repère ❷). Le signalement du changement de cet attribut est pris en charge par la méthode notifyObservers, qui parcourt la liste des observateurs enregistrés pour les avertir en appelant leur méthode sendNotify (repère ❶).

Un observateur pourrait se présenter de la manière suivante :

```
package aop.patterns.observer;

public class MyOrdersObserver implements Observer {
    public void sendNotify(Subject s) {
        Stats statistics = (Stats) s;
        System.out.println("Appel sendNotify pour l'observateur
            des commandes : "+statistics.getOrders());
    }
}
```

Supposons maintenant que nous désirions surveiller également l'évolution du montant total des commandes. Pour cela, il faut rendre observable l'attribut totalAmount de la classe Stats.

Afin de différencier les observateurs du nombre de commandes et ceux du montant total des commandes, deux nouvelles interfaces dérivant de l'interface Observer doivent être créées.

L'interface des observateurs du nombre de commandes se présente de la manière suivante :

```
package aop.patterns.observer;

public interface OrdersObserver extends Observer {
}
```

Nous constatons qu'aucune extension n'a été apportée à l'interface Observer. L'objectif recherché est simplement la différentiation des observateurs. Celle-ci s'effectue en ayant une interface spécifique pour chaque type d'observateur.

Selon le même principe, l'interface des observateurs du montant total des commandes se présente de la manière suivante :

```
package aop.patterns.observer;

public interface AmountObserver extends Observer {
}
```

Un observateur du montant total des commandes peut donc se présenter comme ci-dessous :

```
package aop.patterns.observer;

public class MyAmountObserver implements AmountObserver {
    public void sendNotify(Subject s) {
        Stats statistics = (Stats) s;
        System.out.println("Appel sendNotify pour l'observateur du
            montant total : "+statistics.getTotalAmount());
    }
}
```

Pour l'observateur du nombre de commandes, nous reprenons celui défini précédemment en modifiant son interface, qui devient OrdersObserver au lieu d'Observer.

Bien entendu, l'existence de deux types d'observateurs différents doit être prise en compte par la classe Stats. Pour cela, la méthode notifyObservers doit être modifiée, et deux nouvelles méthodes doivent être définies (une par type d'observateur) :

```java
private boolean isImplementing(Observer o,Class c) { ←①
    Class[] interfaces = o.getClass().getInterfaces();
    for(int i=0;i<interfaces.length;i++) {
        if (interfaces[i]==c) {
            return true;
        }
    }
    return false;
}

public void notifyObservers(Class c) { ←②
    Iterator iterator = observers.iterator();
    while (iterator.hasNext()) {
        Observer o = (Observer)iterator.next();
        if (isImplementing(o,c)) {
            o.sendNotify(this);
        }
    }
}

public void notifyOrdersObservers() { ←③
    notifyObservers(OrdersObserver.class);
}

public void notifyAmountObservers() { ←④
    notifyObservers(AmountObserver.class);
    }
```

La différentiation des observateurs s'effectuant au travers de leur interface (OrdersObserver ou AmountObserver), une méthode isImplementing est définie afin de déterminer laquelle des deux interfaces est implémentée par un observateur donné (repère ①). Cette méthode est utilisée par la nouvelle version de la méthode notifyObservers, qui a été modifiée afin de prendre en charge plusieurs types d'observateurs différents. Le type en question est passé en paramètre à la méthode (repère ②). Enfin, deux nouvelles méthodes sont définies afin d'être déclenchées lors d'un changement du nombre de commandes (repère ③) ou du montant total des commandes (repère ④).

L'exemple ci-dessous permet de tester notre implémentation du design pattern observateur :

```
package aop.patterns.observer;

public class ObserverExample {
    public static void main(String[] args) {
        Stats stats = new Stats();
        MyOrdersObserver observer1 = new MyOrdersObserver();
        MyAmountObserver observer2 = new MyAmountObserver();

        stats.addObserver(observer1);
        stats.addObserver(observer2);

        stats.incOrders();
        stats.addAmount(10);
        stats.incOrders();
        stats.addAmount(10);
        stats.removeObserver(observer1);
        stats.incOrders();
        stats.addAmount(10);
    }
}
```

Le résultat obtenu est le suivant :

```
Appel sendNotify pour l'observateur des commandes : 1
Appel sendNotify pour l'observateur du montant total : 10.0
Appel sendNotify pour l'observateur des commandes : 2
Appel sendNotify pour l'observateur du montant total : 20.0
Appel sendNotify pour l'observateur du montant total : 30.0
```

Critique de l'implémentation orientée objet

Aussi simple soit-elle, cette implémentation n'est pas satisfaisante du point de vue conceptuel. Le fait qu'un sujet d'observation ait à gérer lui-même ses observateurs n'est pas judicieux. Le rôle de la classe Stats est de collecter des statistiques et non de gérer d'éventuels observateurs.

D'un point de vue plus technique, nous constatons que la gestion des observateurs est générique. Cependant, cette gestion est dupliquée à l'identique dans chacun des sujets d'observation, ce qui nuit à la modularité et à la réutilisation au sein des applications employant ce design pattern.

Il est possible d'améliorer la situation en utilisant le mécanisme d'héritage de la POO. Il suffit de définir une classe Subject contenant la gestion des observateurs pour que chaque sujet d'observation dérive de cette classe. Cette solution est toutefois peu flexible et peut nécessiter l'utilisation de l'héritage multiple pour certains sujets d'observation ne pouvant se contenter de dériver de la classe Subject. Pour rappel, l'héritage multiple n'existe pas dans le langage Java. La modification de cette dernière peut avoir des conséquences importantes sur les classes qui en dérivent.

Comme nous pouvons le voir dans notre exemple, l'ajout de nouveaux types d'observateurs à un sujet d'observation implique une plus grande complexité de son code. Une classe simple ayant beaucoup de types d'observateurs différents, par exemple, peut voir l'essentiel de son code voué à la gestion des observateurs.

Enfin, le moment où sont notifiés les observateurs est défini en « dur » dans le code de la classe sujet d'observation. Si nous désirons changer ce moment, par exemple en notifiant avant un traitement plutôt qu'après, il est nécessaire de modifier le sujet d'observation.

Ces défauts peuvent être corrigés à l'aide de la POA, comme nous l'expliquons à la section suivante.

La solution orientée aspect

La solution orientée aspect que nous proposons ici repose sur le principe que le sujet d'observation doit être indépendant de ses observateurs. La mécanique générique de gestion des observateurs et de détection des changements d'état du sujet d'observation est prise en charge par un aspect.

Comme expliqué précédemment, cette mécanique est générique, et seule la nature de ce qui doit être observé est spécifique. Pour définir notre aspect d'observation avec AspectJ, nous nous appuyons sur un aspect abstrait implémentant le code générique. Cet aspect est ensuite étendu par un aspect concret prenant en charge la partie spécifique.

L'aspect abstrait se présente de la manière suivante :

```
package aop.patterns.observer;

import java.util.Enumeration;
import java.util.Vector;

public abstract aspect AbstractObserverAspect
  pertarget (subject()) {  ←①

    private Vector observers = new Vector();

    public void addObserver(Object o) {  ←②
        observers.add(o);
    }

    public void removeObserver(Object o) {  ←③
        observers.remove(o);
    }

    protected abstract pointcut subject();  ←④

    protected abstract pointcut event();  ←⑤
```

```
protected abstract void notifyEvent
        (Object subject,Object observer); ←❻

after(Object s) : event() && target(s) { ←❼
        Enumeration elements = observers.elements();
        while (elements.hasMoreElements()) {
                Object o = elements.nextElement();
                notifyEvent(s,o);
        }
    }
}
```

Notre aspect abstrait est défini de telle façon qu'une instance de ses descendants concrets soit créée pour chaque coupe subject (repères ❶ et ❹). Cela est rendu nécessaire par le fait que, par défaut, un aspect est instancié une seule fois pour toute l'application. Or la gestion des observateurs telle qu'elle est implémentée ici ne le permet pas, car tous les observateurs de tous les sujets d'observation seraient sans cela mélangés, sans possibilité de les différencier.

Les méthodes d'inscription et de désinscription sont similaires à celles de la solution orientée objet (repères ❷ et ❸).

Les éléments spécifiques du sujet d'observation sont désignés comme abstraits, à savoir la coupe définissant le sujet, c'est-à-dire une classe (repère ❹), la coupe définissant le changement d'état observé (repère ❺) et la méthode de notification (repère ❻).

Enfin, la mécanique de notification de l'ensemble des observateurs est définie sous la forme d'un code advice after (repère ❼) d'une manière proche de la solution orientée objet.

Nous pouvons maintenant définir deux aspects concrets pour la classe Stats, l'un pour les observateurs du nombre de commandes et l'autre pour les observateurs du montant total. Il faut définir un aspect concret par couple (sujet, événement). Si nous définissons un aspect concret uniquement par sujet, tous les observateurs du sujet sont notifiés pour n'importe quel événement, même s'ils ne sont pas concernés.

L'aspect pour les observateurs du nombre de commandes se présente de la manière suivante :

```
package aop.patterns.observer;

public aspect OrdersObserverAspect extends AbstractObserverAspect {

    protected pointcut subject() :
        initialization(Stats.new(..)); ←❶

    protected pointcut event() : set(int Stats.orders); ←❷

    protected void notifyEvent(Object s,Object o) { ←❸
            Stats statistics = (Stats)s;
            OrdersObserver observer = (OrdersObserver)o;
            observer.eventHandler(statistics.getOrders());
    }
}
```

`OrdersObserverAspect` définit dans un premier temps la coupe sur laquelle se fait l'instanciation de l'aspect, en l'occurrence à chaque création d'une instance de `Stats` (repère ❶). Ensuite, le changement d'état à observer est défini. Il s'agit ici de la modification de l'attribut `orders` de `Stats` (repère ❷). Enfin, la méthode de notification des observateurs est implémentée (repère ❸).

Les observateurs en question se présentent de la manière suivante :

```
package aop.patterns.observer;

public class OrdersObserver {
    public void eventHandler(int value) {
        System.out.println("Appel de l'observateur des
            commandes : "+value);
    }
}
```

L'aspect pour les observateurs du montant total suit exactement la même logique (dictée par l'aspect abstrait `AbstractObserverAspect`) :

```
package aop.patterns.observer;

public aspect AmountObserverAspect extends AbstractObserverAspect {

    protected pointcut event() : set(* Stats.totalAmount);

    protected pointcut subject() : initialization(Stats.new(..));

    protected void notifyEvent(Object s,Object o) {
        Stats statistics = (Stats)s;
        AmountObserver observer = (AmountObserver)o;
        observer.eventHandler(statistics.getTotalAmount());
    }
}
```

Les observateurs du montant total se présentent de la manière suivante :

```
package aop.patterns.observer;

public class AmountObserver {
    public void eventHandler(float value) {
        System.out.println("Appel de l'observateur du montant
        total : "+value);
    }
}
```

Nous pouvons tester le résultat de cette implémentation orientée aspect avec la classe suivante :

```
package aop.patterns.observer;

public class ObserverExample {
    public static void main(String[] args) {
        Stats stats = new Stats();
        OrdersObserver observer1 = new OrdersObserver();
        AmountObserver observer2 = new AmountObserver();

        OrdersObserverAspect.aspectOf(stats)
            .addObserver(observer1);
        AmountObserverAspect.aspectOf(stats)
            .addObserver(observer2);

        stats.incOrders();
        stats.addAmount(10);
        stats.incOrders();
        stats.addAmount(10);
        OrdersObserverAspect.aspectOf(stats)
            .removeObserver(observer1);
        stats.incOrders();
        stats.addAmount(10);
    }
}
```

L'affichage obtenu est identique à celui obtenu avec la solution orientée objet :

```
Appel de l'observateur des commandes : 1

Appel de l'observateur du montant total : 10.0

Appel de l'observateur des commandes : 2

Appel de l'observateur du montant total : 20.0

Appel de l'observateur du montant total : 30.0
```

Évaluation de la solution orientée aspect

La solution orientée aspect du design pattern observateur est plus satisfaisante que celle orientée objet.

Si nous l'analysons selon les quatre critères définis par Hannemann et Kiczales, nous pouvons dresser les constats suivants :

• Du point de vue de la localisation, le sujet d'observation ne contient plus de code gérant ses observateurs. Par ailleurs, l'essentiel de cette gestion est centralisé dans l'aspect abstrait `AbstractObserverAspect`. Les spécificités des sujets d'observation sont prises en compte dans les aspects concrets dérivés d'`AbstractObserverAspect`.

- Du point de vue de la réutilisation, la situation est nettement améliorée par rapport à la solution orientée objet. L'essentiel de la gestion des observateurs est défini de manière générique dans l'aspect abstrait et est réutilisé systématiquement pour chaque sujet d'observation. Pour chaque coupe (sujet d'observation, événement), il suffit de définir un aspect concret capturant les éléments spécifiques du contexte d'application du design pattern (identification du sujet et de l'événement, nature de l'appel d'un observateur).

- Du point de vue de la composition, le sujet d'observation peut participer sans difficulté à d'autres design patterns car les aspects développés ici ne sont pas intrusifs, le comportement du sujet d'observation n'étant pas modifié.

- Du point de vue de l'adaptabilité, le lien entre le sujet d'observation et ses observateurs est beaucoup plus faible que précédemment. Il est possible d'avoir une gestion complexe des observateurs, en introduisant du paramétrage, par exemple, sans impacter le contenu du sujet. Par ailleurs, le moment où la notification est déclenchée est paramétrable dans l'aspect concret grâce à la coupe event, ce que ne permet pas l'implémentation orientée objet.

Le design pattern commande

Toute classe comporte un ensemble de constructeurs et de méthodes effectuant différents traitements. Ces traitements sont définis une fois pour toute lors de la programmation de la classe. Cependant, il peut s'avérer nécessaire de ne pas spécifier certains traitements effectués par des constructeurs ou des méthodes. C'est typiquement le cas lorsque ces traitements varient d'une instance de classe à une autre ou changent au cours du temps.

Un exemple classique d'application du design pattern commande est une classe chargée de la gestion d'un bouton dans une IHM. Chaque instance de cette classe présente un bouton différent, avec des traitements spécifiques associés aux événements qu'il génère, tel le clic, par exemple.

Pour avoir une classe bouton la plus générique possible, il est nécessaire d'externaliser les traitements associés aux événements afin de pouvoir les définir lors de la création d'une instance.

Le design pattern commande spécifie la manière d'externaliser ces traitements sous forme de classes particulières, appelées commandes. Bien que la gestion de ces commandes puisse être particulièrement évoluée (mise en file d'attente, annulation, etc.), nous ne présentons ci-après que la version la plus simple, sachant que les problèmes soulevés par cette version sont identiques à ceux des versions plus évoluées.

Implémentation orientée objet du design pattern commande

L'implémentation orientée objet du design pattern commande repose sur les deux éléments suivants :

- Une ou plusieurs classes command implémentant une interface spécifique commande.

- Une classe réceptrice des commandes implémentant une interface Receiver. Cette classe contient la méthode générant l'appel à la commande (traitement externalisé) et une méthode permettant de spécifier la commande à exécuter.

L'interface Command se présente de la manière suivante :

```
package aop.patterns.command;

public interface Command {
    public void execute (Receiver receiver);
}
```

L'interface Receiver se présente de la manière suivante :

```
package aop.patterns.command;

public interface Receiver {
    public void setCommand(Command command);
}
```

Si nous désirons offrir une fonction d'enregistrement des statistiques à notre classe Stats sans vouloir spécifier la façon dont cela va être fait, nous pouvons utiliser le design pattern commande.

Pour cela, la classe Stats va implémenter l'interface Receiver et comporter une méthode save appelant la commande qui lui sera préalablement affectée grâce à la méthode setCommand de cette interface :

```
package aop.patterns.command;

public class Stats implements Receiver {
    [...]
    private Command saver = null;
    [...]
    public void setCommand(Command command) {
            saver = command;
    }

    public void save() {
            saver.execute(this);
    }
}
```

Nous pouvons ensuite définir plusieurs commandes correspondant à différents formats d'enregistrement. Par exemple, la classe ci-dessous effectue l'enregistrement des statistiques dans un fichier texte :

```
package aop.patterns.command;

import java.io.FileOutputStream;
import java.io.PrintWriter;

public class FileSaver implements Command {

private String fileName;
```

```
      public FileSaver(String fileName) {
            this.fileName = fileName;
      }

      public void execute(Receiver receiver) {
            Stats stats = (Stats)receiver;

            try {
                  FileOutputStream output =
                        new FileOutputStream(fileName);
                  PrintWriter writer = new PrintWriter(output);
                  writer.println("STATISTIQUES :");
                  writer.println("Nbre d'ordres : "+stats.getOrders());
                  writer.println("Montant total : "
                        +stats.getTotalAmount());
                  writer.println("Statut : "+stats.getStatus());
                  writer.flush();
                  writer.close();
            }
            catch (Exception e) {
                  System.err.println(e);
            }
      }
}
```

Selon le même principe, nous pouvons définir d'autres commandes pour l'enregistrement des statistiques : enregistrement sous forme binaire, XML, HTML, etc. Ces différentes commandes pourront être utilisées par l'application en fonction de son paramétrage, de son contexte d'exécution, etc.

La classe suivante permet de tester notre implémentation du design pattern commande :

```
package aop.patterns.command;

public class CommandExample {

    public static void main(String[] args) {
          Stats stats = new Stats();

          stats.incOrders();
          stats.addAmount(10);
          stats.incOrders();
          stats.addAmount(10);
          stats.incOrders();
          stats.addAmount(10);

          stats.save(new FileSaver("c://temp/statistics.txt"));
    }
}
```

Si nous ouvrons le fichier **c:\temp\statistics.txt,** nous constatons que les statistiques ont été correctement enregistrées :

```
STATISTIQUES :
Nbre d'ordres : 3
Montant total : 30.0
Statut : OK
```

Critique de la solution orientée objet

Dans l'implémentation que nous venons de voir, la gestion des commandes est on ne peut plus simple. Comme nous l'avons déjà mentionné, cette gestion peut être beaucoup plus complexe pour prendre différents types d'externalisation de traitement, alourdissant d'autant la classe qui utilise les commandes.

Par ailleurs, nous constatons que la gestion de commandes est générique et qu'elle ne contient pas de spécificités liées à la classe réceptrice, hormis la méthode effectuant l'exécution de la commande.

Comme pour le design pattern observateur, il est possible d'améliorer la modularité et la réutilisation du design pattern commande au sein des applications en libérant la classe réceptrice de la gestion des commandes. Les techniques de la POA vont nous y aider.

La solution orientée aspect

Afin d'améliorer la modularité de notre application et de favoriser la réutilisation du design pattern commande, nous allons définir la gestion des commandes et le déclenchement de l'exécution au travers de l'aspect abstrait suivant :

```
package aop.patterns.command;

public abstract aspect AbstractCommandAspect pertarget(receiver()){

    private Command command = null;

    public void setCommand(Command c) {
        command = c;
    }

    protected abstract pointcut receiver();  ←①

    protected abstract pointcut execute();  ←②

    before(Object receiver) : execute() && target(receiver) {  ←③
        command.execute(receiver);
    }
}
```

Dans cet aspect, deux coupes abstraites sont définies, receiver (repère ①), qui définit l'objet auquel est associée une instance de l'aspect, et execute (repère ②), qui définit l'événement déclenchant l'appel de la commande. L'appel de la commande est quant à lui pris en charge par un code advice (repère ❸).

L'interface Command reste toujours nécessaire, mais elle a subi une légère modification (repère ❶ ci-dessous) car l'interface Receiver n'est plus nécessaire, la méthode setCommand étant prise en charge directement par l'aspect AbstractCommandAspect :

```
package aop.patterns.command;

public interface Command {
    public void execute(Object receiver); ←❶
}
```

Afin de prendre en compte les spécificités liées à la classe Stats et à sa nouvelle fonction d'enregistrement, un aspect concret dérivé d'AbstractCommandAspect est défini :

```
package aop.patterns.command;

public aspect CommandAspect extends AbstractCommandAspect {
    public void Stats.save(){ ←❶
    }

    protected pointcut receiver() : initialization(Stats.new(..));

    protected pointcut execute() : call(void Stats.save()); ←❷
}
```

La fonction save est introduite dans la classe Stats (repère ❶). Cette fonction n'effectue aucune opération car le traitement associé est pris en charge par le code advice d'AbstractCommandAspect. La coupe execute est définie de telle sorte que ce code advice soit exécuté à chaque appel de la méthode save (repère ❷).

La classe de test suivante permet de vérifier le résultat obtenu avec la POA :

```
package aop.patterns.command;

public class CommandExample {
    public static void main(String[] args) {
            Stats stats = new Stats();

            CommandAspect.aspectOf(stats)
              .setCommand(new FileSaver("c://temp/statistics.txt"));

            stats.incOrders();
            stats.addAmount(10);
            stats.incOrders();
            stats.addAmount(10);
            stats.incOrders();
            stats.addAmount(10);

            stats.save();
    }
}
```

En ouvrant le fichier **c:\temp\statistics.txt,** nous constatons qu'il contient la même chose que l'implémentation orientée objet :

```
STATISTIQUES :

Nbre d'ordres : 3

Montant total : 30.0

Statut : OK
```

Évaluation de la solution orientée aspect

La solution orientée aspect du design pattern commande est encore une fois plus satisfaisante que celle orientée objet.

Si nous l'analysons selon les quatre critères définis par Hannemann et Kiczales, nous pouvons dresser les constats suivants :

- Du point de vue de la localisation, la classe réceptrice ne contient plus de code gérant les commandes. L'essentiel de cette gestion est centralisé dans l'aspect abstrait AbstractCommandAspect. Les appels aux commandes sont eux aussi concentrés dans les aspects concrets, ce qui facilite leur maintenance.

- Du point de vue de la réutilisation, la situation est nettement améliorée par rapport à la solution orientée objet. L'essentiel de la gestion des commandes est défini de manière générique dans l'aspect abstrait. Les quelques éléments spécifiques du contexte sont capturés par l'aspect concret.

- Du point de vue de la composition, la classe réceptrice peut participer sans difficulté à d'autres design patterns car les aspects développés ici ne sont pas intrusifs. Le comportement de la classe réceptrice n'est pas modifié mais étendu.

- Du point de vue de l'adaptabilité, le lien entre la classe réceptrice et ses commandes est beaucoup plus faible que précédemment. La gestion des commandes peut donc évoluer sans conséquence directe pour la classe réceptrice.

Le design pattern chaîne de responsabilité

À un événement particulier au sein d'un objet peuvent correspondre une succession de commandes. Cette succession peut être soit fixe dans le temps — elle est toujours la même pour un événement donné —, soit variable — les traitements varient alors au cours du temps.

Lorsque cette succession de commandes est variable, leur gestion peut nuire à la modularité de la classe provoquant l'exécution de ces commandes.

L'objectif du design pattern chaîne de responsabilité est d'externaliser la succession de commandes en mettant en place une liste chaînée d'objets, chacun pouvant prendre en compte la commande ou la passer à l'objet suivant dans la liste.

Implémentation orientée objet du design pattern chaîne de responsabilité

Chaque objet de la chaîne de responsabilité est appelé un handler. L'interface d'un handler est formalisée à l'aide de l'interface suivante :

```
package aop.patterns.chainOfResponsability;

public interface Handler {
    public void handle(Object originator);
    public void setSuccessor(Handler successor);
}
```

La méthode `handle` définit le comportement d'un handler lors d'un envoi de commande, et la méthode `setSuccessor` permet la définition du successeur d'un handler dans la chaîne de responsabilité.

Pour notre classe `Stats`, nous pouvons décider de mettre en place une succession de traitements suite à l'enregistrement d'une nouvelle commande *via* la méthode `incOrders`. Un handler peut se présenter de la manière suivante :

```
package aop.patterns.chainOfResponsability;

public class OrderHandler implements Handler {

    private int number;
    private Handler successor = null;

    public OrderHandler(int number) {
        this.number = number;
    }

    public void setSuccessor(Handler successor) {
        this.successor = successor;
    }

    public void handle(Object originator) {
        System.out.println("OrderHandler n°"+number);
        if (successor!=null) {
            successor.handle(originator);
        }
    }
}
```

La classe `Stats` doit être modifiée pour déclencher la chaîne de responsabilité lors de l'enregistrement d'une nouvelle commande :

```
package aop.patterns.chainOfResponsability;

public class Stats {
    [...]
    private Handler firstHandler = null;
```

```
        [...]
    public void setFirstOfChain(Handler firstHandler) {
            this.firstHandler = firstHandler;
    }
        [...]
    public void incOrders() {
            orders++;
            firstHandler.handle(this);
    }
        [...]
    }
```

La méthode setFirstOfChain définit le premier handler à appeler lorsqu'une nouvelle commande est enregistrée *via* la méthode incOrders. La classe Stats n'a pas besoin de connaître les autres handlers car la chaîne est directement prise en charge par eux à l'aide de leur méthode setSuccessor.

La classe suivante permet de tester notre chaîne de responsabilité :

```
package aop.patterns.chainOfResponsability;

public class ChainExample {
    public static void main(String[] args) {
            Stats stats = new Stats();
            OrderHandler handler1 = new OrderHandler(1);
            OrderHandler handler2 = new OrderHandler(2);

            stats.setFirstOfChain(handler1);
            handler1.setSuccessor(handler2);

            stats.incOrders();
            stats.addAmount(10);
            stats.incOrders();
            stats.addAmount(10);
            stats.incOrders();
            stats.addAmount(10);
    }
}
```

Comme nous pouvons le constater ci-dessous, le résultat des appels à la méthode incOrders est bien l'exécution successive des deux handlers :

```
        OrderHandler n°1

        OrderHandler n°2

        OrderHandler n°1

        OrderHandler n°2

        OrderHandler n°1

        OrderHandler n°2
```

Critique de la solution orientée objet

Le seul défaut de cette implémentation est la modification nécessaire de la classe déclenchant l'exécution de la chaîne de responsabilité. Comme pour les précédents design patterns que nous avons étudiés, il est possible d'éviter cette modification grâce aux techniques de la POA.

La solution orientée aspect

La solution orientée aspect que nous proposons ici repose sur la composition d'aspect. Un aspect abstrait définit le fonctionnement générique d'un handler, et un aspect concret dérivé de cet aspect est créé pour chaque handler. C'est la composition qui ordonnance les différentes étapes de la chaîne de responsabilité.

Nous définissons d'abord un aspect abstrait formalisant le déclenchement de chaque handler :

```
package aop.patterns.chainOfResponsability;

public abstract aspect AbstractChainAspect pertarget(receiver()){

    protected abstract pointcut receiver();

    protected abstract pointcut execute();  ←①

    protected abstract void handle();  ←②

    after() : execute() {  ←③
          handle();
    }
}
```

Le déclenchement de la chaîne de responsabilité est formalisé au travers d'une coupe (repère ①), celle-ci devant typiquement désigner la méthode déclencheur. La méthode handle (repère ②), spécifique de chaque handler, est définie dans les aspects concrets *(voir ci-dessous).* Un code advice déclenche l'exécution du handler en appelant la méthode handle (repère ③).

Nous pouvons maintenant définir deux handlers très simples. Le premier se présente de la manière suivante :

```
package aop.patterns.chainOfResponsability;

public aspect Step1ChainAspect extends AbstractChainAspect {

    protected pointcut receiver() : initialization(Stats.new(..));
    protected pointcut execute() : call(void Stats.incOrders());

    protected void handle() {
          System.out.println("OrderHandler n°1");
    }
}
```

Le second, qui doit s'exécuter après le premier, est défini comme ceci :

```
package aop.patterns.chainOfResponsability;

package aop.patterns.chainOfResponsability.simple;

public aspect Step2ChainAspect extends AbstractChainAspect {

    declare precedence : Step1ChainAspect; ←❶

    protected pointcut receiver() : initialization(Stats.new(..));
    protected pointcut execute() : call(void Stats.incOrders());

    protected void handle() {
            System.out.println("OrderHandler n°2");
    }
}
```

Comme ce handler doit s'exécuter en second, nous définissons explicitement l'ordre de composition des aspects (repère ❶).

Pour ces deux aspects, la chaîne de responsabilité est associée à la méthode incOrders de la classe Stats.

Grâce à cette nouvelle implémentation, le code source de notre classe Stats n'a plus à être modifié pour déclencher la chaîne de responsabilité associée à la méthode incOrders.

Nous pouvons maintenant développer notre classe de test :

```
package aop.patterns.chainOfResponsability;

public class ChainExample {
    public static void main(String[] args) {
            Stats stats = new Stats();
            stats.incOrders();
            stats.addAmount(10);
            stats.incOrders();
            stats.addAmount(10);
            stats.incOrders();
            stats.addAmount(10);
    }
}
```

Le résultat de l'exécution de cette classe est, sans surprise, identique à celui de l'implémentation orientée objet :

```
        OrderHandler n°1
        OrderHandler n°2
        OrderHandler n°1
        OrderHandler n°2
        OrderHandler n°1
        OrderHandler n°2
```

L'implémentation donnée ici peut être rendue plus modulaire en définissant un deuxième aspect abstrait dérivant d'`AbstractChainAspect` et contenant la définition des coupes `receiver` et `execute`. Les deux aspects concrets dérivant de ce nouvel aspect abstrait n'ont de la sorte plus qu'à se préoccuper de la définition du code du handler.

Évaluation de la solution orientée aspect

La solution orientée aspect du design pattern chaîne de responsabilité a permis d'améliorer la modularité de notre application en rendant la chaîne de responsabilité plus indépendante du déclencheur.

Si nous l'analysons selon les quatre critères définis par Hannemann et Kiczales, nous pouvons dresser les constats suivants :

- Du point de vue de la localisation, la classe déclencheur ne contient plus de code déclenchant la chaîne de responsabilité. Le mécanisme de composition d'aspect prend en charge la gestion de l'enchaînement des handlers. Ces derniers n'apparaissent plus sous forme de classes implémentant une interface `Handler` mais sont directement pris en compte par des aspects concrets. Il y a donc moins de code, et ce dernier est mieux centralisé.

- Du point de vue de la réutilisation, la gestion de la chaîne et le principe du déclenchement sont définis de manière générique. Toute nouvelle chaîne de responsabilité ne suppose que la définition de ses handlers et du déclencheur grâce à des aspects concrets dérivant de `AbstractChainAspect`.

- Du point de vue de la composition, la classe déclencheur peut participer sans difficulté à d'autres design patterns car les aspects développés ici ne sont pas intrusifs. Le comportement de la classe réceptrice n'est pas modifié.

- Du point de vue de l'adaptabilité, le lien entre la classe déclencheur et sa chaîne de responsabilité est beaucoup plus faible que précédemment. La chaîne peut évoluer sans conséquence directe pour la classe déclencheur.

Le design pattern proxy

Dans certaines situations, il peut s'avérer nécessaire de ne permettre l'accès à un objet donné qu'au travers d'un autre objet pour faire des traitements additionnels, comme la gestion de la sécurité — ai-je le droit d'accéder aux méthodes de l'objet original ? —, la gestion du mode distribué — l'objet original n'est pas local mais distant, et il faut donc ouvrir une connexion réseau pour dialoguer avec lui —, etc.

Très générique, le design pattern proxy dispose de nombreux dérivés afin de prendre en compte les différents types de traitement additionnel à effectuer.

Les deux types de proxy suivants sont particulièrement utilisés :

- **Proxy d'accès.** Vérifie que les accès à l'objet original sont autorisés.

- **Proxy distribué.** Permet de voir l'objet original distribué comme un objet local. Le proxy cache la complexité de mise en place et de gestion du dialogue sur le réseau.

Nous prendrons comme exemple d'implémentation du design pattern proxy le proxy d'accès.

Implémentation orientée objet du design pattern proxy

L'implémentation orientée objet d'un proxy d'accès pour la classe Stats se présente de la manière suivante :

```
package aop.patterns.accessproxy;

public class AccessProxy {
    private Stats original;
    private String user;
    private String password;

    public AccessProxy(Stats original,
        String user,String password) {
            this.original = original;
            this.user = user;
            this.password = password;
    }

    private boolean isAuthorized() {  ←❶
        if ("admin".equals(user)&&"admin".equals(password)) {
                return true;
        }
        return false;
    }

    public int getOrders() {
        if (isAuthorized()) {
            return original.getOrders();
        } else {
            throw new RuntimeException
                ("Accès non autorisé à la méthode getOrders");
        }
    }

    public void incOrders() {
        if (isAuthorized()) {
            original.incOrders();
        } else {
            throw new RuntimeException
                ("Accès non autorisé à la méthode incOrders");
        }
    }

    public float getTotalAmount() {
        if (isAuthorized()) {
            return original.getTotalAmount();
        } else {
            throw new RuntimeException
                ("Accès non autorisé à la méthode getTotalAmount");
        }
    }
    [...]
}
```

L'implémentation est simple mais rébarbative, puisque chaque méthode publique de la classe Stats a son équivalant dans la classe AccessProxy. Pour les besoins de l'exemple, l'authentification et la gestion des autorisations sont très simplifiées et réduites à un nom d'utilisateur et un mot de passe, chacun d'eux devant être égal à « admin » (repère ❶) pour pouvoir accéder aux méthodes de Stats.

Contrairement à ce qui se passait avec les implémentations orientées objet des design patterns précédents, la mise en place d'un proxy n'a pas d'incidence sur la classe bénéficiant de ses services, en l'occurrence Stats. Par contre, cette dernière ne doit plus être accédée directement par ses appelants, ces derniers devant obligatoirement passer par la classe AccessProxy, comme le montre l'exemple ci-dessous :

```
package aop.patterns.accessproxy;

public class ProxyExample {

    public static void main(String[] args) {
        Stats stats = new Stats();
        if (args.length==2) {
            AccessProxy proxy =
                new AccessProxy(stats,args[0],args[1]);

            proxy.incOrders();
            proxy.addAmount(10);
            proxy.incOrders();
            proxy.addAmount(10);
            proxy.incOrders();
            proxy.addAmount(10);

            System.out.println
              ("Nbre de commandes : "+proxy.getOrders());
            System.out.println
              ("Montant total : "+proxy.getTotalAmount());
            System.out.println
              ("Statut : "+proxy.getStatus());
        }
    }
}
```

Si les deux arguments passés à la méthode main valent « admin », la valeur des attributs de la classe Stats est affichée :

```
Nbre de commandes : 3

Montant total : 30.0

Statut : OK
```

S'ils ont une valeur différente d'« admin », une exception est générée dès le premier appel à l'une des méthodes de Stats *via* le proxy :

```
java.lang.RuntimeException: Accès non autorisé à la méthode incOrders

at aop.patterns.accessproxy.AccessProxy.incOrders(AccessProxy.java:33)

at aop.patterns.accessproxy.ProxyExample.main(ProxyExample.java:10)

Exception in thread "main"
```

Critique de la solution orientée objet

La mise en place du design pattern proxy telle que décrite ci-dessus pose deux problèmes :

- Le développement de la classe AccessProxy est rébarbatif et sa maintenance délicate, car elle doit sans cesse être synchronisée avec les évolutions de la classe bénéficiant du proxy, ici la classe Stats. Cette classe n'est pas générique. Chaque classe devant bénéficier d'un proxy implique le développement d'un proxy spécifique.

- L'utilisation d'un proxy n'est pas transparente pour les appelants, lesquels doivent explicitement utiliser le proxy. Ils peuvent même le contourner en créant directement une instance de la classe bénéficiant normalement des services du proxy.

Avec la version 1.3 de J2SE (Java 2 Standard Edition), une API spécifique a été mise au point pour créer dynamiquement des proxy. Pour cela, l'interface java.lang.reflect.InvocationHandler et la classe java.lang.reflect.Proxy doivent être utilisées.

L'interface InvocationHandler doit être implémentée par une classe qui constituera le corps du proxy. C'est elle qui définit les traitements additionnels réalisés par le proxy.

Pour implémenter notre proxy d'accès, nous pouvons définir la classe suivante :

```
package aop.patterns.proxy.reflect;

import java.lang.reflect.InvocationHandler;
import java.lang.reflect.Method;

public class AccessHandler implements InvocationHandler {

    private String user;
    private String password;

    public AccessHandler(String user,String password) {
        this.user = user;
        this.password = password;
    }
```

```
private boolean isAuthorized() {
        if ("admin".equals(user)&&"admin".equals(password)) {
            return true;
        }
        return false;
}

public Object invoke
    (Object instance, Method method, Object[] args)
    throws Throwable {  ←❶
        if (isAuthorized()) {
            return method.invoke(instance,args);
        } else {
            throw new RuntimeException
            ("Accès non autorisé à la méthode "+method.getName());
        }
    }
}
```

Cette classe n'est pas directement liée aux méthodes de la classe encapsulée par le proxy, et une seule méthode invoke (repère ❶) est utilisée. Les arguments qui lui sont passés lui permettent de découvrir quelle méthode est effectivement appelée et d'agir en conséquence.

Notre classe de test doit être modifiée pour utiliser cette API :

```
package aop.patterns.proxy.reflect;

import java.lang.reflect.Proxy;

public class ProxyExample {

    public static void main(String[] args) {
        if (args.length==2) {
            AccessHandler handler =
                new AccessHandler(args[0],args[1]);
            Stats stats = (Stats) Proxy.newProxyInstance
                (Stats.class.getClassLoader(),
                new Class[] { Stats.class },handler);  ←❶

            stats.incOrders();
            stats.addAmount(10);
            [...]
        }
    }
}
```

Nous constatons que le proxy est plus transparent pour l'appelant (repère ❶) car il est vu comme la classe bénéficiant du proxy, en l'occurrence Stats. Cependant, il est toujours possible de contourner le proxy en instanciant directement la classe Stats au lieu d'appeler la méthode newProxyInstance de la classe java.lang.reflect.Proxy.

Les techniques de la POA remédient à ce problème de sécurité.

La solution orientée aspect

Le fonctionnement d'un proxy d'accès est pour ainsi dire identique d'une classe à une autre. Ses seules spécificités sont les règles d'autorisation et la définition de la classe à transformer.

Nous pouvons développer un aspect abstrait pour capturer les mécanismes génériques des proxy d'accès :

```
package aop.patterns.accessproxy;

public abstract aspect AbstractAccessProxyAspect {
    protected String user;
    protected String password;

    public void setAuthentication(String user,String password) {
        this.user = user;
        this.password = password;
    }

    protected abstract boolean isAuthorized();    ←❶

    protected abstract pointcut accessControl();    ←❷

    before() : accessControl() {    ←❸
        if (!isAuthorized()) {
            throw new RuntimeException
              ("Accès non autorisé à la méthode "
                +thisJoinPoint.getSignature().getName());
        }
    }
}
```

Les spécificités sont définies comme abstraites afin d'être spécifiées dans des aspects concrets (repères ❶ et ❷). Le contrôle d'accès s'effectue par un code advice sur la coupe abstraite accessControl (repère ❸). Celui-ci fait simplement appel à la méthode abstraite isAuthorized pour générer ou non une exception en cas de violation de sécurité.

Pour la classe Stats, l'aspect concret matérialisant son proxy d'accès se présente de la manière suivante :

```
package aop.patterns.accessproxy;

public aspect AccessProxyAspect extends AbstractAccessProxyAspect {

    protected boolean isAuthorized() {    ←❶
        if ("admin".equals(user)&&"admin".equals(password)) {
            return true;
        }
        return false;
    }

    protected pointcut accessControl() : call(* Stats.*(..));    ←❷
}
```

Nous retrouvons la même méthode simpliste d'autorisation que dans l'implémentation orientée objet (repère ❶). La coupe accessControl est définie de manière à couvrir tous les appels aux méthodes de la classe Stats (repère ❷).

La classe de test prend en compte cette implémentation orientée aspect de la manière suivante :

```
package aop.patterns.accessproxy;

public class ProxyExample {

    public static void main(String[] args) {
        Stats stats = new Stats();
        if (args.length==2) {
            AccessProxyAspect.aspectOf().
                setAuthentication(args[0],args[1]);

            stats.incOrders();
            stats.addAmount(10);
            stats.incOrders();
            stats.addAmount(10);
            stats.incOrders();
            stats.addAmount(10);

            System.out.println("Nbre de commandes : "
                +stats.getOrders());
            System.out.println("Montant total : "
                +stats.getTotalAmount());
            System.out.println("Statut : "+stats.getStatus());
        }
    }
}
```

Évaluation de la solution orientée aspect

La solution orientée aspect du design pattern proxy a permis d'améliorer la sécurité de notre application en rendant implicite l'utilisation du proxy sans offrir de possibilité de contournement.

Si nous l'analysons selon les quatre critères définis par Hannemann et Kiczales, nous pouvons dresser les constats suivants :

- Du point de vue de la localisation, la situation est identique à celle de l'implémentation orientée objet. La déclaration du proxy est centralisée dans les aspects concrets dérivées d'AbstractProxyAspect. Il n'est donc plus nécessaire de déclarer explicitement les proxy dans le code des appelants.

- Du point de vue de la réutilisation, un même aspect proxy peut être utilisé pour plusieurs classes ou sur une partie seulement de leurs méthodes. Cette souplesse d'utilisation n'est pas permise par l'implémentation orientée objet.

- Du point de vue de la composition, une classe bénéficiant d'un proxy peut participer sans difficulté à d'autres design patterns car les aspects développés ici ne sont pas intrusifs. On veillera cependant à ce que le proxy soit prioritaire sur tous les autres aspects s'appliquant à la classe afin d'éviter d'éventuels effets de bord liés à une violation de sécurité.

- Du point de vue de l'adaptabilité, la situation est inchangée par rapport à l'implémentation orientée objet puisque dans les deux cas la classe n'a pas « conscience » d'être accédée *via* un proxy.

La notion de proxy dynamique apportée avec la version 1.3 de J2SE utilise en fait certaines techniques de la POA. Cela explique le moindre apport de la POA à ce design pattern pour une implémentation en Java.

Les design patterns hermétiques à la POA

Comme nous l'avons vu, les avantages tirés de la POA sont variables d'un design pattern à un autre. Certains design patterns du GoF — six sur vingt-trois — ne tirent que peu ou pas d'avantage de la POA d'après l'étude de Hannemann et Kiczales. Ces design patterns sont les suivants :

- façade
- interpréteur
- usine abstraite
- pont
- constructeur
- usine

Cette section analyse les design patterns façade et interpréteur afin de montrer les limites de la POA dans l'implémentation de modèles de conception génériques.

Analyse du design pattern façade

Le design pattern façade vise à simplifier l'accès à un ensemble d'objets en fournissant à l'extérieur un objet unique masquant la complexité liée à la manipulation de cet ensemble.

Les façades sont typiquement utilisées pour offrir des services de haut niveau reposant sur des objets élémentaires. Ainsi, la classe `java.io.PrintWriter` est une sorte de façade pour la classe `java.io.OutputStream` puisqu'elle offre des méthodes d'écriture plus évoluées en permettant d'écrire sur un flux des types complexes, alors que la classe `java.io.OutputStream` ne peut écrire que des valeurs de type `byte` ou `int`.

Une façade est fortement liée à l'ensemble d'objets qu'elle manipule. Il n'y a pas d'élément transversal propre à l'ensemble des façades existant dans une application donnée, chaque façade étant spécifique des services qu'elle fournit et de l'ensemble d'objets qu'elle manipule. Cette absence d'élément transversal aboutit à une implémentation orientée aspect strictement identique à l'implémentation orientée objet, la notion d'aspect étant inapplicable dans ce contexte.

Analyse du design pattern interpréteur

Comme son nom l'indique, le design pattern interpréteur a pour objectif d'interpréter un langage de programmation. Ce design pattern est particulièrement utile lorsque l'application doit résoudre plusieurs problèmes similaires dont les solutions peuvent être exprimées par un ensemble limité d'expressions constituant un mini-langage de programmation.

Ce type de design pattern est utilisé, par exemple, pour définir un langage de manipulation de texte. L'ensemble d'opérations possibles est limité, et l'interpréteur peut être utilisé pour résoudre de nombreux problèmes au sein d'une application de traitement de texte, par exemple.

Les différents éléments du langage, matérialisés sous forme de classes et non de lignes de code afin de simplifier l'interprétation, sont fortement couplés entre eux. Par ailleurs, l'interprétation du langage dépend fortement de celui-ci. Le design pattern interpréteur n'est donc pas constitué d'éléments transversaux suffisamment forts pour être regroupés au sein d'un aspect.

Hannemann et Kiczales indiquent qu'il est possible de regrouper au sein d'un aspect unique certaines méthodes appartenant aux différents éléments du langage. Il est ainsi possible de créer de nouvelles méthodes, *via* une introduction, pour l'ensemble des éléments du langage sans avoir à modifier l'ensemble des classes représentant ces éléments. Les deux auteurs soulignent toutefois que l'intérêt de cette démarche est très limité du fait que l'aspect, devenant monolithique, est d'une réutilisation nulle.

Une telle démarche serait même à notre sens dangereuse car elle nuirait à la compréhension du rôle intrinsèque des classes en question, alors que nous avons cherché jusqu'à maintenant à améliorer la modularité et la réutilisation sans nuire à la nature des classes aspectisées.

Conclusion

L'analyse de ces deux design patterns nous permet de définir trois bonnes pratiques pour une bonne utilisation des techniques de la POA :

- Vérifier l'existence d'éléments transversaux à la solution à implémenter. Si aucun élément transversal n'existe, l'intérêt de la POA est généralement nul, et la création d'un aspect n'aboutit qu'à l'externalisation de un ou plusieurs traitements d'une classe sans améliorer la modularité de la solution. Pire, la classe et l'aspect doivent être synchronisés, et la nature de la classe n'apparaît plus clairement du fait de la dispersion du code.

- Garder à l'esprit les quatre critères d'évaluation d'Hannemann et Kiczales (localisation, réutilisation, composition et adaptation). Si aucun ou peu d'entre eux n'est respecté par la solution utilisant la POA, la question de l'opportunité de cette dernière pour l'implémentation se pose.

- Veiller à ce que vos aspects ne modifient pas la nature des classes qu'ils manipulent, comme nous l'avons vu avec le design pattern singleton, de façon à garantir la cohérence et la robustesse de votre application.

9

Qualité de service
des applications et POA

La puissance des ordinateurs suivant la célèbre loi de Moore, les limites imposées aux logiciels sont sans cesse repoussées et les applications de plus en plus riches et complexes. Cette complexité doit être gérée, car elle peut entraîner des dysfonctionnements nuisibles à la qualité de service des applications.

Pour gérer la complexité des applications, différentes techniques ont été mises au point. Ce chapitre introduit les trois techniques complémentaires suivantes, dont l'implémentation bénéficie particulièrement des avancées technologiques de la programmation orientée aspect :

- Le design par contrats, qui est une méthode de développement permettant de formaliser les contraintes liées à l'utilisation d'une classe. Les principes du design par contrats sont peu présents dans les langages de programmation actuels mais peuvent être facilement implémentés avec les outils de la POA.

- L'analyse de couverture, qui vérifie l'exhaustivité d'une campagne de tests sur une application, et les tests de non-régression, qui vérifient que les fonctions non concernées par un changement de l'application ont toujours un fonctionnement conforme. Ces deux types de tests bénéficient de la capacité de la POA à instrumenter le code pour surveiller son exécution.

- L'administration et la supervision des applications, qui permettent de suivre le fonctionnement de ces dernières en production et d'intervenir en cas d'incident. Ces deux fonctions peuvent être aisément mises en place de manière transparente pour l'application grâce à la POA.

Le design par contrats

Le design par contrats est une méthode de développement consistant à formaliser le cadre d'utilisation des composants d'une application. Pour cela, des contraintes sont spécifiées et doivent être vérifiées par les composants afin de garantir un comportement conforme à leurs spécifications.

Les concepts du design par contrats ont été popularisés par Bertrand Meyer dans son ouvrage *Object-Oriented Software Construction, 2nd Edition* (Prentice Hall, 1997). Ils sont utilisés dans certains langages de programmation, comme le célèbre Eiffel, créé en 1985 par la société ISE, dont fait partie B. Meyer. La POA fournit les techniques de base permettant d'implémenter cette méthode de développement de manière simple et efficace.

Avant de détailler l'implémentation du design par contrats à l'aide de la POA, nous allons effectuer une présentation synthétique de ses grands principes et de leur support par Java.

Principes fondateurs du design par contrats

Les mécanismes de contrôle de cohérence de la plupart des langages, tel le typage fort des variables, ne sont pas suffisants pour matérialiser les contraintes liées à la classe et à chacune de ses méthodes. La cohérence de l'état d'une instance de classe ainsi que l'appel d'une méthode ou de son résultat nécessitent des outils plus évolués, comme les contrats.

En mettant en place des contrats dans vos applications, vous bénéficiez des avantages suivants :

• **Meilleure efficacité des tests et du débogage.** Les contrats permettent de définir de manière beaucoup plus stricte les conditions d'exécution des différentes classes composant une application.

• **Meilleure documentation du code et réutilisation des composants.** Les contrats sont spécifiés clairement dans le code des composants et donc facilement lisibles par les développeurs. La réutilisation est facilitée car les contraintes liées à un composant sont exposées de manière explicite.

• **Meilleure gestion des erreurs.** En cas de non-respect d'un contrat, plusieurs stratégies peuvent être mises en place afin de corriger ou contourner le problème.

L'utilisation de contrats dans les développements est donc un moyen de réduire les bogues en facilitant leur détection et en améliorant l'intégration des multiples classes développées par des équipes différentes et utilisées au sein d'un ou plusieurs logiciels.

Les langages qui supportent les contrats permettent d'activer ou de désactiver ces derniers lors de la compilation ou de l'exécution de l'application. La prise en compte des contrats peut en effet consommer beaucoup de ressources et diminuer la performance du logiciel. Du fait de la possibilité de court-circuiter les contrats, il est important de les utiliser à bon escient, c'est-à-dire en tant qu'outils de test et non de production. Précisons qu'ils ne sont pas destinés à remplacer tous les tests, et surtout pas ceux destinés à la sécurité.

Éléments d'un contrat

Que ce soit en programmation ou en droit, un contrat comporte plusieurs éléments permettant de formaliser un échange entre une ou plusieurs entités.

Un contrat engage au moins deux parties contractantes. Dans le domaine qui nous intéresse, les contractants sont l'utilisateur — un composant quelconque de l'application — et le fournisseur — une classe et ses instances. Un contrat comporte en outre un objet, lequel détermine la nature de l'échange, par exemple une fourniture de service. Dans ce cas, un composant quelconque de l'application peut donc bénéficier des services offerts par une classe et ses instances au travers de leurs méthodes publiques.

La définition des contractants et de l'objet du contrat ne se suffit pas à elle-même. Elle doit être assortie d'obligations s'appliquant aux différentes parties du contrat. Concernant une méthode publique, il s'agit pour l'utilisateur — le composant appelant — de respecter certaines contraintes portant sur les paramètres d'entrée. De son côté, le fournisseur — la méthode publique — doit respecter certaines contraintes sur les paramètres de sortie, ainsi que sur la valeur de retour s'il s'agit d'une fonction.

Les obligations d'un contrat au sens logiciel du terme sont matérialisées à l'aide d'*assertions.*

Définition

Assertion.– Une assertion exprime une condition booléenne devant être remplie à un moment défini. Si le résultat de l'assertion est vrai, la condition est remplie. S'il est faux, la condition n'est pas remplie, et il y a litige.

Une assertion peut être utilisée à n'importe quel endroit du code. Par exemple, si nous devons effectuer une division dont le dénominateur est une variable, nous pouvons définir une assertion avant cette opération afin de vérifier que la variable en question est non nulle.

Une condition doit être littérale. L'appel de méthodes au sein d'une assertion peut avoir des effets de bord néfastes pour leur contrôle et la fiabilité de l'application.

L'assertion est une forme générique. Elle peut être spécialisée pour les classes et les méthodes.

Il existe quatre assertions spéciales, la *précondition,* la *postcondition,* l'*invariant de classe* et l'*invariant interne.*

Définition

Précondition.– Une précondition est une assertion devant être vérifiée à l'appel d'une méthode. Elle doit être remplie pour permettre l'exécution de celle-ci. La précondition est une obligation portant sur l'utilisateur de la méthode.

Pour illustrer l'utilisation de la précondition, prenons l'exemple de la racine carrée. Supposons que nous ayons développé une méthode sqrt (*square root,* ou racine carrée) prenant un paramètre réel et renvoyant comme résultat sa racine carrée.

La précondition évidente s'appliquant à cette méthode est la suivante :

```
Précondition :
    parametre >= 0
```

Tout appel à cette méthode est voué à l'échec si le paramètre est négatif. La précondition permet de traiter plus ou moins finement cet échec en fonction des facilités offertes par l'implémentation des contrats dans le langage.

Définition

Postcondition.– Une postcondition est une assertion devant être vérifiée à la fin de l'exécution d'une méthode. Elle permet de vérifier que la méthode s'est exécutée correctement selon les termes de la postcondition. La postcondition porte sur le fournisseur de la méthode.

Un exemple de postcondition peut être fourni par la méthode sqrt, qui ne peut renvoyer de résultat négatif.

La postcondition de la méthode sqrt est la suivante :

```
Postcondition :
    resultat >= 0
```

Tout résultat ne respectant pas cette postcondition indique que la méthode sqrt n'a pas été correctement implémentée.

Définition

Invariant de classe.– Un invariant de classe est une assertion devant être vérifiée par l'état d'une classe. Il garantit que la classe est dans un état cohérent. Cette obligation porte sur le fournisseur, en l'occurrence la classe.

Pour illustrer l'utilisation d'un invariant de classe, supposons que nous ayons défini une classe générique modélisant une figure géométrique quelconque en deux dimensions. Cette figure peut être définie sous la forme d'un ensemble de points représentant les sommets, ensemble stocké dans un attribut de type tableau de points. Cette classe générique peut ensuite être dérivée en des classes représentant des figures spécifiques, comme le triangle ou le carré, ayant un nombre de sommet fixe.

Pour chacune de ces classes spécifiques, un invariant de classe peut être défini afin de vérifier que le nombre de sommet est conforme à la figure.

Pour le triangle, nous avons l'invariant de classe suivant :

```
Invariant de classe :
    nombre de sommets == 3
```

Grâce à cet invariant, toute manipulation frauduleuse de l'ensemble des sommets faisant varier leur nombre est détectée pour le triangle.

> **Définition**
>
> **Invariant interne.–** Un invariant interne est une assertion devant être vérifiée dans le corps d'une méthode. Il garantit que le traitement se comporte de manière correcte. Cette obligation porte sur le fournisseur, en l'occurrence la méthode.

Supposons que nous ayons développé une méthode de simulation d'emprunt bancaire. Le calcul du montant total des intérêts en fonction des taux du marché — non passés en paramètres à la méthode, donc non vérifiables par une précondition — au sein de cette méthode peut être contrôlé par un invariant interne.

Les intérêts ne pouvant être négatifs, nous avons :

```
Invariant interne :
    montant total des intérêts >= 0
```

Règlement des litiges

Si une obligation n'est pas respectée, il y a litige. Deux grandes stratégies peuvent être appliquées pour le régler : l'arbitrage (clause compromissoire) et la rupture (clauses de résiliation et résolutoire).

Ces trois clauses peuvent s'appliquer de la manière suivante :

- **Clause compromissoire.** En cas de non-respect d'une obligation du contrat, une ou plusieurs nouvelles tentatives d'appel sont effectuées (recherche d'un compromis, d'où l'adjectif compromissoire) en modifiant ou non les paramètres (l'erreur peut provenir d'une source indépendante des paramètres). Si l'obligation n'est toujours pas respectée à l'issue de ces tentatives, une erreur est signalée.

- **Clause de résiliation.** En cas de non-respect d'une obligation, le traitement s'arrête sur cette erreur sans action particulière. C'est le même principe qu'une résiliation d'abonnement à un magazine : une fois la lettre de résiliation envoyée, vous n'avez pas à retourner les exemplaires reçus après rupture du contrat d'abonnement.

- **Clause résolutoire.** En cas de non-respect d'une obligation, le traitement s'arrête après avoir mené un certain de nombre de tâches de nettoyage destinées à remettre le système dans son état initial. Par exemple, cela peut être un retour arrière (`rollback`) sur des transactions avec une base de données. C'est le même principe qu'un achat d'objet par correspondance : s'il ne vous convient pas, vous le renvoyez (retour à l'état initial) pour vous faire rembourser (fin de l'exécution).

Héritage des contrats

Un des mécanismes clés de la programmation orientée objet est l'héritage. Ce mécanisme permet à une classe fille d'hériter des attributs et des méthodes publiques ou protégées de sa classe mère.

En toute logique, l'héritage concerne aussi les obligations portant sur la classe mère et ses méthodes. Bien entendu, les classes filles disposent d'une certaine latitude pour modifier les contrats hérités :

- Pour les préconditions, les classes filles ont la possibilité de les garder identiques ou de les rendre moins restrictives.

- Pour les postconditions, les classes filles ne peuvent que les garder identiques ou les rendre plus restrictives.

- Pour les invariants de classe, les invariants de la classe mère font automatiquement partie des invariants des classes filles.

- Pour les invariants internes hérités, ils ne sont conservés que dans la mesure où la classe fille ne redéfinit pas les méthodes sur lesquelles ils portent.

Grâce à ces principes, nous pouvons garantir qu'une classe fille offre au minimum le même niveau de service que sa classe mère. Il n'est pas possible de créer une version appauvrie de la classe mère.

Cette garantie est fondamentale dans tout langage de programmation orientée objet. Elle trouve tout son intérêt dans le polymorphisme d'héritage, c'est-à-dire la capacité d'une classe fille à redéfinir les méthodes de sa classe mère. Une méthode donnée prenant en paramètre un objet de type `ClasseMere` peut être appelée avec un objet de type `Classe-Fille`, `ClasseFille` héritant de `ClasseMere`. L'exécution de la méthode en question repose sur plusieurs hypothèses, dont certaines sont liées au contrat attaché à `ClasseMere`. Il faut donc que `ClasseFille` fournisse au moins le même niveau de service que `ClasseMere` pour garantir la bonne manipulation de ses instances par la méthode.

Java et les contrats

Suite à la JSR (Java Specification Request) n° 41 *(A Simple Assertion Facility)*, la version 1.4 de J2SE a introduit un support limité des contrats, similaire à celui offert par le langage C avec la macro `assert`. Le nouveau mot-clé `assert` a été introduit dans le langage Java à cette fin.

L'instruction `assert` accepte deux formes :

- `assert condition ;`

- `assert condition : valeur.`

Sous sa première forme, `assert` se comporte de la manière suivante :

- Si la condition booléenne renvoie vrai, l'exécution du programme se poursuit normalement.

- Si la condition booléenne renvoie faux, une erreur de type `java.lang.AssertionError` dérivée de `java.lang.Error` est générée.

Sous sa seconde forme, `assert` se comporte de la manière suivante :

- Si la condition booléenne renvoie vrai, l'exécution du programme se poursuit normalement.

- Si la condition booléenne renvoie faux, une erreur de type `java.lang.AssertionError` est générée en passant `valeur` au constructeur. `valeur` doit être de type string et peut être une constante ou une fonction renvoyant un objet convertissable en string.

L'utilisation d'une sous-classe de `java.lang.Error` et non de `java.lang.RuntimeException` n'est pas innocente. Cela signifie que le programme a rencontré une erreur critique non récupérable et qu'il doit se terminer. Par ailleurs, cette instruction n'est utilisable que dans le corps d'une méthode ou d'un bloc statique.

Concernant l'exécution d'un programme doté de contrats, deux nouveaux paramètres sont apparus au niveau de la JVM pour activer ou désactiver les assertions : `enableassertions` et `disableassertions`. La portée de ces paramètres peut être globale ou de niveau package ou classe.

La nouvelle fonctionnalité apportée par J2SE 1.4 est en fait une version simplifiée des contrats. Les préconditions, postconditions et invariants n'étant pas supportés nativement par le langage, il est nécessaire de placer les instructions `assert` de manière judicieuse pour obtenir ces fonctionnalités. Cela peut se révéler fastidieux, notamment pour les postconditions, pour lesquelles il est nécessaire de placer des instructions `assert` à toutes les sorties possibles d'une méthode.

Implémentation des contrats avec la POA

La programmation orientée aspect fournit des techniques qui facilitent l'implémentation des contrats dans le langage Java.

Comme expliqué précédemment, le JDK 1.4 ne fournit pas de notions de précondition, de postcondition ou d'invariant de classe. La POA montre une facette de sa puissance en fournissant de manière simple ces trois fonctionnalités aux applications.

Pour illustrer l'implémentation de ces fonctionnalités par la POA, nous utilisons dans ce chapitre le framework AOP de JBoss, qui permet d'activer et de désactiver les assertions sans avoir à recompiler le code source, une étape obligatoire avec AspectJ. Les exemples fournis sont aisément transposables sur le framework JAC.

Implémentation des préconditions

Les préconditions sont les assertions les plus simples à implémenter car leur point d'entrée, c'est-à-dire l'appel à la méthode sur laquelle elles portent, est unique et que leur calcul ne dépend que des paramètres passés à la méthode et de l'état de l'instance de leur classe. Elles n'ont généralement pas à prendre en compte d'éventuels comportements erratiques autres que ceux liés à leur propre calcul.

Le code Java suivant donne l'implémentation Java de la méthode racine carrée (`sqrt`) et le programme réalisant plusieurs appels à cette méthode pour la tester :

```
package aop.contracts.preconditions;

public class PreConditionExample {

    public double sqrt (double p) {
            return Math.sqrt(p);   ←❶
    }

    public static void main(String[] args) {
            PreConditionExample t = new PreConditionExample();
            System.out.println("racine carrée de 4 : "+t.sqrt(4));
            System.out.println("racine carrée de 0 : "+t.sqrt(0));
            System.out.println(
             "racine carrée de -4 : "+t.sqrt(-4));   ←❷
            System.out.println("racine carrée de 9 : "+t.sqrt (9));   ←❸
    }
}
```

L'implémentation de la méthode `sqrt` n'est qu'un appel à la méthode de même signature de la classe `java.lang.Math` (repère ❶). La méthode `main` réalise plusieurs appels à la méthode `sqrt`, dont le troisième est incorrect du point de vue de la précondition « p supérieur ou égal à 0 » associée à `sqrt` (repère ❷). Le dernier appel (repère ❸) est effectué à titre de contrôle.

Si nous exécutons la méthode `main` sans mise en place de la précondition, nous obtenons le résultat suivant :

```
racine carrée de 4 : 2.0

racine carrée de 0 : 0.0

racine carrée de -4 : NaN

racine carrée de 9 : 3.0
```

Nous constatons qu'aucune exception n'est générée par le passage d'un paramètre négatif lors de l'appel (repère ❷). La valeur renvoyée par la méthode `java.lang.Math.sqrt(double)` est `java.lang.Double.NaN` pour signaler que le résultat n'est pas un nombre (NaN = Not a Number).

Programmation de la précondition

La précondition se matérialise au travers d'un intercepteur correspondant à la notion de code advice dans le framework JBoss AOP.

Le code source suivant montre une implémentation simple de la précondition attachée à la méthode `sqrt` :

```
package aop.contracts.preconditions;

import java.lang.reflect.Method;

import org.jboss.aop.Interceptor;
import org.jboss.aop.Invocation;
import org.jboss.aop.InvocationResponse;
import org.jboss.aop.InvocationType;
import org.jboss.aop.MethodInvocation;

public class PreConditionInterceptor implements Interceptor {

    public String getName() {
        return "PreConditionInterceptor";
    }

    public InvocationResponse invoke(Invocation invocation)
      throws Throwable {
        if (invocation.getType() == InvocationType.METHOD) { ←❶
            MethodInvocation methodInvocation =
                (MethodInvocation)invocation;
            Method method = methodInvocation.method;
            if ("sqrt".equals(method.getName())) { ←❷
              Double parameter = (Double)
                methodInvocation.arguments[0]; ←❸
              if (parameter.doubleValue() < 0) {
                throw new Error(
                   "Litige sur la précondition"); ←❹
                  }
                }
              }
        InvocationResponse rsp = invocation.invokeNext();
        return rsp;
    }
}
```

L'implémentation de la précondition sous la forme d'un intercepteur ne pose pas de problème particulier. Il suffit de créer une classe implémentant les deux méthodes de l'interface org.jboss.aop.Interceptor, à savoir la méthode getName, qui renvoie le nom de l'intercepteur, et la méthode invoke, qui constitue le code advice à proprement parler.

Le fonctionnement de la méthode invoke est le suivant :

1. Nous vérifions le type d'invocation : InvocationType.CONSTRUCTOR, METHOD, FIELD_READ ou FIELD_WRITE (repère ❶). Dans notre cas, nous ne nous intéressons qu'aux invocations de méthodes.

2. Si le nom de la méthode invoquée est sqrt, nous contrôlons la précondition (repère ❷).

3. L'attribut arguments de l'objet methodInvocation (repère ❸) nous permet de récupérer la valeur du paramètre passé en argument à sqrt et de vérifier s'il est négatif au non.

4. Si la valeur du paramètre est négative, nous créons un message d'erreur et générons une erreur (java.lang.Error) pour indiquer au programme qu'une anomalie irrécupérable s'est produite (repère ❹).

Paramétrage de la précondition

Pour terminer la mise en place de la précondition, il est nécessaire de modifier le fichier **jboss-aop.xml** en déclarant une nouvelle coupe et l'intercepteur associé.

Pour notre exemple, le fichier **jboss-aop.xml** doit comporter les tags suivants :

```
<interceptor-pointcut
methodFilter="ALL" fieldFilter="NONE" constructorFilter="NONE"
class="aop.contracts.preconditions.PreConditionExample"> ←❶

    <interceptors>
        <interceptor ←❷
    class="aop.contracts.preconditions.PreConditionInterceptor"/>
      </interceptors>

</interceptor-pointcut>
```

Ces tags permettent de définir la classe sur laquelle porte la coupe (repère ❶) et l'intercepteur appliqué (repère ❷). Les paramètres methodFilter, fieldFilter et constructorFilter permettent d'affiner la portée de la coupe : dans le cas présent, nous n'instrumentons que les méthodes.

Ce paramétrage rend moins utile le premier if de la méthode invoke de l'intercepteur PreConditionInterceptor (repère ❶ dans le code de PreConditionInterceptor). En effet, cette première condition vérifie que l'appel à invoke concerne une méthode et non un attribut ou un constructeur, ce qui est redondant avec le paramétrage du tag interceptor-pointcut dans **jboss-aop.xml** (methodFilter="ALL" fieldFilter="NONE" constructorFilter="NONE"). Cette condition a été conservée pour plus de sécurité en cas d'élargissement de la portée de la coupe dans **jboss-aop.xml,** par exemple du fait d'une modification du paramètre constructorFilter du tag interceptor-pointcut afin de faire prendre en compte par l'intercepteur les appels aux constructeurs.

Résultat de l'exécution

Une fois l'intercepteur compilé et le fichier **jboss-aop.xml** et la JVM correctement paramétrés, l'exécution du programme donne le résultat suivant :

```
racine carrée de 4 : 2.0

racine carrée de 0 : 0.0

java.lang.Error: Litige sur la précondition.

[…]

Exception in thread "main"
```

Nous constatons que l'appel erroné à sqrt génère une erreur ne permettant pas au programme de poursuivre son exécution, contrairement à ce qui se produit avec la version sans précondition.

Implémentation des postconditions

Les postconditions sont un peu plus complexes à implémenter que les préconditions car elles doivent généralement prendre en compte les valeurs suivantes :

- valeur de retour de la méthode appelée ;

- valeurs avant et après appel des paramètres ainsi que des attributs de la classe.

Nous allons illustrer la prise en charge des postconditions par la POA au travers de deux exemples. Le premier est toujours la méthode sqrt, qui doit systématiquement renvoyer un résultat positif ou nul. Il illustre la récupération de la valeur de retour de la méthode pour tester la postcondition. Le second est la méthode increment(int parametre), qui renvoie un entier dont la valeur est égale à parametre+1.

Pour les besoins de la démonstration, le programme utilisé pour illustrer la précondition a été légèrement modifié :

```
package aop.contracts.postconditions;

public class PostConditionExample1 {

    public double sqrt(double p) {
        if (p==0) { ←❶
            return -1;
        }
        return Math.sqrt(p);
    }

    public static void main(String[] args) {
        PostConditionExample1 t = new PostConditionExample1();
        System.out.println("racine carrée de 4 : "+t.sqrt(4));
        System.out.println("racine carrée de 0 : "+t.sqrt(0));
        System.out.println("racine carrée de 9 : "+t.sqrt(9));
    }
}
```

Nous avons introduit un bloc conditionnel renvoyant un résultat erroné (-1) si le paramètre p est égal à 0 (repère ❶). En passant cette valeur à sqrt, nous pouvons tester la postcondition développée plus loin.

Le second programme présente une version de la méthode increment contenant une erreur classique de programmation :

```
package aop.contracts.postconditions;

public class PostConditionExample2 {
```

```
    public int increment(int p) {
        return p++; ←①
    }

    public static void main(String[] args) {
        PostConditionExample2 t = new PostConditionExample2();
        System.out.println("incrémente 1 : "+t.increment(1));
    }
}
```

L'instruction ① devrait être `return ++p;` (incrémente p et renvoie sa valeur).

Programmation des postconditions

Pour la méthode `sqrt`, la postcondition implémentée sous forme d'intercepteur est la suivante :

```
package aop.contracts.postconditions;

import java.lang.reflect.Method;

import org.jboss.aop.Interceptor;
import org.jboss.aop.Invocation;
import org.jboss.aop.InvocationResponse;
import org.jboss.aop.InvocationType;
import org.jboss.aop.MethodInvocation;

public class PostConditionInterceptor1 implements Interceptor {

    public String getName() {
        return "PostConditionInterceptor1";
    }

    public InvocationResponse invoke(Invocation invocation)
      throws Throwable {
        InvocationResponse rsp = invocation.invokeNext(); ←①

        if (invocation.getType() == InvocationType.METHOD) {
            MethodInvocation methodInvocation =
              (MethodInvocation)invocation;
            Method method = methodInvocation.method;
            if ("sqrt".equals(method.getName())) {
                Double result = (Double) rsp.getResponse(); ←②
                if (result.doubleValue() < 0) {
                    [...]
                    throw new Error(errorMsg.toString()); ←③
                }
            }
        }
        return rsp;
    }
}
```

Suivant la logique de fonctionnement de la postcondition, l'appel de la méthode sqrt est effectué dès le début de l'implémentation du code advice (repère ❶). Le résultat de l'appel est récupéré grâce à la méthode getResponse de la classe org.jboss.aop.Invocation Response (repère ❷). Comme pour la précondition, si le résultat est incorrect, une erreur est générée (repère ❸).

Pour la méthode increment, l'intercepteur de la postcondition se présente de la façon suivante :

```java
package aop.contracts.postconditions;

import java.lang.reflect.Method;

import org.jboss.aop.Interceptor;
import org.jboss.aop.Invocation;
import org.jboss.aop.InvocationResponse;
import org.jboss.aop.InvocationType;
import org.jboss.aop.MethodInvocation;

public class PostConditionInterceptor2 implements Interceptor {

    public String getName() {
            return "PostConditionInterceptor2";
    }

    public InvocationResponse invoke(Invocation invocation)
        throws Throwable {
            boolean incrementInvocation = false;
            int incrementParameterValue = 0;

            if (invocation.getType() == InvocationType.METHOD) {
                MethodInvocation methodInvocation =
                  (MethodInvocation)invocation;
                Method method = methodInvocation.method;
                 if ("increment".equals(method.getName())) {
                     incrementInvocation = true;   ←❶
                     incrementParameterValue = ((Integer)
                       methodInvocation.arguments[0])
                       .intValue();
                 }
            }
            InvocationResponse rsp = invocation.invokeNext();

            if (incrementInvocation) {
                int result = ((Integer)
                   rsp.getResponse()).intValue();   ←❷
                if (result != (incrementeParameterValue + 1)) {
                    [...]
                    throw new Error(errorMsg.toString());
                }
            }
    }
    return rsp;
}
}
```

L'implémentation du code advice est à peine plus complexe. Il est nécessaire de sauve-garder les paramètres de la méthode increment — c'est surtout utile pour les objets dits mutables, ce qui n'est pas le cas ici avec un paramètre de type int — avant son appel (repère ❶). Le traitement après l'appel est similaire à celui de la postcondition associée à la méthode sqrt (repère ❷).

Paramétrage des postconditions

Les deux postconditions se déclarent de la même façon que la précondition précédente dans le fichier **jboss-aop.xml** :

```
<interceptor-pointcut
methodFilter="ALL" fieldFilter="NONE" constructorFilter="NONE"
class="aop.contracts.postconditions.PostConditionExample1">

<interceptors>
    <interceptor class="aop.contracts.postconditions.PostConditionInterceptor1"/>
</interceptors>

</interceptor-pointcut>

<interceptor-pointcut
methodFilter="ALL" fieldFilter="NONE" constructorFilter="NONE"
class="aop.contracts.postconditions.PostConditionExample2">

<interceptors>
    <interceptor class="aop.contracts.postconditions.PostConditionInterceptor2"/>
</interceptors>

</interceptor-pointcut>
```

Ce paramétrage n'appelle aucun commentaire particulier puisqu'il est similaire à celui mis en place pour l'implémentation de la précondition.

Résultats des exécutions

L'exécution du premier exemple, mettant en œuvre de manière incorrecte la méthode sqrt, donne le résultat suivant :

```
racine carrée de 4 : 2.0

java.lang.Error: Litige sur la postcondition de la méthode sqrt. Le
résultat obtenu est négatif (-1.0).

[…]

Exception in thread "main"
```

Nous constatons que la valeur de retour a été correctement traitée par la postcondition et qu'une erreur a été générée afin d'interrompre l'exécution du programme.

L'exécution du second programme, utilisant une méthode increment contenant une erreur de programmation, aboutit elle aussi à la génération d'une erreur :

```
java.lang.Error: Litige sur la postcondition de la méthode increment. Le
résultat obtenu(1) n'est pas égal à une incrémentation de 1 du paramètre
passé à la méthode (1).
[…]
Exception in thread "main"
```

Grâce à cette dernière postcondition, le développeur détecte rapidement un bogue pouvant être difficile à percevoir autrement, notamment par la lecture du code, ++p et p++ étant très proches tant scripturalement que sémantiquement.

Implémentation des invariants

Comme nous l'avons vu, il existe deux types d'invariants : les invariants de classe et les invariants internes.

Les invariants de classe portent sur l'état d'une classe, en l'occurrence la valeur de ses attributs de classe (variables statiques en Java), ou sur l'état des attributs de ses instances.

La programmation orientée aspect fournit les mécanismes de base permettant de traiter les changements d'état. Il est possible d'intercepter les modifications des attributs d'une classe ou d'une instance de classe. Avec JBoss AOP, par exemple, il suffit de créer un intercepteur se concentrant sur les invocations de type InvocationType.FIELD_WRITE.

L'utilisation de ce mécanisme peut toutefois fortement impacter les performances de l'application pour peu que les attributs soient souvent sollicités par les méthodes de la classe, ce qui est généralement le cas. Par ailleurs, la classe peut transiter par un état incohérent lors de l'exécution d'une méthode, comme nous le verrons dans l'exemple fourni plus loin dans cette section. Pour toutes ces raisons, la vérification des invariants de classe s'effectue après chaque appel de méthode de la classe. Les invariants de classe deviennent de la sorte des postconditions s'appliquant à l'ensemble des méthodes d'une classe.

L'implémentation de cette vérification peut se faire sous forme de postcondition pour chacune des méthodes de la classe. Avec JBoss AOP, il suffit de créer un intercepteur unique pour toutes ces méthodes. L'existence de cet intercepteur n'empêche pas la création d'intercepteurs spécifiques pour les méthodes possédant leurs propres postconditions.

Afin d'illustrer ces particularités, considérons la classe Java suivante représentant un carré :

```
package aop.contracts.invariants;

public class Square {
    private float lowerLeftCornerX;
    private float lowerLeftCornerY;
    private float upperRightCornerX;
    private float upperRightCornerY;

    [...]
}
```

L'invariant de classe évident pour Square est celui vérifiant que les coordonnées des coins inférieur et supérieur gauche sont cohérentes par rapport à la propriété fondamentale d'un carré, à savoir que ses côtés sont tous de même longueur.

Les méthodes permettant de manipuler un objet de type Square ont besoin de modifier les coordonnées stockées dans les attributs. Lors de l'exécution de ce genre de méthode, il n'est pas possible de modifier toutes les coordonnées en une seule instruction, l'invariant de classe ne pouvant être vérifié à chaque instant. L'état de l'objet est obligé de transiter par un ou plusieurs états « incohérents », au sens de l'invariant, afin de pouvoir effectuer le traitement.

L'invariant de classe doit donc être implémenté sous la forme d'une postcondition s'appliquant à toutes les méthodes de la classe Square.

Le code suivant montre un exemple de postcondition implémentant un invariant de classe :

```
[…]
public InvocationResponse invoke(Invocation invocation)
  throws Throwable {
    InvocationResponse rsp = invocation.invokeNext(); ←❶

    if (invocation.getType() == InvocationType.METHOD) {
        MethodInvocation methodInvocation =
            (MethodInvocation)invocation;
        Method method = methodInvocation.method;
        Object target = methodInvocation.targetObject; ←❷
        int etat = target.getClass().getDeclaredField("etat")
            .getInt(target); ←❸

        if (etat != 1) {
            throw new Error("Litige sur l'invariant de classe.");
        }
    }
    return rsp;
}
[...]
```

Nous constatons d'abord que nous avons bien affaire à une postcondition (repère ❶), l'appel à la méthode étant effectué avant la vérification de l'assertion. Pour chaque appel de méthode, nous récupérons l'instance de classe concernée (repère ❷) afin d'obtenir la valeur de son attribut etat (repère ❸). Une fois cette valeur obtenue, nous vérifions l'invariant (ici, etat doit être égal à 1).

Les postconditions implémentant des invariants de classe doivent être testées en dernier, les autres intercepteurs de préconditions et de postconditions étant exécutés avant elles. Avec JBoss AOP, il suffit de déclarer les intercepteurs correspondants en dernier dans la liste des intercepteurs de la coupe définie dans le fichier **jboss-aop.xml.**

Invariants internes

Les invariants internes ne sont pas aisément implémentables avec les outils de la POA. La raison à cela est que leur portée est limitée à un bloc d'instruction plus fin que la méthode. Or les outils de POA actuels ne fournissent pas de point de jonction permettant d'intercepter efficacement un flot d'exécution plus fin que l'appel d'une méthode.

Si nous désirons mettre en place ce type d'invariant, le mieux est d'utiliser l'instruction `assert` de J2SE 1.4. Le cas des invariants internes démontre que la programmation orientée aspect introduit des fonctionnalités additionnelles par rapport à la programmation orientée objet mais n'est pas en mesure de remplacer tous ses mécanismes.

Pour aller plus loin

Cette section a tenté d'illustrer les avantages de la programmation orientée aspect pour implémenter les concepts de base des contrats. Les solutions proposées sont certes encore partielles, et elles mériteraient d'être généralisées au travers d'un framework évitant le codage en dur des différentes assertions.

Par ailleurs, deux particularités restent à traiter : l'héritage des contrats et le règlement des litiges.

Concernant l'héritage des contrats par les classes filles, le problème peut être réglé avec JBoss AOP en créant des intercepteurs héritant de ceux de la classe mère, par exemple. Pour les cas simples, il est possible d'utiliser les facilités offertes par le fichier de configuration **jboss-aop.xml,** notamment en employant la notion de groupe.

Pour le règlement des litiges, tout dépend de l'application. D'une manière générale, les différentes clauses applicables en cas de litige trouvent leur implémentation dans le corps des codes advice.

Le test d'application

Toute application doit être testée afin de garantir à l'utilisateur final une qualité de service qui soit satisfaisante, à défaut d'être parfaite. On se souvient de l'échec du lancement d'Ariane 5 dû au dépassement de capacité d'une variable dans un programme pourtant soumis à des tests rigoureux. La POA nous permet d'instrumenter le code pour contrôler son exécution. Cette fonctionnalité constitue la brique de base pour implémenter différents outils de test abordés ci-dessous.

Il existe deux grandes catégories de test :

* le test structurel, ou test en boîte blanche ;
* le test fonctionnel, ou test en boîte noire.

Le test structurel vérifie l'application en s'attachant uniquement à la structure de son code source. L'objectif de ce test est d'identifier d'éventuels problèmes au sein même du code, tels que mauvaises pratiques de programmation, variables ou méthodes non utilisées, etc.

Un test structurel classique est le test de couverture, dans lequel l'exécution de l'application est analysée afin d'identifier les portions non couvertes par une campagne de test et donc potentiellement sources d'erreur.

Le test fonctionnel vérifie que le comportement de l'application est conforme aux spécifications des besoins. C'est le plus répandu. Il se matérialise sous forme de jeux d'essai et de scénarios d'utilisation auxquels est confrontée l'application.

Parmi les divers types de tests fonctionnels, le test de non-régression consiste à exécuter le même scénario sur deux versions différentes d'une application — généralement la nouvelle et celle qui lui est immédiatement antérieure — afin d'identifier des comportements divergents non justifiés par ce changement de version (régressions).

La programmation orientée aspect propose des outils pour s'interfacer étroitement avec une application existante et analyser son exécution. Ces outils sont particulièrement appréciables pour effectuer ces deux des tests.

Le test de couverture

Comme expliqué précédemment, le test de couverture, aussi appelé analyse de la couverture du code, regroupe différentes méthodes permettant de vérifier que chaque partie d'une application est couverte par une campagne de test.

On entend par partie couverte le fait que cette partie a été soit exécutée (instruction), soit accédée (variable, attribut, paramètre). Si une partie de l'application n'est pas couverte, c'est qu'elle est soit inutile, soit inaccessible, soit non prévue dans les scénarios d'utilisation.

Analyse de couverture des fonctions

La mise en place de test de couverture est assez simple. Il suffit de modifier l'application afin que chaque exécution d'instruction ou accès à un attribut soit enregistré par l'outil d'analyse de couverture et que l'ensemble des enregistrements soit confronté au code source une fois la campagne de test terminée. On parle alors d'analyse de couverture des instructions.

Ce type de test repose techniquement sur les points d'arrêt d'exécution utilisés par les débogueurs.

Comme nous l'avons vu au cours de la première partie de cet ouvrage, la programmation orientée aspect ne permet pas d'intercepter toutes les instructions mais seulement les appels aux méthodes et aux constructeurs ainsi que l'accès aux attributs d'une classe. Il n'est donc possible d'implémenter que l'analyse de couverture des méthodes, et non celle des instructions.

D'autres tests de couverture sont décrits de manière synthétique à la page de Steve Cornett dédiée à l'analyse de couverture *(http://www.bullseye.com/webCoverage.html)*.

Implémentation du test de couverture

Un outil de test de couverture est composé de deux éléments : l'enregistreur et le comparateur. L'enregistreur est chargé d'analyser l'exécution de l'application et d'enregistrer les méthodes appelées et les attributs accédés. Le comparateur confronte ces enregistrements avec le code source afin d'identifier les méthodes non appelées et les attributs non accédés.

L'enregistreur est implémenté grâce aux techniques de la programmation orientée aspect, qui lui permettent d'intercepter les appels aux méthodes et les accès aux attributs.

Pour le comparateur, la POA n'apporte aucune valeur ajoutée, et cet outil peut être très facilement implémenté avec des outils permettant la manipulation et la comparaison de fichiers.

Interception des appels aux méthodes et des accès aux attributs

L'interception des appels aux méthodes et des accès aux attributs se fait très aisément en POA. Le plus difficile consiste à récupérer l'ensemble des informations nécessaires au calcul de la couverture.

Dans notre cas, il s'agit d'obtenir la signature de chaque méthode appelée, c'est-à-dire la classe d'appartenance, le nom, le type de valeur retournée, les types des paramètres et les éventuelles exceptions, ainsi que de chaque attribut accédé (classe, nom et type).

Pour accéder à ces informations, les langages de programmation tels que Java ou C# fournissent une API d'introspection permettant de lire la structure d'une classe, d'une méthode ou d'un attribut. Ces informations sont enregistrées dans un fichier de traces destiné à être confronté au code source pour identifier les éléments non couverts par la campagne de test. Afin de pouvoir être utilisé dans Microsoft Excel, celui-ci est au format CSV (Comma-Separated Values), ou valeurs séparées par des virgules, chaque valeur d'une ligne représentant une colonne.

Les colonnes définies sont les suivantes :

- type d'appel ou d'accès ;
- nom de la classe d'appartenance de l'élément (constructeur, méthode ou attribut) ;
- nom de l'élément ;
- type (dans le cas d'un attribut) ou type de la valeur de retour (cas d'une méthode) ;
- type des paramètres ;
- exceptions déclarées pour la méthode ou le constructeur.

Le code source ci-dessous fournit l'implémentation de l'intercepteur avec JBoss AOP (pour des raisons de place, seules les parties les plus intéressantes sont reproduites) :

```
package aop.tests.cover;

import java.io.FileNotFoundException;
import java.io.FileOutputStream;
import java.io.PrintWriter;
import java.lang.reflect.Constructor;
import java.lang.reflect.Field;
import java.lang.reflect.Method;

import org.jboss.aop.ConstructorInvocation;
```

```
import org.jboss.aop.FieldInvocation;
import org.jboss.aop.Interceptor;
import org.jboss.aop.Invocation;
import org.jboss.aop.InvocationResponse;
import org.jboss.aop.InvocationType;
import org.jboss.aop.MethodInvocation;
import org.jboss.util.xml.XmlLoadable;
import org.w3c.dom.Element;

public class CoverRecorderInterceptor
 implements Interceptor, XmlLoadable {
    private PrintWriter out;

    public String getName() {
        return "CoverRecorderInterceptor";
    }

    public void importXml(Element parameter) {  ←❶

        Element t=(Element)parameter
            .getElementsByTagName("record-file").item(0);
        String fileName = "";
        if (t != null) {
            fileName = t.getAttribute("value");
            if ("".equals(fileName)){
                throw new RuntimeException("...");
            }
        } else {
            throw new RuntimeException("...");
        }
        try {
            FileOutputStream stream=new FileOutputStream(fileName);
            out = new PrintWriter(stream);
        } catch (FileNotFoundException e) {
            throw new RuntimeException("...");
        }
        out.println("Call type,Class,Name,Return /
            Type,parameters,exceptions");
    }

    public void recordMethodCall(String className,
        String methodName,Class returnType,Class[] parameters,
        Class[] exceptions) {
            [...]  ←❷
    }

    public InvocationResponse invoke(Invocation invocation)
        throws Throwable {
            String filter = (String) invocation
                .getMetaData("cover", "filter");  ←❸
```

```
if (filter != null && filter.equals("true")) {
    return invocation.invokeNext();
}

InvocationResponse rsp = invocation.invokeNext();

InvocationType invocationType = invocation.getType();

if (invocationType == InvocationType.METHOD) { ←❹
    MethodInvocation methodInvocation =
        (MethodInvocation)invocation;
    Method method = methodInvocation.method;
    String className = method.getDeclaringClass()
        .getName();
    String methodName = method.getName();
    Class returnType = method.getReturnType();
    Class[] parameters = method.getParameterTypes();
    Class[] exceptions = method.getExceptionTypes();
    out.print("Method call,");
    recordMethodCall(className,methodName,returnType,
        parameters,exceptions);
} else if (invocationType==InvocationType.CONSTRUCTOR) { ←❺
    ConstructorInvocation constructorInvocation =
        (ConstructorInvocation)invocation;
    Constructor constructor = constructorInvocation
        .constructor;
    String className = constructor.getDeclaringClass()
        .getName();
    String methodName = "N/A";
    Class returnType = null;
    Class[] parameters = constructor.getParameterTypes();
    Class[] exceptions = constructor.getExceptionTypes();
    out.print("Constructor call,");
    recordMethodCall(className,methodName,returnType,
        parameters,exceptions);
} else if (invocationType == InvocationType.FIELD_WRITE ||
        invocationType == InvocationType.FIELD_READ) { ←❻
    if (invocationType == InvocationType.FIELD_READ) {
        out.print("Field read access,");
    } else {
        out.print("Field write access,");
    }
    FieldInvocation fieldInvocation =
        (FieldInvocation)invocation;
    Field field = fieldInvocation.field;
    out.print(field.getDeclaringClass().getName());
    out.print(',');
    out.print(field.getName());
    out.print(',');
    out.print(field.getType());
}
```

```
            out.println();
            out.flush();
            return rsp;
    }

    [...]
}
```

La méthode importXml (repère **❶**) est utilisée pour initialiser l'intercepteur à partir des informations contenues dans le fichier **jboss-aop.xml,** en l'occurrence le paramètre value du tag record-file définissant le fichier de sortie des résultats. Le détail du paramétrage de l'intercepteur est évoqué plus bas.

La méthode recordMethodCall (repère **❷**) sert uniquement à écrire les paramètres qui lui sont passés dans le fichier de traces *via* l'attribut out de l'intercepteur. Elle est utilisée pour enregistrer les appels aux méthodes et aux constructeurs.

La méthode invoke constitue naturellement le cœur de l'enregistreur. Celle-ci s'assure d'abord que l'élément sur lequel porte l'invocation (méthode, constructeur ou attribut) est pris en compte (repère **❸**). Le critère de décision est fourni par les métadonnées de cet élément, en l'occurrence la variable filter du groupe cover, définies dans le fichier **jboss-aop.xml.**

Selon le type d'invocation (InvocationType.METHOD, InvocationType.CONSTRUCTOR, InvocationType.FIELD_READ et InvocationType.FIELD_WRITE), la méthode invoke effectue une introspection de l'élément pour remplir le fichier de traces.

Le traitement des appels de méthode (repère **❹**) est très proche de celui du constructeur (repère **❺**). La seule différence réside dans le fait qu'un constructeur n'a pas de nom particulier — il s'agit de celui de la classe — et n'a pas de valeur de retour. La récupération des informations sur ces deux éléments se fait très simplement par le biais des API Java standards.

Le traitement des accès aux attributs d'une classe (repère **❻**) différencie les accès en lecture et ceux en écriture afin d'identifier d'éventuels problèmes d'initialisation (accès en lecture) ou de pertinence (accès en écriture). Là encore, l'API Java standard est utilisée pour récupérer les informations nécessaires sur l'attribut.

Mise en œuvre de l'enregistreur

L'exemple simple ci-dessous illustre les résultats obtenus avec notre enregistreur :

```
package aop.tests.cover;

public class CoverExample {

    private static int myField = 0;  ←❶

    public int increment(int value) {
            return ++value;
    }
```

```
    public int decrement(int value) {
          return --value;
    }

    public static int[] test(Object[] t,Object j)
       throws Exception,ArrayIndexOutOfBoundsException {
          System.out.println("Accès en lecture à myField : "
              +myField); ←2
          return null;
    }

    public static void main(String[] args) {
          CoverExample t = new CoverExample();
          System.out.println("Incrémente 1 : "+t.increment(1));
          System.out.println("Décrémente 1 : "+t.decrement(1));
          try {
          test(null,null);
          }
          catch (Exception e) {
          }
    }
}
```

Cet exemple simple est suffisant pour tester les grandes fonctionnalités de notre enregistreur. Le repère ❶ montre que l'attribut myField est accédé en écriture (initialisation à 0) et le repère ❷ qu'il est aussi accédé en lecture.

Le fichier **jboss-aop.xml** est configuré de la manière suivante :

```
<interceptor-pointcut methodFilter="ALL" constructorFilter="ALL" fieldFilter=
"ALL" group="cover"> ←❶
   <interceptors>
       <interceptor class="aop.tests.cover.CoverRecorderInterceptor
       " singleton="true">
       <record-file value="d:\\temp\\recordcover.csv" /> ←❷
     </interceptor>
   </interceptors>
</interceptor-pointcut>

<class-metadata group="cover" class="aop.tests.cover.CoverExample"> ←❸
   <default> ←❹
       <filter>false</filter>
   </default>
   <method name="main"> ←❺
     <filter>true</filter>
   </method>
</class-metadata>
```

La coupe (repère ❶) est définie de manière à concerner l'ensemble des éléments interceptables (constructeurs, méthodes et attributs) de sorte à avoir un test de couverture le plus exhaustif possible. Cette coupe concerne le groupe cover, défini plus bas (repère ❸).

L'association de l'intercepteur à la coupe s'accompagne d'un tag spécifique à l'intercepteur (repère ❷). Ce tag, traité par la méthode `importXml` de l'intercepteur, fournit à ce dernier le nom du fichier de traces à employer.

Des métadonnées sont ensuite associées à la classe `CoverExample`. Nous spécifions d'abord que cette classe appartient au groupe `cover` (repère ❸) puis initialisons la variable `filter`, laquelle est utilisée, comme nous l'avons vu à la section précédente, par la méthode `invoke` de l'intercepteur afin d'analyser ou non une invocation.

Par défaut (repère ❹), la variable `filter` est initialisée à `false`, ce qui signifie qu'une invocation doit être analysée. Pour la méthode `main` (repère ❺), la variable `filter` est initialisée à `true`. Cette méthode étant un passage obligé pour l'exécution de la classe `CoverExample`, il est inutile de l'enregistrer dans le fichier de traces.

Si nous exécutons maintenant la classe `CoverExample`, nous obtenons le fichier de traces suivant :

```
Call type,Class,Name,Return / Type,parameters,exceptions
Field write access,aop.tests.cover.CoverExample,myField,int
Constructor call,aop.tests.cover.CoverExample,N/A,N/A,,
Method call,aop.tests.cover.CoverExample,increment,int,int,
Method call,aop.tests.cover.CoverExample,decrement,int,int,
Field read access,aop.tests.cover.CoverExample,myField,int
Method
call,aop.tests.cover.CoverExample,test,int[],java.lang.Object[];java.lang
.Object,java.lang.Exception;java.lang.ArrayIndexOutOfBoundsException
```

Comme nous pouvons le constater, le résultat obtenu avec un éditeur de texte classique n'est pas très lisible. Il devient beaucoup plus compréhensible en l'ouvrant dans Microsoft Excel, comme l'illustre la figure 9.1. Chaque appel et accès a été scrupuleusement enregistré par l'intercepteur dans le fichier de traces.

	A	B	C	D	E	
1	Call type	Class	Name	Return / Type	parameters	exceptions
2	Field write access	aop.tests.cover.CoverExample	myField	int		
3	Constructor call	aop.tests.cover.CoverExample	N/A	N/A		
4	Method call	aop.tests.cover.CoverExample	increment	int	int	
5	Method call	aop.tests.cover.CoverExample	decrement	int	int	
6	Field read access	aop.tests.cover.CoverExample	myField	int		
7	Method call	aop.tests.cover.CoverExample	test	int[]	java.lang.Object[];java.lang.Object	java.lang.Exception;java.l
8						

Figure 9.1

Fichier de traces de couverture ouvert dans Microsoft Excel

Ce résultat constitue le matériel de base pour l'analyse de couverture. Il faut utiliser les informations recueillies par l'enregistreur et les comparer au code source de l'application. Le comparateur n'étant pas un domaine de prédilection de la programmation orientée aspect, nous n'abordons pas ici la façon de le programmer.

Pour aller plus loin

Pour utile qu'elle soit, l'analyse de couverture des méthodes et des attributs n'est pas suffisante pour s'assurer que toutes les parties d'une application sont correctement couvertes. Pour une granularité plus fine, il est nécessaire d'introduire dans le code source des marqueurs pouvant être interceptés et analysés.

Un marqueur peut être implémenté sous la forme d'une classe possédant une méthode statique unique prenant plusieurs paramètres et ne faisant strictement rien (elle est juste destinée à être interceptée). En faisant porter une coupe sur cette méthode et en l'associant avec notre intercepteur-enregistreur, nous pouvons analyser chaque appel à cette dernière, y compris la valeur de ses paramètres. En plaçant judicieusement dans le code source les appels à cette méthode et en renseignant les paramètres du marqueur avec des valeurs intéressantes pour l'analyse de la couverture, telles que le nom de la méthode dans laquelle se trouve le marqueur, nous pouvons affiner notre analyse.

Malheureusement, ce mode de fonctionnement est fastidieux et intrusif, puisqu'il faut placer les marqueurs explicitement dans le code source. L'analyse est de surcroît moins fine que celle effectuée avec des outils spécialisés dans l'analyse de couverture. Nous conseillons donc de n'implémenter ces marqueurs qu'à des fins pédagogiques.

Le test de non-régression

La plupart des applications sont appelées à connaître plusieurs évolutions, ou versions, au cours de leur vie. Chaque évolution apporte son lot de fonctionnalités nouvelles ou modifiées.

Au cours de la campagne de test d'une nouvelle version, il est important de vérifier, d'une part, que les nouvelles fonctionnalités et celles qui sont modifiées sont correctement implémentées et conformes aux spécifications et, d'autre part, que les fonctionnalités inchangées sont toujours conformes aux spécifications.

Lorsque les fonctionnalités non concernées par la nouvelle version ne sont plus conformes aux spécifications, on parle de régression. L'application n'offre plus le même niveau de service que la version précédente.

Détection des régressions

Les applications complexes peuvent connaître des dizaines de versions différentes. Les régressions sont en ce cas une des préoccupations majeures des équipes de développement.

Plusieurs techniques ont été mises au point pour détecter les régressions. Elles reposent toutes sur le principe consistant à enregistrer le fonctionnement de référence de l'ancienne version et à confronter le résultat obtenu avec l'enregistrement du fonctionnement de la nouvelle version, hors fonctions nouvelles et modifiées. Toute différence obtenue au cours de la comparaison signale la présence d'une régression.

Ce principe repose sur deux hypothèses fortes :

- L'enregistrement de référence correspond au fonctionnement correct et ne contient donc que des résultats exempts de bogue.

- L'enregistrement de référence est invariant dans le temps. S'il est rejoué sur une version de l'application strictement identique à celle de référence, aucune erreur n'apparaît.

Si l'enregistrement de référence contient des résultats erronés corrigés dans la nouvelle version, ces derniers sont signalés comme des régressions alors qu'il s'agit de corrections.

De même, si l'enregistrement de référence n'est pas invariant dans le temps, de multiples régressions peuvent être signalées à tort. Par exemple, lorsqu'une application repose sur la date du jour et que cette date diffère entre l'enregistrement de référence et l'enregistrement de la nouvelle version, toutes les fonctionnalités qui en dépendent génèrent des régressions.

Une technique classique de test de non-régression est la surveillance du comportement des méthodes pour déterminer d'éventuelles différences entre deux versions.

Une méthode a généralement un comportement déterministe : à environnement identique (paramètres, état de l'objet, etc.), résultat identique. Par exemple, si le résultat d'une méthode ne dépend que des paramètres de la méthode, ce résultat est toujours identique pour peu qu'on lui passe les mêmes valeurs. Cette propriété est conforme à l'hypothèse de l'invariabilité dans le temps imposée par la détection des régressions.

Certaines méthodes, dites non déterministes, ne respectent pas cette hypothèse et connaissent des résultats différents à environnement identique. Elles ne peuvent donc bénéficier aisément de la détection des régressions. C'est notamment le cas des méthodes reposant sur des aléas ou des facteurs temporels, pour lesquelles, à environnement identique, les résultats sont différents.

Pour les méthodes déterministes, l'implémentation de ce type de détection se heurte à deux difficultés importantes mais non insurmontables : l'enregistrement de l'environnement de la méthode et celui de son résultat.

Implémentation de tests de non-régression

Grâce à ses mécanismes de coupe et d'advice, la programmation orientée aspect offre des facilités pour implémenter un système de détection des régressions au niveau des méthodes.

Pour implémenter un système simple de détection de régression, deux outils doivent être développés :

- Un enregistreur, qui enregistre pour chaque appel à une méthode surveillée l'environnement de la méthode (paramètres et état de l'instance de classe) et le résultat qu'elle renvoie (valeur de retour).

- Un comparateur, qui détecte les différences entre l'enregistrement de référence et l'enregistrement de la nouvelle version.

La POA est particulièrement performante pour développer l'enregistreur puisqu'elle permet, comme expliqué à la section précédente, d'intercepter sans difficulté les appels aux méthodes afin de réaliser divers traitements. En revanche, elle n'apporte aucune valeur ajoutée au développement du comparateur, les fonctionnalités d'un tableur tel que Microsoft Excel suffisant amplement à cette tâche.

Enregistrement du comportement d'une méthode

Dans le framework JBoss AOP, l'enregistrement du comportement d'une méthode est implémenté sous forme d'intercepteur. Ce dernier décortique l'appel de la méthode afin d'en extraire les informations suivantes :

- classe d'appartenance de la méthode ;
- nom de la méthode ;
- valeur des différents paramètres ;
- valeur de retour, s'il y en a, ou valeur de l'exception émise.

Ces informations sont enregistrées dans un fichier de traces au format CSV (Comma-Separated Values), de la même façon que pour les tests de couverture. Une information supplémentaire est ajoutée à chaque enregistrement de façon à identifier la version de l'application rattachée à l'enregistrement.

Une régression est détectée si, pour une même classe et une même méthode, des résultats différents sont obtenus par deux versions avec les mêmes paramètres. Ce type de comparaison s'effectue simplement sous Microsoft Excel grâce à la fonction de filtre automatique *(voir plus loin)*.

Le code source reproduit partiellement ci-dessous fournit l'implémentation de l'intercepteur enregistreur dans JBoss AOP :

```
package aop.tests.regression;

import java.io.FileNotFoundException;
import java.io.FileOutputStream;
import java.io.PrintWriter;
import java.lang.reflect.Method;

import org.jboss.aop.Interceptor;
import org.jboss.aop.Invocation;
import org.jboss.aop.InvocationResponse;
import org.jboss.aop.InvocationType;
import org.jboss.aop.MethodInvocation;
import org.jboss.util.xml.XmlLoadable;
import org.w3c.dom.Element;

public class RegressionRecorderInterceptor
  implements Interceptor, XmlLoadable {
    private PrintWriter out;
    private String version;
```

```
public String getName() {
    return "RegressionRecorderInterceptor";
}

public void importXml(Element parameter) { ←❶
    [...]
}

public InvocationResponse invoke(Invocation invocation)
  throws Throwable {
    String filter = (String) invocation
        .getMetaData("regression", "filter"); ←❷
    if ((invocation.getType() != InvocationType.METHOD)
        || (filter != null && filter.equals("true"))) {
        return invocation.invokeNext();
    }

    InvocationResponse rsp = null;
    Object response = null;
    Throwable exception = null;

    try { ←❸
        rsp = invocation.invokeNext();
        response = rsp.getResponse();
    }
    catch (Throwable e){
        exception = e;
    }
    MethodInvocation methodInvocation =
        (MethodInvocation)invocation;
    Method method = methodInvocation.method; ←❹

    String className = method.getDeclaringClass().getName();
    String methodName = method.getName();
    Object[] parameters = methodInvocation.arguments;

    out.print(version);
    out.print(',');
    out.print(className);
    out.print(',');
    out.print(methodName);
    out.print(',');
    if (response!=null) {
        out.print(getValue(response));
    } else if (method.getReturnType()
                .isAssignableFrom(java.lang.Void.TYPE)) {
        out.print("void");
    } else {
        out.print("null");
    }
    out.print(',');
```

```
                    StringBuffer temp = new StringBuffer();
                    for (int i = 0; i < parameters.length; i++) {
                        if (parameters[i]!=null) {
                            temp.append(getValue(parameters[i]));
                        } else {
                            temp.append("null");
                        }
                        temp.append(';');
                    }
                    if (temp.length()>0) {
                        temp.deleteCharAt(temp.length()-1);
                        out.print(temp);
                    }
                    if (exception!=null){
                        out.print(',');
                        out.print("throws ");
                        out.print(exception.getClass().getName());
                    }
                    out.println();
                    out.flush();

                    return rsp;
            }

        private String getValue(Object o) {  ←❺
                if (!o.getClass().isArray()) {
                    return Integer.toString(o.hashCode());
                } else {
                    StringBuffer value = new StringBuffer();
                    Object[] temp = (Object[]) o;
                for (int i=0;i<temp.length;i++) {
                    value.append(getValue(temp[i]));
                    value.append('|');
                }
                return value.toString();
                }
            }

        [...]
    }
```

L'implémentation de l'intercepteur ne pose pas de problème particulier et n'est pas sans rappeler celle de l'enregistreur des tests de couverture. La configuration de Regression-RecoderInterceptor s'effectue dans le fichier **jboss-aop.xml** par le biais de deux tags XML traités par la méthode importXml (repère ❶).

Comme pour les tests de couverture, la méthode invoke vérifie que la méthode analysée n'est pas filtrée (repère ❷). Pour cela, invoke utilise les métadonnées associées à cette méthode dans le fichier **jboss-aop.xml.**

L'appel `invocation.invokeNext()` est inséré dans un bloc `try/catch` afin de récupérer le cas échéant l'exécution générée par la méthode analysée (repère ❸). Une fois cet appel effectué, aboutissant à l'exécution effective de la méthode analysée, l'ensemble des informations nécessaires à la non-régression est récolté (repère ❹). Les mêmes techniques que pour l'analyse de couverture sont utilisées.

Concernant le point spécifique des valeurs de paramètre ou de retour, nous avons développé la méthode `getValue` en utilisant la méthode `hashCode` associée à toute classe Java (repère ❺). Quand les paramètres ou la valeur de retour sont des nombres ou des chaînes de caractères, l'enregistrement des valeurs ne pose pas de problème. Lorsqu'il s'agit d'objets ou de tableaux, cela devient plus complexe, car il faut synthétiser un ensemble de valeurs. La méthode `hashCode` fournit cette synthèse en calculant un entier unique à partir d'un ensemble de valeurs. Pour plus de détail sur son mode de fonctionnement, voir la documentation de l'API Java (la méthode `hashCode` est rattachée à la classe `java.lang.Object`).

Pour les tableaux, `hashCode` ne renvoie pas un résultat dépendant de leur contenu. Il est donc nécessaire d'extraire pour chaque objet contenu dans un tableau sa valeur de `hashCode` pour déterminer une valeur synthétique du contenu de ce dernier. Cela s'effectue de manière récursive, un tableau pouvant contenir un tableau, etc.

Mise en œuvre de l'enregistreur

L'exemple ci-dessous teste notre enregistreur avec une classe dont nous allons modifier le comportement pour simuler des régressions :

```java
package aop.tests.regression;

import java.util.Vector;

public class RegressionExample {

    public int increment(int value) {
        return ++value;
    }

    public int decrement(int value) {
        return --value;
    }

    public static void test(Object[] t,Object j)
       throws Exception,ArrayIndexOutOfBoundsException {
        System.out.println("appel de test");
        throw new Exception("erreur dans test");
    }

    public static void main(String[] args) {
        RegressionExample t = new RegressionExample();
        System.out.println("Incrémente 1 : "+t.increment(1));
```

```
            System.out.println("Décrémente 1 : "+t.decrement(1));
            try {
                String[] array = {"str1","str2"};
                Object[] arrayOfArray = {array,"str3"};
                Vector v = new Vector();
                v.add("str4");
                v.add("str5");
                test(arrayOfArray,v);
            }
            catch (Exception e) {
            }
        }
    }
```

Ce code source constitue la première version de notre application. Nous réaliserons quelques modifications dans une seconde version afin de détecter des régressions.

La classe à analyser étant définie, il est nécessaire d'associer l'enregistreur à cette dernière. Pour cela, les tags XML suivants sont ajoutés dans le fichier **jboss-aop.xml :**

```
<interceptor-pointcut methodFilter="ALL" constructorFilter=
  "NONE" fieldFilter="NONE" group="regression"> ←❶
   <interceptors>
      <interceptor class="aop.tests.regression.RegressionRecorderInterceptor
      < singleton="true">
            <record-file value="d:\\temp\\recordreg.csv" /> ←❷
            <version value="1" />
      </interceptor>
   </interceptors>
</interceptor-pointcut>

<class-metadata group="regression" class="aop.tests.regression.
  RegressionExample"> ←❸
      <default>
        <filter>false</filter> ←❹
      </default>
</class-metadata>
```

La définition de la coupe (repère ❶) porte sur le groupe regression et ne concerne que les appels aux méthodes, contrairement à l'analyse de couverture. L'injecteur est paramétré à l'aide de deux tags XML spécifiques (repère ❷). Le tag record-file indique le fichier de traces à utiliser et le tag version la version de l'application enregistrée.

Pour finir, des métadonnées sont ajoutées à la classe RegressionExample. Cette dernière se trouve affectée au groupe regression sur lequel porte la coupe (repère ❸). Par défaut, toutes les méthodes de RegressionExample sont traitées par l'enregistreur (repère ❹).

Pour la première version de notre exemple, nous obtenons le fichier de traces illustré à la figure 9.2 (affichage sous Excel).

	A	B	C	D	E	F
1	Version	Class Name	Method Name	Response	Parameters	Exception
2	1	aop.tests.regression.RegressionExample	increment	2	1	
3	1	aop.tests.regression.RegressionExample	decrement	0	1	
4	1	aop.tests.regression.RegressionExample	test	void	3541024|3541025||3541026|;113313826	throws java.lang.Exception
5	1	aop.tests.regression.RegressionExample	main	void		

Figure 9.2

Fichier de traces de non-régression généré pour la version 1 de l'exemple

Comparaison de la nouvelle version avec la référence

Afin de vérifier l'efficacité de notre outil pour détecter les régressions, nous allons modifier notre exemple (les changements sont indiqués par des flèches) :

```
package aop.tests.regression;

import java.util.Vector;

public class RegressionExample {

    public int increment(int value) {
        return value++;  ←
    }

    public int decrement(int value) {
        return value--;  ←
    }

    public static void test(Object[] t,Object j)
       throws Exception,ArrayIndexOutOfBoundsException {
        System.out.println("appel de test");
        throw new ArrayIndexOutOfBoundsException(
            "erreur dans test");  ←
    }

    public static void main(String[] args) {
        RegressionExample t = new RegressionExample();
        System.out.println("Incrémente 1 : "+t.increment(1));
        System.out.println("Décrémente 1 : "+t.decrement(1));
        try {
            String[] array = {"str1","str2"};
            Object[] arrayOfArray = {array,"str3"};
            Vector v = new Vector();
            v.add("str4");
            v.add("str5");
            test(arrayOfArray,v);
        }
        catch (Exception e) {
        }
    }
}
```

Une fois le numéro de version modifié dans le fichier **jboss-aop.xml** et cet exemple exécuté, nous obtenons le fichier de traces illustré à la figure 9.3 (les nouveaux résultats sont enregistrés en fin de fichier).

	A	B	C	D	E	F
1	Version	Class Name	Method Name	Response	Parameters	Exception
2	1	aop.tests.regression.RegressionExample	increment	2	1	
3	1	aop.tests.regression.RegressionExample	decrement	0	1	
4	1	aop.tests.regression.RegressionExample	test	void	3541024|3541025||3541026|;113313826	throws java.lang.Exception
5	1	aop.tests.regression.RegressionExample	main	void		
6	2	aop.tests.regression.RegressionExample	increment	1	1	
7	2	aop.tests.regression.RegressionExample	decrement	1	1	
8	2	aop.tests.regression.RegressionExample	test	void	3541024|3541025||3541026|;113313826	throws java.lang.ArrayIndexOutOfBoundsException
9	2	aop.tests.regression.RegressionExample	main	void		

Figure 9.3

Fichier de traces de non-régression généré pour la version 2 de l'exemple

En utilisant la fonction de filtre automatique d'Excel, nous pouvons comparer aisément deux appels de méthodes identiques faits dans deux versions différentes. À titre d'exemple, la figure 9.4 illustre le résultat obtenu pour l'appel de méthode increment.

	A	B	C	D	E
1	Version ▾	Class Name ▾	Method Name ▾	Response ▾	Parameters ▾
2	1	aop.tests.regression.RegressionExample	increment	2	1
6	2	aop.tests.regression.RegressionExample	increment	1	1

Figure 9.4

Comparaison de l'appel de la méthode increment entre les versions 1 et 2

Nous constatons qu'il y a bien régression. La méthode increment ne renvoie pas le même résultat alors que nous lui passons les mêmes paramètres dans les deux versions. Nous obtiendrions le même constat en testant les deux autres méthodes modifiées, decrement et test.

Pour aller plus loin

Une analyse des régressions fondée uniquement sur la valeur de retour des méthodes et les exceptions générées n'est pas suffisante pour couvrir tous les cas de figure.

Deux facteurs de régression ne sont pas pris en compte dans notre enregistreur :

- les objets mutables, c'est-à-dire les objets passés en paramètre à la méthode et modifiables par celle-ci (passage par référence en quelque sorte) ;
- les entrées-sorties sous toutes leurs formes.

Afin de faciliter les comparaisons, le fichier de traces pourrait être avantageusement remplacé par une base de données relationnelle pour bénéficier de la puissance du langage d'interrogation SQL.

Administration et supervision des applications avec la POA

Bien qu'essentiels aux architectures *n*-tiers d'envergure, l'administration et la supervision des applications sont encore des domaines mal pris en compte par les développeurs. Du fait de la centralisation et de la mutualisation des traitements serveur, la panne d'un composant peut avoir des répercussions importantes, voire catastrophiques sur la disponibilité de l'application.

Par administration, nous entendons la capacité à consulter et modifier les paramètres de l'application. Par supervision, nous entendons la capacité à surveiller le fonctionnement de l'application.

Un premier niveau de supervision est fourni par les traces applicatives, que nous avons déjà abordées au chapitre 5. Elles peuvent être facilement surveillées par des automates pour peu qu'elles soient correctement organisées et surtout exploitables de manière systématique.

Pour rappel, les apports de la programmation orientée aspect aux traces applicatives sont les suivants :

- moindre dépendance de l'application vis-à-vis de l'implémentation des traces applicatives grâce à une meilleure séparation des préoccupations ;

- utilisation des traces applicatives systématisée (portée définie dans la coupe) et non visible dans le code source de l'application (gestion des traces centralisée dans un aspect).

Pour l'administration des applications, les paramètres techniques et fonctionnels sont, dans le pire des cas, codés en dur dans l'application, et il est impossible de les modifier sans recompilation de l'application. Une solution classique à ce problème réside dans l'utilisation de fichiers de propriétés lus par l'application à son démarrage. Se pose alors le problème de la modification de ces paramètres à chaud, c'est-à-dire sans arrêter l'application.

Les applications dont l'administration est la plus évoluée disposent d'une API spécifique, voire d'une IHM (interface homme-machine). Cependant, ces modules sont souvent développés de manière spécifique et ne répondent pas aux standards d'administration et de supervision tels que SNMP (Simple Network Management Protocol).

L'administration et la supervision peuvent être vues comme des problématiques transversales à l'architecture d'une application. Ces deux domaines couvrent un large spectre de composants sans pour autant participer activement à leur fonctionnalité première. Ce type de problématique correspond exactement à l'objectif de séparation des préoccupations de la POA.

JMX (Java Management eXtensions)

Avec JMX (Java Management eXtensions), le langage Java dispose d'une extension standard pour administrer et superviser les applications. Cette spécification définit un ensemble d'éléments (classes à instancier, interfaces à implémenter, etc.) facilitant la gestion d'une application.

JMX repose sur les deux grandes fonctionnalités suivantes pour remplir son rôle :

- ouverture de composants Java (*via* une API spécifique) à l'extérieur pour les rendre accessibles à des outils d'administration et de supervision ;
- système de notification pour assurer la surveillance de ces composants en cas de nécessité.

Cette spécification fait partie du standard J2EE (Java 2 Enterprise Edition). Elle est souvent utilisée par les serveurs d'applications pour leur console d'administration.

Architecture de JMX

L'architecture de JMX est constituée des trois couches suivantes :

- **Instrumentation.** Son rôle consiste à ouvrir aux autres couches (agent et services distribués) les composants destinés à être administrés ou supervisés. On parle alors de ressources gérables.
- **Agent.** Cette couche exploite les composants rendus gérables par la couche instrumentation et les rend accessibles, *via* des adaptateurs, à l'extérieur de l'application, c'est-à-dire à la couche services distribués. Elle propose plusieurs services utilisables par les services distribués, tels le chargement dynamique de classes, le monitoring des ressources gérables, l'utilisation de timers, etc.
- **Services distribués.** Cette couche regroupe les composants extérieurs à notre application interagissant avec la couche agent *via* des adaptateurs. Elle est constituée d'outils d'administration et de supervision.

Cette architecture est conçue pour être facilement mise en œuvre, y compris par des applications existantes, et ne pas nécessiter de lourds investissements. L'ouverture est son principe, principalement grâce aux adaptateurs de la couche agent, afin d'offrir le maximum d'interopérabilité avec les standards et les outils d'administration et de supervision (IBM Tivoli, Hewlett Packard OpenView, etc.).

Les sections qui suivent détaillent les différents constituants de chacune de ces couches de l'architecture JMX.

La couche instrumentation

La couche instrumentation repose sur la notion de ressource gérable. Les ressources se concrétisent sous forme d'objets Java classiques, les Beans, devant respecter un certain nombre de conventions pour être administrés et supervisés par JMX. Ces ressources gérables sont appelés des MBeans, ou Manageable Beans.

Il existe quatre types de MBeans :

- standards
- dynamiques
- ouverts
- modèles

L'objectif de cet ouvrage n'étant pas de décrire en détail la spécification JMX, nous n'abordons que les MBeans standards, suffisants pour nos besoins.

Les MBeans sont des classes Java qui implémentent une interface. Le nom de cette dernière est constitué du nom de la classe et du suffixe MBean. Par exemple, une classe Stats devient un MBean si elle implémente une interface StatsMBean, comme ci-dessous :

```
package aop.management.jmx.simple;

public class Stats implements StatsMBean {
        [...]
}
```

Le rôle de cette interface MBean est de définir les attributs et méthodes d'un objet accessibles à la couche agent. Pour les attributs, il suffit de définir des méthodes get et optionnellement des méthodes set (un attribut sans méthode set est en lecture seule). Pour les méthodes à rendre accessibles, il suffit de faire figurer leur signature dans l'interface.

Dans l'exemple suivant, l'interface MBean de la classe Stats définit trois attributs en lecture seule (Orders, TotalOrdersAmount et Status) ainsi qu'une méthode (reset) :

```
package aop.management.jmx.simple;

public interface StatsMBean {
    public int getOrders();
    public float getTotalOrdersAmount();
    public String getStatus();
    public void reset();
}
```

La couche agent

La couche agent est prise en charge par un composant JMX spécifique, le MBeanServer, entièrement défini dans la spécification. Ce composant constitue l'agent JMX proprement dit et assure la communication entre les ressources gérables et le monde extérieur.

Le MBeanServer dispose de plusieurs services très utiles, déjà évoqués précédemment. Le monitoring de ressources gérables, par exemple, permet de surveiller des attributs de composants gérables en générant des notifications en fonction de leurs variations.

Les trois types de moniteurs suivants sont disponibles :

- CounterMonitor : surveille des attributs numériques et signale par une notification le dépassement à la hausse d'une valeur seuil. À chaque dépassement, un nouveau seuil est calculé.

- GaugeMonitor : surveille des attributs numériques et signale par une notification le dépassement à la baisse d'une valeur minimale et/ou à la hausse d'une valeur maximale.

- StringMonitor : surveille des attributs chaînes de caractère et signale par une notification s'ils diffèrent ou sont égaux à une chaîne de caractères de référence.

Les notifications sont prises en charge par des classes Java implémentant l'interface `javax.management.NotificationListener`.

La couche services distribués

La couche services distribués couvre une grande variété d'outils susceptibles de se connecter à l'agent JMX *via* des adaptateurs. Nous utilisons dans la suite du chapitre l'adaptateur HTTP fourni par MX4J, une implémentation Open Source de la spécification JMX version 1.1.

Comme l'illustre la figure 9.5, cet adaptateur dispose d'une IHM permettant d'administrer les MBeans, de créer de nouveaux moniteurs, etc.

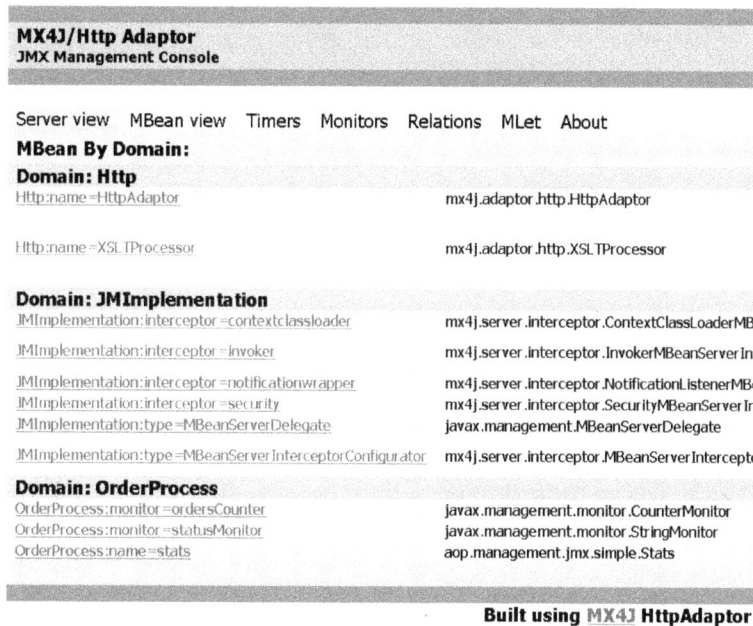

Figure 9.5'

IHM de l'adaptateur HTTP de MX4J

Utilisation de JMX dans une application à l'aide de la POA

Comme nous l'avons vu précédemment, pour transformer un objet Java en ressource gérable, il suffit d'implémenter une interface MBean. Si nous disposons d'une application existante, cela nécessite de modifier le code des classes Java dont nous voulons administrer et/ou superviser les instances. La POA fournit un mécanisme efficace pour mener cette opération en préservant la séparation des préoccupations, c'est-à-dire sans modifier le code des classes Java.

Pour faire la preuve de cette efficacité, nous utilisons dans la suite de cette section une petite application chargée de traiter des commandes. À fins de simplification, une commande ne comprend qu'un montant dans une monnaie non définie.

L'application comporte deux parties :

- le traitement des commandes, mettant à jour des statistiques sur les commandes ;

- la création de commandes, destinée à générer plusieurs commandes aléatoires pour tester le traitement des commandes.

Les statistiques sont regroupées dans une classe Java Stats que nous désirons rendre gérable avec JMX. Son code source est le suivant :

```java
public class Stats {
    private int orders = 0;
    private float totalAmount = 0;
    private String status = "OK";

    public int getOrders() {
        return orders;
    }

    public void incOrders() {
        orders++;
    }

    public float getTotalAmount() {
        return totalAmount;
    }

    public void addAmount(float p) {
        totalAmount+=p;
    }

    public String getStatus() {
        return status;
    }

    public void setStatus(String p) {
        status = p;
    }

    public void reset() {
        orders = 0;
        totalAmount = 0;
        status = "OK";
    }
}
```

La classe `Stats` comporte trois attributs :

- `Orders`, un compteur de commandes.

- `TotalAmount`, qui cumule les montants de toutes les commandes (chiffre d'affaires).

- `Status`, qui stocke le statut du processus de commande (`OK` ou `KO`).

La méthode `reset` permet de réinitialiser ces trois attributs.

La classe `Stats` est manipulée par la classe principale `JMXExample` décrite ci-dessous :

```
package aop.management.jmx.simple;

public class JMXExample {

private static Stats statistics = new Stats();

public static void sendOrder(float amount) {
    if (amount>0) {
        statistics.incOrders();
        statistics.addAmount(amount);
    } else {
        statistics.setStatus("KO");
        try {
            Thread.sleep(200);
        }
        catch (InterruptedException e) {
        }
        statistics.setStatus("OK");
      }
    }


    public static void main(String[] str) throws Exception {
        Injector injection = new Injector();
        injection.start();
    }
}
```

La méthode `sendOrder` est utilisée par l'injecteur (objet `injection`) pour simuler des passages de commandes. Si le montant passé en paramètre est positif, les statistiques sont mises à jour. Sinon, il y a une anomalie, et l'attribut `status` de `statistics` est initialisé à `KO` pendant 200 millisecondes avant d'être à nouveau positionné à `OK`.

L'injecteur est une thread Java générant plusieurs commandes aléatoires. Son code source est le suivant :

```
package aop.management.jmx.simple;

public class Injector extends Thread {

    public void run() {
        float amount = 0;

        for (int i=1;i<=10;i++) {
            try {
                System.err.println("Commande n°"+i);
                sleep(Math.round(Math.random() * 5000)); ←❶
            }
            catch (InterruptedException e) {
            }
            if ((i%5)==0) {
                JMXExample.sendCommand(-1000); ←❷
            } else {
                amount = Math.round(Math.random() * 1500); ←❸
                JMXExample.sendCommand(amount);
            }
        }
    }
}
```

Cet injecteur génère 10 commandes espacées de manière aléatoire, entre 0 et 5 secondes (repère ❶). Toutes les cinq commandes, une commande incorrecte est générée d'un montant d'une valeur inférieure à 0, en l'occurrence –1000 (repère ❷). Les autres commandes ont un montant d'une valeur comprise entre 0 et 1500 (repère ❸).

Création d'une ressource gérable

Comme nous désirons transformer la classe Stats en une ressource gérable, il est nécessaire qu'elle implémente une interface StatsMBean pour qu'elle devienne un MBean standard.

Pour cela, il est nécessaire de définir l'interface StatsMBean comme ci-dessous :

```
package aop.management.jmx.simple;

public interface StatsMBean {
    public int getOrders();
    public float getTotalAmount();
    public String getStatus();
    public void reset();
}
```

De cette manière, nous rendons les trois attributs accessibles en lecture et offrons la possibilité de les remettre à zéro grâce à la méthode reset.

MX4J réclame en outre la définition d'une classe appelée StatsMBeanDescription destinée à documenter les attributs et la méthode accessibles *via* JMX :

```
package aop.management.jmx.simple;

import java.lang.reflect.Method;

import mx4j.MBeanDescriptionAdapter;

public class StatsMBeanDescription
  extends MBeanDescriptionAdapter {

    public String getAttributeDescription(String attribute) {
          if (attribute.equals("Orders")) {
              return "Nombre de commandes traitées";
          } else if (attribute.equals("Status")) {
              return "Statut du processus";
          } else if (attribute.equals("TotalAmount")) {
              return "Chiffre d'Affaires total";
          } else {
              return "Attribut inconnu";
          }
    }

    public String getOperationDescription(Method method) {
          if (method.getName().equals("reset")) {
              return "Remise à zéro des attributs";
          } else {
              return "Opération inconnue";
          }
    }
}
```

Une fois cette interface et cette classe définies, nous pouvons utiliser le mécanisme d'*introduction (voir le chapitre 2)* de la POA pour transformer notre classe Java en ressource gérable.

JBoss AOP exige la définition préalable de la coupe associée à un intercepteur sur la classe à modifier. Dans notre cas, l'intercepteur ne réalise aucune opération :

```
package aop.management.jmx.simple;

import org.jboss.aop.Interceptor;
import org.jboss.aop.Invocation;
import org.jboss.aop.InvocationResponse;

public class StatsMBeanInterceptor implements Interceptor {
    public String getName() {
          return "StatsMBeanInterceptor";
    }
```

```
        public InvocationResponse invoke(Invocation invocation)
            throws Throwable {
                return invocation.invokeNext();
        }
    }
}
```

Nous pouvons maintenant définir l'introduction en ajoutant les tags suivants dans le fichier **jboss-aop.xml** :

```
<interceptor-pointcut methodFilter="NONE" constructorFilter="ALL" fieldFilter
➡="NONE" class="aop.management.jmx.simple.Stats"> ←❶
  <interceptors>
    <interceptor class="aop.management.jmx.simple.StatsMBeanInterceptor"/>
  </interceptors>
</interceptor-pointcut>

<introduction-pointcut class="aop.management.jmx.simple.Stats"> ←❷
        <interfaces>aop.management.jmx.simple.StatsMBean</interfaces>
</introduction-pointcut>
```

Nous définissons dans un premier temps la coupe (repère ❶) avec une portée limitée au constructeur de la classe Stats (il n'est pas utile d'avoir une portée plus grande). Nous effectuons ensuite l'introduction de l'interface dans la classe Stats (repère ❷). Aucune autre action n'est nécessaire pour la définition de la ressource gérable, car la classe Stats implémente l'ensemble des méthodes définies dans l'interface StatsMBean. Si ce n'est pas le cas, une exception est générée au moment de l'enregistrement de la ressource gérable dans le MBeanServer.

La ressource gérable étant définie, il est nécessaire de configurer le MBeanServer, les moniteurs et l'adaptateur HTTP pour finaliser la couche d'administration et de supervision de l'application.

La classe principale de l'application, celle qui contient la méthode main nécessaire à son démarrage, doit être modifiée de la façon suivante pour réaliser ces opérations :

```
package aop.management.jmx.simple;

import javax.management.MBeanServer;
import javax.management.MBeanServerFactory;
import javax.management.ObjectName;
import javax.management.JMException;
import javax.management.Attribute;
import javax.management.monitor.GaugeMonitor;
import javax.management.monitor.StringMonitor;
import javax.management.monitor.CounterMonitor;
import javax.management.NotificationListener;
import javax.management.Notification;
import java.net.URL;
import java.net.MalformedURLException;
import java.util.Map;
import java.util.HashMap;
```

```
import java.util.List;
import java.util.ArrayList;

public class JMXExample {

    private int port = 8080;  ←❶
    private String host = "localhost";  ←❷
    private static Stats statistics = new Stats();

    public static void sendCommand(float amount) {
        [...]
    }

    public void start() throws JMException, MalformedURLException {
        MBeanServer server = MbeanServerFactory
            .createMBeanServer("OrderProcess");  ←❸
        ObjectName serverName =
            new ObjectName("Http:name=HttpAdaptor");
        server.createMBean("mx4j.adaptor.http.HttpAdaptor",
            serverName,null);
        server.setAttribute(serverName,new Attribute("Port",
            new Integer(port)));
        server.setAttribute(serverName,new Attribute("Host",host));
        ObjectName processorName = new
            ObjectName("Http:name=XSLTProcessor");
        server.createMBean("mx4j.adaptor.http.XSLTProcessor",
            processorName,null);
        server.setAttribute(processorName,
            new Attribute("UseCache",new Boolean(false)));
        server.setAttribute(serverName,
            new Attribute("ProcessorName",processorName));  ←❹

        server.registerMBean(statistics,
            new ObjectName("OrderProcess:name=stats"));á

        [...]  ←❺

        server.invoke(serverName, "start", null, null);
    }

    public static void main(String[] str) throws Exception {
        JMXExample t = new JMXExample();
        t.start();
        Injector injection = new Injector();
        injection.start();
    }
}
```

La principale modification est apportée par la méthode start, qui se charge de l'initialisation du MBeanServer, de l'adaptateur HTTP et de l'enregistrement de la ressource gérable. Deux attributs sont ajoutés à la classe pour l'initialisation de l'adaptateur (repères ❶ et ❷). Dans cet exemple, l'adaptateur est accessible par un navigateur Web en utilisant l'URL *http://localhost:8080*. Une instance de MBeanServer est créée (repère ❸), puis nous initialisation l'adaptateur (repère ❹). La ressource gérable est ensuite enregistrée dans le MBeanServer (repère ❺), puis nous définissons deux moniteurs (repère ❻).

Le code source de ces moniteurs, caché pour plus de lisibilité, est reproduit ci-après :

```
CounterMonitor ordersCounter = new CounterMonitor();  ←❶
ObjectName ordersCounterName =
  new ObjectName("OrderProcess","monitor","ordersCounter");
server.registerMBean(ordersCounter, ordersCounterName);
ordersCounter.setThreshold(new Integer(5));
ordersCounter.setOffset(new Integer(5));
ordersCounter.setNotify(true);
ordersCounter.setDifferenceMode(false);
ordersCounter.setObservedObject(
  new ObjectName("OrderProcess:name=stats"));
ordersCounter.setObservedAttribute("Orders");
ordersCounter.setGranularityPeriod(100L);
ordersCounter.addNotificationListener(
  new NotificationListener() {  ←❷
      public void handleNotification(Notification
          notification,Object handback) {
              System.out.println("Notification JMX - Nombre d'ordres :
              ➥ dépassement de seuil");
      }
}, null, null);
ordersCounter.start();

StringMonitor statusMonitor = new StringMonitor();  ←❸
ObjectName statusMonitorName =
  new ObjectName("OrderProcess","monitor","statusMonitor");
server.registerMBean(statusMonitor,statusMonitorName);
statusMonitor.setNotifyDiffer(true);
statusMonitor.setNotifyMatch(true);
statusMonitor.setStringToCompare("OK");
statusMonitor.setObservedObject(new
  ObjectName("OrderProcess:name=stats"));
statusMonitor.setObservedAttribute("Status");
statusMonitor.setGranularityPeriod(100L);
statusMonitor.addNotificationListener(
  new NotificationListener() {  ←❹
      public void handleNotification(Notification
          notification,Object handback) {
              if (notification.getType()
                  .equals("jmx.monitor.string.differs")) {
                      System.out.println("Notification JMX -
                      ➥Processus en anomalie");
              } else {
                  System.out.println("Notification JMX - Processus OK");
              }
      }
}, null, null);
statusMonitor.start();
```

Le premier moniteur (repère ❶) surveille le nombre de commandes reçues. Il émet toutes les cinq commandes une notification prise en compte par le listener défini au repère ❷. Le second moniteur (repère ❸) surveille le statut et émet une notification s'il diffère ou s'il est égal à OK. Ces notifications sont prises en compte par un listener défini au repère ❹.

Nous avons maintenant une application supportant JMX. Le résultat produit par l'exécution de cette application est reproduit ci-dessous :

```
Notification JMX - Processus OK
Commande n°1
Commande n°2
Commande n°3
Commande n°4
Commande n°5
Notification JMX - Processus en anomalie
Commande n°6
Notification JMX - Processus OK
Commande n°7
Notification JMX - Nombre d'ordres : dépassement de seuil
Commande n°8
Commande n°9
Commande n°10
Notification JMX - Processus en anomalie
Notification JMX - Processus OK
```

Nous constatons que l'application a bien émis des notifications en fonction du paramétrage des deux moniteurs. Le décalage constaté est lié à la période d'échantillonnage des moniteurs, fixée à 100 millisecondes grâce à la méthode setGranularityPeriod de la classe javax.management.monitor.Monitor.

Nous pouvons utiliser l'IHM de l'adaptateur HTTP pour remettre à zéro les attributs de la classe Stats, comme l'illustre la figure 9.6.

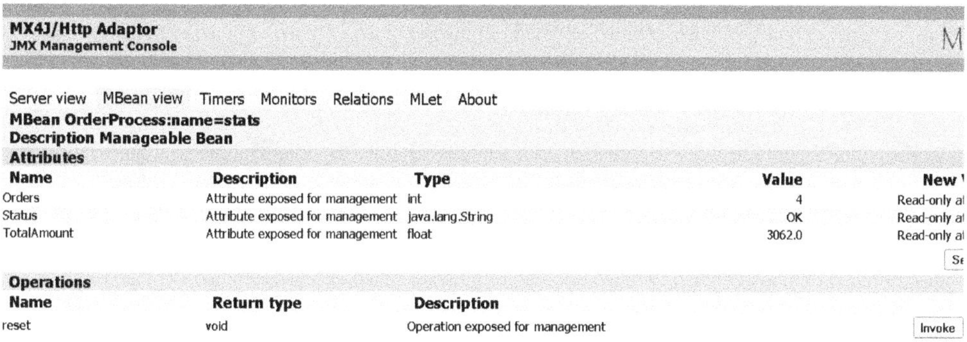

Figure 9.6

Appel de la méthode reset via l'adaptateur HTTP de MX4J

Extension de la ressource gérable

Grâce au mécanisme d'introduction de la POA, nous avons pu transformer simplement une classe Java existante en une ressource gérable. Nous pouvons aller encore plus loin en introduisant de nouvelles fonctionnalités dans cette classe.

Dans notre exemple, il est intéressant d'avoir le montant moyen des commandes sous la forme d'un attribut accessible en lecture seule. Pour cela, nous procédons en deux étapes :

1. Modification de l'interface StatsMBean et de la classe StatsMBeanDescription pour prendre en compte le nouvel attribut.

2. Création d'une classe mixin implémentant le nouvel attribut.

L'interface StatsMBean devient :

```
package aop.management.jmx.mixin;

public interface StatsMBean {
    public int getMOrders();
    public float getMTotalAmount();
    public float getMeanOrderAmount();    ←❶
    public String getMStatus();
    public void mReset();
}
```

Le nouvel attribut MeanOrderAmount (en lecture seule puisqu'il n'y a pas de méthode SET associée) est défini au repère ❶. La classe Stats n'implémentant pas la méthode getMeanOrderAmount, il est nécessaire de la créer dans la classe mixin suivante :

```
package aop.management.jmx.mixin;

public class StatsMBeanMixin implements StatsMBean {

    private Stats advised;    ←❶

    public StatsMBeanMixin(Object p) {
        advised = (Stats)p;
    }

    public int getMOrders() {
        return advised.getOrders();
    }

    public float getMTotalAmount() {
        return advised.getTotalAmount();
    }

    public float getMeanOrderAmount() {
        if (advised.getOrders() > 0) {
            return advised.getTotalAmount()/advised.getOrders();
        } else {
            return 0;
        }
    }
```

```
    public String getMStatus() {
           return advised.getStatus();
    }

    public void mReset() {
           advised.reset();
    }
}
```

Le constructeur de la classe mixin initialise l'attribut advised (repère ❶), lequel lui permet d'accéder aux méthodes publiques de la classe Stats.

Les méthodes de l'interface StatsMBean ont été renommées par rapport à la section précédente pour corriger un conflit de nommage lors de l'exécution de l'application. En effet, une classe mixin ne peut pas redéfinir les méthodes de la classe à laquelle elle s'applique.

Pour finir, il est nécessaire de modifier la coupe d'introduction dans le fichier **jboss-aop.xml** pour prendre en compte ce nouvel attribut (en associant la classe mixin à Stats) :

```
<introduction-pointcut class="aop.management.jmx.mixin.Stats">
   <mixin>
      <interfaces>aop.management.jmx.mixin.StatsMBean</interfaces>
      <class>aop.management.jmx.mixin.StatsMBeanMixin</class>
      <construction>new aop.management.jmx.mixin.StatsMBeanMixin(this)</construction>
   </mixin>
</introduction-pointcut>
```

Ce nouvel attribut peut être surveillé par un moniteur de type gauge (jauge). Pour cela, nous modifions la méthode start de la classe JMXExample en ajoutant à la suite des définitions des autres moniteurs le code source suivant :

```
GaugeMonitor meanOrderAmountGauge = new GaugeMonitor();
ObjectName meanOrderAmountGaugeName = new ObjectName("OrderProcess","monitor"
➥,"meanOrderAmountGauge");
server.registerMBean(meanOrderAmountGauge, meanOrderAmountGaugeName);
meanOrderAmountGauge.setThresholds(new Float(1000),
  new Float(500)); ←❶
meanOrderAmountGauge.setNotifyHigh(true);
meanOrderAmountGauge.setNotifyLow(true);
meanOrderAmountGauge.setDifferenceMode(false);
meanOrderAmountGauge.setObservedObject(new ObjectName("OrderProcess:name=stats"));
meanOrderAmountGauge.setObservedAttribute("MeanOrderAmount");
meanOrderAmountGauge.setGranularityPeriod(100L);
meanOrderAmountGauge.addNotificationListener(
  new NotificationListener() {
    public void handleNotification(Notification notification,
      Object handback) {
        if (notification.getType()
            .equals("jmx.monitor.gauge.low")) {
            System.out.println("Notification JMX - Montant moyen des ordres
            ➥< 500 euros");
```

```
            } else {
                System.out.println("Notification JMX - Montant moyen des ordres
                ➥> 1000 euros");
            }
        }
}, null, null);
meanOrderAmountGauge.start();
```

Ce moniteur est paramétré de manière à générer une notification si le montant moyen des commandes est inférieur à 500 ou s'il est supérieur à 1 000 (repère ❶).

L'exécution de l'application donne le résultat suivant, dans lequel le nouvel attribut est bien pris en compte.

```
Notification JMX - Montant moyen des ordres < 500 euros

Notification JMX - Processus OK

Commande n˚1

Commande n˚2

Notification JMX - Montant moyen des ordres > 1000 euros

Commande n˚3

Commande n˚4

Commande n˚5

Notification JMX - Processus en anomalie

Commande n˚6

Notification JMX - Processus OK

Commande n˚7

Notification JMX - Nombre d'ordres : dépassement de seuil

Commande n˚8

Commande n˚9

Commande n˚10

Notification JMX - Processus en anomalie

Notification JMX - Processus OK
```

10

Serveurs d'applications et POA

La notion de serveur d'applications a émergé avec la généralisation des architectures 3-tiers au sein des systèmes d'information. Comme son nom l'indique, une architecture 3-tiers se compose de trois couches, la couche présentation, qui gère l'interface homme-machine, la couche métier, qui effectue l'ensemble des traitements métier de l'application, et la couche données, qui prend en charge le stockage persistant des informations de l'application.

Le serveur d'applications concerne les couches présentation et métier d'une application. Il s'agit d'une plate-forme qui offre une palette de services permettant aux développeurs de s'abstraire des fonctions techniques de l'environnement d'exécution de l'application (protocoles réseau, dialogue avec la base de données, gestion de la sécurité, etc.).

Cette palette de services est transversale aux applications fonctionnant sur le serveur d'applications. Comme nous l'avons vu tout au long de cet ouvrage, l'objectif de la POA est précisément de capturer ce type de traitement transversal pour améliorer la modularité des applications.

Ce chapitre présente plusieurs applications reposant sur le serveur d'applications orienté aspect JAC *(voir le chapitre 4)*. Cela nous donne l'occasion de comparer ce nouveau type de serveur d'applications avec les autres serveurs d'applications du monde J2EE. Pour finir, nous présenterons en détail la version POA de la gestion de la persistance, un des services majeurs des serveurs d'applications J2EE.

Les objectifs d'un serveur d'applications

Comme expliqué précédemment, un serveur d'applications est une plate-forme d'exécution qui offre une palette de services permettant aux traitements métier qui y sont hébergés de s'abstraire au maximum des fonctions techniques de leur environnement.

Ces services techniques sont généralement les suivants :

- supervision et administration ;

- sécurité (authentification, habilitation, cryptage) ;

- support des protocoles de communication synchrones ou asynchrones (HTTP, SMTP, SOAP, etc.) ;

- gestion de l'interaction avec la couche données en vue d'assurer la persistance des objets et les transactions ;

- connexion vers les EIS (Enterprise Information System), tels que sites centraux, ERP, progiciels de CRM, etc.).

Ces services sont accessibles aux traitements métier *via* des API standardisées. Leur configuration s'effectue par le biais de modules d'administration ou de fichiers de paramétrage propres au serveur d'applications.

La notion de serveur d'applications s'est répandue avec la plate-forme d'exécution J2EE (Java 2 Enterprise Edition) de Sun Microsystems, la première à avoir été formalisée et normalisée.

J2EE désigne un ensemble de spécifications et une implémentation de référence d'un serveur d'applications Java. Cet ensemble de spécifications a permis la création de multiples implémentations par différents éditeurs, tels que BEA (WebLogic), IBM (WebSphere), Sun Microsystems (Sun ONE), etc.

Une application reposant sur les services de la plate-forme J2EE est relativement indépendante de l'implémentation sur laquelle elle fonctionne. Si cette indépendance n'est que relative, c'est que toute spécification est sujette à des interprétations, lesquelles créent des incompatibilités. D'où l'intérêt de l'implémentation de référence, qui permet à chaque éditeur de tester l'interopérabilité de sa propre implémentation.

Suite au succès de J2EE, Microsoft a développé sa propre plate-forme autour du framework .Net. Si les fonctionnalités offertes ne sont pas tout à fait les mêmes, les objectifs sont identiques : abstraire les traitements métier des couches techniques de la plate-forme d'exécution.

Les sections qui suivent détaillent la spécification J2EE, qui demeure la plus aboutie actuellement en termes de fonctionnalités couvertes.

Séparation des préoccupations au sein des serveurs d'applications

Un serveur d'applications conforme aux spécifications de J2EE est organisé autour de deux conteneurs de composants, le conteneur Web et le conteneur EJB. Ouverts vers l'extérieur, ces conteneurs sont gérés au travers de multiples interfaces définies soit dans la spécification J2SE (Java 2 Standard Edition), sur laquelle repose J2EE, soit dans la spécification J2EE elle-même.

La figure 10.1 illustre les différents constituants d'un serveur d'applications J2EE.

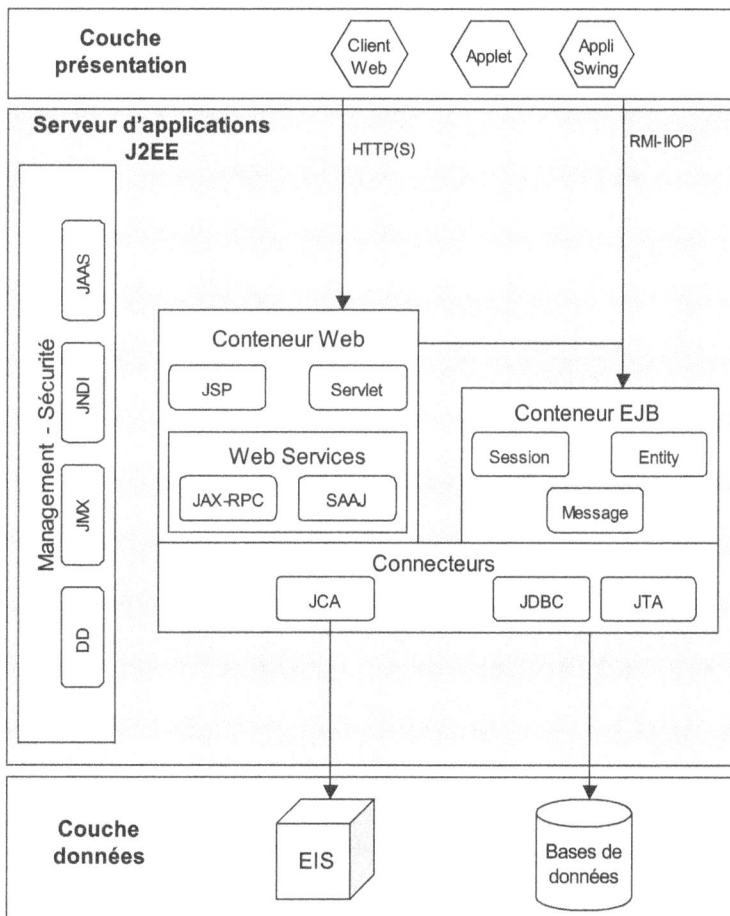

Figure 10.1

Constituants d'un serveur d'applications J2EE

Une application reposant sur un serveur d'applications J2EE est généralement conçue de manière à respecter le design pattern MVC (modèle vue-contrôleur). La portée de ce design pattern est globale pour l'application, contrairement à celle des design patterns présentés au chapitre 8, qui ne concernent qu'un sous-ensemble de composants.

Le design pattern MVC modularise l'application en trois blocs interdépendants, la vue, le contrôleur et le modèle :

- La vue représente la partie de l'application visible par l'utilisateur.

- Le contrôleur fait l'interface entre la vue et le modèle.

- Le modèle représente la partie strictement métier de l'application.

L'intérêt de ce type de découpage est d'offrir un premier niveau de séparation des préoccupations. Les traitements métier du modèle n'ont pas à se préoccuper de la gestion de l'IHM prise en charge par la partie vue. De son côté, la partie vue n'a pas à se préoccuper des évolutions du modèle tant que son interface de communication avec le contrôleur n'est pas modifiée.

Les sections qui suivent détaillent l'implémentation des trois blocs du design pattern MVC avec J2EE et étudient la façon dont la séparation des préoccupations est prise en compte.

Préoccupations liées à la vue

Au sein d'un serveur d'applications J2EE, la vue est prise en charge au sein du conteneur Web. C'est ce dernier qui gère les composants interagissant avec des clients légers de type navigateur au travers du protocole HTTP, avec ou sans cryptage SSL.

Selon les meilleures pratiques définies par Sun Microsystems en matière de design d'applications J2EE, c'est la spécification JSP (JavaServer Pages) qui prend en charge la partie vue.

Cette spécification permet de développer des pages ou écrans directement visibles sur un navigateur Web. La technologie JSP mêle au sein d'une page des éléments de présentation en langage HTML, le langage de description de page interprété par les navigateurs Web, et des blocs de code Java permettant d'effectuer divers traitements, dont la plupart sont destinés à générer des éléments de présentation. D'où la notion de page dynamique, dont le contenu est généré par programmation, contrairement aux pages HTML dites statiques, qui sont de simples fichiers texte.

La technologie JSP permet de produire très rapidement un ensemble de pages dynamiques offrant un haut degré d'interactivité avec l'utilisateur. La plupart des détails techniques du protocole HTTP sous-jacent sont masqués. Un ensemble d'objets standards est mis à la disposition du développeur afin qu'il puisse manipuler les données envoyées par le navigateur Web, gérer les variables partagées entre plusieurs pages, etc.

Bien qu'il soit possible de créer une application quasi-exclusivement avec des pages JSP, cette pratique n'est pas recommandée car l'application devient rapidement monolithique et la réutilisation est très limitée. Une page JSP repose donc sur les deux autres blocs du design pattern MVC, le contrôleur et le modèle.

Préoccupations liées au contrôleur

À l'instar de la vue, le contrôleur est géré au sein du conteneur Web du serveur d'applications J2EE. Le contrôleur est constitué de un ou plusieurs composants chargés de l'orchestration des interactions entre la vue et le modèle.

Dans le cadre d'une application à base de client léger, ces interactions sont matérialisées par les différentes requêtes envoyées par le navigateur Web. Ces requêtes doivent être interprétées par le contrôleur afin qu'il sélectionne l'action à effectuer.

Une action se décompose généralement en deux parties, l'exécution d'un traitement par le modèle et l'affichage du résultat par la vue. Par exemple, si un utilisateur réalise une mise à jour d'une base de données au travers de son navigateur Web, les données sont envoyées sous forme de requête au contrôleur, qui se charge d'appeler le traitement correspondant dans le modèle et demande l'affichage du message de confirmation ou d'erreur à la vue.

Le ou les composants implémentant le contrôleur utilise l'API Servlet du conteneur Web. On parle alors de servlets. Cette API offre toutes les facilités pour analyser les requêtes HTTP émises par le navigateur Web et pour commander l'affichage des pages JSP correspondant aux actions exécutées.

Comme la technologie JSP, l'API Servlet permet au contrôleur de s'abstraire des détails techniques de la communication HTTP avec le client léger. Tout le cycle de vie du contrôleur est pris en charge directement par le conteneur Web. La façon dont le contrôleur est exécuté est complètement transparente pour celui-ci.

Préoccupations liées au modèle

Le modèle est pris en charge par les EJB (Enterprise JavaBeans), mais ce n'est pas obligatoire. Ces composants métier hébergés au sein du conteneur EJB bénéficient d'une architecture qui leur permet de s'abstraire au maximum des contingences techniques inhérentes aux applications reposant sur des bases de données ou des EIS, à savoir la gestion du cycle de vie des composants, la distribution des traitements, la persistance de leur état et la gestion des transactions.

La spécification J2EE définit les trois types d'EJB suivants :

- **EJB Session.** Composant fournissant des services à ses utilisateurs. Ces services peuvent être en mode requête-réponse, avec ou sans conservation de l'état du composant entre chaque requête (stateless ou stateful). Les EJB Session sont accessibles sous forme synchrone, le client soumettant une requête au serveur et attendant le résultat renvoyé par ce dernier.

- **EJB Message.** Composants dont le fonctionnement est asynchrone. Ils sont destinés à recevoir des messages en provenance d'un MOM (Message-Oriented Middleware), ou bus applicatif, conforme au standard JMS (Java Messaging Service).

- **EJB Entity.** Ces EJB sont les plus complexes car, contrairement aux deux précédents, ils sont persistants, c'est-à-dire que leur état est sauvegardé en base de données. Cette persistance ainsi que tous les mécanismes de récupération des états sauvegardés sont pris en charge soit directement par le conteneur EJB moyennant un paramétrage — on parle en ce cas d'EJB Entity CMP (Container Managed Persistence) —, soit directement par le programmeur de l'EJB — on parle alors d'EJB Entity BMP (Bean Managed Persistence).

Nous ne nous intéressons ici qu'aux EJB Entity CMP car ils prennent entièrement en compte la problématique de la séparation des préoccupations pour la persistance, contrairement aux EJB Entity BMP. En effet, tous les services offerts par le conteneur EJB dont ils bénéficient sont gérés sous forme de paramètres externes au code du composant, comme nous le verrons plus loin.

Autres éléments transversaux

D'autres éléments transversaux sont pris en compte par le serveur d'applications J2EE, notamment la sécurité, l'administration et la supervision.

Prise en charge directement par le serveur d'applications, la sécurité concerne l'ensemble des composants bénéficiant de ses services. Elle regroupe les trois fonctionnalités complémentaires suivantes : l'authentification (l'utilisateur est-il celui qu'il prétend être ?), l'habilitation (l'utilisateur a-t-il le droit d'accéder au composant ?) et le cryptage des données.

Sauf cas particulier, la gestion de la sécurité est totalement transparente pour les applications. Le cas échéant, ces dernières ont la possibilité d'accéder aux informations de sécurité, mais elles n'ont pas à gérer elles-mêmes les processus assurant l'authentification, l'habilitation et le cryptage.

L'administration et la supervision sont les domaines où le plus de liberté est offerte aux implémentations de la spécification J2EE. Le standard JMX (Java Management eXtensions) doit être supporté, mais il n'est pas suffisant en lui-même. Si la plupart des serveurs d'applications offrent une interface d'administration et de supervision au travers de composants MBean JMX, ceux-ci sont spécifiques de chaque implémentation.

JAC, un serveur d'applications orienté aspect

Comme nous venons de le voir, les serveurs d'applications J2EE offrent un degré élevé de séparation des préoccupations dans certains domaines techniques concernant directement les composants métier. Cependant, J2EE n'offre pas la possibilité d'aller plus loin en fournissant des mécanismes génériques permettant de modulariser d'autres éléments transversaux plus spécifiques, comme ceux présentés aux chapitres 8 et 9.

JAC explore les possibilités offertes par la POA pour fournir des fonctionnalités standards similaires à celles d'un serveur d'applications J2EE, tout en permettant, grâce à la POA, la modularisation d'éléments transversaux spécifiques de chaque application. Une démarche intermédiaire est suivie par JBoss, qui cherche à fournir plus de flexibilité à son serveur d'applications J2EE grâce au framework JBoss AOP.

JAC n'est pas à proprement parler un serveur d'applications puisqu'il n'est pas destiné à héberger en son sein plusieurs applications utilisant ses services. Il s'agit plutôt d'un framework, fournissant des services similaires à ceux d'un serveur d'applications (persistance, sécurité, etc.) au travers d'une bibliothèque de dix-neuf aspects standards configurables en fonction des besoins.

Les sections suivantes passent en revue les principaux aspects standards de JAC d'une manière plus détaillée qu'au chapitre 4. Nous essaierons dans la mesure du possible de comparer ces aspects avec leurs équivalents dans le monde J2EE afin d'identifier les avantages de la POA pour abstraire les applications métier des contingences techniques.

L'IHM

La façon dont est traitée la partie IHM d'une application écrite avec JAC est très originale par rapport à celle de J2EE. L'aspect GuiAC, décrit au chapitre 4, habille un ou plusieurs objets Java de manière graphique. Les objets habillés par cet aspect sont complètement indépendants de leur habillage. Celui-ci peut être sous forme HTML, pour les clients légers de type navigateur Web, ou sous forme d'IHM Swing, pour les clients lourds. Pour la forme HTML, JAC lance son propre conteneur Web interne afin de rendre l'objet habillé accessible à partir d'un navigateur Web.

La modularisation est tellement poussée qu'un simple paramètre de ligne de commande de la JVM permet de faire basculer l'application d'une forme à une autre, sans modifier le code source ni le paramétrage de l'aspect.

Fonctionnalités élémentaires

Pour mieux comprendre le fonctionnement de l'aspect GuiAC, définissons une classe Calculator offrant des fonctionnalités simples de calcul :

```
package aop.as.calculator;

import java.math.*;

public class Calculator {

    private float value;

    public Calculator() {
        value = 0;
    }

    public void reset(){
        value = 0;
    }

    public void add(float number) {
        value+=number;
    }
```

```
      public void sub(float number) {
            value-=number;
      }

      public void mult(float number) {
            value*=number;
      }

      public void div(float number) {
            if (number!=0) {
                value/=number;
            }
      }

      public void sqrt() {
            if (value>=0) {
                value = (float)Math.sqrt(value);
            }
      }

      public float getValue() {
            return value;
      }

      public void setValue(float value) {
            this.value = value;
      }
  }
```

Cette classe fournit les quatre opérateurs de base permettant de modifier l'attribut value plus le calcul de la racine carrée (méthode sqrt) et la remise à zéro de la calculatrice (méthode reset).

Grâce à JAC et à son aspect GuiAC, nous pouvons habiller notre classe Calculator de manière à la rendre manipulable par un utilisateur.

Nous allons tout d'abord paramétrer l'aspect. Il nous suffit pour cela de définir un fichier texte nommé **gui.acc.** Ce fichier contiendra les appels aux méthodes de l'interface GuiConf configurant l'aspect GuiAC.

Le fichier **gui.acc** a le contenu suivant :

```
class aop.as.calculator.Calculator { ←❶
   setMethodsOrder {add,sub,mult,div,sqrt,reset}; ←❷
   setParameterNames add { "Value to add" }; ←❸
   setParameterNames sub { "Value to sub" };
   setParameterNames mult { "Value to mult" };
   setParameterNames div { "Value to div" };
}

askForParameters "aop.as.calculator.Calculator"; ←❹

block default { ←❺
   registerCustomized;
   setTitle "Calculator";
   setSubPanesGeometry 1 VERTICAL { false };
   setPaneContent 0 Object { "default", "calculator#0" }; ←❻
}
```

L'habillage de la classe Calculator est défini dans le bloc marqué du repère ❶. Il consiste à définir les méthodes accessibles au travers de l'IHM ainsi que leur ordre d'apparition (repère ❷) et à affecter des étiquettes à chacun de leurs paramètres (repère ❸).

La méthode askForParameters (repère ❹) permet de rendre effectif l'habillage de la classe Calculator en créant notamment les boutons associés aux différentes méthodes déclarées au travers de la méthode setMethodsOrder.

Le rendu de la fenêtre principale, ici default, est défini (repère ❺). Il précise le contenu de cette fenêtre, qui, dans le cas présent, est notre instance (calculator#0) de la classe Calculator créée par la méthode main de l'application (repère ❻).

L'aspect GuiAC peut fonctionner conjointement avec l'aspect PersistenceAC. Pour cela, il suffit de paramétrer le fichier **persistence.acc** de la manière suivante :

```
makePersistent "aop.as.calculator.Calculator" ALL; ←❶
registerStatics aop.as.calculator.Calculator "calculator#0"; ←❷
configureStorage "org.objectweb.jac.aspects.persistence.FSStorage"
➥{ "data/calculator" }; ←❸
```

Nous déclarons que la classe Calculator est persistante (repère ❶) avec une instance nommée calculator#0 (repère ❷). Le stockage se fait sous forme de fichier texte dans le répertoire **data/calculator** (repère ❸).

L'intérêt de l'aspect PersistenceAC est qu'il permet de récupérer à chaque démarrage de l'application la dernière valeur affichée par la calculatrice au moment de sa dernière fermeture. Si la valeur 10 était affichée par la calculatrice avant que nous la fermions, la valeur 10 est affichée de nouveau lorsque nous la relançons.

Une fois l'habillage paramétré, il faut définir le descripteur de l'application. Pour notre exemple, nous créons un descripteur nommé **Calculator.jac :**

```
applicationName: CalculatorExample
launchingClass: aop.as.calculator.RunCalculator

aspects: \
    rtti aop/as/calculator/rtti.acc true \
    persistence aop/as/calculator/persistence.acc true \
    gui  aop/as/calculator/gui.acc true
```

La classe de lancement RunCalculator ne comprend qu'une méthode main instanciant la classe Calculator :

```
package aop.as.calculator;

public class RunCalculator {

    public static void main(String[] args) {
            Calculator calc = new Calculator();
    }
}
```

Nous pouvons maintenant exécuter notre application, dotée d'une IHM Swing, au moyen de la ligne de commande suivante, grâce au paramètre `-G default` :

```
java -jar jac.jar -R . -C . -G default Calculator.jac
```

Le résultat obtenu est illustré à la figure 10.2.

Figure 10.2

Écran Swing principal de l'application Calculator

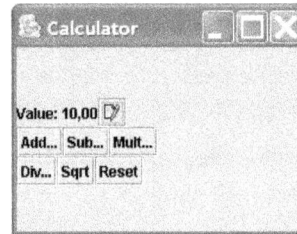

Si nous cliquons sur le bouton Add…, par exemple, nous obtenons le résultat illustré à la figure 10.3.

Figure 10.3

Écran Swing de la méthode add

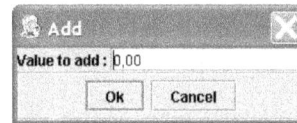

L'IHM d'habillage de notre calculatrice a été entièrement définie par paramétrage, sans modification de la classe `Calculator`. Nous avons même la possibilité de changer de type d'IHM en modifiant simplement la ligne de commande de la JVM.

Pour avoir l'IHM de type HTML, il nous suffit de remplacer le paramètre `-G default` par `-W default` :

```
java -jar jac.jar -R . -C . -W default Calculator.jac
```

En entrant l'URL *http://localhost:8088/jac/default* dans la zone d'adresse d'un navigateur Web fonctionnant sur la même machine que l'application, nous obtenons le résultat illustré à la figure 10.4.

Figure 10.4

Écran HTML principal

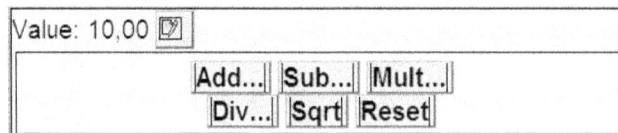

Si nous cliquons sur le bouton Add…, nous obtenons le résultat illustré à la figure 10.5.

Cette IHM Web est très similaire à l'IHM Swing. Aucune modification de l'application ni du paramétrage de l'aspect `GuiAC` n'a été nécessaire, et un simple paramètre passé à JAC a suffi.

Figure 10.5

Écran HTML de la méthode add

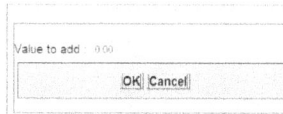

Afin de finaliser notre exemple, nous allons lui adjoindre un menu. Celui-ci permettra à l'utilisateur de quitter proprement l'application.

Ajoutons quelques lignes dans le fichier **gui.acc :**

```
block default {
    [...]
    menu "main" {
            addMenuItem {File,Exit}
                org.objectweb.jac.aspects.gui.Actions.exit;
    }
    [...]
}
```

Si nous lançons l'application avec ce paramétrage, nous obtenons le résultat illustré à la figure 10.6.

Figure 10.6

Calculatrice avec menu

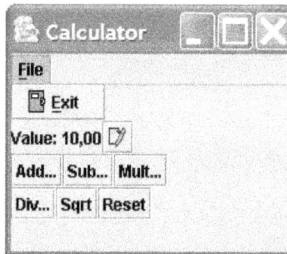

La sélection de l'option Exit du menu File ferme l'application.

Fonctionnalités avancées

JAC fournit de nombreuses fonctionnalités permettant de définir des IHM complètes.

Nous détaillons ci-après deux fonctions avancées intéressantes, la confirmation et l'internationalisation, connue également sous l'acronyme I18n, 18 représentant le nombre de lettres comprises entre le i initial et le n final du mot internationalisation.

Pour avoir un aperçu des autres possibilités de JAC en matière d'IHM, nous vous invitons à consulter l'exemple Photos fourni avec le framework.

L'aspect de confirmation

L'aspect de confirmation offre la possibilité de demander à l'utilisateur une confirmation pour chaque appel à une méthode.

Dans notre exemple de calculatrice, nous pouvons demander une confirmation pour chaque appel à la méthode `div` (division). Pour cela, nous créons le fichier **confirmation.acc** contenant la ligne suivante :

```
confirm "aop.as.calculator.Calculator" "div(float):void" ALL;
```

Nous modifions ensuite le fichier **Calculator.jac** pour prendre en compte ce nouvel aspect (repère ❶) :

```
applicationName: Calculator
launchingClass: aop.as.calculator.RunCalculator

aspects: \
    rtti aop/as/calculator/rtti.acc true \
    persistence aop/as/calculator/persistence.acc true \
    confirmation aop/as/calculator/confirmation.acc true \ ←❶
    gui  aop/as/calculator/gui.acc true
```

Si nous exécutons l'application et que nous cliquions sur le bouton Div…, nous obtenons l'écran illustré à la figure 10.7.

Figure 10.7

Demande de confirmation pour l'opération division

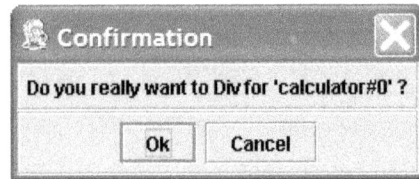

Un clic sur le bouton Ok nous permet d'effectuer une division. Cancel annule l'opération.

L'aspect d'internationalisation

JAC fournit un aspect gérant partiellement l'internationalisation d'une application en transformant à la volée les chaînes de caractères passées en paramètres ou renvoyées par des méthodes.

La configuration de cet aspect est très simple, comme le montre l'exemple suivant :

```
translateReturnedValue "HelloWorld" "getWelcomeMsg():String"; ←❶
addTranslation "bonjour" "hello"; ←❷
```

Les valeurs de retour de la méthode `getWelcomeMsg` de la classe `HelloWorld` sont interceptées par l'aspect (repère ❶) afin d'être remplacées par leur correspondance définie dans le dictionnaire de ce dernier.

Le contenu du dictionnaire est défini grâce à la méthode `addTranslation` (repère ❷). Si la méthode `getWelcomeMsg` renvoie systématiquement « bonjour », cette valeur de retour est remplacée par « hello ».

Gestion des utilisateurs

La gestion des utilisateurs est une fonctionnalité importante pour les applications d'entreprise et constitue un des services classiques fournis par les serveurs d'applications.

JAC offre un ensemble d'aspects permettant de gérer efficacement les utilisateurs sans impacter le code de l'application.

L'aspect utilisateur

JAC dispose d'un aspect permettant de définir la notion d'utilisateur.

Définissons dans un premier temps une classe utilisateur au niveau de l'application :

```
package aop.as.calculator;

import org.objectweb.jac.aspects.user.Profile;

public class User {

    private String login;
    private String password;
    private Profile profile;

    public String getLogin() {
        return login;
    }

    public String getPassword() {
        return password;
    }

    public Object getProfile() {
        return profile;
    }

    public void setLogin(String login) {
        this.login = login;
    }

    public void setPassword(String password) {
        this.password = password;
    }

    public void setProfile(Profile profile) {
        this.profile = profile;
    }
}
```

Un utilisateur est caractérisé par trois informations : un identifiant (login), un mot de passe (password) et un profil (profile). Le profil est défini dans le fichier de configuration de l'aspect et permet d'affecter des droits aux utilisateurs.

Le fichier **user.acc** de notre application Calculatrice contient les lignes suivantes :

```
setUserClass "aop.as.calculator.User" "login" "password" "profile"; ←❶

defineAdministrator "admin" "admin"; ←❷

profile "user" {  ←❸
    declareProfile;
    addReadable "org.objectweb.jac.aspects.gui.Actions.*";
    addReadable
        "org.objectweb.jac.aspects.gui.Actions.viewObject.*";
    addReadable "aop.as.view.Calculator.*";
}
```

Pour le bon fonctionnement de l'aspect UserAC, il est nécessaire de lui spécifier, *via* la méthode setUserClass, quelle classe de l'application modélise la notion d'utilisateur et quels attributs correspondent à l'identifiant, au mot de passe et au profil (repère ❶).

La méthode defineAdministrator définit l'identifiant et le mot de passe de l'administrateur (repère ❷). Nous définissons enfin des profils associant droits d'accès et utilisateurs (repère ❸).

Pour que ce nouveau paramétrage soit pris en compte par notre application Calculatrice, nous devons modifier **Calculator.jac** de la manière suivante :

```
[...]
aspects: \
    [...]
    user aop/as/calculator/user.acc true
```

L'aspect d'authentification

Maintenant que nous avons défini la notion d'utilisateur, nous pouvons mettre en place l'authentification afin de déterminer si les utilisateurs de la calculatrice sont autorisés à l'utiliser.

Pour mettre en place l'authentification, nous configurons deux aspects, l'aspect AuthenticationAC, qui vérifie si l'identifiant et le mot de passe sont corrects, et l'aspect SessionAC, qui stocke les informations d'authentification dans le contexte de l'application afin de ne pas redemander systématiquement à l'utilisateur de s'authentifier.

L'aspect AuthenticationAC est configuré grâce au fichier **authentication.acc** suivant :

```
setAuthenticator
  org.objectweb.jac.aspects.authentication.UserPasswordAuthenticator
  {"Calculator.user"}; ←❶

setDisplayController
    org.objectweb.jac.aspects.user.UserAC.userController; ←❷

setAccessDeniedMessage
    "Incorrect login or password : access denied."; ←❸
```

L'aspect `AuthenticationAC` permet d'authentifier les utilisateurs en utilisant différentes méthodes (vérification à partir d'un fichier texte contenant les identifiants et les mots de passe, etc.). Ici, nous utilisons l'aspect `UserAC`, désigné par `Calculator.user`, `Calculator` étant le nom de l'application défini dans le fichier descripteur de l'application et `user` celui de l'aspect `UserAC`, comme base des utilisateurs (repères ❶ et ❷). Nous spécifions enfin le message d'erreur en cas d'accès non autorisé (repère ❸).

Afin de stocker les informations d'authentification dans le contexte d'utilisation de l'application, nous utilisons l'aspect `SessionAC` en écrivant le fichier de configuration **session.acc** suivant :

```
defineSessionHandlers "aop.as.calculator.*" ".*" ".*"; ←❶
declareStoredAttributes {"Authentication.user"}; ←❷
```

Cette configuration consiste en la définition de la portée de la session en termes de classes, d'objets et de méthodes (repère ❶) et des attributs stockés dans la session, en l'occurrence les informations d'authentification (repère ❷).

Comme précédemment, nous modifions le fichier **Calculator.jac** pour prendre en compte ces deux nouveaux aspects :

```
[...]
aspects: \
    [...]
    user aop/as/calculator/user.acc true \
    session aop/as/calculator/session.acc true \
    authentication aop/as/calculator/authentication.acc true
```

Dès le lancement de la calculatrice, une fenêtre s'affiche pour demander à l'utilisateur de s'authentifier, comme illustré à la figure 10.8.

Figure 10.8

Demande d'authentification

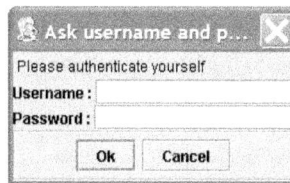

Comme nous n'avons pas défini d'utilisateur, hormis l'administrateur, nous utilisons l'identifiant (admin) et le mot de passe (admin) de ce dernier pour nous connecter à l'application.

Distribution des traitements

Comme expliqué au chapitre 4, JAC offre plusieurs aspects permettant la distribution des traitements d'une application sur plusieurs serveurs. Cette distribution est utile pour la montée en charge de l'application — la charge est répartie sur plusieurs serveurs — et sa fiabilité — si un serveur tombe en panne, les autres prennent la relève.

La distribution des traitements se paramètre en trois étapes :

1. Définition de la topologie, qui donne la liste des instances de JAC distribuées sur différents serveurs destinés à exécuter les traitements.

2. Définition du déploiement des objets distribués sur la topologie précédemment définie.

3. Mise en place de la répartition de charge entre les différents serveurs de la topologie hébergeant les objets distribués sollicités.

Ce paramétrage effectué, chaque instance de JAC est démarrée pour pouvoir exécuter l'application en mode réparti.

Définition de la topologie

Pour mettre en place la distribution des traitements, il est nécessaire de définir une topologie. Une topologie désigne un ensemble d'instances de JAC, ou nœuds, fonctionnant sur différents serveurs.

La topologie est définie dans le fichier descripteur de l'application de la manière suivante :

```
jac.topology: //server1/s1 //server2/s2
```

La définition d'un nœud respecte la convention suivante : `//nom_du_serveur/nom_de_linstance`.

Il est possible de définir une topologie utilisant plusieurs instances de JAC fonctionnant sur le même serveur (ici `localhost`) :

```
jac.topology: //localhost/s1 //localhost/s2
```

Par convention, le nom du nœud maître s'appelle `s0`.

Définition du déploiement des objets

Une fois la topologie définie, il est nécessaire de définir le déploiement des objets sur cette topologie.

L'aspect `DeploymentAC` permet de définir les objets à déployer sur les différents nœuds.

Si nous reprenons notre exemple de calculatrice, nous pouvons répartir l'objet `calculator#0` sur deux nœuds en plus du nœud maître en créant le fichier **deployment.acc** suivant :

```
replicate ".*s0" "calculator#0" ".*[1-2]";
```

Mise en place de la répartition de charge

Maintenant que l'application calculatrice dispose de trois instances de la classe `Calculator` réparties sur trois nœuds, nous pouvons mettre en place la répartition de charge de manière que les calculs soient répartis entre ces trois instances.

JAC propose un aspect de répartition de charge (LoadBalancingAC), que nous configurons de la manière suivante (fichier **load-balancing.acc**) :

```
addRoundTripLoadBalancer "calculator#0" "ALL" ".*s0" ".*[1-2]";
```

Les appels effectués sur le nœud maître sont transférés aux deux autres nœuds pour traitement selon le principe du round-tripping (chacun son tour).

Contrôle de la consistance des objets répartis

Si les traitements effectués par une des instances de la classe Calculator doivent être répercutés sur les deux autres instances, nous utilisons l'aspect ConsistencyAC fourni par JAC.

Dès que l'attribut value d'une instance est modifié, l'aspect ConsistencyAC met à jour les attributs value des deux autres instances.

Pour mettre en place le contrôle de la consistance des objets répartis, nous écrivons le fichier de configuration **consistency.acc** suivant :

```
addStrongPushConsistency "calculator#0" "MODIFIERS" ".*[1-2]";
```

Exécution de l'application en mode réparti

Une fois les différents fichiers de configuration des aspects mis au point, il ne nous reste qu'à modifier le fichier descripteur de l'application **(Calculator.jac)** pour les prendre en compte :

```
applicationName: Calculator
launchingClass: aop.as.calculator.RunCalculator

aspects: \
    rtti aop/as/calculator/rtti.acc true \
    persistence aop/as/calculator/persistence.acc true \
    gui   aop/as/calculator/gui.acc true \
    deployment aop/as/calculator/deployment.acc true \
    load-balancing aop/as/calculator/load-balancing.acc true \
    consistency aop/as/calculator/consistency.acc true

jac.topology: //localhost/s1 //localhost/s2
```

Nous lançons ensuite les deux nœuds esclaves s1 et s2 à l'aide des commandes suivantes à partir du répertoire de base de JAC :

```
java -Djava.security.policy=jac.policy -jar jac.jar -R . -D s1
java -Djava.security.policy=jac.policy -jar jac.jar -R . -D s2
```

Enfin, nous lançons le nœud maître s0 au moyen de la commande suivante, APP_DIR étant le chemin du répertoire de l'application calculatrice :

```
java -jar jac.jar -R . -Djava.security.policy=jac.policy -C <APP_DIR> -G default
➡-D <APP_DIR>\Calculator.jac
```

Autres aspects

Nous terminons ce tour d'horizon des aspects fournis par JAC par les aspects de cache et d'intégrité.

Les fonctions de ces aspects sont les suivantes :

- L'aspect de cache permet de garder en mémoire les résultats de certaines méthodes afin d'éviter les surcoûts d'exécution liés à des appels identiques et répétitifs à ces traitements.

- L'aspect d'intégrité fournit des outils permettant de garantir la cohérence des relations entre objets d'une même application.

L'aspect de cache

Certaines méthodes effectuent des traitements particulièrement lourds. Afin d'économiser des ressources, il peut être utile d'utiliser un système de cache pour stocker les résultats de ces traitements.

JAC fournit l'aspect de cache `CacheAC` pour stocker la valeur de retour d'une méthode en l'associant aux paramètres qui lui ont été passés pour produire ce résultat. Ce fonctionnement suppose que le résultat du traitement dépend totalement des paramètres passés à la méthode.

Si nous reprenons notre exemple de calculatrice, nous pouvons considérer que les calculs de racine carrée (méthode `sqrt`) sont coûteux et qu'il est avantageux de mettre en cache les résultats de ces calculs.

Pour que l'aspect de cache puisse fonctionner avec notre calculatrice, il est nécessaire de revoir la partie de son code concernant le calcul de la racine carrée :

```
package aop.as.calculator;

import java.math.*;

public class Calculator {
    [...]

    public void sqrt() {
        if (value>=0) {
            value = mysqrt(value); ←❶
        }
    }

    public float mysqrt(float number) { ←❷
        System.out.println("Appel de mysqrt");
        return (float)Math.sqrt(number);
    }
    [...]
}
```

La méthode `sqrt` est modifiée pour ne plus appeler directement la méthode `java.math.Math.sqrt` mais passer par une méthode intermédiaire `mysqrt` développée spécifiquement (repère ❶).

La justification de cette méthode intermédiaire est toute simple. Il n'est pas possible d'appliquer une coupe sur une classe de l'API Java du fait d'une interdiction définie par la JVM. Pour contourner cette interdiction, la méthode `mysqrt` encapsule l'appel à `java.math.Math.sqrt` pour permettre à l'aspect de cache de s'appliquer (repère ❷).

Nous configurons l'aspect `CacheAC` *via* le fichier **cache.acc** suivant :

```
cache "aop.as.calculator.Calculator" "mysqrt(float):float";
```

et modifions le fichier **Calculator.jac** pour prendre en compte ce nouvel aspect :

```
[...]
aspects: \
    [...]
    cache aop/as/calculator/cache.acc true
```

Grâce à l'aspect `CacheAC`, la méthode `mysqrt` n'est appelée qu'une seule fois pour une valeur passée en paramètre donnée. Si nous définissons la valeur à 10 et que nous cliquions sur le bouton `sqrt`, la console Java affiche le résultat suivant :

```
Appel de mysqrt
```

Si nous définissons de nouveau la valeur à 10 et que nous cliquions à nouveau sur le bouton `sqrt`, aucune ligne indiquant l'appel à `mysqrt` ne s'affiche, bien que la calculatrice affiche le bon résultat (3,16) : le cache a bien fonctionné.

L'aspect d'intégrité

Les modèles objet d'applications d'entreprise peuvent devenir rapidement complexes, rendant problématique d'assurer la cohérence des associations entre objets. L'aspect d'intégrité `IntegrityAC` fourni par JAC permet de garantir la cohérence des liaisons entre les objets en définissant trois types de liaisons, les associations bidirectionnelle et unidirectionnelle et l'intégrité référentielle.

L'association bidirectionnelle

L'association bidirectionnelle permet de lier deux objets de manière qu'une modification de la relation du côté d'un des deux objets soit immédiatement répercutée de l'autre côté de la relation.

Supposons que nous définissions une classe client `Customer` et une classe commande `Order` liées entre elles par une relation 1-1 (un client peut passer une commande, et une commande n'est liée qu'à un seul client). Cette relation est matérialisée par un attribut `order` dans la classe `Customer` et un attribut `customer` dans la classe `Order`.

Nous initialisons l'aspect `IntegrityAC` par le biais du fichier **integrity.acc** suivant :

```
declareAssociation Customer order Order customer;
```

Si nous référençons une commande dans l'attribut `order` d'une instance de la classe `Customer`, l'attribut `customer` de la commande est automatiquement initialisé par l'aspect `IntegrityAC`. De même, si nous initialisons l'attribut `customer` d'une commande, l'attribut `order` de ce client est automatiquement mis à jour.

L'association unidirectionnelle

Dans une association unidirectionnelle, seule une modification d'un des deux côtés de l'association a un impact sur l'autre.

Si nous désirons que seules les modifications sur les instances de la classe `Customer` aient un impact sur les commandes mais que l'inverse n'impacte pas les instances de `Customer`, il nous suffit de modifier le fichier **integrity.acc** en remplaçant `declareAssociation` par `declareDirectionalAssociation` :

```
declareDirectionalAssociation Customer order Order customer;
```

Si nous modifions l'attribut `customer` d'une commande, l'instance de `Customer` correspondante n'est pas mise à jour. Par contre, si nous référençons une commande dans l'attribut `order` d'un client, l'attribut `customer` de cette commande est mis à jour en conséquence.

L'intégrité référentielle

L'intégrité référentielle permet d'effectuer certaines opérations lors de la suppression d'un élément d'une collection d'objets, si cet élément est lié à d'autres objets.

Supposons une classe `Customers` référençant tous les clients dans une collection appelée `customers`. Nous pouvons définir une règle d'intégrité référentielle interdisant la suppression d'un client s'il est lié à une commande.

Pour mettre en place cette règle, nous modifions le fichier **integrity.acc** de la manière suivante :

```
declareConstraint Order customer Customers.customers FORBIDDEN;
```

Les autres actions possibles sont la suppression en cascade (ici, la commande est supprimée) :

```
declareConstraint Order customer Customers.customers DELETE_CASCADE;
```

ou l'effacement de la référence (ici, l'attribut `client` de la commande est défini à `null`) :

```
declareConstraint Order customer Customers.customers SET_NULL;
```

Hibernate et la persistance orientée aspect

Une des fonctionnalités les plus marquantes proposées par la plate-forme J2EE est la gestion transparente pour le développeur de la persistance des objets métier par les EJB Entity.

Comme expliqué précédemment, les EJB Entity sont de deux types, BMP (Bean Managed Persistence) et CMP (Container Managed Persistence). Les EJB Entity BMP permettent au développeur de gérer lui-même la persistance de ses EJB Entity en y codant directement des appels JDBC vers la base de données. De leur côté, les EJB Entity CMP permettent au développeur de s'abstraire de la problématique de la persistance, celle-ci étant directement prise en charge par le conteneur d'EJB.

Bien entendu, le réglage de la persistance n'est pas automatique. Un fichier de paramétrage est nécessaire pour spécifier le mapping entre l'état des EJB Entity CMP et les tables de la base de données correspondante. Le développeur peut toutefois être déchargé de ce paramétrage, qu'il est possible de faire effectuer par des spécialistes.

JAC fournit deux aspects pour gérer la persistance d'objets :

- `PersistenceAC`, pour la persistance dans un système de fichiers ou dans PostgresSQL ;

- `HibernateAC`, pour la persistance dans une base de données relationnelle disposant d'un driver JDBC grâce au framework Hibernate.

Ce dernier aspect est détaillé ci-après pour illustrer l'efficacité de la POA à gérer de manière transparente la persistance des objets.

Après avoir présenté rapidement le framework Hibernate, nous développons un aspect permettant la persistance d'objets Java classiques, ou POJO (Plain Old Java Object), dans une base de données relationnelle.

Le framework Hibernate

Les EJB relevant d'une technologie complexe à manipuler, plusieurs initiatives, principalement Open Source, ont cherché à mettre en place un système de persistance des POJO en évitant les lourdeurs de J2EE. Ces initiatives reposent soit sur la spécification JDO (Java Data Object) de Sun Microsystems — qui ne se limite pas à la persistance dans une base de données relationnelle —, soit sur une API spécifique.

Parmi les frameworks supportant JDO, citons JDO Genie (produit commercial), Speedo (Open Source de la communauté ObjectWeb) et Jakarta OJB (Open Source de la communauté Apache Jakarta).

Le framework Hibernate a suivi sa propre philosophie et s'est focalisé sur la persistance des POJO dans une base de données relationnelle selon une approche de mapping objet-relationnel. Cette spécialisation lui permet d'être plus riche en fonctionnalités, puisqu'il n'est pas limité par le plus petit dénominateur commun propre aux spécifications généralistes.

Contrairement à la spécification JDO (implémentation de l'interface `PersistenceCapable`), Hibernate ne nécessite pas la modification du code des POJO dès lors qu'ils possèdent un constructeur par défaut public ainsi que des getters et setters pour leurs attributs.

L'objectif de cet ouvrage n'étant pas de décrire en détail toute la richesse d'Hibernate, nous n'abordons ici que le strict nécessaire à la compréhension de notre aspect de persistance. Des informations complètes sur Hibernate sont disponibles sur son site Web officiel *(http://www.hibernate.org)*. Le framework disponible en téléchargement comprend une documentation de référence particulièrement didactique.

Configuration d'Hibernate

Avant toute utilisation d'Hibernate au sein d'une application, il est nécessaire de configurer le framework.

Cette configuration comprend deux étapes : la configuration de la connexion à la base de données et la définition du mapping objet-relationnel de chaque classe persistante.

1. Connexion à la base de données

La connexion à la base de données s'effectue dans le fichier de configuration **hibernate .properties,** qui doit être dans le CLASSPATH de la JVM.

Hibernate supporte soit les connexions directes, et il gère en ce cas lui-même les connexions JDBC, soit les connexions *via* un datasource JNDI. Pour notre exemple, nous utilisons une connexion directe.

Chaque système de gestion de bases de données relationnelles, ou SGBDR, comporte des instructions SQL spécifiques. Afin de les prendre en compte, Hibernate dispose de plusieurs dialectes permettant de s'adapter au SGDBR utilisé, notamment les dialectes pour DB2, MySQL, Sybase, etc.

Pour notre exemple, nous utilisons le SGBDR MySQL, avec une base de données AOP de type InnoDB pour supporter les transactions, situé sur la même machine que notre application.

Le fichier **hibernate.properties** doit donc contenir les lignes suivantes :

```
hibernate.dialect net.sf.hibernate.dialect.MySQLDialect
hibernate.connection.driver_class com.mysql.jdbc.Driver
hibernate.connection.url jdbc:mysql://localhost/AOP
hibernate.connection.username root
hibernate.connection.password
```

2. Définition du mapping objet-relationnel

Pour gérer la persistance des POJO, Hibernate doit connaître la correspondance entre ces derniers et les tables de la base de données. Le principe est qu'une classe correspond à une table.

Dans notre exemple, nous définissons les classes Customer (client) et Order (commande). La classe Customer est liée à la classe Order par une relation 1-*N* (un client peut passer plusieurs commandes, mais une commande n'est liée qu'à un seul client).

Le code de la classe Customer est le suivant :

```
package aop.as.persistence;

import java.util.Set;

public class Customer {
    private int id;
    private String name;
    private String firstname;
```

```java
    private String address;
    private Set orders; ←❶

    public Customer(){
    }

    public Customer(int id) {
        this.id = id;
    }

    void setOrders(Set orders) {
        this.orders = orders;
    }

    public Set getOrders() {
        return orders;
    }

    public void addOrder(Order order) {
        orders.add(order);
    }

    public String getAddress() {
        return address;
    }

    public int getId() {
        return id;
    }

    public String getName() {
        return name;
    }

    public String getFirstname() {
        return firstname;
    }

    public void setAddress(String address) {
        this.address = address;
    }

    public void setId(int id) {
        this.id = id;
    }

    public void setName(String name) {
        this.name = name;
    }

    public void setFirstname(String firstname) {
        this.firstname = firstname;
    }
}
```

La classe `Customer` est un JavaBean classique, avec son lot d'attributs accessibles *via* des getters et des setters et un constructeur par défaut public conformément aux attentes d'Hibernate. Cette classe étant liée à la classe `Order` par une relation 1-*N*, l'attribut `orders` est de type `java.util.Set`, correspondant en Java à la notion d'ensemble (repère ❶). La classe `Customer` peut ainsi être liée à une ou plusieurs instances de la classe `Order`.

La table MySQL correspondant à la classe `Customer` est la suivante :

```
CREATE TABLE customers (
  id int(11) NOT NULL auto_increment,  ←❶
  name varchar(50) default NULL,
  firstname varchar(50) default NULL,
  address varchar(100) default NULL,
  PRIMARY KEY  (id)
) TYPE=InnoDB;
```

Il y a correspondance entre les colonnes de la table `customers` et les attributs de la classe `Customer`, sauf pour l'attribut `orders`, la table ne possédant pas de colonne correspondant à cet attribut. Cela s'explique par le fait que la liaison entre une commande et un client se fait dans la table correspondant à la classe `Order`, comme nous le verrons plus loin.

Pour simplifier la création d'instance de client, la clé primaire `id` (repère ❶) est de type `auto_increment`, ce qui signifie que MySQL doit calculer la valeur de la clé primaire en fonction de celles déjà utilisées dans la table.

Pour la classe `Customer`, le mapping objet-relationnel est le suivant :

```
<?xml version="1.0"?>
<!DOCTYPE hibernate-mapping PUBLIC "-//Hibernate/Hibernate Mapping DTD 2.0//EN"
➥"http://hibernate.sourceforge.net/hibernate-mapping-2.0.dtd">

<hibernate-mapping>
    <class name="aop.as.persistence.Customer" table="customers">
       <id name="id" column="id" unsaved-value="0">
        <generator class="native"/> ←❶
    </id>
    <property name="name" column="name" not-null="false"/> ←❷
    <property name="firstname" column="firstname" not-null="false"/>
    <property name="address" column="address" not-null="false"/>
    <set name="orders">
       <key column="customer"/>
          <one-to-many class="aop.as.persistence.Order"/> ←❸
       </set>
    </class>
</hibernate-mapping>
```

Selon les conventions d'Hibernate, ce mapping objet-relationnel est stocké dans un fichier **Customer.hbm.xml,** lui-même obligatoirement stocké dans le même répertoire que le fichier compilé **Customer.class.** Le nom d'un fichier de mapping d'une classe suit toujours la convention suivante : **NomDeLaClasse.hbm.xml.**

Le tag XML `class` permet d'associer la classe `Customer` à la table MySQL `customers`. Le mapping de la clé primaire avec l'attribut `id` de `Customer` est effectué en précisant que la valeur de la clé primaire est déterminée nativement par MySQL (repère ❶).

Chaque attribut de la classe `Customer` est ensuite lié à la colonne de la table `customers` correspondante (repère ❷). Il est précisé pour chacun d'eux que leur initialisation n'est pas obligatoire (`not-null="false"`).

Enfin, l'attribut `orders` est mis en correspondance avec l'attribut `customer` de la classe `Order`, que nous allons maintenant détailler (repère ❸).

Le code de la classe `Order` est le suivant :

```
package aop.as.persistence;

import aop.as.hibernate.Persistent;

public class Order {
    private int id;
    private String item;
    private int quantity;
    private Customer customer;  ←❶

    public Order() {
    }

    public Order(int id) {
        this.id = id;
    }

    public Customer getCustomer() {
        return customer;
    }

    public int getId() {
        return id;
    }

    public String getItem() {
        return item;
    }

    public int getQuantity() {
        return quantity;
    }

    public void setCustomer(Customer customer) {
        this.customer = customer;
    }

    public void setId(int id) {
        this.id = id;
    }
```

```
        public void setItem(String item) {
              this.item = item;
        }

        public void setQuantity(int quantity) {
              this.quantity = quantity;
        }
        }
```

Comme Customer, la classe Order est un JavaBean classique. Le lien entre un client et une commande est matérialisé par l'attribut customer destiné à recevoir la référence au client ayant passé la commande (une commande ne peut avoir qu'un seul client émetteur).

La table correspondant à la classe Order est la suivante :

```
CREATE TABLE orders (
  id int(11) NOT NULL auto_increment,
  item varchar(30) default NULL,
  quantity int(10) unsigned default '1',
  customer int(11) default NULL, ←❶
  PRIMARY KEY  (id)
) TYPE=InnoDB;
```

Il y a une bijection complète entre les colonnes de la table MySQL orders et les attributs de la classe Order. Là encore, le calcul de la clé primaire est pris en charge directement par MySQL. La liaison entre la commande et son client émetteur est assurée par la colonne customer stockant la clé de celui-ci.

Pour la classe Order, le mapping objet-relationnel est le suivant :

```
<?xml version="1.0"?>
<!DOCTYPE hibernate-mapping PUBLIC "-//Hibernate/Hibernate Mapping DTD 2.0//EN"
➡"http://hibernate.sourceforge.net/hibernate-mapping-2.0.dtd">

<hibernate-mapping>
     <class name="aop.as.persistence.Order" table="orders">
       <id name="id" column="id" unsaved-value="0">
            <generator class="native"/>
       </id>
       <property name="item" column="item" not-null="false"/>
       <property name="quantity" column="quantity" not-null="false"/>
       <many-to-one name="customer" not-null="false"
            cascade="none"/> ←❶
     </class>
</hibernate-mapping>
```

Ce mapping objet-relationnel est stocké dans un fichier **Order.hbm.xml,** lui-même obligatoirement stocké dans le même répertoire que le fichier compilé **Order.class.**

La clé primaire de la table orders est mise en correspondance avec l'attribut id de la classe Order, et les autres attributs de la classe sont mappés sur leurs colonnes respectives.

L'attribut customer utilise le tag many-to-one afin de matérialiser la relation 1-*N* entre la classe Customer et la classe Order (repère ❶). Son paramètre cascade="none" indique que la suppression d'une commande n'entraîne pas la suppression en cascade du client émetteur.

Sessions et transactions

L'utilisation d'objets persistants au sein d'une application reposant sur Hibernate n'est possible que pendant une session, au sens Hibernate du terme.

L'objet net.sf.hibernate.Session créé pour cela permet de manipuler les objets persistants avec les quatre actions suivantes :

- chargement

- création

- mise à jour

- suppression

Avant de créer une session, il est nécessaire de charger la configuration d'Hibernate et de déclarer les classes persistantes.

Les quelques lignes de code suivantes montrent comment effectuer la configuration d'Hibernate dans une application :

```
import net.sf.hibernate.HibernateException;
import net.sf.hibernate.cfg.Configuration;
import net.sf.hibernate.SessionFactory;
import net.sf.hibernate.Session;
import net.sf.hibernate.Transaction;

[...]
try {
    Configuration cfg = new Configuration();
    cfg.addClass(aop.as.persistence.Customer.class); ←❶
    cfg.addClass(aop.as.persistence.Order.class);
    [...]
}
catch (HibernateException e) {
    [...]
}
```

Cette configuration est très simple. Il suffit de créer un objet Configuration et de lui déclarer chacune des classes persistantes avec sa méthode addClass (repère ❶). Lors de l'appel à cette méthode, le fichier de mapping objet-relationnel est chargé par Hibernate.

Une fois la configuration en place, il est possible de créer un générateur de sessions (factory) pour générer autant de sessions Hibernate que nécessaire.

Tout changement dans la configuration, tel l'ajout d'une nouvelle classe persistante, nécessite la création d'un nouveau générateur :

```
[...]
SessionFactory factory = cfg.buildSessionFactory();
session = factory.openSession();
[...]
```

Une session peut être transactionnelle ou non. Si elle est transactionnelle, toutes les modifications de la base de données ayant eu lieu pendant la transaction sont annulées en cas d'erreur pendant l'exécution (rollback) et validées dans le cas contraire (commit).

Pour initialiser une transaction avec Hibernate, il suffit d'une ligne en Java :

```
[...]
Transaction tx = session.beginTransaction();
[...]
```

La fin d'une transaction consiste en sa validation (commit). Là encore, il suffit d'une ligne en Java :

```
[...]
tx.commit() ;
[...]
```

La capture des exceptions lors de l'exécution comprend toujours l'appel à l'annulation de la transaction :

```
catch (HibernateException e) {
    if (tx !=null) {
        tx.rollback();
    }
}
```

La session Hibernate doit être fermée, avec ou sans exception. Nous utilisons pour cela un bloc finally exécuté quel que soit le cas de figure :

```
finally {
    try {
        session.close();
    }
    catch(HibernateException e) {
    }
}
```

Gestion des objets persistants

La gestion des objets persistants s'effectue par le biais de l'instance de Session obtenue auprès du générateur de sessions.

Pour charger un objet persistant en mémoire, il suffit d'appeler la méthode load de l'objet session en lui passant en paramètre la classe et la clé primaire de l'objet à charger.

Si nous désirons charger le client dont la clé primaire est 5, il nous suffit d'effectuer l'appel suivant :

```
Customer c = (Customer)session.load(Customer.class,new Integer(5));
```

Nous pouvons aussi appeler la méthode load en lui passant un objet au lieu d'une classe, comme ci-dessus. Cette méthode remplit alors les attributs d'une nouvelle instance de la classe créée avec le constructeur par défaut public à partir des informations de la base de données correspondant à la clé primaire passée en paramètre.

Une fois l'objet chargé, il est possible de le modifier. Les modifications sont automatiquement prises en compte par Hibernate et sauvegardées dans la base de données.

Pour créer un nouvel objet persistant, il suffit de créer une nouvelle instance de la classe correspondante à l'aide de l'opérateur new et d'appeler la méthode save de l'objet session :

```
Customer c = new Customer();
c.setName("Ferran");
c.setFirstname("Jean");
c.setAddress("Paris");
session.save(c);
```

L'attribut id de l'objet c n'est pas initialisé car cette opération est à la charge du SGBDR selon le mapping objet-relationnel que nous avons défini précédemment.

Il est possible de supprimer un objet persistant chargé en mémoire. Pour cela, il suffit d'appeler la méthode delete de l'objet session et de lui passer en paramètre l'objet persistant à supprimer :

```
session.delete(c);
```

L'aspect Hibernate

Comme nous l'avons vu à la section précédente, Hibernate simplifie les accès aux bases de données relationnelles grâce à son mapping objet-relationnel. Il n'est plus nécessaire de gérer nous-même les connexions JDBC, telles que statements et autres resultsets.

Grâce à la POA, il est possible de rendre les objets persistants et les applications qui les manipulent encore plus indépendants de la gestion de la persistance. Pour cela, nous allons développer un aspect de persistance reposant sur Hibernate et JAC. Celui-ci est une version étendue de l'aspect Hibernate fourni avec le framework JAC.

Encapsulation des appels à Hibernate

Avant d'écrire notre aspect de persistance, nous devons écrire une classe utilitaire encapsulant les appels au framework Hibernate. L'intérêt de cette classe est d'abstraire au maximum les codes advice des appels techniques au framework, principalement la gestion des exceptions Hibernate et la séquence de fermeture d'une session normale ou suite à une exception.

La classe utilitaire `HibernateHelper` est la suivante :

```
package aop.as.hibernate;

import java.io.Serializable;
import java.util.Hashtable;
import java.util.List;

import net.sf.hibernate.HibernateException;
import net.sf.hibernate.MappingException;
import net.sf.hibernate.Session;
import net.sf.hibernate.SessionFactory;
import net.sf.hibernate.Transaction;
import net.sf.hibernate.cfg.Configuration;
import net.sf.hibernate.tool.hbm2ddl.SchemaExport;

public class HibernateHelper {
    private static HibernateHelper singleton =
        new HibernateHelper();  ←❶
    private Configuration cfg = new Configuration();
    private boolean rebuildsf = true;
    private SessionFactory sf;
    private Session session;  ←❷
    private Transaction transaction;

    private HibernateHelper(){
    }

    public static HibernateHelper getInstance() {
        return singleton;
    }

    public void addClass(Class cl) {
            try {
                cfg.addClass(cl);
                rebuildsf = true;
            } catch (MappingException e) {
                throw new RuntimeException(
                  "Impossible de charger la classe "+cl.getName());
            }
    }

    private SessionFactory getSessionFactory()
    throws HibernateException {
        if (rebuildsf) {
            sf = cfg.buildSessionFactory();
            rebuildsf = false;
        }
        return sf;
    }
```

```java
public void openSessionAndBeginTx() {
    try {
        SessionFactory sf = getSessionFactory();
        session = sf.openSession();
        transaction = session.beginTransaction();
    }
    catch(HibernateException e) {
        throw new
          RuntimeException(
          "Ouverture de session Hibernate impossible : "
          +e.getMessage());
    }
}

public void closeSessionAndCommitTx() {
    boolean commitFailed = false;
    try {
        transaction.commit();
    }
    catch (HibernateException e) {
        commitFailed = true;
    }
    finally {
        try {
            session.close();
        }
        catch(HibernateException e) {
            throw new RuntimeException(
                "Erreur pendant la fermeture de la session");
        }
        if (commitFailed) {
            throw new RuntimeException(
                "Erreur pendant le commit de la transaction");
        }
    }
}

public void closeSessionAndRollbackTx() {
    boolean rollbackFailed = false;
    try {
        transaction.rollback();
    }
    catch(HibernateException e) {
        rollbackFailed = true;
    }
    finally {
        try {
            session.close();
        }
        catch(HibernateException e) {
            throw new RuntimeException(
```

```
                                  "Erreur pendant la fermeture de la session");
                }
                if (rollbackFailed) {
                    throw new RuntimeException(
                        "Erreur pendant le rollback de la transaction");
                }
            }
        }
    public Session getSession() {
        if ( session == null || !session.isOpen() ) {
            throw new RuntimeException(
                "openSessionAndBeginTx doit être appelée avant");
        }
        return session;
    }
    public void load(Object o,Object primaryKey) {
            try {
                session.load(o,(Serializable)primaryKey);
            }
            catch(HibernateException e) {
                closeSessionAndRollbackTx();
                throw new RuntimeException(
                  "Chargement de l'objet "
                  +o.getClass().getName()
                  +" impossible avec la clé primaire "+primaryKey);
            }
    }
    public void save(Object o) {
            try {
                session.save(o);
            }
            catch(HibernateException he){
                closeSessionAndRollbackTx();
                throw new RuntimeException(
                  "Création de l'objet "+o.getClass().getName()
                  +" impossible");
            }
    }
    public void delete(Object o) {
            try {
                session.delete(o);
            }
            catch(HibernateException he) {
                closeSessionAndRollbackTx();
                throw new RuntimeException(
                    "Suppression de l'objet "+o+" impossible");
            }
    }
}
```

Cette classe utilitaire se présente sous la forme d'un singleton. Il n'y a donc qu'une seule instance de cette classe pour toute l'application (repère ❶). Comme il s'agit d'un singleton, le constructeur de la classe est défini comme étant privé de façon à empêcher une instanciation sauvage.

Cette classe utilitaire héberge la session et la transaction associée (repère ❷) ainsi que la transaction de l'application. Cela signifie qu'à un instant donné, il ne peut y avoir qu'une seule session et une seule transaction ouvertes pour toute l'application, `HibernateHelper` étant un singleton.

Définition de l'aspect de persistance

Le composant d'aspect de persistance va nous permettre de définir les coupes liées à la persistance ainsi que les codes advice qui y sont attachés.

Nous allons définir les coupes suivantes :

- deux coupes pour délimiter le début et la fin de la session Hibernate et de la transaction attachée ;
- deux coupes pour enclencher le chargement et la sauvegarde ou la suppression d'un objet persistant.

Délimitation de la session Hibernate et de la transaction

La délimitation de la session Hibernate et de la transaction associée a pour objectif de spécifier à l'aspect quand une session doit être ouverte et quand elle doit être fermée.

Par exemple, si nous réalisons une application Java très simple faisant des manipulations d'objets persistants uniquement dans sa méthode `main`, l'ouverture de la session et le démarrage de la transaction doivent se faire au début de la méthode. La fermeture de la session et la validation de la transaction se font à la fin de la méthode.

Cette délimitation est réalisée par deux coupes, l'une définissant le début de la session et l'autre sa fin :

```
package aop.as.hibernate;

import org.objectweb.jac.core.AspectComponent;

public class HibernateAC extends AspectComponent {
    [...]
    public void delimitPersistentSession(String beginClassExpr,
        String beginObjExpr,String beginMethodExpr,
        String endClassExpr,String endObjExpr,
        String endMethodExpr) {

            BeginPersistentSessionWrapper beginwrapper =
                new BeginPersistentSessionWrapper(this); ←❶
            EndPersistentSessionWrapper endwrapper =
                new EndPersistentSessionWrapper(this); ←❷

            pointcut(beginObjExpr,beginClassExpr,beginMethodExpr,
                beginwrapper,null); ←❸
```

```
                    pointcut( endObjExpr, endClassExpr, endMethodExpr,
                        endwrapper,null); ←❹
        }
    }
```

La délimitation est effectuée par la méthode `delimitPersistentSession` du composant d'aspect `HibernateAC`. Cette méthode est destinée à être appelée à partir du fichier de configuration **hibernate.acc** de l'aspect.

Cette délimitation crée une instance du wrapper `BeginPersistentSessionWrapper` pour l'ouverture de la session (repère ❶) et une instance du wrapper `EndPersistentSessionWrapper` pour la fermeture de la session (repère ❷). Ce sont les codes advice pour respectivement la coupe d'ouverture de session (repère ❸) et la coupe de fermeture de session (repère ❹).

Le code advice d'ouverture de session et de démarrage de la transaction est le suivant :

```
package aop.as.hibernate;

import org.aopalliance.intercept.ConstructorInvocation;
import org.aopalliance.intercept.MethodInvocation;
import org.objectweb.jac.core.AspectComponent;
import org.objectweb.jac.core.Interaction;
import org.objectweb.jac.core.Wrapper;

public class BeginPersistentSessionWrapper extends Wrapper {

    public BeginPersistentSessionWrapper(AspectComponent ac) {
        super(ac);
    }

    public Object invoke( MethodInvocation invocation ) {
            Interaction interaction = (Interaction) invocation;
            HibernateHelper helper = HibernateHelper.getInstance();
            helper.openSessionAndBeginTx(); ←❶
            return proceed(interaction);
    }

    public Object construct(ConstructorInvocation invocation)
      throws Throwable {
        throw new Exception(
          "Ce wrapper ne supporte pas le wrapping de constructeur");
    }
}
```

L'ouverture de la session et le démarrage de la transaction doivent se faire avant l'exécution de la coupe. Il s'agit donc d'un code advice de type `before`. Avec JAC, ce type de code advice implique simplement l'exécution des traitements avant l'appel à la méthode `proceed` (repère ❶).

Le code advice de fermeture de session et de validation de la transaction est le suivant :

```
package aop.as.hibernate;

import org.aopalliance.intercept.ConstructorInvocation;
import org.aopalliance.intercept.MethodInvocation;
import org.objectweb.jac.core.AspectComponent;
import org.objectweb.jac.core.Interaction;
import org.objectweb.jac.core.Wrapper;

public class EndPersistentSessionWrapper extends Wrapper {

    public EndPersistentSessionWrapper(AspectComponent ac) {
        super(ac);
    }

    public Object invoke( MethodInvocation invocation ) {
            Interaction interaction = (Interaction) invocation;
            Object ret = proceed(interaction); ←❶
            HibernateHelper helper = HibernateHelper.getInstance();
            helper.closeSessionAndCommitTx();
            return ret; ←❷
    }

    public Object construct(ConstructorInvocation invocation)
      throws Throwable {
            throw new Exception(
                "Ce wrapper ne supporte pas le wrapping de constructeur");
    }
}
```

La fermeture de la session et la validation de la transaction doivent se faire après l'exécution de la coupe. Il s'agit donc d'un code advice de type after. Avec JAC, ce type de code advice implique simplement l'exécution des traitements après l'appel à la méthode proceed (repère ❶). Le résultat renvoyé par celle-ci est stocké temporairement pour être retourné tel quel à la fin du code advice (repère ❷).

Gestion de la persistance des objets

Maintenant que la session Hibernate et la transaction associée sont délimitées par notre aspect de persistance, il nous faut spécifier la gestion des objets persistants.

Nous pouvons considérer quatre événements dans la vie d'un objet persistant :

- création
- chargement (lecture)
- mise à jour
- destruction

Ces événements doivent être gérés par notre aspect. La mise à jour d'un objet persistant étant directement prise en charge par le framework Hibernate, notre aspect n'a pas à s'en préoccuper. Par contre, les trois autres événements doivent être gérés par l'aspect.

Cette gestion ne peut être complètement transparente pour l'application puisque l'aspect ne peut deviner quand un objet doit être créé ou détruit. Il est donc nécessaire de mettre en place un protocole d'utilisation des objets persistants afin que l'aspect puisse détecter ces événements et réagir en conséquence.

Il s'agit là d'une technique récurrente permettant de reléguer l'implémentation d'une fonctionnalité dans un aspect dédié.

Cette technique peut se résumer en deux phases distinctes :

- définition de une ou plusieurs méthodes, généralement vides dans un objet, définissant un protocole générique inopérant ;
- définition de l'implémentation des méthodes à l'aide de coupes et de codes advice de type around n'appelant pas la méthode proceed.

Il s'agit d'une technique plus flexible et plus explicite qu'une conception objet fondée, par exemple, sur l'héritage. Dans le cadre de cet ouvrage, nous appelons cette façon de faire « technique du protocole implicite » parce qu'elle définit un protocole sous forme de méthodes et que son implémentation est implicite et supposée gérée dans un aspect prévu à cet effet.

Dans le cadre de notre aspect, nous définissons l'interface Persistent formalisant le protocole à respecter par tout objet persistant :

```
package aop.as.hibernate;

public interface Persistent {
    public void save();
    public void delete();
}
```

Cette interface doit être implémentée par tout objet persistant.

Le protocole implicite est le suivant :

- L'appel de la méthode save déclenche la création de l'objet persistant dans la base de données.
- L'appel de la méthode delete déclenche la suppression de l'objet persistant dans la base de données.

Le protocole implicite considère que l'appel d'un constructeur avec un ou plusieurs arguments déclenche le chargement de l'objet persistant. Cela implique que le constructeur en question initialise correctement l'attribut de l'objet correspondant à la clé primaire dans la base de données.

L'avantage de ce protocole est qu'il permet d'associer d'autres aspects aux événements du cycle de vie d'un objet persistant. Par exemple, avant un appel à la méthode save, un aspect de design par contrat peut tester certaines préconditions portant sur la cohérence de l'objet en question.

La déclaration des classes persistantes et la mise en place du protocole implicite sont assurées par le composant d'aspect `HibernateAC` :

```
package aop.as.hibernate;

import org.objectweb.jac.core.AspectComponent;

public class HibernateAC extends AspectComponent {
    private HibernateHelper helper = HibernateHelper.getInstance();
    private ClassRepository cr = ClassRepository.get();

    public void registerPersistentClass
      (String className,String primaryKey)
      throws ClassNotFoundException{
        Class cl = Class.forName(className); ←❶
        PersistentClassWrapper wrapper =
            new PersistentClassWrapper(this,primaryKey); ←❷
        pointcut("ALL",className,"CONSTRUCTORS",wrapper,
            "exceptionHandler"); ←❸
        pointcut("ALL",className,"delete():void||save():void",
            wrapper,"exceptionHandler"); ←❹
        helper.addClass(cl); ←❺
    }
    [...]
}
```

La déclaration de chaque classe persistante est effectuée par la méthode `registerPersistentClass` du composant d'aspect `HibernateAC`. Cette méthode est destinée à être appelée à partir du fichier de configuration **hibernate.acc** de l'aspect.

Cette méthode récupère dans un premier temps la classe correspondant au nom passé en paramètre (repère ❶). Elle instancie ensuite un wrapper pour cette classe en lui spécifiant le nom du getter permettant de lire l'attribut clé primaire de cette classe (repère ❷).

Deux coupes sont définies, l'une sur les constructeurs de la classe pour le chargement des objets persistants (repère ❸) et l'autre sur les deux méthodes définies par l'interface `Persistent` (repère ❹). Pour terminer, la classe utilitaire encapsulant les appels au framework Hibernate est utilisée pour déclarer à ce dernier la classe persistante (repère ❺).

Ces deux coupes utilisent le wrapper `PersistentClassWrapper` ci-dessous :

```
package aop.as.hibernate;

import java.lang.reflect.Method;
import java.lang.reflect.InvocationTargetException;

import org.aopalliance.intercept.ConstructorInvocation;
import org.aopalliance.intercept.MethodInvocation;
import org.objectweb.jac.core.AspectComponent;
import org.objectweb.jac.core.Interaction;
import org.objectweb.jac.core.Wrapper;
import org.objectweb.jac.core.Wrappee;
```

```
public class PersistentClassWrapper extends Wrapper {
    private String primaryKey;
    private HibernateHelper helper = HibernateHelper.getInstance();

    public PersistentClassWrapper
      (AspectComponent ac,String primaryKey) {
        super(ac);
        this.primaryKey = primaryKey;
    }

    public Object construct(ConstructorInvocation invocation) { ←❶
        Interaction interaction = (Interaction) invocation;
        Object ret = proceed(interaction);

        if (invocation.getArgumentCount()>0) { ←❷
            Object pkValue = null;
            try {
                Method method =
                  interaction.wrappee.getClass()
                  .getDeclaredMethod(primaryKey,null); ←❸
                pkValue = method.invoke(interaction.wrappee,null);
                if (pkValue!=null) {
                    helper.load(interaction.wrappee,pkValue); ←❹
                }
            }
            catch(NoSuchMethodException nsme) {
                throw new RuntimeException(
                    "La clé primaire est incorrecte : "
                    +interaction.wrappee.getClass().getName());
            }
            catch(IllegalAccessException iae){
                throw new RuntimeException(iae.getMessage());
            }
            catch(InvocationTargetException ite){
                throw new RuntimeException(ite.getMessage());
            }
        }
        return ret;
    }


    public Object invoke( MethodInvocation invocation ) { ←❺
        Interaction interaction = (Interaction) invocation;
        String methodName = interaction.getMethod().getName(); ←❻
        if (methodName.equals("save")) {
            helper.save(interaction.wrappee);
        } else if (methodName.equals("delete")) {
            helper.delete(interaction.wrappee);
        }
        return null;
    }
```

```
    public Object exceptionHandler(Exception e) throws Exception {
            helper.closeSessionAndRollbackTx();  ←❼
            throw e;
    }
}
```

Ce wrapper se découpe en trois parties distinctes, le code advice pour les constructeurs (repère ❶), le code advice pour les méthodes de l'interface Persistent (repère ❺) et le gestionnaire d'exception (repère ❻).

Le code advice pour le constructeur est de type after car le constructeur doit avoir été appelé pour pouvoir effectuer le chargement de l'objet persistant à partir de la base de données.

Le code vérifie d'abord si le constructeur a un ou plusieurs arguments (repère ❷). Si ce n'est pas le cas, aucun chargement n'est effectué, conformément au protocole implicite. Si c'est le cas, la méthode permettant de lire la valeur de l'attribut clé primaire est appelée grâce à l'API standard Java de réflexivité (repère ❸). Une fois cette valeur obtenue, nous pouvons effectuer le chargement de l'objet persistant grâce à la classe utilitaire (repère ❹).

Le code advice pour les méthodes de l'interface Persistent est de type around, sans appel à la méthode proceed, conformément au protocole implicite. En fonction du nom de la méthode appelée (repère ❻), il appelle soit la méthode save, soit la méthode delete de la classe utilitaire.

Le gestionnaire d'exception permet d'effectuer une annulation de la transaction (rollback) en cas d'erreur pendant l'exécution des coupes ou des codes advice (repère ❼).

Exemple d'utilisation

Reprenons nos deux classes Customer et Order pour les transformer aisément en classes persistantes avec notre nouvel aspect. Ces deux classes doivent implémenter l'interface Persistent. Dans les deux cas, les méthodes save et delete sont vides, conformément au protocole implicite.

Configurons le fichier **hibernate.acc** de notre aspect pour qu'il prenne en compte ces deux classes :

```
registerPersistentClass "aop.as.persistence.Customer" "getId";  ←❶
registerPersistentClass "aop.as.persistence.Order" "getId";  ←❷

delimitPersistentSession "aop.as.persistence.PersistenceExample" "ALL" "run():void"
    "aop.as.persistence.PersistenceExample" "ALL" "run():void";  ←❸
```

Dans ce fichier de configuration, nous déclarons la classe Customer comme étant persistante et précisons que sa méthode getId permet de récupérer la valeur de l'attribut clé primaire (repère ❶). Il en va de même pour la classe Order (repère ❷).

La session et la transaction associée sont délimitées par la méthode run de la classe PersistenceExample (repère ❸). La session est ouverte à l'appel de cette méthode et est fermée à la fin de son exécution.

La classe PersistenceExample se présente de la manière suivante :

```java
package aop.as.persistence;

import java.util.HashSet;

public class PersistenceExample {

    public void run() {
        try {
            Customer c = new Customer();
            c.setName("Didier");
            c.setFirstname("Martin");
            c.setAddress("Saint Maur");
            c.setOrders(new HashSet());

            Order o1 = new Order();
            o1.setItem("DVD");
            o1.setQuantity(1);
            o1.setCustomer(c);
            c.addOrder(o1);

            Order o2 = new Order();
            o2.setItem("CD");
            o2.setQuantity(10);
            o2.setCustomer(c);
            c.addOrder(o2);

            o1.save();
            o2.save();
            c.save();

            Customer dummy = new Customer();
            dummy.setName("Dupont");
            dummy.setFirstname("Emile");
            dummy.setFirstname("Alençon");
            dummy.save();
            dummy.delete();
        }
        catch (Exception e) {
            e.printStackTrace();
        }
    }

    public static void main(String[] args) {
        PersistenceExample t = new PersistenceExample();
        t.run();
    }
}
```

Nous pouvons constater que cette application est complètement indépendante du framework Hibernate. Seuls les appels liés au protocole implicite apparaissent.

Pour pouvoir l'exécuter, il ne nous reste qu'à définir le fichier descripteur d'application **PersistenceExample.jac :**

```
applicationName: PersistenceExample
launchingClass: aop.as.persistence.PersistenceExample

jac.acs: \
    hibernate aop.as.hibernate.HibernateAC

aspects: \
    rtti aop/as/persistence/rtti.acc true \
    hibernate aop/as/persistence/hibernate.acc true
```

Après l'exécution, le contenu de la table MySQL customers donne le résultat illustré à la figure 10.9.

Figure 10.9

Contenu de la table customers

id	name	firstname	address
34	Didier	Martin	Saint Maur

Seul le client Didier Martin a été créé, conformément au code de la méthode run de la classe PersistenceExample.

Le contenu de la table orders donne sans surprise le résultat illustré à la figure 10.10.

Figure 10.10

Contenu de la table orders

id	item	quantity	customer
133	DVD	1	34
134	CD	10	34

Les deux commandes sont bien associées au client n° 34, c'est-à-dire Didier Martin.

Si nous désirons modifier les informations de ce client n° 34, il nous suffit d'écrire les quelques lignes suivantes dans la méthode run :

```
Customer n34 = new Customer(34); ←❶
System.out.println("Nom : "+n34.getName());
System.out.println("Prénom : "+n34.getFirstname());
System.out.println("Adresse : "+n34.getAddress());
java.util.Iterator iterator = n34.getOrders().iterator();
while (iterator.hasNext()) {
    Order o = (Order)iterator.next();
    System.out.println("---");
    System.out.println("Objet : "+o.getItem());
    System.out.println("Quantité : "+o.getQuantity());
}
```

Le constructeur appelé (repère ❶) initialise l'attribut clé primaire de l'objet afin de permettre son chargement à partir de la base de données.

Le résultat obtenu à l'écran est le suivant :

```
Nom : Didier
Prénom : Martin
Adresse : Saint Maur
---
Objet : CD
Quantité : 10
---
Objet : DVD
Quantité : 1
```

Aucun appel au framework Hibernate n'a été nécessaire pour charger en mémoire notre objet persistant ainsi que les autres objets persistants auxquels il est lié, en l'occurrence la commande de CD et celle de DVD.

Partie IV

Étude de cas : utilisation de la POA dans une application J2EE

« [...] Il nous est impossible de penser à quelque chose que nous n'ayons pas aupa-ravant senti par nos sens, externes ou internes. » (Hume)

Les chapitres des parties précédentes ont présenté la POA et ses différents outils et applications. Ils ont montré comment appliquer la POA pour, entre autres, améliorer l'implémentation des design patterns ou encore appliquer le design par contrats dans Java. Le chapitre 10 a illustré de surcroît la pertinence de la POA pour prendre en compte les problématiques techniques auxquelles répondent les serveurs d'applications.

La présente partie s'attache à synthétiser les apports de la POA en illustrant la programmation d'applications réelles soumises à de fortes contraintes. Elle se place pour cela dans l'environnement J2EE, standard du développement d'application d'entreprise multitiers en Java.

L'environnement J2EE offre un cadre puissant, standardisé et complet pour le déve-loppement d'applications d'entreprise. Même si le but de J2EE est de simplifier les développements, la mise en œuvre d'applications J2EE reste coûteuse du fait des nombreuses préoccupations inhérentes au développement d'applications distribuées. De plus, les technologies évoluent rapidement et donnent régulièrement lieu à de nouveaux standards. Ces paramètres sont à prendre en compte lors du choix d'une infrastructure J2EE comme base technologique pour l'entreprise.

Cette partie montre comment l'application de la POA peut servir à la simplification des développements dans le cadre des environnements J2EE. Plus particulièrement, elle montre comment AspectJ permet d'améliorer la qualité des applications J2EE en implémentant certains design patterns à l'aide d'aspects, en remplaçant l'infrastruc-ture J2EE ou en permettant au programme d'être plus indépendant par rapport à l'environnement.

L'étude de cas met en œuvre une application bancaire simple illustrant un certain nombre de problèmes récurrents de conception dans l'environnement J2EE. Cette étude de cas montre de manière claire que l'utilisation de la POA améliore la qualité du code, tout en le rendant indépendant des technologies utilisées.

Le chapitre 11 présente l'organisation et la conception de l'application bancaire de référence. Le chapitre 12 montre comment la POA peut s'appliquer au tiers métier de cette application pour en améliorer la conception. Le chapitre 13 détaille la POA dans les tiers client et de présentation.

11

Présentation de l'application de référence

Ce chapitre présente l'application utilisée comme étude de cas pour démontrer l'apport de la POA dans l'environnement J2EE. Cette application est l'application de référence.

Dans un souci de clarté, l'application de référence est une application bancaire simple, développée à partir de l'exemple Duke's Bank du serveur d'applications J2EE Sun ONE. L'application n'utilise pas de spécificité non-J2EE propre à Sun ONE et peut donc être facilement utilisée sur n'importe quel serveur J2EE, moyennant l'adaptation des scripts de déploiement.

L'objectif de cet ouvrage étant de présenter la POA et non la programmation J2EE, ce chapitre ne s'attarde pas sur les nombreux détails liés à J2EE mais tente de donner les informations nécessaires et suffisantes pour étudier principalement les cas dans lesquels la POA est utile.

Si nous ne présentons pas le code de l'application en totalité, nous nous efforçons de donner une idée précise de sa conception. Une partie du chapitre est consacrée à un rappel sur les design patterns J2EE utilisés par l'application de référence et qui sont pour la plupart différents des design patterns du GOF présentés au chapitre 8.

Le lecteur désireux de connaître les détails du programme pourra se référer au code en ligne de l'étude de cas, sur la page Web dédiée à l'ouvrage du site d'Eyrolles. Le lecteur ne possédant aucune connaissance de J2EE se reportera aux ouvrages de référence sur le sujet.

Architecture

L'application bancaire de référence est une application J2EE classique comportant les différents tiers usuellement admis. Elle est packagée de manière à ce que les modules correspondant aux différents tiers soient clairement séparés.

Pour la clarification du code, nous avons légèrement modifié l'application originale Duke's Bank, en particulier son packaging. Le lecteur pourra se référer à l'application originale disponible sur le site de Sun Microsystems pour la comparer à l'application que nous présentons ici.

Aperçu de l'application

Avant d'entrer dans le détail des différents tiers, cette section donne un aperçu global de l'application et de son organisation.

Les tiers participants

Comme le préconise J2EE, l'application est composée d'un certain nombre de tiers, qui s'inscrivent dans l'architecture illustrée à la figure 11.1.

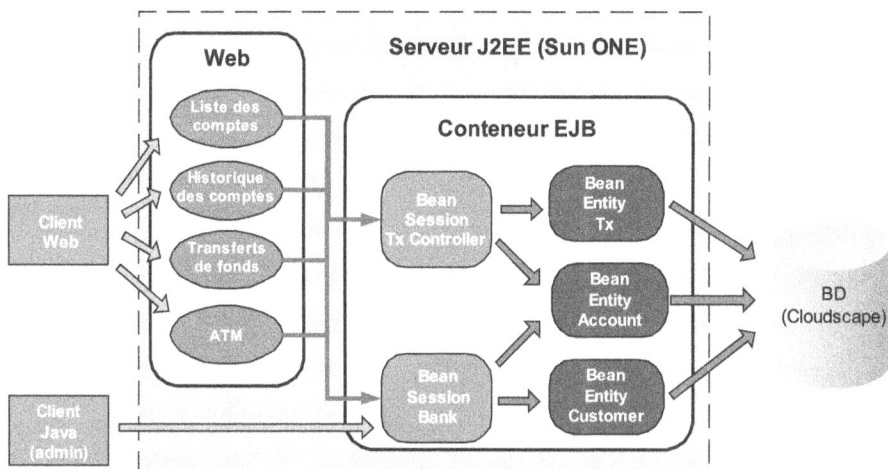

Figure 11.1
Architecture de l'application Duke's Bank

Le rôle de ces tiers est le suivant :

- Le tiers données permettant le stockage des données persistantes est implémenté dans une base de données relationnelle, ici Pointbase.

- Le tiers métier contient les EJB implémentant la logique applicative. Il comporte des EJB de type Session fournissant des façades applicatives et des EJB Entity représentant les objets persistants manipulés par l'application. Le tiers métier accède directement au tiers données, en particulier *via* les EJB Entity.

- Le tiers présentation est le tiers permettant l'accès à l'application par un client de type navigateur. Il est constitué d'un conteneur Web de servlets-JSP et accède au tiers métier. Relativement au tiers métier, le tiers de présentation peut être considéré comme un tiers client de type client Java spécifique.

- Le tiers client peut être soit Web (type client léger) et accéder directement au tiers présentation *via* HTTP, soit Java et accéder directement au tiers métier *via* JNDI, pour la localisation des EJB, et RMI, pour la communication distante. Dans ce dernier cas, le client Java gère lui-même sa propre présentation sur le site client (type client lourd).

Organisation et packaging du code

Même si n'importe quel IDE peut faire l'affaire, nous préconisons l'utilisation d'Eclipse, l'IDE Open Source d'IBM, téléchargeable gratuitement *(http://www.eclipse.org)*, car nous avons programmé l'application dans cet environnement. Il suffit donc d'importer les projets sous Eclipse à partir du système de fichiers. Le plug-in AJDT pour l'utilisation d'AspectJ est requis pour la compilation. L'installation de ce plug-in est décrite en annexe.

Nous avons structuré l'application en différents projets Eclipse indépendants, ce qui n'était pas le cas de l'application originale. Cette nouvelle structuration permet un travail plus efficace en cas de gros développement, avec, par exemple, une équipe développant chacune un tiers différent.

Ces projets Eclipse sont les suivants :

- Le projet Commons contient toutes les classes communes aux différents tiers. Par exemple, il contient les objets de transfert ou les localisateurs de service, que nous discuterons par la suite et qui sont communs aux tiers client, métier et présentation.

- Le projet BusinessUtils contient toutes les classes utilitaires spécifiques du tiers métier.

- Le projet BusinessComponents contient tous les composants métier de type POJO (Plain Old Java Object).

- Le projet EJBComponents contient tous les composants métier de type EJB.

- Le projet ClientUtils contient toutes les classes utilitaires spécifiques du tiers client.

- Le projet BusinessDelegates contient tous les délégués, que nous discuterons plus en détail par la suite et qui permettent aux clients d'accéder aux objets métier tout en masquant les appels à la couche de communication.

- Le projet ApplicationClient contient l'application cliente et sa logique.

Les dépendances entre projets sont illustrées à la figure 11.2.

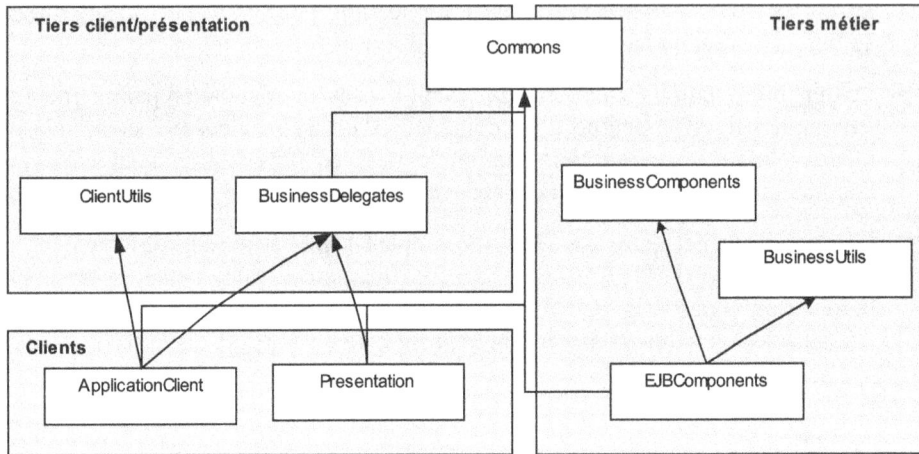

Figure 11.2

Découpage de l'application de référence en différents projets

Afin de mieux faire saisir le packaging des projets Eclipse, nous fournissons, plus loin dans ce chapitre, des copies d'écran montrant l'organisation interne des différents tiers.

Les packages contiennent aussi bien les classes liées à l'application normale que l'application aspectisée. Le rôle de cette organisation est de permettre aux programmeurs de comparer rapidement les codes aspectisés et non aspectisés, en particulier en utilisant le plug-in AspectJ AJDT et son visualisateur d'aspect.

Déploiement

L'application est packagée et déployée sur le serveur d'applications J2EE Sun ONE. Le code en ligne fournit les scripts permettant la compilation et le packaging, ce qui permet au projet de rester indépendant de l'IDE choisi. Bien que développés sous Eclipse, les projets n'utilisent pas de plug-in ou de spécificité Eclipse. Il est donc facile d'utiliser un autre IDE.

Les fichiers importants sont les suivants :

- Le fichier **deploySunONE.bat,** présent à la racine du projet EJBComponents, déploie l'application sur le serveur Sun ONE. Il utilise le script Ant **SunONE.xml,** présent au même endroit. Ant doit donc être installé sur la machine, et le serveur Sun ONE être installé et lancé.

- Le fichier **SunONE.properties** est utilisé pour la connexion au serveur et son paramétrage pendant la phase de déploiement.

- Le fichier de propriété de l'application cliente, **j2eeclient.properties,** paramètre l'accès distant au serveur Sun ONE. Ce fichier, qui doit être installé côté client, déclare les différents EJB Façade accessibles à partir du client. Ce fichier est distribué indépendamment.

Les sections suivantes détaillent les différents tiers dans la mesure où ils illustrent l'application de la POA à l'application J2EE.

Le tiers données

Le tiers données est constitué d'un ensemble de tables dans une base de données relationnelle. Ce tiers étant relatif aux technologies des SGBDR, il ne bénéficie d'aucune amélioration liée à la POA. Seule la programmation de l'accès à ce tiers par le tiers métier peut éventuellement être amélioré par la POA.

L'application étant simple, la règle de correspondance directe (mapping objet-relationnel) « une table égale une classe du modèle métier » peut s'appliquer.

Le script de création des tables est donné ci-dessous. La table customer_account_xref (repère ❶) correspond à l'association entre les clients et les comptes (de cardinalité multiple).

```
// création des tables
CREATE TABLE account
    (account_id VARCHAR(8)
        CONSTRAINT pk_account PRIMARY KEY,
    type VARCHAR(24),
    description VARCHAR(30),
    balance DECIMAL(10,2),
    credit_line DECIMAL(10,2),
    begin_balance DECIMAL(10,2),
    begin_balance_time_stamp TIMESTAMP);

CREATE TABLE customer
    (customer_id VARCHAR(8)
        CONSTRAINT pk_customer PRIMARY KEY,
    last_name VARCHAR(30),
    first_name VARCHAR(30),
    middle_initial VARCHAR(1),
    street VARCHAR(40),
    city VARCHAR(40),
    state VARCHAR(2),
    zip VARCHAR(5),
    phone VARCHAR(16),
    email VARCHAR(30));

CREATE TABLE tx
    (tx_id VARCHAR(8)
        CONSTRAINT pk_tx PRIMARY KEY,
    account_id VARCHAR(8),
    time_stamp TIMESTAMP,
    amount DECIMAL(10,2),
    balance DECIMAL(10,2),
    description VARCHAR(30));
```

```
CREATE TABLE customer_account_xref ←❶
   (customer_id VARCHAR(8),
    account_id VARCHAR(8));

CREATE TABLE next_account_id (id INTEGER);
CREATE TABLE next_customer_id (id INTEGER);
CREATE TABLE next_tx_id (id INTEGER);
```

Le tiers métier

L'application comporte deux parties distinctes : une interface de gestion de la banque (comptes et utilisateurs clients) et une interface permettant aux utilisateurs d'effectuer des transactions sur leurs comptes. Ces deux interfaces utilisent un modèle de données implémenté sous forme d'EJB, qui accèdent directement au tiers données.

Les façades de session

Les façades de session sont des EJB Session qui implémentent la logique applicative de l'application, c'est-à-dire les traitements métier. Une façade définit une interface de haut niveau qui rend les sous-systèmes accédés par son intermédiaire plus faciles à utiliser. Elle constitue en outre une couche d'isolation permettant aux sous-systèmes d'évoluer en minimisant les impacts sur les utilisateurs de la façade.

Les façades sont généralement sans état et accèdent aux EJB Entity pour implémenter leurs traitements. Généralement, le tiers client accède aux EJB Entity *via* les façades. L'application étant simple, elle ne contient que deux façades.

La façade Bank gère les comptes et les utilisateurs clients. Il s'agit avant tout de traitements liés à l'administration de la banque. Les utilisateurs ne peuvent par eux-mêmes créer ou détruire des comptes, par exemple.

Les noms des méthodes de l'EJB étant suffisamment explicites et représentatifs des traitements simples effectués ici, nous ne nous attardons pas à les décrire.

Le code suivant montre l'interface correspondant aux services publics de la façade Bank, c'est-à-dire les services accessibles à partir des clients de type administration :

```
package aop.j2ee.business.session.bank;
// imports
[...]
public interface Bank extends EJBObject {
  public String createAccount(String customerId, String type,
      String description, BigDecimal balance, BigDecimal creditLine,
      BigDecimal beginBalance, Date beginBalanceTimeStamp)
      throws RemoteException, IllegalAccountTypeException,
      CustomerNotFoundException, InvalidParameterException;

  public void removeAccount(String accountId)
  throws RemoteException, AccountNotFoundException,
         InvalidParameterException;
```

```
public void addCustomerToAccount(String customerId,
  String accountId)
  throws RemoteException,
      AccountNotFoundException, CustomerNotFoundException,
      CustomerInAccountException, InvalidParameterException;

public void removeCustomerFromAccount(String customerId,
  String accountId)
  throws RemoteException,
      AccountNotFoundException, CustomerRequiredException,
      CustomerNotInAccountException,
      InvalidParameterException;

public ArrayList getAccountsOfCustomer(String customerId)
  throws RemoteException, AccountNotFoundException,
      InvalidParameterException;

public AccountDetails getAccountDetails(String accountId)
  throws RemoteException, AccountNotFoundException,
      InvalidParameterException;

public void setAccountType(String type, String accountId)
  throws RemoteException, AccountNotFoundException,
      IllegalAccountTypeException, InvalidParameterException;

public void setAccountDescription(String description,
  String accountId)
  throws RemoteException, AccountNotFoundException,
      InvalidParameterException;

public void setAccountBalance(BigDecimal balance,
                             String accountId)
  throws RemoteException, AccountNotFoundException,
      InvalidParameterException;

public void setAccountCreditLine(BigDecimal creditLine,
                             String accountId)
  throws RemoteException, AccountNotFoundException,
      InvalidParameterException;

public void setAccountBeginBalance(BigDecimal beginBalance,
                             String accountId)
  throws RemoteException, AccountNotFoundException,
      InvalidParameterException;

public void setAccountBeginBalanceTimeStamp(
  Date beginBalanceTimeStamp, String accountId)
  throws RemoteException, AccountNotFoundException,
      InvalidParameterException;
```

```
    public String createCustomer (String lastName,
      String firstName, String middleInitial, String street,
      String city, String state, String zip, String phone,
      String email)
      throws InvalidParameterException, RemoteException;

    public void removeCustomer(String customerId)
      throws RemoteException, CustomerNotFoundException,
          InvalidParameterException;

    public ArrayList getCustomersOfAccount(String accountId)
      throws RemoteException, CustomerNotFoundException,
          InvalidParameterException;;

    public CustomerDetails getCustomerDetails(String customerId)
      throws RemoteException, CustomerNotFoundException,
          InvalidParameterException;

    public ArrayList getCustomersOfLastName(String lastName)
      throws InvalidParameterException, RemoteException;

    public void setCustomerName(String lastName, String firstName,
      String middleInitial, String customerId)
      throws RemoteException, CustomerNotFoundException,
          InvalidParameterException;

    public void setCustomerAddress(String street, String city,
      String state, String zip, String phone, String email,
      String customerId)
      throws RemoteException, CustomerNotFoundException,
          InvalidParameterException;
  }
```

La façade `TxController` gère les transactions qui peuvent être effectuées sur les comptes par les utilisateurs. Il s'agit avant tout de traitements liés à l'utilisation de la banque *via,* par exemple, une interface Web (gestion bancaire en ligne) ou un guichet automatique (ATM).

Le code suivant montre l'interface correspondant aux services public de la façade `TxController` :

```
package aop.j2ee.business.session.txcontroller;
// imports
[...]

public interface TxController extends EJBObject {

  public ArrayList getTxsOfAccount(Date startDate, Date endDate,
                                   String accountId)
    throws RemoteException, InvalidParameterException;
```

```
        public TxDetails getDetails(String txId)
          throws RemoteException, TxNotFoundException,
                 InvalidParameterException;

        public void withdraw(BigDecimal amount, String description,
                             String accountId)
          throws RemoteException, InvalidParameterException,
                 AccountNotFoundException, IllegalAccountTypeException,
                 InsufficientFundsException;

        public void deposit(BigDecimal amount, String description,
            String accountId)
            throws RemoteException, InvalidParameterException,
            AccountNotFoundException, IllegalAccountTypeException;

        public void transferFunds(BigDecimal amount, String description,
            String fromAccountId, String toAccountId)
            throws RemoteException, InvalidParameterException,
            AccountNotFoundException, InsufficientFundsException,
            InsufficientCreditException;

        public void makeCharge(BigDecimal amount, String description,
            String accountId)
          throws InvalidParameterException,
            AccountNotFoundException, IllegalAccountTypeException,
            InsufficientCreditException, RemoteException ;

        public void makePayment(BigDecimal amount, String description,
            String accountId)
            throws InvalidParameterException, AccountNotFoundException,
            IllegalAccountTypeException, RemoteException;

    }
```

Les EJB Entity

Les EJB Entity définissent le modèle sur lequel travaillent les traitements applicatifs, généralement définis dans les EJB Session Façade. Un client peut accéder directement à un EJB sans passer par une façade. Il s'agit cependant d'une mauvaise pratique. D'une part, elle ne permet pas de représenter explicitement l'ensemble des traitements applicatifs dans les façades, et, d'autre part, elle couple les implémentations des clients au modèle métier, ce qui entraîne de mauvaises propriétés en terme d'évolutivité.

Les EJB Entity de notre modèle sont les comptes, les utilisateurs (clients) et les transactions. Comme expliqué précédemment pour le tiers données, la règle de mapping O-R veut qu'à chaque EJB corresponde une table.

Les comptes sont des EJB implémentant l'interface Account suivante :

```
package aop.j2ee.business.entity.account;
import aop.j2ee.commons.to.AccountDetails;
[...] // autres imports

public interface Account extends EJBObject {
  public AccountDetails getDetails() throws RemoteException;
  public BigDecimal getBalance() throws RemoteException;
  public String getType() throws RemoteException;
  public BigDecimal getCreditLine() throws RemoteException;
  public void setType(String type) throws RemoteException;
  public void setDescription(String description)
    throws RemoteException;
  public void setBalance(BigDecimal balance)
    throws RemoteException;
  public void setCreditLine(BigDecimal creditLine)
    throws RemoteException;
  public void setBeginBalance(BigDecimal beginBalance)
    throws RemoteException;
  public void setBeginBalanceTimeStamp(Date beginBalanceTimeStamp)
    throws RemoteException;
}
```

Les utilisateurs (clients) sont des EJB implémentant l'interface Customer suivante :

```
package aop.j2ee.business.entity.customer;
import aop.j2ee.commons.to.CustomerDetails;
[...] // autres imports

public interface Customer extends EJBObject {
  public CustomerDetails getDetails() throws RemoteException;
  public void setLastName(String lastName) throws RemoteException;
  public void setFirstName(String firstName)
    throws RemoteException;
  public void setMiddleInitial(String middleInitial)
    throws RemoteException;
  public void setStreet(String street) throws RemoteException;
  public void setCity(String city) throws RemoteException;
  public void setState(String state) throws RemoteException;
  public void setZip(String zip) throws RemoteException;
  public void setPhone(String phone) throws RemoteException;
  public void setEmail(String email) throws RemoteException;
}
```

Les transactions sont des EJB implémentant l'interface Tx suivante :

```
package aop.j2ee.business.entity.tx;
import aop.j2ee.commons.to.TxDetails;
[...] // autres imports

public interface Tx extends EJBObject {
    public TxDetails getDetails() throws RemoteException;
}
```

Organisation du code du tiers métier

La figure 11.3 illustre l'organisation du projet Eclipse EJBComponents correspondant au tiers métier et contenant les EJB.

Figure 11.3

Organisation du projet EJBComponents
(tiers métier)

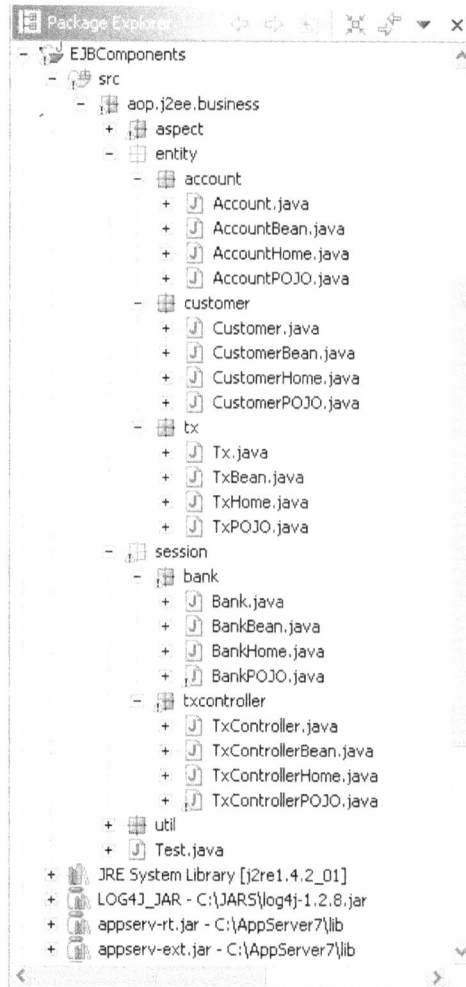

Le package racine du tiers métier est aop.j2ee.business. Les EJB Entity et Session sont placés dans deux sous-packages différents, aop.j2ee.business.entity et aop.j2ee.business.session. À l'intérieur de chacun de ces packages, chaque EJB est défini dans un package spécifique, contenant au moins les trois fichiers Java suivants permettant l'implémentation des EJB :

• le fichier définissant l'interface Remote (par convention le nom métier) ;

• le fichier définissant l'interface Home (par convention le nom métier suffixé de Home) ;

- le fichier définissant l'implémentation du Bean proprement dite (par convention le nom métier suffixé de `Bean`).

Pour l'EJB définissant la façade bancaire, par exemple, ces fichiers sont respectivement **Bank.java, BankBean.java** et **BankHome.java.**

Un quatrième fichier, suffixé de `POJO`, correspond à l'implémentation du Bean défini dans le package — par exemple `BankPOJO` correspond à `BankBean` dans le package `Bank` — sous forme de POJO (Plain Old Java Object). Cette implémentation non-EJB est rendue possible par l'utilisation des aspects, comme nous le verrons en détail au chapitre 12. Ce fichier contenant les implémentations aspectisées des EJB, il est très facile pour le développeur de comparer les deux implémentations et de voir l'impact des aspects.

Le choix de l'une ou l'autre de ces implémentations, qui sont équivalentes sur le plan fonctionnel, se fait dans le descripteur de déploiement **ejb-jar.xml,** qui se trouve dans le répertoire **META-INF** du projet Eclipse.

En voici un exemple :

```
<ejb-jar>
 <enterprise-beans>
  [...]
  <session>
   <display-name>Bank</display-name>
   <ejb-name>Bank</ejb-name>
   <home>aop.j2ee.business.session.bank.BankHome</home>
   <remote>aop.j2ee.business.session.bank.Bank</remote>
   <ejb-class>aop.j2ee.business.session.bank.BankBean</ejb-class> ←❶
   <session-type>Stateless</session-type>
   <transaction-type>Bean</transaction-type>
  </session>
  [...]
 </enterprise-beans>
</ejb-jar>
```

Pour utiliser l'implémentation aspectisée plutôt que l'implémentation normale, il suffit de remplacer la ligne déclarant la classe de l'EJB (repère ❶) par la ligne suivante :

```
<ejb-class>aop.j2ee.business.session.bank.BankPOJO</ejb-class>
```

L'ensemble des aspects s'appliquant aux POJO est défini dans le package `aop.j2ee.business.entity.aspect`, sur lequel nous revenons en détail ultérieurement dans ce chapitre. Ce projet étant un projet AspectJ, il contient **aspectjrt.jar** dans son CLASSPATH et utilise la commande **ajc** pour la compilation.

Le tiers client

L'application comporte deux clients distincts : un client Java utilisant Swing et permettant l'administration de la banque et un client Web accédant au tiers de présentation *via* HTTP et programmé à l'aide des technologies servlets-JSP.

Le client Swing

Le tiers client Swing est une application d'administration développée avec l'API Java Swing et permettant la création, la modification et la suppression d'utilisateurs et de comptes.

La figure 11.4 illustre l'interface d'administration de Swing. Il s'agit d'une interface très simple en deux parties. La partie gauche est destinée à l'affichage de messages, éventuellement d'erreur, ou d'informations demandées. La partie droite est un formulaire de saisie permettant de créer ou de modifier les informations relatives aux utilisateurs ou aux comptes, suivant le cas. Les différentes opérations sont accessibles par le biais d'un menu. Le client d'administration n'accède qu'à la façade métier Bank.

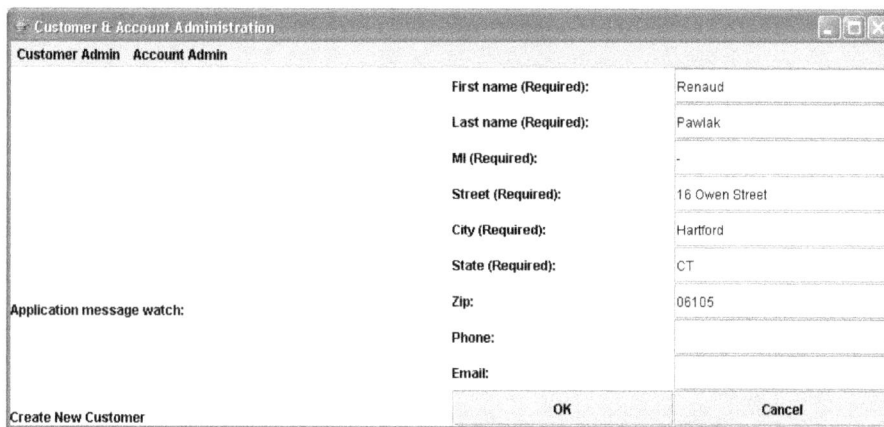

Figure 11.4

Interface Swing d'administration de la banque

Le client Web

Le client Web est l'application permettant aux clients de la banque d'accéder à leurs comptes *via* un navigateur et de les gérer. Sa logique est définie dans le tiers de présentation qui est développé à partir des technologies servlets-JSP.

La figure 11.5 donne un aperçu de l'interface Web.

Organisation du code du client Java Swing

Cette section décrit le code du client Java Swing utilisé pour l'administration de la banque.

La figure 11.6 illustre l'organisation du projet correspondant au tiers client Java.

Le package racine est aop.j2ee.client.java. À l'intérieur de ce package, se trouvent deux versions de l'application, l'application normale, telle que développée sans les aspects (package regular), et la version aspectisée (package aspectized). Le package aspect

Figure 11.5

Copie d'écran de l'interface Web de la banque

Figure 11.6

Organisation du projet ApplicationClient (tiers client Java Swing)

contient l'ensemble des aspects AspectJ de cette dernière version. Ce projet est donc un projet AspectJ.

Comme le montre la figure, le client Java d'administration de la version originale de l'application est extrêmement simple.

Il se découpe en quatre classes Java. BankAdmin est la classe construisant l'interface graphique proprement dite. Elle lance un certain nombre d'événements, qui correspondent aux différentes actions possibles des utilisateurs et sont récupérés par des gestionnaires d'événements définis et installés dans EventHandle. La classe DataModel implémente les effets des différentes actions en terme d'appel au tiers métier, et plus précisément à la façade aop.j2ee.business.session.bank.

La partie cliente n'est certainement pas présentée comme un exemple à suivre en terme de conception. Elle permet cependant d'appréhender simplement les préoccupations qui surviennent lors de la programmation d'un client Java. Du fait de ses lacunes de conception, nous avons principalement travaillé sur un client Java purement textuel implémenté par la classe Simple.

Le client Web

Le tiers de présentation Web programmé à l'aide de Struts n'est pas aspectisé du fait du peu de bénéfice des aspects dans ce contexte. Le chapitre 13 détaille cependant l'aspectisation possible des design patterns du tiers de présentation dans le cadre d'une conception n'utilisant pas Struts.

Conception de l'application de référence

La conception de l'application de référence se rattache à la conception d'applications J2EE en général et plus particulièrement à l'utilisation de design patterns J2EE et de bonnes pratiques pour le développement d'applications J2EE.

Dans un premier temps, nous montrons un sous-ensemble de design patterns et de solutions de conception propres à J2EE qui ont été utilisés dans ce cadre. Nous expliquons ensuite en quoi l'utilisation de la POA améliore la conception de l'application.

Rappelons que l'application originale Duke's Bank est disponible sur le site de Sun Microsystems dans la distribution gratuite du serveur d'applications Sun ONE. Se référer à l'application originale pour la comparer avec la conception présentée ici.

Utilisation de solutions de conception J2EE

L'application originale Duke's Bank est d'une conception simple. Elle n'utilise pas toutes les solutions de conception liées à J2EE et présente donc certaines lacunes en terme de modularité du code. Pour cette étude de cas, nous l'avons légèrement modifiée en utilisant notamment des design patterns J2EE, qui améliorent la modularité de l'application et en modifiant son packaging.

L'utilisation de design patterns J2EE présente deux intérêts majeurs :

- Les design patterns J2EE sont des éléments de conception réutilisables éprouvés permettant d'implémenter les meilleures pratiques J2EE.

- Les design patterns J2EE sont documentés et bien connus des développeurs (voir *http://java.sun.com/blueprints/corej2eepatterns/Patterns/index.html*). Leur utilisation permet de mieux comprendre la conception de l'application et d'identifier plus facilement les problématiques que les aspects vont aider à résoudre.

En plus des design patterns J2EE, l'utilisation des EJB permet l'intégration automatique de services. C'est le cas, par exemple, de la persistance gérée par le conteneur de composants, ou CMP (Container Managed Persistence), qui peut s'appliquer aux EJB Entity. C'est aussi le cas des transactions, ou CMT (Container Managed Transactions), qui peuvent s'intégrer de manière déclarative dans les descripteurs de déploiement des EJB.

Les sections suivantes présentent brièvement les différentes solutions de conception J2EE que nous développerons par la suite. Pour plus de détails, se référer aux spécifications J2EE *(http://java.sun.com/j2ee/docs.html)* et au catalogue des design patterns J2EE *(voir les références en annexe)*.

Les design patterns J2EE du tiers métier

Dans une architecture J2EE, le tiers métier est le tiers central. C'est lui qui fait la jonction entre les clients et les ressources de l'entreprise (sources de données). Il est donc capital que ce tiers soit implémenté de manière à assurer performances, maintenance, évolutivité, scalabilité, etc.

L'utilisation d'un tiers métier n'est pas obligatoire mais est cependant nettement recommandée. En effet, à la différence d'un accès direct aux bases de données, le tiers métier permet aux clients d'accéder de manière uniforme et logique aux différentes sources de données de l'entreprise. Cette uniformisation de l'accès facilite en outre les optimisations d'architecture. Par exemple, l'utilisation de caches au niveau des serveurs d'applications peut améliorer les performances globales du système, de même que la mise en place d'un répartiteur de charge. Ces différents apports, liés à l'utilisation d'un tiers métier, ne sont cependant possibles qu'à la condition de respecter un certain nombre de règles élémentaires de conception. Ces règles sont matérialisées sous forme de design patterns J2EE.

Les deux design patterns fondamentaux du tiers métier sont la façade de session et l'objet métier.

La façade de session

Comme expliqué précédemment, la façade de session est simplement un EJB de type Session. Ses fonctions principales sont les suivantes :

- Indépendance du client par rapport au modèle métier, lequel peut évoluer dans le temps.

- Accès aux données *via* des objets sans état partagé, dont la gestion peut être assurée et optimisée automatiquement par le serveur d'applications. N'ayant pas à faire face à des problèmes de synchronisation d'états, le serveur construit lui-même des pools d'objets de session en fonction des différentes sessions ouvertes par les clients.

- Interface de niveau fonctionnel, sur laquelle il est possible de greffer des propriétés techniques de manière déclarative dans les descripteurs de déploiement, comme nous le verrons par la suite.

- Accès distant à des services bien identifiés *via* les couches de localisation et de communication J2EE (JNDI, RMI). La configuration de ces accès s'effectue également dans les descripteurs de déploiement.

L'objet métier

L'objet métier permet aux façades de session d'accéder aux données *via* des EJB Entity, sans recourir directement aux connecteurs aux différentes ressources, comme l'API JDBC. Comme pour la façade de session, l'utilisation des objets métier n'est pas obligatoire mais est recommandée.

Les fonctions principales de l'objet métier sont les suivantes :

- Abstraction de l'accès physique aux modèles de données. Son encapsulation dans un modèle objet est plus simple à manipuler et évite, par exemple, l'utilisation de requêtes SQL. Le modèle des EJB préconise entre autre l'utilisation d'interfaces Home pour la résolution des instances.

- Comme pour les façades, introduction automatique de propriétés techniques à l'aide de déclarations dans les descripteurs de déploiement, par exemple pour l'intégration de la persistance.

L'objet de transfert

D'autres design patterns peuvent améliorer la conception de l'application, particulièrement en terme de performance. Le design pattern de l'objet de transfert permet notamment d'agréger un ensemble de services d'une façade présentant des paramètres de granularité fine et pouvant donner lieu à des séquences d'appels multiples entre le client et le serveur induisant un trafic réseau important, surtout en terme de connexions, généralement coûteuses.

Un objet de transfert implémente l'interface `java.io.Serializable`. L'état de l'objet de transfert représente l'agrégation des valeurs des paramètres ou des retours des services agrégés. Un objet de transfert peut être agrégé dans un autre objet de transfert de manière récursive. On parle alors d'objet de transfert composite.

Les objets de transfert sont des objets partagés par les tiers client et métier. Ils doivent donc être accessibles par les deux tiers. Pour cette raison, ils sont définis dans le projet Commons de l'application.

Les design patterns J2EE du tiers client

Le tiers client doit accéder aux services du tiers métier en utilisant les API de localisation et de communication distantes prévues à cet effet. Cela peut rendre complexes les codes

des clients. Les design patterns J2EE préconisent dans ce cas l'utilisation de deux design patterns : le localisateur de service et le délégué métier.

Le localisateur de service

Le localisateur de service permet d'accéder à un service de manière générique, c'est-à-dire en masquant au client les mécanismes d'accès, comme l'utilisation des interfaces Home, ou encore la gestion de cache client pour améliorer les performances de la résolution des services.

Le localisateur de service est généralement implémenté sous la forme d'un singleton possédant une méthode de résolution que le client utilise directement. La résolution de service ne se limite pas aux façades de Session. On peut, par exemple, vouloir accéder aux sources de données de la même manière.

Le localisateur de service peut aussi être utilisé dans le tiers métier lorsque les EJB, par exemple les façades, doivent eux-mêmes accéder à des services. C'est pour cette raison que les localisateurs de service sont placés dans le projet Commons de l'application.

La figure 11.7 illustre l'organisation du projet Commons, contenant les classes et interfaces utilisées par les tiers client et métier. On y trouve bien entendu les exceptions (package `aop.j2ee.commons.exception`), mais aussi les objets de transfert présentés à la section précédente (package `aop.j2ee.commons.to`) et les localisateurs de service (package `aop.j2ee.commons.util.locator`).

Le délégué métier

Le délégué métier est un design pattern qui crée un objet côté client pour accéder aux façades du tiers métier. En règle générale, le délégué présente la même interface que la façade à laquelle il délègue, mais ce n'est pas une obligation.

Les fonctions principales du délégué métier sont les suivantes :

• Indépendance du client d'avec les façades. En terme d'organisation des applications, cela garantit une meilleure structuration et indépendance des projets. Par exemple, une recompilation du tiers métier n'a pas d'effet sur les clients.

• Simplification du code client en regroupant un certain nombre de traitements communs et génériques à l'intérieur des délégués. Par exemple, le traitement de certaines exceptions ou l'implémentation de politiques de rejeu.

• Indépendance du client d'avec la localisation. Le délégué métier utilise habituellement le localisateur de service.

Dans notre application, le client d'administration utilise un délégué pour accéder à la façade `Bank`.

Pour des raisons organisationnelles, les délégués peuvent être placés dans un projet distinct, comme l'illustre la figure 11.8.

Figure 11.7

Organisation du projet Commons

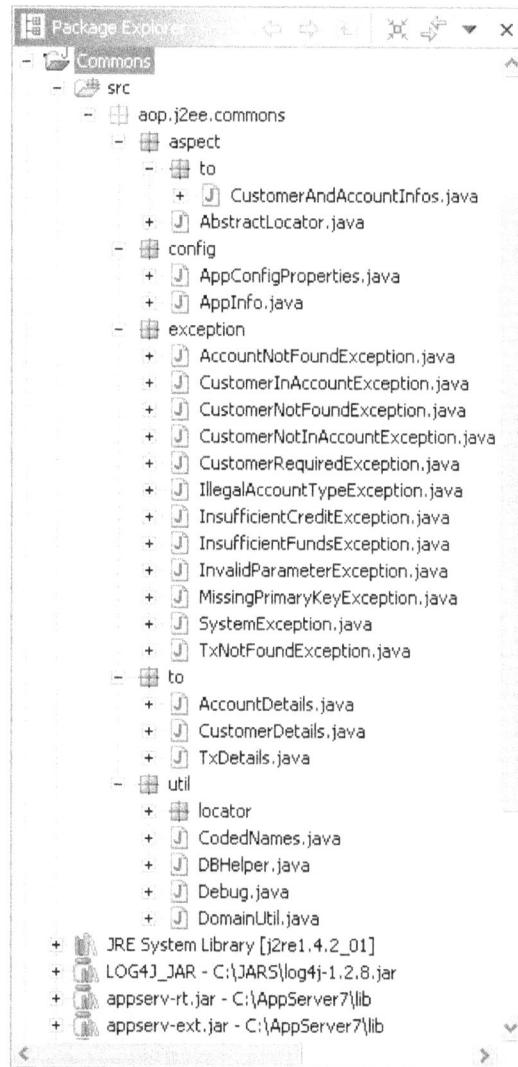

Figure 11.8

Organisation du projet BusinessDelegates

Les design patterns J2EE du tiers de présentation

Un certain nombre de design patterns J2EE sont préconisés lors du développement du tiers métier, notamment les suivants :

- Le contrôleur frontal, qui permet la centralisation de la gestion des requêtes.

- Le contrôleur applicatif, qui gère les requêtes à un niveau applicatif de manière transparente pour le protocole utilisé.

- L'objet contexte, qui permet d'encapsuler les paramètres des requêtes dans des objets, rendant le code du tiers de présentation plus simple.

- Le compagnon de vue, qui permet la migration de traitements complexes de présentation des pages JSP vers des objets Java.

- Le filtre d'interception, qui permet à des objets spécifiques d'intercepter les requêtes et de leur appliquer des traitements récurrents de manière modulaire et paramétrable.

Bien que ces design patterns soient documentés, leur utilisation conjointe n'est pas une tâche facile pour le concepteur et le développeur. Il est souvent préférable d'utiliser des frameworks intégrant l'ensemble des design patterns de présentation dans un tout cohérent de manière transparente. C'est le cas, par exemple, du framework Open Source Struts, qui est utilisé dans la conception de l'application de référence originelle Duke's Bank.

Les solutions d'intégration automatique

Dans le cadre de J2EE, on utilise des descripteurs de déploiement *(voir les codes XML ci-dessous)* pour configurer les services techniques gérés par le conteneur. Cette technique permet, par exemple, d'intégrer les transactions sur des services de façade (repères ❷) ou la persistance sur des objets métier de manière déclarative. Il est en outre possible de configurer les composants pour l'accès distant, comme le nommage (repères ❹) et la déclaration d'interface distante (repère ❶), ou pour la gestion des droits (repères ❸). On parle alors de gestion déclarative ou de gestion par le conteneur.

Extrait du fichier XML **ejb-jar.xml** :

```
<enterprise-beans>
 <session>
  <description>no description</description>
  <display-name>BankEJB</display-name>
  <ejb-name>BankEJB</ejb-name>
  <home>aop.j2ee.business.session.bank.BankHome</home>
  <remote>aop.j2ee.business.session.bank.Bank</remote> ←❶
  <ejb-class>aop.j2ee.business.session.bank.BankBean</ejb-class>
  <session-type>Stateless</session-type>
  <transaction-type>Container</transaction-type> ←❷
 </session>
</enterprise-beans>


<assembly-descriptor>
```

```
   <security-role> ←❸
    <role-name>BankCustomer</role-name>
   </security-role>
   <security-role>
    <role-name>BankAdmin</role-name>
   </security-role>

 <container-transaction> ←❷
  <method>
   <ejb-name>BankEJB</ejb-name>
   <method-intf>Remote</method-intf>
   <method-name>getCustomersOfAccount</method-name>
   <method-params>
    <method-param>java.lang.String</method-param>
   </method-params>
  </method>
   <trans-attribute>Required</trans-attribute> ←❷
 </container-transaction>
 [...]
```

Extrait du fichier XML **sun-ejb-jar.xml :**

```
<sun-ejb-jar>
<security-role-mapping> ←❸
  <role-name>BankCustomer</role-name>
  <group-name>Customer</group-name>
</security-role-mapping>
<security-role-mapping>
  <role-name>BankAdmin</role-name>
  <group-name>Admin</group-name>
</security-role-mapping>
  <enterprise-beans>
    <name>bank-ejb.jar</name>
    <unique-id>2059221019</unique-id>
    <ejb>
      <ejb-name>BankEJB</ejb-name> ←❹
      <jndi-name>ejb/bank</jndi-name> ←❹
      [...]
    </ejb>
  </enterprise-beans>
  [...]
</sun-ejb-jar>
```

Ces solutions simplifient grandement la programmation car l'utilisation explicite des API est remplacée par une configuration déclarative. J2EE permet ainsi d'extraire un certain nombre de préoccupations techniques transversales, ce qui est un point commun avec la POA. La section suivante décrit comment la POA peut être utilisée en complément, voire en remplacement de ces solutions.

Utilisation de la POA

Comme nous l'avons vu au chapitre 8, les design patterns peuvent bénéficier de l'apport de la POA, y compris un certain nombre de design patterns J2EE, qui peuvent être avantageusement implémentés sous forme d'aspects. C'est le cas, par exemple, du localisateur de service et du délégué métier. D'autres design patterns sont améliorés par la POA. Par exemple, la façade et l'objet métier sont rendus indépendants de la technologie EJB.

La POA peut aussi être avantageusement utilisée pour les solutions d'intégration automatiques. Ces dernières souffrent en effet des inconvénients suivants :

- Dans la mesure où c'est le conteneur qui gère l'intégration de manière automatique, il y a peu de moyen de modifier la manière dont il implémente l'intégration dans le cas où cette dernière n'est pas satisfaisante ou lorsque la configuration ne permet pas de paramétrer l'application pour le contexte donné.

- Le paramétrage de manière déclarative ne fonctionne généralement que pour des cas simples et nécessite souvent la programmation d'un code Java complémentaire qui limite leur intérêt. Il est parfois préférable de ne pas utiliser le paramétrage et de recourir à des solutions de conception explicites, comme les design patterns ou les frameworks.

- Mises à part les solutions normalisées, elles sont souvent dépendantes des serveurs d'applications, ce qui limite la portabilité de l'application.

La POA pallie la plupart de ces inconvénients en définissant l'intégration de façon modulaire, *via* les descripteurs de déploiement, par exemple, et selon une technique à la fois plus flexible et plus puissante, car définie à l'aide de code, dans notre code AspectJ.

Conclusion

Ce chapitre a présenté l'application de référence, une application bancaire J2EE construite à partir de l'exemple Duke's Bank et a montré son organisation en projets et packages. Cela nous a permis d'explorer son architecture et sa conception de manière globale.

Les éléments fournis doivent suffire à appréhender les problèmes de conception de cette application et la façon dont la POA peut les résoudre.

Les deux chapitres suivants détaillent l'utilisation de la POA au sein de cette application de référence. L'étude s'articule autour des différents tiers de l'application. Même si des éléments de conception peuvent avoir des effets sur plusieurs tiers, il est souhaitable de rester confiné à un tiers lors de la mise en place d'un design pattern. Cette règle permet de garder une certaine indépendance entre les différents projets correspondant à chacun des tiers.

Pour chacun de ces tiers, nous évaluerons les apports de la POA suivant trois critères :

- L'amélioration de l'implémentation des design patterns utilisés, en particulier J2EE.

- L'amélioration d'un élément de conception reconnu comme transversal, mais qui n'est pas forcément lié à un design pattern identifié ou qui sort du cadre d'application de ce design pattern.

- L'amélioration de l'indépendance de la conception à l'égard des technologies J2EE, notamment des EJB.

- Pour le tiers métier, implémenté dans un conteneur de composants EJB, l'étude évalue en outre la possibilité de remplacer les techniques d'intégration automatiques par la POA.

12

Utilisation de la POA
dans le tiers métier

La plupart des design patterns J2EE du tiers métier s'appuient sur l'utilisation des EJB. Par exemple, le pattern de la façade de session préconise l'utilisation d'EJB Session. Le fait d'utiliser des EJB permet aussi l'intégration automatique d'un certain nombre de préoccupations. Les design patterns J2EE sont enfin relativement simples comparés aux design patterns du GoF.

Dans ce contexte, la POA présente les avantages suivants :

- Rendre l'application indépendante de la technologie EJB. Dans un environnement aussi mouvant que l'informatique d'entreprise et les nouvelles technologies, l'indépendance vis-à-vis des technologies est une propriété souhaitable.

- Apporter une solution de rechange nettement plus flexible aux techniques d'intégration automatiques.

POA ou conteneurs de composants ?

La POA et la programmation fondée sur les composants partagent le même but final : séparer la logique métier des préoccupations techniques, comme la persistance ou les transactions, et les intégrer de manière claire et si possible automatique. La difficulté majeure de l'intégration vient de l'interdépendance entre les différentes préoccupations, qui a pour effet de mélanger ces préoccupations au niveau du code et ainsi d'aller à l'encontre des principes fondamentaux du génie logiciel, qui sont l'encapsulation et la séparation des préoccupations.

Les conteneurs de composants intègrent les préoccupations techniques au moment du déploiement. Ils s'appuient pour cela sur un modèle de composant, par exemple les EJB, et sur les descripteurs de déploiement, fournis sous la forme de fichiers XML pour les EJB, qui ont pour fonction de paramétrer cette intégration. On parle alors d'intégration déclarative. Il n'existe cependant aucun moyen simple d'étendre ou de modifier l'intégration lorsque cette dernière n'est pas satisfaisante pour un contexte donné. Dans ce cas, l'utilisation des design patterns, de frameworks externes ou de la POA peut aider le concepteur à finaliser l'intégration.

De toutes ces solutions, la POA est la seule à spécifier l'intégration de manière impérative, *via* un programme, et à conserver le programme de base — sur lequel on applique l'intégration — indépendant de la technologie utilisée. On parle alors d'indépendance technologique. Dans le cas des design patterns, il faut modifier la structure du programme. Dans celui des frameworks, il faut tirer des dépendances vers les API concernées ou spécialiser des classes par héritage. On parle alors de dépendance technologique.

Amélioration des design patterns du tiers métier

Cette section présente les différents design patterns utilisables pour le tiers métier et en discute les inconvénients. Elle montre que l'utilisation de la POA améliore nettement l'indépendance des objets du tiers serveur vis-à-vis de la technologie et des choix de conception.

En particulier, elle insiste sur le fait que l'ensemble des EJB côté serveur peuvent être transformés en POJO (Plain Old Java Object), c'est-à-dire en objets Java standards, *via* l'utilisation d'aspects spécifiques. L'utilisation des EJB devient ainsi transparente.

La façade de session

Dans une application J2EE qui utilise le modèle des EJB, la façade de session est un EJB Session qui gère un ensemble d'objets métier et définit une façade applicative uniforme et de grain moyen. Les bénéfices liés à l'utilisation d'une façade ont été mis en avant dans la littérature sur les design patterns standards du GoF.

Dans les design patterns J2EE, la façade de session doit nécessairement implémenter l'interface `javax.ejb.SessionBean`. C'est ce qui permet au serveur d'applications d'instancier automatiquement et de gérer des pools d'objets de session en fonction des clients. De plus, dans le cadre des EJB, le fait d'être un EJB permet à la façade d'être accessible par des clients distants, *via* JNDI et RMI.

Implémentation sans la POA

Sans les aspects, la façade applicative pour l'interface `TxController` du package `aop.j2ee.business.session.txcontroller`, qui a été introduite à la section du chapitre 11 décrivant les façades du tiers métier, s'implémente de la manière suivante :

```
package aop.j2ee.business.session.txcontroller;

import java.sql.*;
import javax.sql.*;
import java.util.*;
import java.math.*;
import javax.ejb.*;
import javax.naming.*;
import java.rmi.RemoteException;
import aop.j2ee.business.entity.tx.Tx;
import aop.j2ee.business.entity.tx.TxHome;

import aop.j2ee.business.entity.account.AccountHome;
import aop.j2ee.business.entity.account.Account;
import aop.j2ee.commons.exception.*;
import aop.j2ee.commons.util.*;
import aop.j2ee.commons.to.*;
import aop.j2ee.business.util.EJBGetter;

public class TxControllerBean implements SessionBean { ←❶

  // attributs

  private TxHome txHome; ←❼
  private AccountHome accountHome; ←❼
  private Connection con; ←❺
  private SessionContext context; ←❹
  private BigDecimal bigZero = new BigDecimal("0.00");


  // implémentation des méthodes de l'interface métier ←❷

  public void withdraw(
    BigDecimal amount,
    String description,
    String accountId)
  throws
    InvalidParameterException,
    AccountNotFoundException,
    IllegalAccountTypeException,
    InsufficientFundsException {

  Account account =
  checkAccountArgsAndResolve(amount, description, accountId); ←❻

  try {

    String type = account.getType();
    if (DomainUtil.isCreditAccount(type))
      throw new IllegalAccountTypeException(type);
```

```
            BigDecimal newBalance = account.getBalance().subtract(amount);
            if (newBalance.compareTo(bigZero) == -1)
              throw new InsufficientFundsException();
            executeTx(
              amount.negate(),
              description,
              accountId,
              newBalance,
              account);
          } catch (RemoteException ex) {
            throw new EJBException("withdraw: " + ex.getMessage());
          }

        } // withdraw

        public void transferFunds(
          BigDecimal amount,
          String description,
          String fromAccountId,
          String toAccountId)
        throws
          InvalidParameterException,
          AccountNotFoundException,
          InsufficientFundsException,
          InsufficientCreditException {

          try {
            Account fromAccount = checkAccountArgsAndResolve(
              amount, description, fromAccountId); ←❻
            Account toAccount = checkAccountArgsAndResolve(
              amount, description, toAccountId); ←❻

            String fromType = fromAccount.getType();
            BigDecimal fromBalance = fromAccount.getBalance();

            if (DomainUtil.isCreditAccount(fromType)) {
              BigDecimal fromNewBalance = fromBalance.add(amount);
              if (fromNewBalance.compareTo(
                  fromAccount.getCreditLine()) == 1)
                throw new InsufficientCreditException();
              executeTx(amount,description,fromAccountId,fromNewBalance,
                      fromAccount);
            } else {
              BigDecimal fromNewBalance = fromBalance.subtract(amount);
              if (fromNewBalance.compareTo(bigZero) == -1)
                throw new InsufficientFundsException();
              executeTx(amount.negate(),description,fromAccountId,
                      fromNewBalance,fromAccount);
            }
```

```
    String toType = toAccount.getType();
    BigDecimal toBalance = toAccount.getBalance();

    if (DomainUtil.isCreditAccount(toType)) {
      BigDecimal toNewBalance = toBalance.subtract(amount);
      executeTx(amount.negate(),description,toAccountId,
                toNewBalance,toAccount);
    } else {
      BigDecimal toNewBalance = toBalance.add(amount);
      executeTx(amount,description,toAccountId,toNewBalance,
      toAccount);
    }
  } catch (RemoteException ex) {
    throw new EJBException("transferFunds: " + ex.getMessage());
  }
} // transferFunds

// même principes pour les autres méthodes
[...]


// méthodes privées ←❸

private void executeTx(
  BigDecimal amount,
  String description,
  String accountId,
  BigDecimal newBalance,
  Account account) {

  try {
    makeConnection(); ←❺
    String txId = DBHelper.getNextTxId(con); ←❺
    account.setBalance(newBalance);
    Tx tx = txHome.create(txId,accountId,new java.util.Date(),
                          amount,newBalance,description);
  } catch (Exception ex) {
    throw new EJBException("executeTx: " + ex.getMessage());
  } finally {
    releaseConnection(); ←❺
  }
} // executeTx

private Account checkAccountArgsAndResolve( ←❻
  BigDecimal amount,String description,String accountId)
throws InvalidParameterException, AccountNotFoundException {

  Account account = null;
  if (description == null)
    throw new InvalidParameterException("null description");
```

```
        if (accountId == null)
          throw new InvalidParameterException("null accountId");
        if (amount.compareTo(bigZero) != 1)
          throw new InvalidParameterException("amount <= 0");
        try {
          account = accountHome.findByPrimaryKey(accountId); ←❼
        } catch (Exception ex) {
          throw new AccountNotFoundException(accountId);
        }
  return account;
  } // checkAccountArgsAndResolve

  // ejb methods ←❹

  public void ejbCreate() {
    try {
      txHome = EJBGetter.getTxHome(); ←❼
      accountHome = EJBGetter.getAccountHome(); ←❼
    } catch (Exception ex) {
      throw new EJBException("ejbCreate: " + ex.getMessage());
    }
  } // ejbCreate

  public void setSessionContext(SessionContext context) {
    this.context = context;
  }

  public TxControllerBean() {}
  public void ejbRemove() {}
  public void ejbActivate() {}
  public void ejbPassivate() {}

  // Routines de base de données ←❺

  private void makeConnection() {
    try {
      InitialContext ic = new InitialContext();
      DataSource ds =
        (DataSource) ic.lookup(CodedNames.BANK_DATABASE);
        con = ds.getConnection();
    } catch (Exception ex) {
      throw new EJBException(
        "Unable to connect to database. " + ex.getMessage());
    }
  } // makeConnection

  private void releaseConnection() {
    try {
      con.close();
    } catch (SQLException ex) {
```

```
        throw new EJBException("releaseConnection: "
                              + ex.getMessage());
    }
  } // releaseConnection
} // TxControllerEJB
```

Tirée de l'implémentation originale de l'exemple Duke's Bank, cette implémentation contient un ensemble de préoccupations qu'il serait bon de modulariser :

- Elle implémente l'interface SessionBean (repères ❶ et ❹).

- Dans l'implémentation des méthodes métier (repère ❷), nous trouvons un appel systématique à la méthode checkArgsAndResolve (repères ❻). Cet appel joue un double rôle. Elle permet de vérifier certaines préconditions sur les arguments puis de résoudre la référence d'un compte en utilisant son interface Home.

- Elle tire et gère des références vers les autres EJB (repères ❼).

- Elle implémente et utilise un certain nombre de fonctions de base de données (repères ❺). L'implémentation originale de la Duke's Bank n'utilise pas de framework ni de technique d'intégration particulière mais s'appuie directement sur JDBC.

L'ensemble de ces préoccupations complexifie le code de la façade et oblige le concepteur à définir des méthodes privées pour l'implémentation (repère ❸). Cela a pour effet de masquer la complexité mais de définir des fonctions *ad hoc* dont la maintenance peut s'avérer complexe et source d'erreur.

Nous revenons dans la suite de ce chapitre sur les différents points qui posent problème. Focalisons-nous pour l'instant sur les problèmes liés spécifiquement à l'implémentation du design pattern J2EE de la façade tel que décrit dans le catalogue de Sun Microsystems et concernant l'indépendance vis-à-vis des EJB Session (premiers des repères ❶ et ❹).

Implémentation avec la POA

Grâce à la POA, il est facile de rendre le code indépendant de la technologie des EJB en créant un aspect de transformation des POJO en EJB. L'idée est d'utiliser une interface vide comme marqueur — dans le même esprit que l'interface Serializable — et de l'implémenter dans les aspects grâce à des déclarations intertype fondées sur cette interface.

Si l'interface marqueur est la suivante :

```
package aop.j2ee.business;
public interface SessionBeanProtocol {}
```

l'aspect POJOSession suivant peut transformer un POJO implémentant cette interface en EJB Session :

```
package aop.j2ee.business.aspect;

import javax.ejb.*;
import aop.j2ee.business.aspect.marker.SessionBeanProtocol;
```

```
public aspect POJOSession extends EJBResolver {
  // common session bean behavior
  declare parents: SessionBeanProtocol
                   extends javax.ejb.SessionBean;

  private SessionContext SessionBeanProtocol.context;
  public void SessionBeanProtocol
    .setSessionContext(SessionContext context) {
    this.context = context;
  }
  public void SessionBeanProtocol.ejbRemove() {}
  public void SessionBeanProtocol.ejbActivate() {}
  public void SessionBeanProtocol.ejbPassivate() {}
  public void SessionBeanProtocol.ejbCreate() { [...] } } ←❶
}
```

L'implémentation de la méthode ejbCreate contient un certain nombre d'initialisations propres aux EJB, que nous détaillons par la suite (repère ❶).

En termes de modularité, les gains sont les suivants :

- **Localité.** Tout le code implémentant les fonctionnalités de la façade de session se trouve dans un POJO, et le code lié aux EJB Session se trouve dans un aspect.

- **Réutilisation.** Nous pouvons étendre l'interface SessionBeanProtocol suivant les besoins et faire des déclarations intertype dans POJOSession. Comme la hiérarchie d'héritage est indépendante du métier, la réutilisation et la factorisation des traitements communs aux EJB Session sont accrues de manière significative.

- **Composition.** L'implémentation de la façade n'étant pas couplée au pattern de la façade de session, il est plus facile de l'utiliser conjointement à d'autres patterns sans pour autant rendre le code plus compliqué.

Notons que l'aspect concret POJOSession hérite de l'aspect abstrait EJBResolver. Ce dernier ne joue aucun rôle dans l'implémentation de l'interface SessionBean et sera décrit en détail plus tard.

L'objet métier

Les patterns J2EE préconisent l'utilisation des EJB Entity pour la définition des objets métier persistants. Théoriquement, l'utilisation d'un EJB Entity permet l'ajout simple de propriétés transactionnelles et de persistance. Il existe cependant un certain nombre de patterns et de frameworks pour traiter les mêmes problèmes de manière souvent plus simple et plus efficace.

Par exemple, pour la persistance, l'utilisation du framework Open Source Hibernate est une solution de remplacement efficace aux EJB Entity. La plupart de ces frameworks ne requièrent pas d'extension particulière, et les objets métier sont définis sous forme de POJO ou de JavaBeans classiques. Il est donc intéressant pour l'application de garder les objets métier aussi indépendants que possible des EJB, l'idéal étant d'utiliser des POJO.

Implémentation sans la POA

Sans l'utilisation des aspects, l'implémentation d'un compte sous forme d'EJB Entity est la suivante :

```
package aop.j2ee.business.entity.account;

import java.sql.*;
import javax.sql.*;
import java.util.*;
import java.math.*;
import javax.ejb.*;
import javax.naming.*;
import aop.j2ee.commons.exception.*;
import aop.j2ee.commons.util.Debug;
import aop.j2ee.commons.util.CodedNames;
import aop.j2ee.commons.util.DBHelper;
import aop.j2ee.commons.to.AccountDetails;

public class AccountBean implements EntityBean {   ←❶

  private String accountId;
  private String type;
  private String description;
  private BigDecimal balance;
  private BigDecimal creditLine;
  private BigDecimal beginBalance;
  private java.util.Date beginBalanceTimeStamp;
  private ArrayList customerIds;   ←❷

  private EntityContext context;   ←❶
  private Connection con;   ←❸

  // méthodes métier   ←❹

  public AccountDetails getDetails() {
    try {
      loadCustomerIds();   ←❷
    } catch (Exception ex) {
      throw new EJBException("loadCustomerIds:  " +
          ex.getMessage());
    }
    return new AccountDetails(
      accountId, type, description, balance,
      creditLine, beginBalance, beginBalanceTimeStamp,
      customerIds);
  }

  public BigDecimal getBalance() { return balance; }
  public String getType() { return type; }
  public BigDecimal getCreditLine() { return creditLine; }
```

```
public void setType(String type) { this.type = type; }
public void setDescription(String description) {
  this.description = description;
}
public void setBalance(BigDecimal balance) {
  this.balance = balance;
}
public void setCreditLine(BigDecimal creditLine) {
  this.creditLine = creditLine;
}
public void setBeginBalance(BigDecimal beginBalance) {
  this.beginBalance = beginBalance;
}
public void setBeginBalanceTimeStamp(
  java.util.Date beginBalanceTimeStamp) {
  this.beginBalanceTimeStamp = beginBalanceTimeStamp;
}

// méthodes ejb home ←❺

public String ejbCreate(
  String accountId, String type, String description,
  BigDecimal balance, BigDecimal creditLine,
  BigDecimal beginBalance,
  java.util.Date beginBalanceTimeStamp, ArrayList customerIds)
throws CreateException, MissingPrimaryKeyException {
  if ((accountId == null) || (accountId.trim().length() == 0)) {
    throw new MissingPrimaryKeyException
      ("ejbCreate: accountId arg is null or empty");
  }
  this.accountId = accountId;
  this.type = type;
  this.description = description;
  this.balance = balance;
  this.creditLine = creditLine;
  this.beginBalance = beginBalance;
  this.beginBalanceTimeStamp = beginBalanceTimeStamp;
  this.customerIds = customerIds;
  try {
    insertRow(); ←❸
  } catch (Exception ex) {
    throw new EJBException("ejbCreate: " + ex.getMessage());
  }
  return accountId;
}

public String ejbFindByPrimaryKey(String primaryKey)
  throws FinderException {
  boolean result;
```

```
      try {
        result = selectByPrimaryKey(primaryKey);  ←❸
      } catch (Exception ex) {
        throw new EJBException("ejbFindByPrimaryKey: " +
        ex.getMessage());
      }
      if (result) {
        return primaryKey;
      } else {
        throw new ObjectNotFoundException
          ("Row for id " + primaryKey + " not found.");
      }
  }

  public Collection ejbFindByCustomerId(String customerId)
    throws FinderException {
    Collection result;
    try {
      result = selectByCustomerId(customerId);  ←❸
    } catch (Exception ex) {
      throw new EJBException("ejbFindByCustomerId " +
          ex.getMessage());
    }
    return result;
  }

  public void ejbRemove() {
    try {
      deleteRow(accountId);  ←❸
    } catch (Exception ex) {
      throw new EJBException("ejbRemove: " + ex.getMessage());
    }
  }

  // méthodes ejb  ←❶

  public void setEntityContext(EntityContext context) {
    this.context = context;
    customerIds = new ArrayList();
  }

  public void unsetEntityContext() {}

  public void ejbLoad() {
    try {
      loadAccount();
    } catch (Exception ex) {
      throw new EJBException("ejbLoad: " + ex.getMessage());
    }
  }
```

```
public void ejbStore() {
  try {
    storeAccount();
  } catch (Exception ex) {
    throw new EJBException("ejbStore: " + ex.getMessage());
  }
}

public void ejbActivate() {
  accountId = (String)context.getPrimaryKey();
}

public void ejbPassivate() {
  accountId = null;
}

public void ejbPostCreate(String accountId, String type,
  String description, BigDecimal balance,
  BigDecimal creditLine, BigDecimal beginBalance,
  java.util.Date beginBalanceTimeStamp, ArrayList customerIds) {}

// Méthodes de base de données ←❸

private void makeConnection() { [...] }  // voir TxControllerBean
                                         // ci-dessus
private void releaseConnection() { [...] } // idem
private void insertRow () throws SQLException {
  makeConnection();
  String insertStatement =
    "insert into account values ( ? , ? , ? , ? , ? , ? , ? )";
  PreparedStatement prepStmt =
    con.prepareStatement(insertStatement);
  prepStmt.setString(1, accountId);
  prepStmt.setString(2, type);
  prepStmt.setString(3, description);
  prepStmt.setBigDecimal(4, balance);
  prepStmt.setBigDecimal(5, creditLine);
  prepStmt.setBigDecimal(6, beginBalance);
  prepStmt.setDate(7, DBHelper.toSQLDate(beginBalanceTimeStamp));
  prepStmt.executeUpdate();
  prepStmt.close();
  releaseConnection();
}

private void deleteRow(String id) throws SQLException {
  makeConnection();
  String deleteStatement =
    "delete from account where account_id = ? ";
  PreparedStatement prepStmt =
    con.prepareStatement(deleteStatement);
  prepStmt.setString(1, id);
```

```
    prepStmt.executeUpdate();
    prepStmt.close();
    releaseConnection();
  }

  private boolean selectByPrimaryKey(String primaryKey)
    throws SQLException {
    makeConnection();
    String selectStatement =
      "select account_id " +
      "from account where account_id = ? ";
    PreparedStatement prepStmt =
      con.prepareStatement(selectStatement);
    prepStmt.setString(1, primaryKey);
    ResultSet rs = prepStmt.executeQuery();
    boolean result = rs.next();
    prepStmt.close();
    releaseConnection();
    return result;
  }

  private Collection selectByCustomerId(String customerId)
    throws SQLException {
    makeConnection();
    String selectStatement = "select account_id " +
      "from customer_account_xref " +
      "where customer_id = ? ";
    PreparedStatement prepStmt =
      con.prepareStatement(selectStatement);
    prepStmt.setString(1, customerId);
    ResultSet rs = prepStmt.executeQuery();
    ArrayList a = new ArrayList();
    while (rs.next()) {
      a.add(rs.getString(1));
    }
    prepStmt.close();
    releaseConnection();
    return a;
  }

  private void loadAccount() throws SQLException {
    makeConnection();
    String selectStatement =
      "select type, description, balance, credit_line, " +
      "begin_balance, begin_balance_time_stamp " +
      "from account where account_id = ? ";
    PreparedStatement prepStmt =
      con.prepareStatement(selectStatement);
    prepStmt.setString(1, accountId);
    ResultSet rs = prepStmt.executeQuery();
```

```
        if (rs.next()) {
          type = rs.getString(1);
          description = rs.getString(2);
          balance = rs.getBigDecimal(3);
          creditLine = rs.getBigDecimal(4);
          beginBalance = rs.getBigDecimal(5);
          beginBalanceTimeStamp = rs.getDate(6);
          prepStmt.close();
          releaseConnection();
        } else {
          prepStmt.close();
          releaseConnection();
          throw new NoSuchEntityException("Row for id " +
            accountId + " not found in database.");
        }
      }

      private void loadCustomerIds() throws SQLException { ←②
        makeConnection();
        String selectStatement =
          "select customer_id " +
          "from customer_account_xref where account_id = ? ";
        PreparedStatement prepStmt =
          con.prepareStatement(selectStatement);
        prepStmt.setString(1, accountId);
        ResultSet rs = prepStmt.executeQuery();
        customerIds.clear();
        while (rs.next()) {
          customerIds.add(rs.getString(1));
        }
        prepStmt.close();
        releaseConnection();
      }

      private void storeAccount() throws SQLException {
        makeConnection();
        String updateStatement =
          "update account set type = ? , description = ? , " +
          "balance = ? , credit_line = ? , " +
          "begin_balance = ? , begin_balance_time_stamp = ? " +
          "where account_id = ?";
        PreparedStatement prepStmt =
          con.prepareStatement(updateStatement);
        prepStmt.setString(1, type);
        prepStmt.setString(2, description);
        prepStmt.setBigDecimal(3, balance);
        prepStmt.setBigDecimal(4, creditLine);
        prepStmt.setBigDecimal(5, beginBalance);
        prepStmt.setDate(6, DBHelper.toSQLDate(beginBalanceTimeStamp));
        prepStmt.setString(7, accountId);
        int rowCount = prepStmt.executeUpdate();
```

```
      prepStmt.close();
      releaseConnection();
      if (rowCount == 0) {
        throw new EJBException("Storing row for id " + accountId +
                                 " failed.");
      }
    }
  }

} // AccountBean
```

Comme pour la façade de session, l'objet métier comporte un certain nombre de préoccupations non modularisées :

- Dépendance envers la technologie EJB par l'implémentation de l'interface `EntityBean` (repères ❶).

- Implémentation de références (ici une collection) vers d'autres EJB (repères ❷).

- Accès à la base de données ou, plus généralement, gestion de la persistance (repères ❸) du fait qu'il s'agit d'un EJB BMP (Bean Managed Persistence) et non CMP (Container Managed Persistence).

- Implémentation du métier (repère ❹).

- Méthodes liées à la résolution des instances EJB *via* l'implémentation de l'interface Home (repère ❺).

Les sections suivantes montrent comment modulariser clairement ces préoccupations à l'aide de la POA en implémentant les préoccupations non métier à l'aide d'aspects.

Implémentation avec la POA

De la même façon que les objets façade doivent implémenter l'interface `javax.ejb.SessionBean`, les objets métier traités comme des EJB Entity doivent implémenter l'interface `javax.ejb.EntityBean`. L'utilisation de la programmation orientée aspect peut donc se faire de la même manière que pour la façade de session, c'est-à-dire par l'utilisation d'une interface marqueur :

```
package aop.j2ee.business;
public interface EntityBeanProtocol {}
```

Cette interface vide doit être implémentée par les objets métier ou tout autre objet de type EJB Entity, ce qui aura un effet minime sur le code. Un aspect de transformation des POJO en EJB du type de celui ci-dessous se charge de l'implémentation des méthodes :

```
package aop.j2ee.business.aspect;

import java.sql.*;
import javax.ejb.*;
import aop.j2ee.business.aspect.marker.EntityBeanProtocol;

public abstract aspect POJOEntity extends EJBResolver {
```

```
declare parents: EntityBeanProtocol extends javax.ejb.EntityBean;
private EntityContext EntityBeanProtocol.context;

// méthodes generiques EJB home =================================

public String EntityBeanProtocol
      .ejbFindByPrimaryKey(String primaryKey)
throws FinderException {
  boolean result;
  try {
    result = selectByPrimaryKey(primaryKey);
  } catch (Exception ex) {
    throw new EJBException("ejbFindByPrimaryKey: " +
                          ex.getMessage());
  }
  if (result) {
    return primaryKey;
  } else {
    throw new ObjectNotFoundException
        ("Row for id " + primaryKey + " not found.");
  }
}

// méthodes génériques EJB ======================================

public void EntityBeanProtocol.ejbRemove() {
  try {
    deleteRow(getEntityId());
  } catch (Exception ex) {
    throw new EJBException("ejbRemove: " + ex.getMessage());
  }
}

public void EntityBeanProtocol
            .setEntityContext(EntityContext context) {
  this.context = context;
  setExtraContext();
}

public void EntityBeanProtocol.unsetEntityContext() {}

public void EntityBeanProtocol.ejbLoad() {
  try {
    loadEntity();
  } catch (Exception ex) {
    throw new EJBException("ejbLoad: " + ex.getMessage());
  }
}
```

```
    public void EntityBeanProtocol.ejbStore() {
      try {
        storeEntity();
      } catch (Exception ex) {
        throw new EJBException("ejbStore: " + ex.getMessage());
      }
    }


    public void EntityBeanProtocol.ejbActivate() {
      setEntityId((String)context.getPrimaryKey());
    }


    public void EntityBeanProtocol.ejbPassivate() {
      setEntityId(null);
    }


  // protocole de perstistence

  private void EntityBeanProtocol.makeConnection() {}
  private void EntityBeanProtocol.releaseConnection() {}
  private void EntityBeanProtocol.insertRow ()
  throws SQLException {}
  private void EntityBeanProtocol.deleteRow(String id)
  throws SQLException {}
  private boolean EntityBeanProtocol
    .selectByPrimaryKey(String primaryKey) { return false; }
  private void EntityBeanProtocol.loadEntity()
  throws SQLException {}
  private void EntityBeanProtocol.storeEntity()
  throws SQLException {}
  private String EntityBeanProtocol.getEntityId()
  throws SQLException { return null; }
  private void EntityBeanProtocol.setEntityId(String id) {}
  private void EntityBeanProtocol.setExtraContext() {}
}
```

Contrairement à l'implémentation classique, les comportements communs liés aux EJB Entity peuvent être plus facilement factorisés car, de la même façon que pour les EJB Session, nous pouvons découpler les factorisations en deux hiérarchies d'héritage indépendantes : une hiérarchie fonctionnelle, liée aux POJO implémentant le métier, et une hiérarchie technique supportée par les aspects et les interfaces marqueur si besoin est.

Comme pour l'aspect POJOSession, nous étendons l'aspect abstrait EJBResolver. Cet aspect ne jouant aucun rôle dans l'implémentation de l'interface EntityBean, il sera décrit en détail plus tard.

Modularisation de la persistance métier

Un autre intérêt majeur des aspects dans le cadre des EJB Entity est que la gestion de la persistance peut être insérée de façon générique par les aspects. Ici, nous choisissons d'introduire un protocole générique par un ensemble de déclarations intertype. Il s'agit d'un aspect de persistance non générique dédié à un composant métier donné.

Comme l'aspect POJOEntity est abstrait, ces déclarations intertype peuvent être spécialisées en fonction de l'EJB cible, comme dans le code ci-dessous pour l'exemple du compte :

```
package aop.j2ee.business.aspect.sql;

import java.sql.*;
import java.util.*;
import java.math.*;
import javax.ejb.*;
import aop.j2ee.commons.exception.*;
import aop.j2ee.commons.util.Debug;
import aop.j2ee.business.entity.account.AccountPOJO;
import aop.j2ee.business.aspect.POJOEntity;

public privileged aspect SQLAccount extends POJOEntity {

// EJB or EJBHome specific methods

public String AccountPOJO.ejbCreate(String accountId,String type,
  String description,BigDecimal balance,BigDecimal creditLine,
  BigDecimal beginBalance,java.util.Date beginBalanceTimeStamp,
  ArrayList customerIds)
  throws CreateException, MissingPrimaryKeyException {
  if ((accountId == null) || (accountId.trim().length() == 0)) {
    throw new MissingPrimaryKeyException(
      "ejbCreate: accountId arg is null or empty");
  }
  this.accountId = accountId;
  this.type = type;
  this.description = description;
  this.balance = balance;
  this.creditLine = creditLine;
  this.beginBalance = beginBalance;
  this.beginBalanceTimeStamp = beginBalanceTimeStamp;
  this.customerIds = customerIds;
  try {
    insertRow();
  } catch (Exception ex) {
    throw new EJBException("ejbCreate: " + ex.getMessage());
  }
  return accountId;
}
```

```
public void AccountPOJO.ejbPostCreate(String accountId,String type,
  String description,BigDecimal balance,BigDecimal creditLine,
  BigDecimal beginBalance,java.util.Date beginBalanceTimeStamp,
  ArrayList customerIds) {}

public Collection AccountPOJO.ejbFindByCustomerId(
  String customerId) throws FinderException {
  Collection result;
  try {
    result = selectByCustomerId(customerId);
  } catch (Exception ex) {
    throw new EJBException("ejbFindByCustomerId " +
      ex.getMessage());
  }
  return result;
}

private void AccountPOJO.setExtraContext() {
  customerIds = new ArrayList();
}

private void AccountPOJO.setEntityId(String id) {
  this.accountId = id;
}

private String AccountPOJO.getEntityId(String id) {
  return this.accountId;
}

// Méthodes de persistance SQL (implémentation)

private Connection AccountPOJO.con;

// voir AccountBean pour les implémentations
private void AccountPOJO.makeConnection() { ... }
    private void AccountPOJO.releaseConnection() { ... }
private void AccountPOJO.insertRow() throws SQLException { ... }
private void AccountPOJO.deleteRow(String id)
throws SQLException { ... }
private boolean AccountPOJO.selectByPrimaryKey(String primaryKey)
{ ... }
private Collection AccountPOJO
  .selectByCustomerId(String customerId) throws SQLException {...}
private void AccountPOJO.loadEntity() throws SQLException { ... }
private void AccountPOJO.storeEntity() throws SQLException { ... }

// Implémentation SQL de méthodes accédant à des collections
void around(AccountPOJO account) throws Exception : ←❶
  execution(private void AccountPOJO.loadCustomerIds())
  && this(account) {
  account.makeConnection();
```

```
  String selectStatement = "select customer_id "
    + "from customer_account_xref where account_id = ? ";
  PreparedStatement prepStmt =
  account.con.prepareStatement(selectStatement);
  prepStmt.setString(1, account.accountId);
  ResultSet rs = prepStmt.executeQuery();
  account.customerIds.clear();
  while (rs.next()) {
    account.customerIds.add(rs.getString(1));
  }
  prepStmt.close();
  account.releaseConnection();
  }
  }
```

L'implémentation des requêtes SQL ne diffère pas de l'implémentation classique. Le travail à fournir est donc similaire en terme de développement. Cependant, comme l'implémentation reste confinée dans l'aspect SQLAccount, il est facile de changer complètement le mécanisme de persistance en enlevant l'aspect SQLAccount, voire l'aspect POJOEntity.

À l'aide de ces deux aspects, l'objet métier est désormais implémenté comme suit :

```
package aop.j2ee.business.entity.account;

import java.util.*;
import java.math.*;
import aop.j2ee.commons.to.AccountDetails;
import aop.j2ee.business.aspect.marker.EntityBeanProtocol;

public class AccountPOJO implements EntityBeanProtocol {

  private String accountId;
  private String type;
  private String description;
  private BigDecimal balance;
  private BigDecimal creditLine;
  private BigDecimal beginBalance;
  private java.util.Date beginBalanceTimeStamp;
  private ArrayList customerIds;

  // méthodes métier
  public AccountDetails getDetails() {
    try {
      loadCustomerIds();
    } catch (Exception ex) {
      throw new EJBException("loadCustomerIds: "
                            + ex.getMessage());
    }
    return new AccountDetails(accountId, type,description,balance,
      creditLine, beginBalance, beginBalanceTimeStamp,customerIds);
  }
```

```
public BigDecimal getBalance() { return balance; }
public String getType() {return type; }
[...] // implémentation des autres méthodes de Account

// protocole pour précharger des objets en relation
private void loadCustomerIds() throws Exception {} ←❷
}
```

Cette implémentation est effectuée sous forme de POJO ou de JavaBean classique. Nous pouvons facilement la réutiliser telle quelle dans le cadre d'un autre framework ou d'une autre technologie que les EJB ou que JDBC. Par exemple, nous pouvons facilement écrire un aspect rendant l'objet persistant en utilisant un framework de persistance tel que Hibernate ou un framework d'encore plus haut niveau fondé sur les JavaBeans, Spring par exemple.

Le lecteur attentif aura remarqué l'utilisation de la méthode vide `loadCustomerIds` (repère ❷) utilisée par la méthode `getDetails`. Comme son nom l'indique, `loadCustomerIds` permet de charger les identifiants des clients qui sont en relation avec le compte courant. Elle n'est pas implémentée dans l'objet métier mais dans l'aspect `AccountPOJO` (repère ❶). Il s'agit d'une technique récurrente permettant de reléguer l'implémentation d'une fonctionnalité dans un aspect dédié.

POA et design patterns

Comme expliqué en détail au chapitre 8, la POA offre la plupart du temps des solutions de rechange aux design patterns. L'utilisation de la POA se fait en fonction des besoins. Il s'agit d'un choix proche de l'implémentation, qui doit souvent être guidé par des critères tels que la modularité du code, sa complexité, son évolutivité, etc. Ce sont des critères souvent subjectifs, difficiles à évaluer *a priori* et qui ne prennent leur réelle importance que graduellement, lorsque l'application devient plus complexe. L'expérience du concepteur en terme de développement d'applications de taille réelle avec ou sans la POA est donc indispensable pour lui permettre d'évaluer les avantages de certaines solutions.

La POA est un domaine encore jeune, qui nécessite un retour d'expérience pour identifier les bonnes pratiques de son utilisation. Ces bonnes pratiques vont bien au-delà des design patterns classiques, car la POA ouvre un nouveau champ d'investigation. À terme, les auteurs de cet ouvrage estiment que les pratiques de la POA devront être regroupées et factorisées dans un catalogue similaire aux design patterns purement orientés objet. Il est probable que les design patterns orientés aspect prendront en compte des problèmes tels que la réutilisation, la complexité du code, sa modularisation ou encore son évolutivité au niveau de l'ensemble d'une application. Autant de problèmes qui sont attaqués de manière implicite et subjective par les design patterns.

Dans cet ouvrage et ce chapitre en particulier, les auteurs fournissent un ensemble de techniques orientées aspect permettant de résoudre certains des problèmes mentionnés. La technique du *protocole implicite*, du *protocole de démarcation* et l'aspect d'internationalisation, qui seront présentés par la suite, font partie de ces solutions. Cependant, même si ces techniques sont réutilisables et ouvrent la voie à un ensemble de bonnes pratiques en POA, elles ne remplacent pas l'intelligence du concepteur. C'est elle qui tient le rôle clé dans l'identification des préoccupations transversales pouvant apparaître à tous les niveaux d'une application.

Cette technique, déjà décrite au chapitre 10, peut se résumer en deux phases :

1. Nous définissons une ou plusieurs méthodes vides dans un objet. Ces méthodes définissent un protocole générique inopérant.

2. Nous définissons l'implémentation des méthodes à l'aide de codes advice de type around n'appelant pas proceed.

Il s'agit d'une technique plus flexible et plus explicite qu'un design objet fondé, par exemple, sur l'héritage. Dans le cadre de ce chapitre, nous appelons cette manière de faire la technique du *protocole implicite,* et ce pour trois raisons :

- Elle définit un protocole sous forme de méthodes.

- Ce protocole est privé à l'objet mais peut être rendu public dans une interface implémentée par cet objet.

- Son implémentation est implicite et supposée gérée dans un aspect prévu à cet effet.

La section suivante utilise cette technique pour la résolution de références d'objets à l'aide de protocoles de recherche similaires à la méthode loadCustomerIds.

Amélioration du design du tiers métier au-delà des design patterns

Un certain nombre de préoccupations peuvent être transversales au tiers métier et ne pas être gérables à l'aide de design patterns J2EE. L'utilisation de design patterns du GoF peut alors s'avérer utile.

Comme indiqué au chapitre 8, ces derniers présentent souvent de nombreux avantages à être implémentés sous forme d'aspects. De plus, la POA offre à certains problèmes des solutions nettement plus immédiates que les design patterns.

Cette section se penche sur la manière de modulariser la résolution de références d'objet et le test des préconditions dans l'application bancaire qui sert de cadre à notre étude de cas.

Résolution de références d'objet

La résolution de références d'objet se fait souvent *via* un protocole bien défini permettant de rechercher des objets en fonction d'un certain nombre de critères. Dans le cadre des EJB, c'est l'interface Home qui est chargée de définir ce protocole, dont l'implémentation est effectuée au sein de l'EJB.

Le code suivant illustre ce protocole pour l'objet métier correspondant aux comptes :

```
package aop.j2ee.business.entity.account;

import java.util.*;
import java.math.*;
import javax.ejb.*;
import java.rmi.RemoteException;
```

```
import aop.j2ee.commons.exception.MissingPrimaryKeyException;

public interface AccountHome extends EJBHome {

  public Account create (String accountId, String type, ←❶
    String description, BigDecimal balance, BigDecimal creditLine,
    BigDecimal beginBalance,Date beginBalanceTimeStamp,
    ArrayList customerIds) throws RemoteException, CreateException,
                                  MissingPrimaryKeyException;

  public Account findByPrimaryKey(String accountId) ←❷
    throws FinderException, RemoteException;

  public Collection findByCustomerId(String customerId) ←❸
    throws FinderException, RemoteException;

} // AccountHome
```

La méthode `create` permet à un client de créer un nouveau compte (repère ❶). Par exemple, l'EJB Session `Bank` utilise cette méthode dans l'implémentation de `createAccount`. Il s'agit d'une méthode classiquement définie dans une interface Home. La méthode `findByPrimary-Key(String)` est aussi standard (repère ❷). Elle permet aux clients d'accéder à l'instance d'un compte donné *via* sa clé primaire. Finalement `findByCustomerId(String customerId)` indique (repère ❸) la présence d'une relation entre les clients (`Customer`) et les comptes (`Account`). Ici, elle permet l'accès aux comptes d'un client donné. Pour chaque relation entre les EJB, une méthode de ce type peut être définie par l'interface Home.

L'utilisation de cette interface par un client induit l'utilisation de l'interface Home et donc une certaine dépendance vis-à-vis du modèle des EJB. Même si cette dépendance n'est pas dramatique, elle est transversale, car chaque client (typiquement des EJB Session comme `Bank` ou `TxControlleur`) doit implémenter l'accès aux interfaces Home, ce qui nécessite l'utilisation de primitives EJB et JNDI. Nous pouvons améliorer l'indépendance technologique en utilisant le design pattern du localisateur. Cependant, l'utilisation du localisateur reste une préoccupation transversale et nécessite un effort de conception non négligeable.

Pour illustrer les problèmes liés aux résolutions des références, nous utilisons le design initial de l'exemple Duke's Bank, qui n'utilise pas le localisateur de service.

Si nous reprenons l'implémentation de l'EJB Session `TxController` présentée précédemment, souvenons-nous que la résolution du compte est implémentée dans la méthode `checkAccountArgsAndResolve` :

```
private Account checkAccountArgsAndResolve(
  BigDecimal amount,String description,String accountId)
throws InvalidParameterException, AccountNotFoundException {

  Account account = null;
  if (description == null)
    throw new InvalidParameterException("null description");
  if (accountId == null)
    throw new InvalidParameterException("null accountId");
```

```
      if (amount.compareTo(bigZero) != 1)
        throw new InvalidParameterException("amount <= 0");
      try {
        account = accountHome.findByPrimaryKey(accountId); ←❶
      } catch (Exception ex) {
        throw new AccountNotFoundException(accountId);
      }
      return account;
    } // checkAccountArgsAndResolve
```

Le champ accountHome (repère ❶) a été renseigné, avec d'autres champs du même type, lors de la création de l'EJB (repère ❷) :

```
    public void ejbCreate() {
      try {
        txHome = EJBGetter.getTxHome();
        accountHome = EJBGetter.getAccountHome(); ←❷
      } catch (Exception ex) {
        throw new EJBException("ejbCreate: " + ex.getMessage());
      }
    } // ejbCreate
```

La classe utilitaire EJBGetter factorise des résolutions de Home d'EJB :

```
package aop.j2ee.business.util;

import javax.rmi.PortableRemoteObject;
import javax.naming.InitialContext;
import javax.naming.NamingException;
import aop.j2ee.commons.util.CodedNames;
import aop.j2ee.business.entity.account.*;
[...] // autres imports

public final class EJBGetter {
  public static AccountHome getAccountHome()
    throws NamingException {
    InitialContext initial = new InitialContext();
    Object objref = initial.lookup(CodedNames.ACCOUNT_EJBHOME);
    return (AccountHome)
      PortableRemoteObject.narrow(objref, AccountHome.class);
  }
  [...] // autres méthodes de résolution
}
```

Dans le design initial, les concepteurs de l'exemple Duke's Bank ont jugé bon de factoriser la résolution d'un compte et le test des arguments liés à une future transaction sur ce compte. Il s'agit là d'un choix malheureux, sans doute guidé par le besoin de masquer l'utilisation de l'interface Home, qui regroupe abusivement deux traitements *a priori* indépendants, rendant le code des méthodes transactionnelles moins explicites.

Voici un exemple d'implémentation du service métier correspondant au retrait d'un montant donné sur un compte (repère ❶) :

```
public void withdraw(BigDecimal amount,String description,
  String accountId)
throws InvalidParameterException, AccountNotFoundException,
       IllegalAccountTypeException, InsufficientFundsException {

Account account =
checkAccountArgsAndResolve(amount, description, accountId); ←❶
try {
  String type = account.getType();
  if (DomainUtil.isCreditAccount(type))
    throw new IllegalAccountTypeException(type);
  BigDecimal newBalance = account.getBalance().subtract(amount);
  if (newBalance.compareTo(bigZero) == -1)
    throw new InsufficientFundsException();
  executeTx( ←❷
    amount.negate(),
    description,
    accountId,
    newBalance,
    account);
  } catch (RemoteException ex) {
    throw new EJBException("withdraw: " + ex.getMessage());
  }
} // withdraw
```

La méthode executeTx (repère ❷) regroupe deux traitements indépendants qu'il serait bon de voir apparaître explicitement dans l'implémentation fonctionnelle : la création d'un EJB Tx (repère ❺) et l'appel de setBalance (repère ❹) sur le compte :

```
private void executeTx(
  BigDecimal amount,
  String description,
  String accountId,
  BigDecimal newBalance,
  Account account) {

  try {
    makeConnection();
    String txId = DBHelper.getNextTxId(con); ←❸
    account.setBalance(newBalance); ←❹
    Tx tx = txHome.create(txId,accountId,new java.util.Date(), ←❺
                          amount,newBalance,description);
  } catch (Exception ex) {
    throw new EJBException("executeTx: " + ex.getMessage());
  } finally {
    releaseConnection();
  }
} // executeTx
```

Comme le montre clairement ce code, la création de l'EJB Tx nécessite l'utilisation d'une méthode de base de données DBHelper.getNextTxId (repère ❸) retournant le prochain identifiant libre pour une transaction. Il s'agit d'une préoccupation de très bas niveau, et nous comprenons mieux pourquoi les concepteurs de l'application ont préféré masquer ce « détail » dans une méthode fourre-tout.

Conceptuellement, nous pouvons regrouper toutes les opérations présentées ici — la résolution des interfaces Home, la recherche d'un compte en fonction d'une clé primaire ou encore la création d'une nouvelle instance de l'EJB Tx — autour d'une préoccupation de résolution de références et de création d'objets référencés. Cette préoccupation dépend de l'infrastructure J2EE et de la technologie des EJB. Elle est bien entendu transversale à tous les EJB qui ont à accéder à d'autres EJB ou à en créer, en particulier les EJB Session.

L'utilisation de design patterns tels que celui du localisateur peut rendre les clients moins dépendants de l'infrastructure et minimiser les efforts de design en réutilisant l'idée de conception. Elle ne permet cependant pas d'éliminer tous les problèmes car c'est alors l'utilisation des design patterns qui devient transversale. De plus, l'utilisation d'un localisateur par un client ne dispense pas d'une utilisation indirecte de l'infrastructure EJB.

Utilisation de la POA

L'utilisation de la POA, et en particulier de la technique du protocole implicite décrite précédemment, permet de simplifier le design de manière significative et de modulariser la préoccupation de résolution des références efficacement.

Dans un premier temps, nous définissons le protocole d'accès aux références dans l'EJB lui-même. Dans notre programme, il s'agit d'un POJO puisque l'implémentation de l'interface javax.ejb.SessionBean est effectuée de manière automatique par l'aspect POJO-Session. Ce POJO, appelé TxControllerPOJO, est détaillé dans la suite du chapitre, une fois que tous les aspects qui lui sont appliqués auront été présentés.

```
[...]
// extrait de l'implementation de TxControllerPOJO
// protocole implicite de résolution
private Collection findTxByAccountId(Date startDate,
  Date endDate,String accountId) throws Exception {return null;}
private Tx findTxByPrimaryKey(String txId)
  throws Exception {return null;}
private Account findAccountByPrimaryKey(String accountID)
  throws Exception {return null;}
private Tx createTx(String accountId, Date date,
  BigDecimal amount, BigDecimal newBalance, String description)
throws Exception {return null;}
```

Nous définissons ensuite l'aspect implémentant ce protocole. Dans le cadre de notre étude, il s'agit de l'aspect EJBResolver, qui est abstrait et est étendu par les aspects concrets POJO-Session et POJOEntity. L'aspect EJBResolver peut ainsi implémenter les comportements communs à la résolution de références, comme le montre le code ci dessous :

```
package aop.j2ee.business.aspect;

import java.util.Collection;
import java.util.Date;
import java.math.BigDecimal;
import aop.j2ee.business.entity.account.AccountHome;
import aop.j2ee.business.entity.account.Account;
import aop.j2ee.business.entity.tx.TxHome;
import aop.j2ee.business.entity.tx.Tx;
import aop.j2ee.business.aspect.sql.DBUtil;


public abstract aspect EJBResolver {

  static protected TxHome txHome;
  static protected AccountHome accountHome;
  [...] // autres homes...

  Account around(String accountID) throws Exception:
  execution(private Account *.findAccountByPrimaryKey(String))
  && args(accountID) {
    return accountHome.findByPrimaryKey(accountID);
  }

  Tx around(String txID) throws Exception:
  execution(private Tx *.findTxByPrimaryKey(String))
  && args(txID) {
    return txHome.findByPrimaryKey(txID);
  }

  Collection around(Date startDate,Date endDate,String accountId)
  throws Exception: execution(
    private Collection *.findTxByAccountId(Date,Date,String))
  && args(startDate,endDate,accountId) {
    return txHome.findByAccountId(startDate,endDate,accountId);
  }

  Tx around(String accountId, Date date, BigDecimal amount,
            BigDecimal newBalance, String description)
  throws Exception:
  execution(private Tx *.createTx(String, Date,
            BigDecimal, BigDecimal, String))
  && args(accountId,date,amount,newBalance,description) {
    return txHome.create(DBUtil.getNextTxId()←❶,accountId,date,
                         amount,newBalance,description);
  }

  [...] // autres méthodes de résolution
}
```

Dans le cadre des EJB, l'implémentation de ces méthodes peut être très simple car il leur suffit de déléguer aux interfaces Home.

L'utilisation de la méthode DBUtil.getNextTxId (repère ❶) permet de rendre son emploi complètement transparent du point de vue de l'EJB créant de nouvelles transactions. De plus, les différentes interfaces Home nécessaires à l'implémentation des méthodes sont stockées dans des attributs privés, qui ne sont pas initialisés. C'est pour cette raison que l'aspect est abstrait.

Les sous-classes peuvent implémenter les éventuelles spécificités des EJB Session ou Entity. Surtout, elles doivent gérer l'initialisation des Home. Par exemple, l'aspect POJO-Session peut initialiser les Home dans la méthode ejbCreate :

```
package aop.j2ee.business.aspect;

[...] // imports

public aspect POJOSession extends EJBResolver {

  declare parents: SessionBeanProtocol
    extends javax.ejb.SessionBean;

  [...] // voir plus haut l'implémentation des autres méthodes

  public void SessionBeanProtocol.ejbCreate() {
    try {
      if(txHome==null)
        txHome = EJBGetter.getTxHome();
      if(accountHome==null)
        accountHome = EJBGetter.getAccountHome();
    } catch (Exception ex) {
      throw new EJBException("ejbCreate: " + ex.getMessage());
    }
  }
}
```

Après l'application de ces aspects, la méthode de retrait du POJO TxControllerPOJO, qui sera détaillé dans la suite du chapitre, est la suivante :

```
public void withdraw(BigDecimal amount,String description,
                     String accountId)
    throws
      InvalidParameterException, AccountNotFoundException,
      InsufficientFundsException, InsufficientCreditException {

    checkAccountArgs(amount, description, accountId);
    Account account;
    try {
      account = findAccountByPrimaryKey(accountId);  ←❶
    } catch (Exception ex) {
      throw new AccountNotFoundException(accountId);
    }
```

```
    try {
      String type = account.getType();
      if (DomainUtil.isCreditAccount(type))
        throw new IllegalAccountTypeException(type);
      BigDecimal newBalance =
        account.getBalance().subtract(amount);
      if (newBalance.compareTo(bigZero) == -1)
        throw new InsufficientFundsException();
      account.setBalance(newBalance);
      createTx(amount.negate(),description,accountId, ←❶
            newBalance,account);
    } catch (RemoteException ex) {
      throw new EJBException("withdraw: " + ex.getMessage());
    }

  } // withdraw
```

Les lignes utilisant les méthodes du protocole implicite (repères ❶) montrent toute l'utilité d'un tel protocole.

L'implémentation de la fonction de retrait et de l'ensemble des autres méthodes métier présente les caractéristiques suivantes :

• Elle est plus claire que l'implémentation qui utilisait les Home. Le protocole Home demande aux clients de résoudre les Home grâce à JNDI, ainsi que de gérer leurs références et de connaître les identifiants des nouveaux EJB lors de leur création. Rien de tout cela n'est nécessaire avec la technique du protocole implicite, et nous utilisons directement les méthodes privées sans nous soucier de leur implémentation.

• Elle est plus modulaire. Elle permet l'implémentation de toute la logique de résolution des EJB dans un seul et unique aspect alors qu'elle est généralement disséminée dans l'ensemble des EJB. Il devient de la sorte plus simple de factoriser les points communs de la mécanique de résolution de références.

• Elle est plus indépendante de la technologie. Sous réserve de définir un protocole implicite de bon niveau de détail, il est très simple de changer l'implémentation de la résolution des références.

Factorisation des préconditions

Le chapitre 9 a présenté l'utilisation de la POA pour l'ajout transparent de contraintes dans le programme, notamment pour l'ajout de pré- et de postconditions.

Nous appliquons ici les mêmes principes dans le cadre de l'application de référence.

Implémentation sans la POA

L'implémentation de la façade de session TxController montre que les arguments concernant les données liées à une opération sur un compte sont sujets à des vérifications de type précondition.

Si nous utilisons la fonction de retrait de fonds précédente dans le cadre du POJO `TxControllerPOJO`, nous obtenons l'implémentation suivante :

```
[...]
public void withdraw(BigDecimal amount,String description,
                     String accountId)
  throws
    InvalidParameterException, AccountNotFoundException,
    InsufficientFundsException, InsufficientCreditException {

    checkAccountArgs(amount, description, accountId); ←❶
    Account account;
    try {
      account = findAccountByPrimaryKey(accountId);
    } catch (Exception ex) {
      throw new AccountNotFoundException(accountId);
    }
    try {
      String type = account.getType();
      if (DomainUtil.isCreditAccount(type)) ←❷
        throw new IllegalAccountTypeException(type);
      BigDecimal newBalance =
        account.getBalance().subtract(amount);
      if (newBalance.compareTo(bigZero) == -1) ←❸
        throw new InsufficientFundsException();
      account.setBalance(newBalance);
      createTx(amount.negate(),description,accountId,
               newBalance,account);
    } catch (RemoteException ex) {
      throw new EJBException("withdraw: " + ex.getMessage());
    }

  } // withdraw
[...]
private void checkAccountArgs(BigDecimal amount,String description,
                             String accountId)
  throws InvalidParameterException, AccountNotFoundException {
  if (description == null)
    throw new InvalidParameterException("null description");
  if (accountId == null)
    throw new InvalidParameterException("null accountId");
  if (amount.compareTo(bigZero) != 1)
    throw new InvalidParameterException("amount <= 0");
}
```

Nous pouvons voir les différent tests liés aux préconditions dans le code (repères ❶, ❷ et ❸). Dans ce cas, les préconditions peuvent se découper en deux parties :

• Une partie vérifiant la cohérence des paramètres, implémentée dans `checkAccountArgs` (repère ❶). Il s'agit donc de *préconditions sur les paramètres*.

- Une partie nettement plus métier vérifiant que le type de compte permet l'opération de retrait (repère ❷) et que le compte en question présente un solde suffisant pour effectuer le retrait (repère ❸). Il s'agit de *préconditions métier.*

Implémentation avec la POA

Les sections suivantes décrivent l'utilisation des aspects pour l'implémentation des deux types de préconditions rencontrées précédemment.

Aspect de test des préconditions sur les paramètres

L'intérêt de l'implémentation de la première partie des préconditions sous forme d'aspect est évident. Il s'agit d'un test générique, qui sera répété d'une manière systématique avant toute exécution d'une opération sur un compte, par exemple dans l'implémentation de l'opération de crédit ou de transfert. Il s'agit donc d'une préoccupation transversale, qui entre dans le cadre général des aspects de test des pré- et postconditions. Elle peut s'implémenter de manière plus modulaire sous forme d'aspect, comme ci-dessous :

```
package aop.j2ee.business.aspects;

import java.math.BigDecimal;
import aop.j2ee.business.session.txcontroller.TxControllerBean;

import aop.j2ee.commons.exception.*;

public aspect TxCheckArgs {

  private BigDecimal TxControllerBean.bigZero =
    new BigDecimal("0.00");

  before(TxControllerBean controller,BigDecimal amount,      ←❶
        String description,String accountId)
    throws InvalidParameterException:
    execution(void aop.j2ee.business.session.txcontroller.
            TxControllerBean.*(BigDecimal,String,String))
    && args(amount,description,accountId) && this(controller) {
    controller.checkAccountArgs(amount,description,accountId);
  }

  before(TxControllerBean controller,BigDecimal amount,      ←❷
        String description,String fromAccountId,
        String toAccountId)
    throws InvalidParameterException:
    execution(void aop.j2ee.business.session.txcontroller.
            TxControllerBean.*(BigDecimal,String,String,String))
    && args(amount,description,fromAccountId,toAccountId)
    && this(controller) {
    controller.checkAccountArgs(amount,description,fromAccountId);
    controller.checkAccountArgs(amount,description,toAccountId);
  }
```

```
    private void TxControllerBean.checkAccountArgs( ←❸
      BigDecimal amount,String description,String accountId)
      throws InvalidParameterException {
      if (description == null)
        throw new InvalidParameterException("null description");
      if (accountId == null)
        throw new InvalidParameterException("null accountId");
      if (amount.compareTo(bigZero) != 1)
        throw new InvalidParameterException("amount <= 0");
    }
  }
```

L'aspect de test des préconditions sur les arguments TxCheckArgs introduit la méthode de vérification des arguments checkAccountArgs dans TxControllerBean *via* une déclaration intertype (repère ❸). Il définit deux codes advice pour les prototypes de types opération sur un compte (repère ❶) et transfert entre deux comptes (repère ❷).

Aspect de test des préconditions métier

Comme indiqué précédemment, la deuxième partie des préconditions concerne des préoccupations liées au métier, que nous appellerons préconditions métier.

Il peut être utile d'externaliser ces préconditions dans un aspect, et ce pour trois raisons principales :

- Ces préconditions peuvent évoluer dans le temps. Nous pouvons imaginer une modification de la précondition sur la quantité de fonds nécessaire pour un retrait afin qu'elle accepte dans certains cas un retrait donnant lieu à une balance négative.

- Ces préconditions peuvent être appliquées de manière contextuelle. Nous pouvons imaginer que nous ne souhaitions pas appliquer les préconditions si l'appel au service de retrait se fait au sein d'un autre service ayant déjà appliqué ses propres préconditions. Dans ce cas, l'utilisation d'aspects, notamment les cflows d'AspectJ, est idéale pour implémenter rapidement des tests contextuels.

- L'utilisation d'un aspect simplifie radicalement le code, qui ne reflète plus que le comportement principal du service. Par analogie avec les cas d'utilisation, le service ne fait plus que refléter le cas d'utilisation principal ou sans échec. Cela permet par la suite de raisonner plus simplement sur le service et de repérer aisément les endroits stratégiques ou d'autres préoccupations peuvent être insérées. Par exemple, il est plus simple d'ajouter la gestion des transactions, comme nous le verrons par la suite.

Dans le cas général, il n'est pas exclu de traiter aussi des postconditions dans le même aspect. Ce n'est pas le cas ici. L'implémentation des préconditions métier est légèrement différente de celle des préconditions portant sur les arguments :

```
package aop.j2ee.business.aspect;

import java.math.BigDecimal;
import java.rmi.RemoteException;
import javax.ejb.EJBException;
import aop.j2ee.business.entity.account.Account;
```

```
import aop.j2ee.business.session.txcontroller.TxControllerPOJO;
import aop.j2ee.commons.exception.*;
import aop.j2ee.commons.util.DomainUtil;

public aspect CheckBusinessConditions {

  pointcut setBalance(Account account, BigDecimal amount): ←❶
    call(void Account.setBalance(BigDecimal))
    && args(amount) && target(account) && within(TxControllerPOJO);

  before(Account account, BigDecimal amount) throws
    InsufficientFundsException, InsufficientCreditException :
      setBalance(account,amount) {

    try {
      String type = account.getType();

      if (DomainUtil.isCreditAccount(type)) {
      if (amount.compareTo(account.getCreditLine()) == 1)
        throw new InsufficientCreditException();
      } else {
        if (amount.compareTo(DomainUtil.bigZero) == -1)
        throw new InsufficientFundsException();
      }
    } catch (RemoteException ex) {
      throw new EJBException("transferFunds: " + ex.getMessage());
    }
  }
}
```

Nous choisissons en effet d'implémenter le test des préconditions de manière générique en le faisant porter sur la fonction setBalance des comptes (voir la coupe, ou pointcut, du repère ❶).

L'application des deux aspects de vérification des préconditions simplifie au finale le code métier, comme le montre la nouvelle implémentation de la méthode withdraw extraite de la classe TxControllerBean :

```
public void withdraw(BigDecimal amount,String description,
                     String accountId)
  throws AccountNotFoundException,
         EJBException {

  Account account;
  ry {
    account = accountHome.findByPrimaryKey(accountId);
  } catch (Exception ex) {
    throw new AccountNotFoundException(accountId);
  }
  try {
    BigDecimal newBalance = account.getBalance().subtract(amount);
    account.setBalance(newBalance);
    createTx(amount.negate(),description,ccountId,
             newBalance,account);
  } catch (RemoteException ex) {
    throw new EJBException("withdraw: " + ex.getMessage());
  }
}
```

Synthèse des aspects du tiers métier

La version orientée aspect proposée pour le tiers métier contient trois aspects génériques :

- `aop.ejb.business.aspect.EJBResolver` (abstrait), pour la résolution des références et la création de nouveaux EJB ;

- `aop.ejb.business.aspect.POJOSession` (étendant `EJBResolver`), pour la transformation des POJO en EJB Session implémentant l'interface `aop.ejb.business.aspect.marker.SessionBeanProtocol` ;

- `aop.ejb.business.aspect.POJOEntity` (abstrait et étendant `EJBResolver`), pour la transformation en EJB Entity des POJO implémentant l'interface `aop.ejb.business.aspect.marker.EntityBeanProtocol`.

Un certain nombre d'aspects plus concrets nécessitent éventuellement un aspect par EJB Entity ou par EJB Session contenu dans l'application, mais cela reste un choix de conception.

Par exemple :

- `aop.ejb.business.aspect.CheckBusinessConditions` vérifie de façon centralisée les pré- et postconditions relatives au métier.

- `aop.ejb.business.aspect.TxCheckArgs` implémente les pré- et postconditions spécifiques de la façade de session `TxController`. Cet exemple peut être décliné de la même manière pour les autres EJB Session.

- `aop.ejb.business.aspect.sql.AccountSQL` (étendant `POJOEntity`) implémente les fonctions relatives à la persistance pour un EJB Entity donné. L'exemple des comptes peut être décliné de la même manière pour les autres EJB Entity.

Par l'application de ces aspects, les objets de type session et entité de l'application peuvent être implémentés sous forme de POJO de manière indépendante de la technologie J2EE et des EJB. Le design global de l'application est plus modulaire, et un certain nombre de préoccupations, comme la vérification des pré- et postconditions ou la résolution des références, sont à la fois plus simples, localisées et mieux maîtrisées.

En guise d'exemple, la façade de session `TxController` peut s'implémenter comme suit :

```
package aop.j2ee.business.session.txcontroller;

import java.util.*;
import java.math.*;
import javax.ejb.*;
import java.util.Date;
import java.rmi.RemoteException;
import aop.j2ee.business.entity.tx.Tx;
import aop.j2ee.business.entity.account.Account;
import aop.j2ee.commons.exception.*;
import aop.j2ee.commons.util.*;
import aop.j2ee.commons.to.*;
import aop.j2ee.business.aspect.marker.SessionBeanProtocol;
```

```
public class TxControllerPOJO implements SessionBeanProtocol {

  public void withdraw(BigDecimal amount,String description,
                       String accountId)
  throws
    InvalidParameterException,AccountNotFoundException,
    InsufficientFundsException, InsufficientCreditException {

    Account account;
    try {
      account = findAccountByPrimaryKey(accountId);
    } catch (Exception ex) {
      throw new AccountNotFoundException(accountId);
    }
    try {
      BigDecimal newBalance =
        account.getBalance().subtract(amount);
      account.setBalance(newBalance);
      createTx(amount.negate(),description,accountId,newBalance,
               account);
    } catch (RemoteException ex) {
      throw new EJBException("withdraw: " + ex.getMessage());
    }
  } // withdraw

  public void transferFunds(BigDecimal amount,String description,
                       String fromAccountId, String toAccountId)
  throws
    InvalidParameterException,AccountNotFoundException,
    InsufficientFundsException,InsufficientCreditException {

    Account fromAccount;
    Account toAccount;

    try {
      fromAccount = findAccountByPrimaryKey(fromAccountId);
    } catch (Exception ex) {
      throw new AccountNotFoundException(fromAccountId);
    }
    try {
      toAccount = findAccountByPrimaryKey(toAccountId);
    } catch (Exception ex) {
      throw new AccountNotFoundException(toAccountId);
    }

    try {
      String fromType = fromAccount.getType();
      BigDecimal fromBalance = fromAccount.getBalance();
      BigDecimal fromAmount=DomainUtil.isCreditAccount(fromType)?
                            amount.negate():amount;
      BigDecimal fromNewBalance = fromBalance.subtract(fromAmount);
      fromAccount.setBalance(fromNewBalance);
      createTx(fromAmount,description,fromAccountId,
               fromNewBalance,fromAccount);
```

```
              String toType = toAccount.getType();
              BigDecimal toBalance = toAccount.getBalance();
              BigDecimal toAmount=DomainUtil.isCreditAccount(fromType)?
                 amount.negate():amount;
              BigDecimal toNewBalance = toBalance.subtract(toAmount);
              toAccount.setBalance(toNewBalance);
              createTx(toAmount,description,toAccountId,
                      toNewBalance,toAccount);
          } catch (RemoteException ex) {
              throw new EJBException("transferFunds: " + ex.getMessage());
          }

      } // transferFunds

      [...] // autres méthodes métier

      // protocole implicite de résolution
      private Collection findTxByAccountId(Date startDate,
        Date endDate,String accountId) throws Exception {return null;}
      private Tx findTxByPrimaryKey(String txId)
        throws Exception {return null;}
      private Account findAccountByPrimaryKey(String accountID)
        throws Exception {return null;}
      private Tx createTx(String accountId, Date date,
        BigDecimal amount, BigDecimal newBalance, String description)
      throws Exception {return null;}
  }
```

Apprécions l'indépendance vis-à-vis des EJB et la simplicité, voire la pureté du code métier. Pour un POJO de type entité persistante, nous pouvons nous référer à l'implémentation de AccountPOJO donnée précédemment à la section « L'objet métier ».

La figure 12.1 donne un aperçu des différents traitements ajoutés par les aspects sur AccountPOJO (barre de gauche) et TxControllerPOJO (barre de droite). Chaque barre correspond à un fichier, la taille de la barre dépendant du nombre de lignes du fichier. Chaque ligne où intervient un aspect est représentée par une couleur correspondant à l'aspect.

Malheureusement, le logiciel permettant cela — Aspect Browser ou Aspect Visualizer, qui est la même implémentation sous forme de plug-in Eclipse — ne permet pas de visualiser les introductions faites à l'aide de déclarations intertype. Cette lacune dommageable pour la visualisation de l'ensemble des éléments de code ajoutés par les aspects explique le peu d'influence des aspects sur AccountPOJO. Le trait jaune, en bas de la barre de gauche, correspond à l'implémentation du protocole implicite getCustomerIds dans AccountPOJO. Le visualiseur d'aspect permet surtout de vérifier que les codes advice sont appliqués correctement et que les coupes sont bien définies. En dépit de ces limitations actuelles, l'utilisation d'un protocole implicite présente l'avantage par rapport aux introductions d'être visualisable.

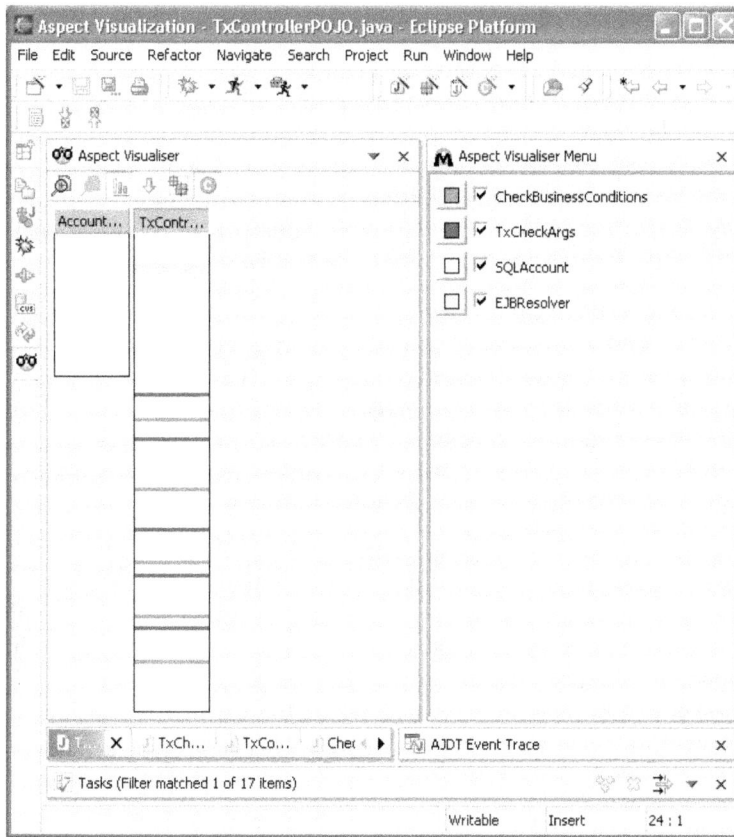

Figure 12.1

Synthèse et visualisation des aspects

La POA comme technique d'intégration

Comme mentionné régulièrement dans cet ouvrage, les serveurs d'applications reposent sur des conteneurs de composants dont le but ultime est l'intégration aussi automatique que possible des préoccupations liées au développement d'applications d'entreprise, en particulier distribuées, dans les couches middleware. Le stade ultime de l'intégration est atteint lorsqu'une préoccupation peut être intégrée de manière déclarative. Nous parlons alors de gestion orientée conteneur, ou CMP (Container Managed Persistence), CMT (Container Managed Transaction) et DTM (Declarative Transaction Management). Dans J2EE, nous paramétrons l'intégration dans les descripteurs de déploiement XML.

Cette section s'intéresse à la gestion orientée conteneur des transactions. Après en avoir décrit le mécanisme et les limites, elle montre comment la POA offre une solution de rechange efficace et transparente à la gestion des transactions.

Gestion des transactions distribuées avec JTA

JTA (Java Transaction API) définit un ensemble d'interfaces et de mécanismes permettant à une application d'utiliser des transactions distribuées. Une transaction est distribuée lorsque qu'elle fait intervenir plus d'une source de données. En règle générale, les sources de données sont localisées sur des serveurs différents, mais ce n'est pas une obligation pour parler de transactions distribuées. L'utilisation de JTA peut aussi se faire pour une seule source de données, par exemple pour rendre transactionnel un service de façade d'un EJB Session.

L'application bancaire de référence ne possède qu'une seule source de données, Pointbase. Il n'est cependant pas inintéressant d'étudier l'éventuelle distribution des données. Par exemple, nous pouvons stocker les comptes et les transactions dans deux SGBD différents de manière à répartir la charge et le volume des données. Cela peut s'avérer utile pour l'administration, puisque les transactions peuvent nécessiter un autre type de maintenance que les comptes. Dans ce cas, l'utilisation de JTA et d'une implémentation supportant la distribution est indispensable.

Sans entrer dans les détails, JTA s'appuie sur la définition de trois interfaces entre trois composants principaux : l'application, le gestionnaire de transaction et les ressources transactionnelles. Dans le cadre d'un serveur d'applications, JTA définit une interface entre le serveur d'applications et le gestionnaire de transactions. Cette interface permet au gestionnaire d'être notifié des opérations sur les différents EJB à l'intérieur d'une transaction et au client d'accéder à un contexte transactionnel transmis de manière automatique aux différents EJB participant à une transaction.

À tout moment, et dans n'importe quel EJB participant à une transaction, le client peut accéder, *via* le contexte transactionnel, à un objet représentant la transaction, instance de `javax.transaction.UserTransaction`.

Présentation d'une solution JTA

Le code suivant est une réécriture de la fonction de transfert de fonds de `TxControllerBean` en utilisant JTA pour assurer des propriétés transactionnelles :

```
// modification de aop.j2ee.business.session.TxControllerBean
// pour utiliser JTA
[...]
javax.transaction.UserTransaction ut; ←❶

public void transferFunds(BigDecimal amount,String description,
  String fromAccountId,String toAccountId)
throws
  InvalidParameterException,AccountNotFoundException,
  InsufficientFundsException,InsufficientCreditException {

  Account fromAccount;
  Account toAccount;

  fromAccount= checkAccountArgsAndResolve(
    amount, description, fromAccountId);
```

```
    toAccount= checkAccountArgsAndResolve(
      amount, description, toAccountId);

    ut= context.getUserTransaction();  ←❷

    try {
      ut.begin();  ←❸
    } catch (Exception e) {
      throw new EJBException("transferFunds: " + e.getMessage());
    }

    try {

      String fromType= fromAccount.getType();
      BigDecimal fromBalance= fromAccount.getBalance();

      if (DomainUtil.isCreditAccount(fromType)) {
        BigDecimal fromNewBalance= fromBalance.add(amount);
        if (fromNewBalance
            .compareTo(fromAccount.getCreditLine()) == 1)
          throw new InsufficientCreditException();
        executeTx(amount,description,fromAccountId,
                  fromNewBalance,fromAccount);
      } else {
        BigDecimal fromNewBalance= fromBalance.subtract(amount);
        if (fromNewBalance.compareTo(bigZero) == -1)
          throw new InsufficientFundsException();
        executeTx(amount.negate(),description,fromAccountId,
                  fromNewBalance,fromAccount);
      }

      String toType= toAccount.getType();
      BigDecimal toBalance= toAccount.getBalance();

      if (DomainUtil.isCreditAccount(toType)) {
        BigDecimal toNewBalance= toBalance.subtract(amount);
        executeTx(amount.negate(),description,toAccountId,
                  toNewBalance,toAccount);
      } else {
        BigDecimal toNewBalance= toBalance.add(amount);
        executeTx(amount, description, toAccountId, toNewBalance,
                  toAccount);
      }

      ut.commit();  ←❹

    } catch (Exception ex) {
      try {
        ut.rollback();  ←❺
      } catch (Exception e) {
        throw new EJBException("transferFunds: " + e.getMessage());
      }
      throw new EJBException("transferFunds: " + ex.getMessage());
    }

  } // transferFunds
```

Comme nous pouvons le constater, la gestion des transactions *via* JTA complexifie le code de l'application. Elle constitue par ailleurs une préoccupation transversale car elle doit être effectuée dans tous les EJB participant à des transactions.

Cette préoccupation nécessite l'ajout des éléments suivants :

• Un attribut permettant de stocker l'objet `UserTransaction` pour un accès rapide (repère ❶).

• L'initialisation de cet attribut en début de méthode (repère ❷).

• L'appel de `begin`, indiquant un début de transaction (repère ❸).

• L'appel de `commit` pour demander la réalisation de la transaction (repère ❹).

• L'appel de `rollback` pour demander l'annulation de la transaction dans le cas où une erreur est détectée (repère ❺).

Il faut de plus gérer les exceptions liées à l'utilisation de la transaction elle-même, qui sont ici gérées de manière générique et peu fine.

Les EJB comme support de l'intégration automatique des transactions

Dans la définition de J2EE, Sun Microsystems a prévu la possibilité de définir les transactions de manière déclarative à l'aide d'attributs spécifiques dans les descripteurs de déploiement. Ces attributs s'appliquent sur les méthodes des EJB et définissent le comportement du conteneur d'EJB vis-à-vis du gestionnaire de transactions lorsque ces méthodes sont appelées.

Ces attributs sont les suivants :

• `TX_NOT_SUPPORTED` : indique que la méthode n'est pas transactionnelle. Dans le cas où le client inclut l'appel dans une transaction, cette dernière est suspendue le temps de l'exécution de la méthode.

• `TX_SUPPORTS` : indique que le Bean supportant la méthode sera inclus dans la transaction courante. Dans le cas où le client ne définit pas de transaction, le conteneur en crée ou non une nouvelle suivant les implémentations.

• `TX_REQUIRED` : indique que la méthode doit s'exécuter dans le contexte d'une transaction client. Si ce n'est pas le cas, le conteneur en crée une.

• `TX_REQUIRES_NEW` : indique que la méthode déclenche la création d'une nouvelle transaction, même si le client en a déjà défini. Dans ce dernier cas, la transaction client est remplacée par la transaction nouvellement créée.

• `TX_BEAN_MANAGED` : indique que c'est la méthode qui implémente manuellement la gestion de la transaction en utilisant, par exemple, JTA.

• `TX_MANDATORY` : indique que la méthode doit s'exécuter dans le contexte d'une transaction. Si ce n'est pas le cas, le conteneur jette une exception `TransactionRequired`.

La figure 12.2 montre les échanges de messages entre le serveur d'applications, le gestionnaire de transaction et les ressources transactionnelles lorsque la méthode `transferFunds` est notée en `TX_REQUIRES_NEW` — ce qui veut dire qu'une transaction sera créé par le conteneur, même si le client définit déjà sa propre transaction — et que les méthodes `Account.setBalance` et `AccountHome.create` sont notées en `TX_REQUIRED`.

L'appel de la méthode `transferFunds` déclenche l'envoi du message `begin` vers le gestionnaire, lequel crée alors une nouvelle transaction. Cette transaction est ajoutée au contexte du thread courant, qui est automatiquement transmis aux différents EJB participants. Lorsque les EJB `Account` sont appelés et que les transactions `Tx` sont créées, ils sont ajoutés au contexte de la transaction comme participants. La fin normale de la méthode `transferFunds` déclenche le `commit`, tandis que la réception d'une `EJBException` par le conteneur déclenche le `rollback`.

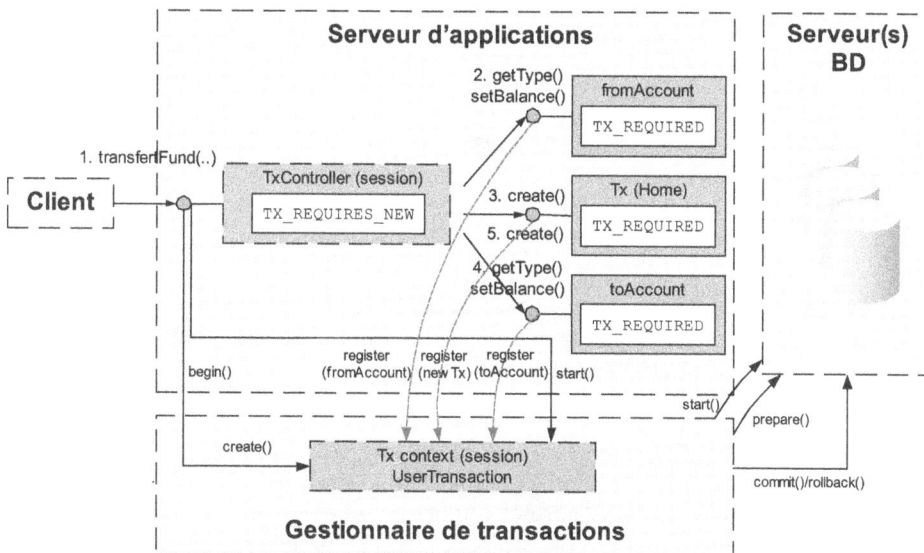

Figure 12.2

Fonctionnement des transactions déclaratives dans J2EE

Grâce à la transaction gérée par le conteneur, le code du programme reste indépendant de cette préoccupation. Cette technique présente cependant les limitations suivantes :

• Les attributs définis par la norme EJB sont trop simples pour couvrir les cas rencontrés dans des applications complexes. Par exemple, le programmeur peut vouloir réessayer une transaction si elle n'a pas fonctionné la première fois. Il est également fréquent de vouloir optimiser l'application en n'appliquant pas de transaction dans certains cas contextuels dépendant de l'état de l'application ou de l'environnement. Toujours dans un souci d'optimisation, il est possible de vouloir limiter l'application d'une transaction à un groupe d'instructions plutôt qu'à une méthode entière. Dans ces cas, il n'y a pas d'autres recours que l'utilisation de l'attribut TX_BEAN_MANAGED et le codage manuel de la logique transactionnelle.

• Même dans le cas où les attributs disponibles suffisent pour décrire toute la logique transactionnelle, cette technique ne dispense pas de l'écriture de code pour gérer les exceptions côté client et le rollback dans certains cas.

En particulier, le programmeur peut vouloir forcer le rollback d'une transaction à l'intérieur d'un participant. Il faut dans ce cas utiliser la méthode setRollbackOnly (repère ❶) pour forcer la transaction à être annulée par le gestionnaire de transaction, même si les participants de plus haut niveau indiquent le contraire.

Par exemple, nous pouvons vouloir empêcher un setBalance négatif dans n'importe quel contexte transactionnel, comme le montre le code ci-dessous :

```
[...]
public void setBalance(double amount)
  throw InsufficientFundsException {
  if( balance >= 0 ) {
    balance = amount;
  } else {
    context.setRollbackOnly(); ←❶
    throw new InsufficientFundsException(balance);
  }
}
[...]
```

Comme nous le voyons, la gestion déclarative des transactions n'est pas une solution idéale du fait de son manque de flexibilité. La section suivante montre que la POA peut être avantageusement utilisée à la place.

La POA et l'intégration modulaire des transactions

De par sa flexibilité, la POA permet d'intégrer les transactions de manière modulaire, sans se heurter aux limitations rencontrées précédemment.

Pour rendre une méthode transactionnelle, ici transferFunds, l'aspect de transaction suivant suffit :

```
package aop.j2ee.business.aspect;

import javax.ejb.EJBException;
import aop.j2ee.business.session.txcontroller.TxControllerPOJO;

public privileged aspect Transaction {
  Object around(TxControllerPOJO controller) :
    execution(* TxControllerPOJO.transferFunds(..))
    && this(controller) {

    Object result;
    try {
```

```
        controller.context.getUserTransaction().begin(); ←❶
      } catch (Exception e) {
        throw new EJBException("transferFunds: " + e.getMessage());
      }
      try {
        result=proceed(controller);
        controller.context.getUserTransaction().commit();
      } catch (Exception ex) { ←❷
        try {
          controller.context.getUserTransaction().rollback();
        } catch (Exception e) {
          throw new EJBException("transferFunds: " + e.getMessage());
        }
        throw new EJBException("transferFunds: " + ex.getMessage());
      }
      return result;
    }
  }
```

Contrairement à la gestion des transactions par le conteneur, le code implémentant le démarrage d'une transaction (repère ❶) ou encore la gestion des exceptions (repère ❷) est accessible au programmeur, qui peut ainsi implémenter toutes le variantes nécessaires à l'optimisation de son application.

Si nous désirons rendre transactionnel un sous-ensemble d'instructions d'une méthode donnée, nous pouvons utiliser la technique dite du *protocole de démarcation*.

Cette technique est similaire à celle du protocole implicite, qui a déjà été utilisée à plusieurs reprises dans cet ouvrage. La différence vient de ce que l'aspect n'implémente pas les méthodes du protocole mais les utilise comme point d'ancrage pour ajouter du code dans la méthode appelante.

Par exemple, nous définissons ci-dessous deux méthodes, beginTx (repères ❶) et endTx (repères ❷) comme protocoles de démarcation :

```
// modification de aop.j2ee.business.session.TxControllerBean
// avec utilisation d'un protocole de démarcation
[...]

// definition du protocole
private void beginTx() {}; ←❶
private void endTx() {}; ←❷

public void transferFunds(BigDecimal amount,String description,
  String fromAccountId,String toAccountId)
throws
  InvalidParameterException,AccountNotFoundException,
  InsufficientFundsException,InsufficientCreditException {

  Account fromAccount;
  Account toAccount;
```

```
    fromAccount= checkAccountArgsAndResolve(
      amount, description, fromAccountId);
    toAccount= checkAccountArgsAndResolve(
      amount, description, toAccountId);

    beginTx(); ←❶

    try {
      String fromType= fromAccount.getType();
      BigDecimal fromBalance= fromAccount.getBalance();

      if (DomainUtil.isCreditAccount(fromType)) {
      [...] // implémentation du transfert (voir plus haut)

      endTx(); ←❷

    } catch (RemoteException ex) {
      throw new EJBException("makePayment: " + ex.getMessage());
    }

  } // transferFunds
```

L'aspect suivant introduit la gestion des transactions pour le code placé entre beginTx et
endTx :

```
package aop.j2ee.business.aspect;

import javax.ejb.EJBException;
import aop.j2ee.business.session.txcontroller.TxControllerPOJO;
import aop.j2ee.business.entity.account.Account;

public privileged aspect Transaction {

  javax.transaction.UserTransaction ut;

  after(TxControllerPOJO controller) : execution(
    void TxControllerPOJO.beginTx())
    && withincode(* TxControllerPOJO.transferFunds(..))
    && this(controller) {
    ut= controller.context.getUserTransaction();
    try {
      ut.begin();
    } catch (Exception e) {
      throw new EJBException("transferFunds: " + e.getMessage());
    }
  }

  after() : call(void TxControllerPOJO.endTx())
    && withincode(* TxControllerPOJO.transferFunds(..)) {

    try {
      ut.commit();
      ut= null;
    } catch (Exception ex) {
```

```
      try {
        ut.rollback();
      } catch (Exception e) {
        throw new EJBException("transferFunds: " + e.getMessage());
      }
      throw new EJBException("transferFunds: " + ex.getMessage());
    }
  }

  after()throwing(Exception ex)
    throws
      EJBException : call(* Account +.* (..))
      && withincode(* TxControllerPOJO.transferFunds(..)) {
    try {
      if (ut != null)
        ut.rollback();
    } catch (Exception e) {
      throw new EJBException("transferFunds: " + e.getMessage());
    }
    throw new EJBException("transferFunds: " + ex.getMessage());
  }
```

La technique du protocole de démarcation n'autorise toutefois pas une gestion fine des exceptions. Une solution consiste à tester une variable indiquant que nous sommes bien à l'intérieur de la zone délimitée (ici ut).

Il convient aussi de faire attention au multithreading dans le cas où l'environnement le permet, ce qui n'est pas le cas ici. L'utilisation d'un thread local pour les variables communes aux codes advice ou de la clause d'instanciation per thread des aspects est alors nécessaire.

Conclusion

Ce chapitre a présenté l'utilisation de la POA pour l'amélioration de la conception du tiers métier.

Du point de vue de la séparation des préoccupations, nous pouvons conclure que l'étude de cas est un succès car elle nous a permis de bien séparer un certain nombre de problématiques transversales, dont les suivantes :

- dépendances envers la technologie EJB/J2EE ;

- gestion et résolution des références vers des objets métier ;

- persistance ;

- préconditions (incluant des préconditions techniques et métier) ;

- transactions.

Il est bien entendu possible d'ajouter d'autres préoccupations à la liste, comme le logging, que nous n'avons pas présenté ici du fait de sa simplicité.

La figure 12.3 montre l'ensemble des composants du tiers métier auquel nous avons appliqué tous les aspects. Chaque barre grisée correspond à un EJB classique. Le gris veut dire qu'aucun aspect n'est appliqué. La première barre correspond à l'EJB Entity AccountBean, la deuxième au POJO correspondant AccountPOJO, et ainsi de suite pour chaque composant.

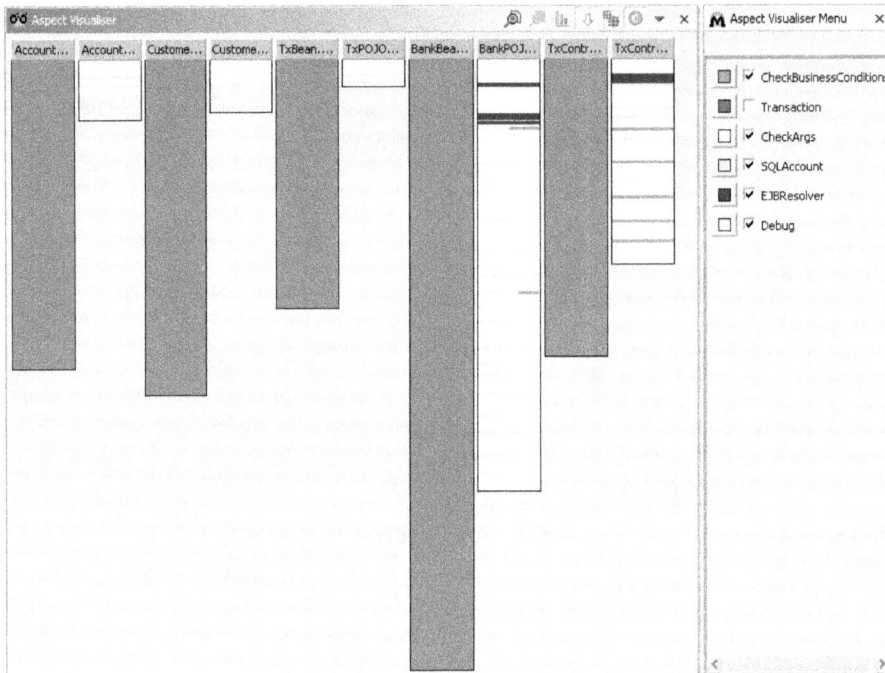

Figure 12.3

Visualisation finale du tiers métier

La taille de l'implémentation des composants métier est très nettement diminuée dans leur version POJO par rapport à la version originale. Cela vient surtout de l'externalisation de la persistance.

La séparation des préoccupations en terme de code advice est plus marquée dans les composants de façade (les deux derniers) que dans les composants métier. Cela vient principalement d'un choix d'implémentation, qui utilise abondamment les déclarations intertype dans les composants métier. Rappelons que les déclarations intertype ne sont pas visibles dans la version actuelle du visualiseur d'aspects.

13

Utilisation de la POA dans les tiers client et présentation

Le chapitre 12 a montré comment l'utilisation de la POA permettait d'améliorer la conception du tiers métier de l'application de référence, la Duke's Bank, que nous avons présentée au chapitre 11.

L'objectif du présent chapitre est d'examiner l'utilisation de la POA dans le contexte des autres tiers, en particulier les tiers client Java (Swing) et de présentation Web. Comme expliqué au chapitre 11, le tiers données ne bénéficie pas des apports de la POA.

La conception des clients de l'application originale est peu adaptée à l'utilisation de la POA du fait de leur complexité et de l'utilisation d'un certain nombre de raccourcis masquant les réelles difficultés de conception. Par exemple, la couche de présentation Web utilise le framework Struts. Nous introduisons donc dans ce chapitre nos propres conceptions simplifiées de manière à illustrer plus clairement les apports de la POA.

Nous examinons l'utilisation de la POA d'abord dans le tiers client Java Swing puis dans le tiers de présentation Web servlets-JSP.

Utilisation de la POA pour la communication dans le tiers client

Dans un environnement J2EE 3-tiers, un certain nombre de problématiques sont liées à l'accès à la couche métier côté serveur par les clients. Le tiers client est riche en design patterns car il doit gérer les interactions client-serveur qui entraînent un ensemble de préoccupations liées à la distribution.

Les design patterns J2EE de communication et de transfert de données ont un impact important côté client, mais aussi côté serveur pour certains, et sont donc sources de préoccupations transversales, notamment lors de la construction d'applications à clients multiples.

Comme expliqué précédemment, l'utilisation de design patterns J2EE n'est pas une obligation. Elle permet toutefois de comparer les implémentations orientées aspect avec des implémentations de référence documentées, connues des développeurs et qui on fait leurs preuves.

Les design patterns d'accès à la couche métier

Les trois design patterns principaux pour la communication client-serveur distribuée sont le délégué métier, le localisateur de service et l'objet de transfert. Nous les implémentons d'abord sans la POA puis à l'aide de la POA.

Nous utilisons un client Java très simple, qui accède au tiers métier de l'application de référence présentée aux chapitres 11 et 12. Nous en expliquons les inconvénients et montrons que l'utilisation de la POA améliore nettement l'indépendance des clients vis-à-vis de la technologie et des choix de conception.

Le délégué métier

Le rôle du délégué métier est de cacher les détails d'implémentation de l'accès distant au serveur, comme la recherche du conteneur d'EJB *via* un annuaire JNDI ou la mécanique de l'appel distant. De ce fait, ce design pattern réduit le couplage entre les clients du tiers de présentation et le tiers métier.

Cependant, ce design pattern n'élimine pas complètement la dépendance car son interface peut être sujette à changements en cas de modification des services métier. De plus, la référence systématique à la couche du délégué métier au sein de l'implémentation de chaque client induit une préoccupation transversale.

Bien que la transparence vis-à-vis des couches de localisation et de distribution soit un des bénéfices de ce design pattern, le délégué métier peut poser de subtils problèmes d'utilisation. L'utilisateur ne peut pas l'utiliser comme s'il s'agissait d'un objet local, sous peine d'être confronté à des problèmes de performance et de congestion du réseau. Le programmeur côté client doit être conscient qu'il s'agit d'un proxy pour un objet distant et non d'un objet local.

Le code suivant définit un client Java très simple, qui a été développé dans le but d'illustrer un certain nombre des concepts discutés ici. Ces concepts peuvent évidemment s'appliquer aux clients réels de la banque (l'interface Java Swing d'administration et la couche de présentation construite à partir de servlets).

```
package aop.j2ee.client.java.regular;

import java.math.BigDecimal;
import java.util.Date;
import aop.j2ee.client.delegate.BankDelegate;
import aop.j2ee.commons.to.AccountDetails;
```

```
public class Simple {

  public static void main(String[] args) {

    try {
      BankDelegate deleguate = new BankDelegate(); ←❶
      String customerId =
        deleguate.createCustomer("Pawlak","Renaud","P",
        "Frederick St","Hartford","CT","06105","NA",
        "renaud@aopsys.com");
      System.out.println("Created new customer " + customerId);
      String accountId =
        deleguate.createAccount(customerId,"Debit",
        "This is a test.",new BigDecimal(100),new BigDecimal(0),
        new BigDecimal(100),new Date());
      System.out.println("Created new customer " + accountId);
      deleguate.setAccountBalance(new BigDecimal(200), accountId);
      System.out.println("Changed balance");
      AccountDetails details =
        deleguate.getAccountDetails(accountId);
      System.out.println("Account details:");
      System.out.println(details);
    } catch (Exception e) {
      System.err.println(e.getMessage());
      e.printStackTrace();
    }
  }
}
```

Le client ne manipule que l'objet délégué métier (créé au repère ❶), tout le code dépendant des problèmes de communication distante étant modularisé dans le délégué métier.

Comme le montre le code ci-dessous, le délégué métier n'est pas de taille négligeable car il modularise les appels récurrents à la méthode getServiceFacade, qui implémente la recherche de l'EJB dans l'annuaire JNDI du serveur d'applications (repère ❷). Ce code utilise un objet localisateur que nous présentons par la suite (initialisé au repère ❶).

```
package aop.j2ee.client.delegate;

import java.math.BigDecimal;
import java.rmi.RemoteException;
import java.util.ArrayList;
import java.util.Date;
import java.util.ResourceBundle;

import javax.ejb.CreateException;
import javax.naming.NamingException;

import aop.j2ee.commons.exception.*;
import aop.j2ee.commons.to.AccountDetails;
import aop.j2ee.commons.to.CustomerDetails;
import aop.j2ee.commons.util.locator.ServiceLocator;

import aop.j2ee.business.session.bank.BankHome;
```

```
import aop.j2ee.business.session.bank.Bank;

public class BankDelegate {

  private ResourceBundle messages;
  private static ServiceLocator locator;
  Bank bank = null;

  private void init() throws SystemException {  ←❶
    try {
      locator = ServiceLocator.getInstance();
    } catch (NamingException ne) {
      throw new SystemException(ne.getMessage());
    }
  }

  private Bank getServiceFacade() throws SystemException {  ←❷
    if(bank!=null) return bank;
    try {
      BankHome home = (BankHome) locator.lookupHome(Bank.class);
      bank = home.create();
    } catch (ClassNotFoundException cne) {
      throw new SystemException(cne.getMessage());
    } catch (NamingException ne) {
      throw new SystemException(ne.getMessage());
    } catch (CreateException ce) {
      throw new SystemException(ce.getMessage());
    } catch (RemoteException re) {
      throw new SystemException(re.getMessage());
    }
    return bank;
  }

  public BankDelegate() throws SystemException {
    if (locator == null)
      init();
  }

  public void addCustomerToAccount(String customerId,
                                   String accountId)
  throws RemoteException, AccountNotFoundException,
       CustomerNotFoundException, CustomerInAccountException,
       InvalidParameterException {
    Bank bank;
    try {
      bank = getServiceFacade();  ←❸
    } catch (SystemException ex) {
      ex.printStackTrace();
      return;
    }
    bank.addCustomerToAccount(customerId, accountId);  ←❹
  }
```

```
    public String createAccount(String customerId,String type,
      String description,BigDecimal balance,BigDecimal creditLine,
      BigDecimal beginBalance, Date beginBalanceTimeStamp)
    throws
      RemoteException, IllegalAccountTypeException,
      CustomerNotFoundException,InvalidParameterException {

      Bank bank;
      try {
        bank = getServiceFacade();
      } catch (SystemException ex) {
        ex.printStackTrace();
        return null;
      }
      return bank.createAccount(
        customerId,type,description,balance,creditLine,beginBalance,
        beginBalanceTimeStamp);
      }

    public String createCustomer(String lastName,String firstName,
      String middleInitial,String street,String city,String state,
      String zip,String phone,String email)
    throws InvalidParameterException, RemoteException {
      Bank bank;
      try {
        bank = getServiceFacade();
      } catch (SystemException ex) {
        ex.printStackTrace();
        return null;
      }
      return bank.createCustomer(lastName,firstName,middleInitial,
        street,city,state,zip,phone,email);
    }

    public AccountDetails getAccountDetails(String accountId)
    throws RemoteException, AccountNotFoundException,
          InvalidParameterException {

      Bank bank;
      try {
        bank = getServiceFacade();
      } catch (SystemException ex) {
        ex.printStackTrace();
        return null;
      }
      return bank.getAccountDetails(accountId);
    }

  [...] // autres services déléguant à la banque selon le même
        // principe
}
```

Dans chaque méthode du délégué métier, nous récupérons l'instance de la façade de session présentée au chapitre 12 (repère ❸) et appelons le service correspondant avec les bons arguments sur cette façade (repère ❹).

Un autre avantage du délégué métier est qu'il permet d'encapsuler des stratégies purement liées à des problèmes de communication distante. Par exemple, des politiques de dépassement de délai (timeout), de rejeu (retry) ou de cache peuvent être implémentées dans le délégué métier de manière à rendre le code client indépendant de ce genre de préoccupations non fonctionnelles.

Le code suivant montre une implémentation d'une méthode d'un délégué métier avec une politique simple de rejeu. Cette politique peut rendre l'application plus robuste en cas d'indisponibilité temporaire des ressources réseau ou serveur. Ici, si la résolution du service ne fonctionne pas, nous attendons une seconde (repère ❶) avant de réessayer (repère ❷). De même pour l'invocation, si nous rencontrons une erreur, nous attendons une seconde (repère ❸) puis réessayons récursivement (repère ❺) en prenant soin de réinitialiser la façade pour forcer à nouveau sa résolution (repère ❹).

```java
public class BankDelegate {

  [...]

  public String createAccount(
    String customerId,
    String type,
    String description,
    BigDecimal balance,
    BigDecimal creditLine,
    BigDecimal beginBalance,
    Date beginBalanceTimeStamp)
    throws
      RemoteException,
      IllegalAccountTypeException,
      CustomerNotFoundException,
      InvalidParameterException {

    Bank bank;
    try {
      bank= getServiceFacade();
    } catch (SystemException ex) {
      try {
        Thread.sleep(1000);  ←❶
        bank= getServiceFacade();  ←❷
      } catch (SystemException ex2) {
        ex2.printStackTrace();
        return null;
      } catch (InterruptedException ex2) {
        ex2.printStackTrace();
        return null;
      }
    }
```

```
    String result=null;
    try {
      result = bank.createAccount(
        customerId,
        type,
        description,
        balance,
        creditLine,
        beginBalance,
        beginBalanceTimeStamp);
    } catch (RemoteException ex) {
      try {
        Thread.sleep(1000);    ←❸
        bank= null;    ←❹
        createAccount(    ←❺
          customerId,
          type,
          description,
          balance,
          creditLine,
          beginBalance,
          beginBalanceTimeStamp);
      } catch (InterruptedException ex2) {
        ex2.printStackTrace();
      }
    }
    return result;
  }
  [...]
```

L'amélioration est certaine par rapport à une implémentation naïve, qui consisterait à résoudre la façade et à l'invoquer directement dans le code du client, en implémentant éventuellement un certain nombre de politiques, du type de la précédente. Cette amélioration n'est toutefois pas satisfaisante à de nombreux égards.

Pour conserver une interface métier claire, il est préférable d'implémenter un délégué métier par objet métier. Même si le travail n'est en théorie effectué qu'une seule fois, le codage des délégués métier est un travail fastidieux et source d'erreurs potentielles. De plus, l'accès à la couche des délégués métier par les clients constitue une préoccupation transversale. Enfin, les délégués métier sont dépendants de la couche de communication et donc de l'infrastructure J2EE sous-jacente.

Remarquons que l'implémentation du délégué métier utilise une classe appelée Service-Locator, qui implémente un autre design pattern, présenté à la section suivante.

Le localisateur de service

Le design pattern du localisateur de service réduit la complexité du client résultant du besoin lié à la localisation et à la création de services distants, préoccupation typiquement liée à un environnement J2EE. La modularisation de cette problématique au sein d'un localisateur de service dans un environnement J2EE est loin de résoudre totalement les problèmes de dépendance technologique.

Tout d'abord, un client du localisateur de service, typiquement un délégué métier, doit explicitement référencer les interfaces `javax.ejb.EJBHome` et `javax.ejb.EJBLocalHome`. De même, les exceptions des packages `javax.ejb`, `java.rmi` et `javax.naming` doivent être traitées par ces clients. Ces dépendances sont effectivement présentes dans le code de `BankDelegate`, qui est client du localisateur de service.

Un certain nombre de dépendances transversales subsistent lors de l'utilisation du localisateur de service, et ce dans le contexte de différents clients pouvant avoir des rôles distincts, par exemple un client du tiers de présentation ou un délégué métier d'un client Swing. Ces dépendances transversales sont les références aux interfaces EJB et aux exceptions mentionnées précédemment, mais aussi la référence au localisateur de service lui-même, présente dans chaque client.

Rappelons par ailleurs que le localisateur de service est une implémentation du design pattern singleton du GoF. Le chapitre 8 montre comment une classe normale peut être transformée automatiquement en singleton à l'aide d'un aspect. Le présent chapitre n'y revient donc pas.

L'objet de transfert

Dans le code du client donné en début de chapitre, le client utilise un service appelé `getAccountDetails`, qui retourne un objet de type `AccountDetails`. Cet objet agrège l'ensemble des valeurs des attributs d'un compte et présente à peu près la même interface que `Account`. L'utilisation de ce genre d'objet révèle l'instanciation d'un design pattern dit de l'objet de transfert, en anglais DTO (Data Transfert Object).

Deux cas se prêtent à l'utilisation d'un objet de transfert :

- un traitement client nécessitant l'accès à plus d'une valeur retournée par la couche métier côté serveur (*downloads* multiples) ;

- un traitement client nécessitant l'envoi de plusieurs données afin d'être complet (*uploads* multiples).

Il est possible de réduire le nombre d'appels distants en utilisant des objets de transfert. Ces derniers ont pour tâche le transport de l'ensemble des données du serveur vers le client ou inversement. Ici, nous utilisons un objet de transfert `AccountDetails`. Les objets de transfert étant visibles du tiers métier comme du tiers client, l'ensemble des objets de transfert de l'application de référence est disponible dans le package `aop.j2ee.commons.to` (to signifie *transfer object*).

```
package aop.j2ee.commons.to;

import java.math.BigDecimal;
import java.util.Date;
import java.util.ArrayList;
```

```
public class AccountDetails implements java.io.Serializable { ←❶

  private String accountId;
  private String type;
  private String description;
  private BigDecimal balance;
  private BigDecimal creditLine;
  private BigDecimal beginBalance;
  private Date beginBalanceTimeStamp;
  private ArrayList customerIds;

  public AccountDetails(String accountId, String type,
    String description, BigDecimal balance, BigDecimal creditLine,
    BigDecimal beginBalance, Date beginBalanceTimeStamp,
    ArrayList customerIds) {

    this.accountId = accountId;
    this.type = type;
    this.description = description;
    this.balance = balance;
    this.creditLine = creditLine;
    this.beginBalance = beginBalance;
    this.beginBalanceTimeStamp = beginBalanceTimeStamp;
    this.customerIds = customerIds;
  }

    public String getAccountId() {return accountId;}
  public String getDescription() {return description;}
  public String getType() {return type;}
  public BigDecimal getBalance() {return balance;}
  public BigDecimal getCreditLine() {return creditLine;}
  public BigDecimal getBeginBalance() {return beginBalance;}
  public Date getBeginBalanceTimeStamp() {
    return beginBalanceTimeStamp;
  }
  public ArrayList getCustomerIds() {return customerIds;}

  public void setAccountId(String accountId) {
    this.accountId = accountId;
  }
  public void setType(String type) {this.type = type;}
  public void setDescription(String description) {
    this.description = description;
  }
  public void setBalance(BigDecimal balance) {
    this.balance = balance;
  }
  public void setCreditLine(BigDecimal creditLine) {
    this.creditLine = creditLine;
  }
```

```
public void setBeginBalance(BigDecimal beginBalance) {
  this.beginBalance = beginBalance;
}
public void setBeginBalanceTimeStamp(Date beginBalanceTimeStamp){
  this.beginBalanceTimeStamp = beginBalanceTimeStamp;
}
public void setCustomerIds(ArrayList customerIds) {
  this.customerIds= customerIds;
}
public String toString() {
    return "account "+accountId+" ("+type+")\n"+
    "description: "+description+"\n"+
    "balance: "+balance+"\n"+
    "creditLine: "+creditLine+"\n"+
    "beginBalance: "+beginBalance+"\n"+
    "beginBalanceTimeStamp: "+beginBalanceTimeStamp+"\n"+
    "customerIds: "+customerIds+"\n";
  }

}
```

Pour être transportables sur le réseau *via* RMI (Remote Method Invocation), les objets de transfert doivent implémenter l'interface `java.io.Serializable` (repère ❶). Si le client se trouve sur la même machine virtuelle que l'objet serveur (typiquement un EJB local), le client n'utilise pas RMI, et le recours à l'interface devient superflu.

Dans le cas qui nous intéresse, le client `Simple`, il est possible d'optimiser le transfert des données du client vers le serveur *(upload)*. Pour ce faire, le client peut renseigner un objet de transfert `CustomerAndAccountInfos` agrégeant l'ensemble des données relatives à un compte et à un client donnés. Il pourra ensuite réduire le nombre d'appels à un unique appel à `Bank.createAccountWithCustomer(CustomerAndAccountInfos)`, qui est un nouveau service qu'il conviendrait d'ajouter côté serveur pour cette optimisation spécifique.

Le problème principal du design pattern objet de transfert vient de l'introduction de nouveaux services côté serveur. Ces services dépendent des utilisations faites par les clients de l'interface serveur et ont pour rôle d'optimiser les échanges. Ils ont une valeur purement technique et complexifient la couche métier inutilement. De plus, ils induisent une difficulté de maintenance du fait de leur dépendance au métier. En cas de refactoring ou d'évolution des besoins, par exemple, il est probable qu'il faille répercuter les changements sur les objets de transfert et sur les clients qui les utilisent.

En conclusion, si les objets de transfert peuvent être employés de manière naturelle dans certains cas — un objet de transfert agrégeant l'état d'un objet, par exemple —, d'autres objets de transfert sont moins naturels et sont uniquement utilisés pour optimiser les communications distantes. C'est le cas de `CustomerAndAccountInfos`. Ces objets sont par nature difficiles à anticiper et peuvent éventuellement varier en fonction de l'architecture de l'application. Une séparation nette des préoccupations pour ces cas peut s'avérer nécessaire pour des raisons de maintenance et d'évolution de l'application. La section suivante montre comment la POA permet cette séparation.

Implémentation orientée aspect des design patterns d'accès

Les sections précédentes ont présenté les trois principaux design patterns pour l'accès à la couche métier : le délégué métier, le localisateur de service et l'objet de transfert. Ces design patterns travaillent de concert pour gérer l'accès à la couche métier dans un environnement distribué J2EE. Nous avons vu leurs limites et défauts.

Nous proposons une implémentation orientée aspect offrant une solution de rechange avantageuse à ces design patterns.

Élimination des délégués métier

Dans le cadre d'une conception orientée aspect, le design pattern du délégué métier perd de son utilité. Tout son intérêt est d'encapsuler la gestion de la communication avec une façade métier (résolution de cette façade, gestion générique des erreurs éventuelles, politiques de rejeu ou de dépassement de délai). Or tout cela peut aisément être encapsulé dans un code advice de type `around`.

Ce code peut s'appliquer aux appels directs à une façade, elle-même appelée par un client distant à l'aide de son interface Remote. La résolution de cette interface peut s'effectuer de manière similaire à la résolution des références d'objet par le tiers métier, c'est-à-dire *via* la technique du protocole implicite.

Un premier aspect de localisation de service J2EE appelé `Locator` peut être implémenté de la manière suivante :

```
package aop.j2ee.client.java.aspect;

import java.rmi.RemoteException;
import javax.ejb.CreateException;
import javax.naming.NamingException;

import aop.j2ee.business.session.bank.BankHome;
import aop.j2ee.commons.exception.SystemException;

import aop.j2ee.commons.util.locator.*;

public aspect Locator {
  public static final String BANK_SERVICE =
    "aop.j2ee.business.session.Bank";

  public pointcut ejbservice(Class aClass) : ←❶
    call(* aop.j2ee.client.java.aspectized..*
        .getServiceFacade(Class))
    && args(aClass);

  protected pointcut connectionservice(String aDataSource) : ←❷
  call(* aop.j2ee.client.java.aspectized..*
      .getDatabaseConnection(String))
  && args(aDataSource);
```

```
protected pointcut jmsservice(String aJMSObject) : ←❸
  call(* aop.j2ee.client.java.aspectized..*.getJMSObject(String))
  && args(aJMSObject);

protected Object createService(Class aClass, Object home)
  throws Exception {
  if (aClass.getName().equals(BANK_SERVICE)) {
    BankHome bankhome = (BankHome) home;
    return bankhome.create();
  }
  throw new Exception("Cannot create service for " + aClass);
}

public pointcut exception() :
  call(* aop.j2ee..*+.*(..) throws *Exception)
  && within(aop.j2ee.client.java.aspectized.* +);

private EJBServiceLocator ejbLocator;
private JDBCServiceLocator jdbcConnectionLocator;
private JMSServiceLocator jmsObjectLocator;

Object around(Class aClass) ←❹
  throws SystemException : ejbservice(aClass) {
      Object service = null;
    try {
      if (ejbLocator == null)
        ejbLocator = new EJBServiceLocator();
      Object home = ejbLocator.lookup(aClass);
      service = createService(aClass,home);
    } catch (NamingException ne) {
      throw new SystemException(ne.getMessage());
    } catch (ClassNotFoundException cne) {
      throw new SystemException(cne.getMessage());
    } catch (CreateException ce) {
      throw new SystemException(ce.getMessage());
    } catch (RemoteException re) {
      throw new SystemException(re.getMessage());
    } catch (Exception e) {
      throw new SystemException(e.getMessage());
    }
    return service;
}

Object around(String aDataSource) ←❺
  throws SystemException : connectionservice(aDataSource) {
  Object connection = null;
  try {
    if (jdbcConnectionLocator == null)
      jdbcConnectionLocator = new JDBCServiceLocator();
    connection = jdbcConnectionLocator.lookup(aDataSource);
  } catch (Exception ne) {
    throw new SystemException(ne.getMessage());
  }
  return connection;
}
```

```
  Object around(String aName) ←❻
    throws SystemException : jmsservice(aName) {
    Object jmsObject = null;
    try {
      if (jmsObjectLocator == null)
        jmsObjectLocator = new JMSServiceLocator();
      jmsObject = jmsObjectLocator.lookup(aName);
    } catch (Exception ne) {
      throw new SystemException(ne.getMessage());
    }
    return jmsObject;
  }
}
```

Cet aspect va au-delà de la localisation de service EJB puisqu'il permet au besoin la résolution de service JMS et de sources de données. Il repose sur un protocole implicite simple permettant aux clients de considérer que les aspects fournissent les implémentations pour chacune de ces ressources et de ne pas avoir à les gérer.

Le client peut définir les méthodes vides suivantes :

- * `aclass.getServiceFacade(Class)` (coupe du repère ❶) ;

- * `aclass.getDatabaseConnection(String)` (coupe du repère ❷) ;

- * `aclass.getJMSObject (String)` (coupe du repère ❸).

Les implémentations sont fournies par les codes advice `around` correspondant aux coupes (repères ❹, ❺ et ❻).

Grâce à cet aspect, le client `Simple` présenté plus haut peut être modifié de la manière suivante :

```
package aop.j2ee.client.java.aspectized;

import java.math.BigDecimal;
import java.util.Date;
import aop.j2ee.business.session.bank.Bank;
import aop.j2ee.commons.to.AccountDetails;
import aop.j2ee.commons.exception.SystemException;


public class Simple {

  public static void main(String[] args) {

    try {
      BankDelegate deleguate = new BankDelegate();
      String customerId =
        deleguate.createCustomer("Pawlak","Renaud","P",
        "Frederick St","Hartford","CT","06105","NA",
        "renaud@aopsys.com");
      System.out.println("Created new customer " + customerId);
```

```
            String accountId =
              deleguate.createAccount(customerId,"Debit",
              "This is a test.",new BigDecimal(100),new BigDecimal(0),
              new BigDecimal(100),new Date());
            System.out.println("Created new customer " + accountId);
            deleguate.setAccountBalance(new BigDecimal(200), accountId);
            System.out.println("Changed balance");
            AccountDetails details =
              deleguate.getAccountDetails(accountId);
            System.out.println("Account details:");
            System.out.println(details);
          } catch (Exception e) {
            System.err.println(e.getMessage());
            e.printStackTrace();
          }
        }

        // protocole implicite de résolution/localisation de service
        static Object getServiceFacade(Class cl) throws SystemException {
          return null;
        }

    }
```

Cette technique est particulièrement adaptée lorsque le client accède au serveur *via* une interface métier, ce qui représente au moins 90 p. 100 des cas. Dans le cas où le client est désireux d'accéder aux services métier *via* une interface qui lui est propre — ce que nous ne conseillons pas ici pour les raisons de maintenance et d'évolutivité mentionnées précédemment —, il est possible d'utiliser le design pattern du délégué métier.

Comme un client normal, le délégué métier peut utiliser le protocole implicite de résolution afin de se décharger de la mécanique de résolution. Il peut aussi s'appuyer sur des aspects dans le cas d'une éventuelle gestion de problèmes liés à la couche de communication, comme nous le verrons par la suite.

Gestion de problèmes liés à la couche de communication

Pour augmenter la fiabilité de l'application dans le contexte d'un environnement distribué sujet à des pannes ou à des interruptions momentanées de service, il peut être souhaitable d'implémenter un certain nombre de politiques classiquement employées dans ce contexte, comme le rejeu ou le cache. Du fait que les implémentations de telles politiques ne peuvent plus se faire dans le délégué métier, qui a été éliminé, il est naturel d'utiliser un, voire plusieurs aspects.

La conception orientée aspect offre un cadre naturel pour la séparation des préoccupations à l'intérieur même de la préoccupation générale de communication distante. Il est possible de séparer tout ce qui a trait au rejeu et à la gestion de cache, par exemple, dans deux aspects différents. Ce choix de conception est entièrement de la responsabilité du concepteur et ne doit être effectué qu'après une analyse des enjeux et des besoins en termes de maintenance et d'évolutivité.

L'aspect suivant implémente une politique de rejeu pour la création des comptes dans le cas où une erreur surviendrait lors de la communication entre le client et le serveur. Il s'agit donc d'une version simple d'un aspect de tolérance aux pannes.

```
package aop.j2ee.client.java.aspect;

import java.math.BigDecimal;
import java.rmi.RemoteException;
import java.util.Date;
import aop.j2ee.business.session.bank.Bank;
import aop.j2ee.commons.exception.*;
import aop.j2ee.client.java.aspectized.Simple;


public aspect Retry {

  pointcut retry(String customerId,String type,String description,
                 BigDecimal balance,BigDecimal creditLine,
                 BigDecimal beginBalance,
                 Date beginBalanceTimeStamp):
  call(public String Bank+.createAccount(..)) ←❶
  && within(Simple) && args(customerId,type,description,
  balance,creditLine,beginBalance,beginBalanceTimeStamp);

  String around(String customerId,String type,String description,
                BigDecimal balance,BigDecimal creditLine,
                BigDecimal beginBalance,Date beginBalanceTimeStamp)
  throws RemoteException,IllegalAccountTypeException,
         CustomerNotFoundException,InvalidParameterException:
  retry(customerId, type, description, balance, creditLine,
        beginBalance, beginBalanceTimeStamp) {
    String result=null;
    try {
      result = proceed(customerId,type,description, ←❷
        balance,creditLine,beginBalance,beginBalanceTimeStamp);
    } catch (RemoteException ex) {
      try {
        Thread.sleep(1000); ←❸
        result = proceed ( ←❹
          customerId,type,description,
          balance,creditLine,beginBalance,beginBalanceTimeStamp);
      } catch (InterruptedException ex2) {
        ex2.printStackTrace();
      }
    }
    return result;
  }
}
```

Cet aspect définit une politique simple de rejeu. Le code advice s'applique à la coupe `retry`, laquelle dénote les appels aux implémentations de l'interface Remote Bank (repère ❶). L'appel initial du service est effectué *via* le premier appel à `proceed` (repère ❷). L'appel est rejoué en cas d'erreur *via* un second appel à `proceed` (repère ❸) après avoir attendu une seconde (repère ❸). Cet aspect peut entraîner une boucle infinie dans le cas où la couche de communication remonte une `RemoteException` de manière systématique. Il faut donc traiter ce problème, soit en modifiant l'implémentation, soit en définissant un autre code advice pour détecter et casser les boucles infinies de manière générique. La deuxième solution est bien entendu préconisée dans ce cas.

Si nous désirons appliquer l'aspect à un ensemble de méthodes, au lieu d'une seule, dont le prototype est entièrement connu, nous pouvons utiliser la POA non typée, ou générique. Cette dernière utilise généralement les wildcards dans les coupes et la réflexivité lorsque l'accès à des informations relatives au point de jonction en cours est nécessaire.

La solution de remplacement suivante au code advice de l'aspect précédent fonctionne sur toutes les méthodes de la façade :

```
Object around():
call(public * Bank+.*(..))
&& within(Simple) {
  Object result=null;
  try {
    result = proceed();
  } catch (RemoteException ex) {
    try {
      Thread.sleep(1000);
      result = proceed();
    } catch (InterruptedException ex2) {
      ex2.printStackTrace();
    }
  }
  return result;
}
```

Les avantages et les inconvénients de cette technique sont discutés dans l'encadré ci-dessous.

POA typée ou générique ?

Un certain nombre de techniques de POA offrent la possibilité de typer statiquement les codes advice et les coupes. On parle alors de POA typée, Par exemple, l'implémentation du projet de recherche Prose permet le typage à un certain degré, ce qui donne la possibilité au tisseur d'optimiser les appels. Rickard Oberg propose une technique d'implémentation de la POA fondée sur des schémas abstraits, dont l'intérêt majeur est de permettre le typage des codes advice. AspectJ est certainement le langage le plus évolué en la matière. Il permet notamment de lier différents éléments des points de jonction avec des variables typées. Définies au moment de la définition des coupes, ces variables peuvent être passées aux codes advice.

Lorsque la POA est non typée ou encore générique et que l'accès à des informations du programme de base s'avère nécessaire, elle n'offre pas d'autre solution que d'utiliser la réflexivité. Les codes advice peuvent introspecter le point de jonction en cours et accéder à l'objet (`this` ou `target` suivant les cas), à la méthode appelée et aux paramètres de l'invocation. Toutes ces informations sont disponibles sous forme d'instances de `Object` (pour le langage Java), autrement dit d'objets non typés. Il revient au programmeur d'opérer les transtypages éventuels.

Par exemple, dans le cas typé, le programme peut passer au code advice la valeur d'un paramètre sous la forme d'un `int`, alors que la POA générique ne permet que le passage de paramètres de type `Object`, transtypables en `Integer`.

Les deux techniques présentent des avantages et des inconvénients. Si la POA typée offre une certaine validation du programme à la compilation et au tissage, et donc potentiellement un meilleur support de l'IDE en termes, par exemple, de complétion automatique, de navigation ou de documentation, elle est moins flexible et ne permet pas d'écrire des codes advice très réutilisables, comme celui montré précédemment pour l'aspect de rejeu. La POA typée induit une forte dépendance entre les aspects et le programme de base. Si les interfaces viennent à évoluer, il est probablement nécessaire de répercuter les modifications sur les aspects, ce qui peut constituer un frein important à l'évolutivité de l'application. On parle alors de paradoxe. Inversement, si la POA générique permet, comme son nom l'indique, de créer des aspects génériques réutilisables dans de nombreux contextes, elle limite les tests à la compilation et au tissage, ce qui peut donner lieu à des erreurs d'exécution difficilement détectables. Le programmeur doit donc redoubler de prudence lors de l'utilisation de la POA générique.

En terme de performance, la POA typée est indéniablement plus performante que la POA générique, surtout dans les cas où les codes advice utilisent les arguments des invocations de méthodes. L'accès réflexif aux arguments des invocations implique la création d'un tableau d'objets, qui est le goulet d'étranglement majeur de la POA générique et plus généralement de la programmation réflexive (en utilisant, par exemple, l'API `java.lang.reflect`). Il faut cependant noter que ce surcoût est largement négligeable pour un grand nombre de cas, en particulier dans le contexte des applications distribuées. Par exemple, l'aspect de rejeu générique présenté précédemment induit un surcoût négligeable (d'autant plus qu'il n'accède pas aux paramètres de l'invocation) par rapport à la mécanique d'appel distant qui sera appliquée pour l'invocation du service de la façade.

Pour une conception orientée aspect optimale, il est souhaitable d'avoir accès aux avantages des deux techniques et de les utiliser conjointement et judicieusement. À ce jour, AspectJ est le langage le plus mature et le plus efficace pour permettre cette combinaison de manière cohérente.

Le paradoxe de la séparation des préoccupations

Le but ultime de la POA est d'arriver à un meilleur degré de séparation des préoccupations. Cet objectif est indéniablement atteint avec les aspects puisqu'ils permettent de modulariser de manière claire des préoccupations qui n'étaient pas modularisables simplement dans le passé. Malheureusement, le découpage en modules indépendants fait apparaître une autre forme de dépendance au moment de l'intégration de ces différents modules. En particulier, les aspects statiquement typés induisent une dépendance entre les aspects et le programme de base au niveau de l'expression des coupes.

Avec l'aspect de rejeu statiquement typé, par exemple, le moindre changement dans la signature de la méthode désignée par la coupe entraîne une invalidation de cette dernière et même des codes advice associés. Ce problème induit de mauvaises propriétés en termes d'évolutivité et de maintenance à long terme de l'application. Il s'agit d'un paradoxe parce que le découpage en modules rend de fait l'application plus maintenable car plus faiblement couplée alors que, en pratique, ce couplage réapparaît sous une autre forme dans les aspects. On parle alors de *paradoxe de la séparation des préoccupations*.   .../...

> L'utilisation de la POA dynamique permet souvent de minimiser ce problème, mais un couplage reste présent dans les coupes ou dans la configuration des aspects quand l'outil le permet (JAC avec les interfaces de configuration des composants d'aspect, JBoss et AspectWerkz avec les fichiers XML de configuration).
>
> Si le paradoxe existe bel et bien, nous pouvons cependant affirmer que la conception avec POA est malgré tout meilleure. En effet, le couplage des aspects a le mérite d'être plus localisé qu'un couplage sans aspect, ce qui permet un remaniement plus simple du code des applications. De plus, des techniques spécifiques de la POA permettent de regrouper des parties sujettes à changement dans des modules bien définis. Le niveau de configuration présent dans JAC permet d'ailleurs de réduire le couplage au strict minimum. Dans AspectJ, l'utilisation systématique d'aspects abstraits *(voir le chapitre 3),* dont la définition des coupes est repoussée dans les aspects concrets, améliore notablement le couplage des aspects. Une autre technique, appelée « bibliothèque de coupes », permet de gérer différentes versions de l'intégration des aspects en fonction de l'environnement ciblé. Nous renvoyons le lecteur aux ouvrages spécialisés sur AspectJ pour plus de détails *(voir les références en annexe).*

Introduction transparente des objets de transfert

Comme expliqué précédemment, l'objet de transfert permet d'optimiser les communications entre les clients et les serveurs. Il regroupe pour cela un ensemble de requêtes élémentaires autour de requêtes de plus haut niveau qui utilisent des objets de transfert agrégeant les paramètres des requêtes élémentaires.

Dans certains cas spécifiques, ce design pattern bénéficie particulièrement de la POA. Pour des raisons de séparation des préoccupations, il est en effet peu souhaitable d'étendre les interfaces des façades métier dans l'unique but d'optimiser les communications. De même, il est peut souhaitable de complexifier les implémentations des différents clients dans ce seul but.

Grâce à la POA, nous pouvons définir deux aspects fonctionnant côtés serveur et client de façon conjointe pour libérer l'ensemble de l'application du traitement de cette préoccupation.

Il nous faut d'abord repérer dans les codes client des schémas d'utilisation, ou plus généralement des cas d'utilisation, susceptibles d'être optimisés. Si nous reprenons le client `Simple` précédent, nous nous apercevons que la création d'un compte se fait en deux appels successifs : un appel à `Bank.createCustomer` et un appel à `Bank.createAccount`, qui prend en paramètre le client (`customer`) précédemment créé. Ce cas d'utilisation peut être considéré comme récurrent, par exemple pendant l'inscription d'un nouveau client auquel nous assignerions un compte par défaut. S'il s'agit d'une opération courante, il peut être souhaitable de regrouper ces deux appels en un seul, de manière à minimiser le trafic réseau. Plus important, il peut être plus efficace de gérer l'ensemble de cette opération de manière transactionnelle. En cas d'échec ou d'interruption de l'opération, l'ensemble peut ainsi être annulé plus facilement, évitant la création de comptes non rattachés à des clients.

Une fois la séquence d'opération repérée, il convient de définir l'objet de transfert agrégeant les données nécessaires. Comme cet objet de transfert est destiné à être utilisé par des aspects, et non par le programme de base, il est préférable de le définir dans un package différent des objets de transfert apparaissant dans les interfaces métier. Rappelons que le package de base est aop.j2ee.commons.to.

Dans le code suivant, la classe CustomerAndAccountInfos définit un objet de transfert regroupant les données relatives à un compte et à un client associé :

```
package aop.j2ee.commons.aspect.to;

import java.math.BigDecimal;
import java.util.Date;
import java.io.Serializable;

public class CustomerAndAccountInfos implements Serializable {

  private String type;
  private String description;
  private BigDecimal balance;
  private BigDecimal creditLine;
  private BigDecimal beginBalance;
  private Date beginBalanceTimeStamp;
  private String lastName;
  private String firstName;
  private String middleInitial;
  private String street;
  private String city;
  private String state;
  private String zip;
  private String phone;
  private String email;

  public CustomerAndAccountInfos() {}

  public String getDescription() {return description;}
  public String getType() {return type;}
  [...]

  public void setType(String type) {this.type = type;}
  public void setDescription(String description) {
      this.description = description;
  }
  [...]
}
```

Nous aurions pu tout aussi bien définir CustomerAndAccountInfos comme l'agrégation de CustomerDetails et AccountDetails. Cette variante aurait été une instance du design pattern de l'objet de transfert composite.

Dans un deuxième temps, nous définissons un service permettant la création d'un nouveau client conjointement avec un nouveau compte et utilisant cet objet de transfert. Comme nous pouvons nous y attendre, ce nouveau service est défini non pas directement dans l'interface métier mais dans un aspect à l'aide de déclarations intertype. Deux déclarations sont nécessaires : l'une pour ajouter le prototype du service dans l'interface Remote (repère ❶) de la façade bancaire et l'autre pour ajouter son implémentation dans Bank-Bean, ou la version POJO si nous avons appliqué les autres aspects du tiers métier présentés précédemment (repère ❷).

```
package aop.j2ee.business.aspect;

import java.rmi.RemoteException;
import aop.j2ee.commons.aspect.to.*;
import aop.j2ee.business.session.bank.*;
import aop.j2ee.commons.exception.*;

public aspect ServerSideTO {

  public abstract String Bank  ←❶
    .createAccountWithCustomer(CustomerAndAccountInfos infos)
  throws
   RemoteException,IllegalAccountTypeException,
   CustomerNotFoundException,InvalidParameterException;

  public String BankBean  ←❷
    .createAccountWithCustomer(CustomerAndAccountInfos infos)
  throws
   RemoteException,IllegalAccountTypeException,
   CustomerNotFoundException,InvalidParameterException {

   String customerId = createCustomer(infos.getLastName(),
     infos.getFirstName(),infos.getMiddleInitial(),
     infos.getStreet(),infos.getCity(),infos.getState(),
     infos.getZip(),infos.getPhone(),infos.getEmail());

   String accountId = createAccount(customerId,infos.getType(),
     infos.getDescription(),infos.getBalance(),
     infos.getCreditLine(),infos.getBeginBalance(),
     infos.getBeginBalanceTimeStamp());

   return accountId;
  }
}
```

Côté client, nous définissons un aspect qui permet l'utilisation transparente de ce service lorsque la séquence d'appels agrégée est utilisée :

```
package aop.j2ee.client.java.aspect;

import java.math.BigDecimal;
import java.util.Date;
import aop.j2ee.commons.aspect.to.*;
import aop.j2ee.business.session.bank.Bank;
import aop.j2ee.client.java.aspectized.Simple;


public aspect TransferOptimizer {
```

```
ThreadLocal to = new ThreadLocal();  ←❶

Object around(String lastName,String firstName,
  String middleInitial,String street,String city,
  String state,String zip,String phone,String email) :
call(String aop.j2ee.business.session.bank.Bank+
     .createCustomer(..))
&& args(lastName,firstName,middleInitial,street,city,
        state,zip,phone,email)
&& withincode(void Simple.main(String[])) {
  CustomerAndAccountInfos infos=new CustomerAndAccountInfos();  ←❷
  infos.setLastName(lastName);
  infos.setFirstName(firstName);
  infos.setMiddleInitial(middleInitial);
  infos.setStreet(street);
  infos.setCity(city);
  infos.setState(state);
  infos.setZip(zip);
  infos.setPhone(phone);
  to.set(infos);  ←❸
  return null;
}

Object around(Bank bank,String customerId,String type,
  String description,BigDecimal balance,BigDecimal creditLine,
  BigDecimal beginBalance,Date beginBalanceTimeStamp) :
call(String aop.j2ee.business.session.bank.Bank+
     .createAccount(..))
&& args(customerId,type,description,balance,creditLine,
        beginBalance,beginBalanceTimeStamp)
&& withincode(void Simple.main(String[]))
&& target(bank) {
  CustomerAndAccountInfos infos =
    (CustomerAndAccountInfos)to.get();  ←❹
  if (infos == null) {
    return proceed(bank,customerId,type,description,balance,  ←❺
      creditLine,beginBalance,beginBalanceTimeStamp);
  } else {
    infos.setType(type);
    infos.setDescription(description);
    infos.setBalance(balance);
    infos.setCreditLine(creditLine);
    infos.setBeginBalance(beginBalance);
    infos.setBeginBalanceTimeStamp(beginBalanceTimeStamp);
    String id = bank.createAccountWithCustomer(infos);  ←❻
    // reset the transfer object
    to.set(null);
    return id;
  }
}
```

L'implémentation de l'aspect d'optimisation des communications `TransferOptimizer` repose sur une idée simple. Lorsque le premier message de la séquence est appelé (premier code advice), nous remplaçons l'appel par la création de l'objet de transfert et le renseignement des données disponibles (repère **2**). L'objet de transfert dont l'état est partiellement renseigné est ensuite sauvegardé localement dans un thread local (repères **1** et **3**), c'est-à-dire une variable locale à un thread, ce qui permet à l'aspect de fonctionner dans le cas où le programme est multithreadé. Pour ce premier appel, `TransferOptimizer` agit donc comme un aspect de cache en upload.

Lorsque le deuxième message de la séquence est appelé, nous finissons de renseigner l'état de l'objet de transfert avec les paramètres puis effectuons l'appel distant au service `create AccountWithCustomer` (repère **5**) qui a été préalablement ajouté par l'aspect côté serveur. Dans le cas où le thread local récupéré (repère **4**) vaut `null`, nous supposons que nous ne sommes pas dans une séquence optimisable et appelons directement le service (repère **5**).

Bien entendu, cette façon de faire peut être généralisée à des échanges client-serveur comportant un nombre quelconque d'appels.

Comme tous les aspects d'optimisation, cet aspect est extrêmement dépendant de l'implémentation du code de l'application. Si ce dernier change, il est probable, qu'il invalide aussi l'aspect. Par exemple, si le programme venait à utiliser le résultat retourné par la méthode `createCustomer`, l'optimisation ne pourrait plus être appliquée, puisqu'elle obligerait le programme à retourner une valeur nulle pour `createCustomer`. Ce couplage est encore plus fort que celui induit par le paradoxe de la séparation des préoccupations décrit précédemment. Dans le cas présent, l'aspect peut être invalidé, même si les interfaces des objets restent stables, car l'aspect dépend de leur implémentation.

Synthèse des aspects de communication du tiers client

Cette section a présenté trois aspects permettant de gérer un ensemble de préoccupations liées à la communication en univers distribué, que nous avons appliqués à un client Java simple (`aop.j2ee.client.java.aspectized. Simple`). Ces aspects sont illustrés à la figure 13.1.

Les trois aspects ont les influences et rôles suivants :

- `aop.j2ee.client.java.aspect.Locator` utilise un protocole implicite pour résoudre les façades métier. La ligne sombre de la barre du code de la classe `Simple` correspond donc à l'implémentation de la méthode `getServiceFacade` définie mais non implémentée par le client.

- `aop.j2ee.client.java.aspect.Retry` implémente une politique de rejeu en cas d'erreur de communication. Le fait qu'elle s'applique à plusieurs appels (plusieurs lignes grisées) indique que nous utilisons l'aspect générique utilisant la réflexivité.

- `aop.j2ee.client.java.aspect.TransferOptimizer` améliore les performances du client en introduisant un objet de transfert. Les deux lignes liées à cet aspect correspondent à la séquence d'appel `createCustomer` et `createAccount`, que nous optimisons à l'aide d'un objet de transfert implicite.

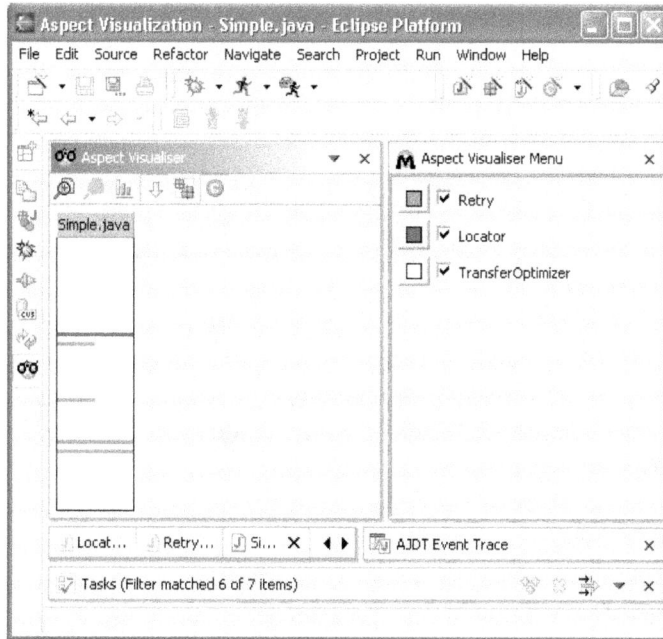

Figure 13.1

Les trois aspects pour la communication client-serveur

Il ne s'agit pas d'une conception exhaustive de la problématique de distribution. Il est en effet impossible de couvrir toutes les préoccupations liées à cette problématique dans un ouvrage dédié à la POA. Cette conception illustre cependant l'application de la POA aux communications client-serveur de manière suffisamment complète pour envisager le développement d'applications réelles en suivant les mêmes principes.

La même conception a été appliquée au client d'administration de la banque avec succès. Il s'agit d'un client plus complexe, mais le principe reste le même. Pour plus de détails, se référer au code de l'application disponible en ligne sur le site Web dédié à l'ouvrage.

Utilisation de la POA pour la présentation dans le tiers client

Une fois la gestion de la communication entre le tiers client et le tiers serveur assurée, il reste au tiers client la tâche souvent lourde de gérer la présentation. Dans le cas de la présentation d'un client Swing ou d'une applet, les techniques utilisées ne sont pas différentes de celles des applications Java classiques (non-J2EE). Pour la présentation d'un client Web, la problématique est différente puisque la présentation est implémentée côté serveur dans un conteneur Web avec des servlets ou des pages JSP. On peut parler en ce cas de tiers de présentation ou se référer à la partie présentation des clients Web, ce qui revient au même.

Cette section présente un certain nombre de cas d'utilisation de la POA dans le tiers de présentation, d'abord dans des préoccupations liées à l'interface homme-machine de manière générale puis dans la conception du tiers de présentation Web en améliorant les design patterns J2EE de ce tiers.

Utilisation de la POA pour des préoccupations liées à l'IHM

Du fait de sa complexité, l'IHM (interface homme-machine) représente souvent une part importante du développement d'application. Bien qu'il ne s'agisse pas de préoccupations spécifiques de J2EE, les aspects peuvent être d'une grande utilité dans ce cadre.

Nous allons illustrer l'apport de la POA à deux préoccupations générales d'IHM, l'internationalisation et la vérification de conditions sur les formulaires de saisie. Nous nous appuierons pour cela sur le client Java Swing d'administration de l'application bancaire de référence.

Internationalisation de l'application

Une préoccupation récurrente dans le développement d'application J2EE ou non concerne l'internationalisation des applications, en d'autres termes le support de différentes langues au sein d'une même application ou, plus souvent, la possibilité d'avoir plusieurs versions de l'interface en différentes langues.

Il est fréquent que les outils de développement d'IHM supportent cette préoccupation *via* des fichiers de propriétés. Malheureusement, en Java, un certain nombre de manipulations restent souvent à effectuer pour rendre cette internationalisation opérationnelle.

Une solution classique à la gestion des messages d'erreur, par exemple, consiste à définir l'ensemble des messages dans un fichier de propriétés qui peut être décliné en plusieurs langages. C'est la configuration côté client qui indique au programme quel fichier utiliser. Concernant l'interface d'administration de l'application bancaire de référence, c'est au lancement du programme qu'est indiqué le fichier de propriétés à utiliser :

```
%JAVA_HOME%\bin\java -Daop.j2ee.config.applicationname=BankAdmin
    -Daop.j2ee.config.applicationconfigdir=c:/aop/config
    -Daop.j2ee.config.applicationpropertyfile=bankadmin.properties
    aop.j2ee.client.java.BankAdmin
```

Le programme client doit en outre gérer l'accès aux messages définis dans ce fichier quand cela s'avère nécessaire. Généralement, ces accès sont disséminés au sein du code, et en particulier dans les gestions d'exception, comme l'illustre le code suivant :

```
// extrait de aop.j2ee.client.java.regular.DataModel
[...]
protected void createActInf(int currentFunction, String returned) {
    AccountDetails details = null;
    //View Account Information
```

```
if ((currentFunction == 4) && (returned.length() > 0)) {
    try {
        details = bank.getAccountDetails(returned);
        boolean readonly = true;
        frame.setDescription(details.getDescription());
        ArrayList alist = new ArrayList();
        alist = details.getCustomerIds();
        frame.createActFields(
            readonly,
            details.getType(),
            details.getBalance(),
            details.getCreditLine(),
            details.getBeginBalance(),
            alist,
            details.getBeginBalanceTimeStamp());
    } catch (AccountNotFoundException ex) {
        frame.resetPanelTwo();
        frame.messlab3.setText(
            messages.getString("AccountException")   ←❶
                + " "
                + returned
                + " "
                + messages.getString("NotFoundException"));   ←❷
    } catch (RemoteException ex) {
        frame.messlab.setText(
    messages.getString("Remote Exception"));   ←❸
    } catch (InvalidParameterException ex) {
        frame.messlab.setText(
    messages.getString("InvalidParameterException"));   ←❹
    }
} [...]
```

Les repères ❶, ❷, ❸ et ❹ montrent les endroits où l'application accède aux messages internationaux indexés par des clés définies sous forme de chaînes de caractères.

La préoccupation d'internationalisation est donc une préoccupation transversale, difficile à gérer et à maintenir. En plus d'être disséminée dans le code client, elle est étroitement imbriquée avec la gestion des exceptions, ce qui ne facilite pas sa maintenance.

L'externalisation de la préoccupation de gestion des erreurs dans le cadre de l'internationalisation est effectuée dans l'aspect I18n. La préoccupation d'internationalisation ne se limite pas à la gestion des erreurs. Il faut aussi tenir compte des problématiques telles que les unités de mesure, les monnaies ou les labels des composants graphiques.

L'aspect I18n présenté dans le code ci-dessous est un premier pas vers une internationalisation modulaire :

```
package aop.j2ee.client.java.aspect;

import java.rmi.RemoteException;
import aop.j2ee.commons.exception.*;
```

```
import aop.j2ee.client.java.aspectized.BankAdmin;

public privileged aspect I18n {

  // Traduit les messages des exceptions communes
  Object around()
  throws RemoteException, InvalidParameterException:
  call(* aop.j2ee.business.session.bank.Bank+.*(..)
    throws *Exception)
  && within(aop.j2ee.client.java.aspectized.*+) {

    Object value = null;
    try {
      value = proceed();
    } catch (RemoteException ex) {
      throw new RemoteException(          ←❶
        BankAdmin.messages.getString("Remote Exception"),ex);
    } catch (InvalidParameterException ex) {
      throw new InvalidParameterException(          ←❷
        BankAdmin.messages
        .getString("InvalidParameterException"),ex);
    }
    return value;
  }

  // gestion d'exceptions spécifiques à certains point de
  // jonction
  Object around(String accountId)
    throws AccountNotFoundException:
  call(* aop.j2ee.business.session.bank.Bank+
    .getAccountDetails(String) throws *Exception)
  && args(accountId)
  && within(aop.j2ee.client.java.aspectized.*+) {

    Object value = null;
    try {
      value = proceed(accountId);
    } catch (AccountNotFoundException ex) {
      throw new AccountNotFoundException(          ←❸
        BankAdmin.messages.getString("AccountException")
        + " "
        + accountId
        + " "
        + BankAdmin.messages.getString("NotFoundException"),ex);
    }
    return value;
  }

  [...] // autres exceptions spécifiques
}
```

À chaque levée d'exception, l'aspect reconstruit une exception contenant le message internationalisé (repères ❶, ❷ et ❸), ce qui modularise efficacement le traitement de l'internationalisation des erreurs.

La figure 13.2 donne une idée de l'utilité d'un tel aspect en montrant les appels de méthodes sur lesquels il intervient dans le programme d'administration de la banque (voir la classe aop.j2ee.client.java.aspectized .DataModel).

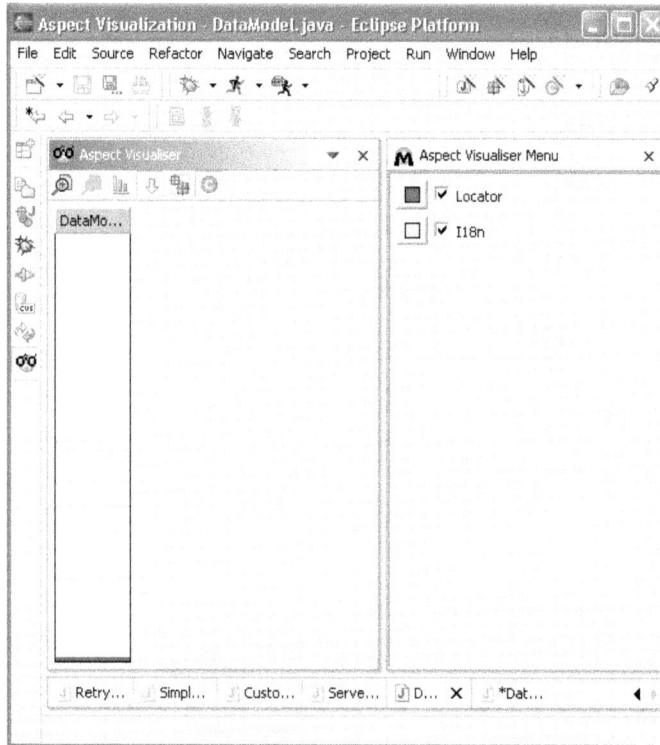

Figure 13.2

Application de l'aspect I18n au client Java Swing de la Duke's Bank

Grâce à l'aspect précédent, les messages des exceptions arrivent au client déjà internationalisés, ce qui évite d'avoir à traiter cette préoccupation. Par exemple, la méthode crea-teActInf du client d'administration peut être simplifiée comme suit :

```
// extrait de aop.j2ee.client.java.aspectized.DataModel
[...]
protected void createActInf(int currentFunction, String returned) {
  AccountDetails details= null;
```

```
if ((currentFunction == 4) && (returned.length() > 0)) {
  try {
    details= bank.getAccountDetails(returned);
    boolean readonly= true;
    frame.setDescription(details.getDescription());
    ArrayList alist= new ArrayList();
    alist= details.getCustomerIds();
    frame.createActFields(
      readonly,
      details.getType(),
      details.getBalance(),
      details.getCreditLine(),
      details.getBeginBalance(),
      alist,
      details.getBeginBalanceTimeStamp());

  // les messages des exceptions sont déja internationalisés
  // par l'aspect I18n
  } catch (AccountNotFoundException ex) {
    frame.resetPanelTwo();
    frame.messlab3.setText(ex.getMessage());
  } catch (RemoteException ex) {
    frame.messlab.setText(ex.getMessage());
  } catch (InvalidParameterException ex) {
    frame.messlab.setText(ex.getMessage());
  }
 }
}
```

Le client peut récupérer l'exception originale en appelant ex.getCause. L'exception s'affiche aussi dans la pile d'appels générée par ex.printStackTrace après la ligne "caused by" affichée par Java pour les versions de J2SE 1.4 ou supérieures. Cela est rendu possible par le fait que, en plus du message international, l'aspect a passé l'exception au constructeur de la nouvelle exception (voir les repères ❶, ❷ et ❸ du code de l'aspect).

Vérification de contraintes de saisie

Dans le développement d'IHM, une préoccupation récurrente est la vérification de contraintes de saisie. Par exemple, lors de la saisie des informations concernant un nouveau client, il est de mise de tester qu'un certain nombre de ces informations sont renseignées correctement. Par exemple, le programme peut tester que l'e-mail ou le code postal saisis ont des formats valides. Il peut aussi obliger la saisie de certains champs, comme le nom.

Il est intéressant de modulariser clairement cette préoccupation, et ce pour trois raisons principales :

• C'est une préoccupation transversale à l'ensemble des traitements de validation des écrans de saisie de l'application.

- En règle générale, il s'agit d'une préoccupation qui peut évoluer et être affinée au cours du temps de manière relativement indépendante de la préoccupation de saisie d'information.

- Pour la sécurité des applications, les contrôles de saisie doivent être effectués sur le serveur. Pour les temps de réponse, en revanche, il est préférable d'en implémenter aussi sur le client. La modularisation sous forme d'aspect est donc intéressante car elle permet de maintenir plus facilement une cohérence entre les tests côté client et côté serveur.

Pour bien faire comprendre le deuxième point, nous pouvons faire l'analogie avec une méthodologie de développement guidée par les cas d'utilisation. Dans une analyse fondée sur les cas d'utilisation, nous trouvons des cas primaires, qui correspondent au fonctionnement normal de l'application (ici la saisie) et des cas secondaires qui correspondent aux cas anormaux (ici la gestion des erreurs ou des erreurs de saisie). Parmi les cas secondaires, une analyse guidée par les cas d'utilisation donne généralement une priorité qui correspond au degré d'importance du cas d'utilisation. Un grand nombre de cas secondaires ne sont pas critiques et ne nécessitent pas d'être implémentés dès la première itération. C'est le cas, par exemple, de la vérification que le nom saisi commence par une majuscule. Pour des cas triviaux, le programmeur peut faire appel à un module de correction automatique, dont l'intégration sous forme d'aspect rend le programme plus indépendant de ce module.

Dans la programmation d'IHM, nous commençons par le cas principal et les cas secondaires critiques. C'est seulement après avoir testé que cette partie fonctionne, que nous nous intéressons aux cas secondaires non critiques. Si la préoccupation n'est pas modularisée correctement, le test d'un nouveau cas peut s'avérer délicat du fait de l'entremêlement avec les cas préexistants. L'utilisation de la POA est alors d'un grand secours, car elle permet de mieux maîtriser la complexité croissante de cette préoccupation.

Comme il s'agit du même principe, le lecteur pourra se reporter aux aspects de tests des pré- et postconditions développés aux chapitres 9 et 12.

Utilisation de la POA dans les design patterns du tiers de présentation Web

Dans J2EE, la logique de présentation Web s'appuie sur la technologie des servlets. Les servlets sont des composants Java répondant à des requêtes HTTP venant du serveur Web et transmises au conteneur Web J2EE. Les conteneurs les plus connus sont Apache Tomcat (implémentation de référence de la spécification Servlet) et Coucho Resin *(http://www.caucho.com/resin-2.1/index.xtp)*. Pour faciliter l'écriture des servlets dédiées à la mise en page, Sun Microsystems a défini le standard JSP (JavaServer Pages).

Les servlets étant des composants de relativement bas niveau, un certain nombre de design patterns J2EE ont été élaborés pour gérer la présentation de manière efficace. Il est intéressant d'évaluer l'apport des aspects à l'amélioration de la conception du tiers de présentation au-delà des design patterns J2EE.

Les sections qui suivent présentent succinctement les différents design patterns J2EE du tiers de présentation et les améliorations que la POA leur apporte en proposant un certain nombre d'aspects du tiers de présentation J2EE. Nous ne nous appuyons pas ici sur l'application de référence car, d'une part, la logique de présentation serait trop complexe pour être présentée, et, d'autre part, l'implémentation de référence utilise le framework MVC Struts de la communauté Apache Jakarta. Les bénéfices de la POA dans ce contexte sont quasiment nuls puisque Struts fournit une implémentation packagée d'un ensemble de design patterns J2EE couvrant l'ensemble des préoccupations nécessaires à l'IHM.

Pour bien comprendre cette section, il est recommandé de s'informer sur les technologies servlets-JSP *(http://java.sun.com/products/jsp/docs.html),* de même que sur les design patterns J2EE du tiers de présentation *(http://java.sun.com/blueprints/corej2eepatterns/Patterns/index.html).*

Le contrôleur frontal

Un contrôleur frontal est un design pattern dont le rôle est de centraliser toute la logique de gestion de base des requêtes, notamment leur relais vers des gestionnaires appropriés. Les requêtes émanant des clients passent nécessairement par le contrôleur frontal, qui comporte un dictionnaire de commandes.

Les objets commande sont habituellement des instances du design pattern contrôleur applicatif, même s'il est toujours possible d'adopter des conceptions différentes.

Le fonctionnement du contrôleur de commandes consiste à recevoir des requêtes, à trouver la bonne commande en fonction de l'URL de la requête et à déléguer le traitement de cette requête à l'objet commande. Le contrôleur frontal peut en outre encapsuler des données spécifiques relatives au serveur Web dans un objet de contexte. Les objets de contexte ont pour fonction de rendre le protocole implémentant la logique d'IHM aussi indépendant que possible de HTTP.

Le code suivant représente les parties importantes d'un contrôleur frontal simple :

```
package aop.j2ee.client.web.controller;

import java.io.IOException;
import java.util.Hashtable;
import javax.servlet.RequestDispatcher;
import javax.servlet.http.HttpServlet;
import javax.servlet.http.HttpServletRequest;
import javax.servlet.http.HttpServletResponse;
import aop.j2ee.client.web.protocol.RequestContextFactory;
import aop.j2ee. client.web.protocol.RequestContext;

public class FrontController extends HttpServlet {
  static final String ERROR_VIEW = "/error.jsp";
  [...] // autres chemins
  static Hashtable pathInfoCommandMap = new Hashtable();
```

```java
public void init(javax.servlet.ServletConfig config)
  throws ServletException {
  super.init(config);
  pathInfoCommandMap.put("/logon",
    "aop.j2ee.client.web.controller.LoginController");
  pathInfoCommandMap.put("/subscribe",
    "aop.j2ee.client.web.controller.SubscribeController");
[...] // autres chemins de controlleurs applicatifs
}

public void doGet [...] // appel de la méthode process
public void doPost[...] // appel de la méthode process

protected void process(HttpServletRequest request, ←①
                       HttpServletResponse response)
    throws ServletException, IOException {
  String pathInfo = request.getPathInfo();

  try {
    // trouve le chemin reel en déléguant au contrôleur
    // applicatif
    pathInfo=invokeApplicationController(
      pathInfo,request,response);
  } catch(Exception e) {
    pathInfo = ERROR_VIEW;
  }
  // transfert du contrôle à la vue adequate
  RequestDispatcher dispatcher =
    request.getRequestDispatcher(pathInfo);
  dispatcher.forward(request,response);
}

private String invokeApplicationController(
  String aRequestPathInfo,
  HttpServletRequest aRequest,
  HttpServletResponse aResponse) throws Exception {
    ApplicationController controller = null;
  String className = (String)pathInfoCommandMap
    .get(aRequestPathInfo);
  if(className != null) {
    Class controllerClass = Class.forName(className);
      controller = (ApplicationController)
      controllerClass.newInstance();
        if(controller != null)
        aRequestPathInfo =
      (String)controller.process(aRequest,aResponse);
  }
  return aRequestPathInfo;
}
}
```

La méthode process (repère **❶**) est la méthode commune de gestion des requêtes. Elle vérifie si l'utilisateur est logué. Si c'est le cas, elle transfère la requête vers l'URL demandée. Sinon, elle la transfère vers la page de login.

Au fur et à mesure que les besoins d'architecture ou de présentation évoluent, le code contrôleur frontal peut finir par se complexifier et traiter des cas particuliers. Pour éviter cela, il est possible de créer une hiérarchie d'héritage pour remplacer la logique conditionnelle excessive. Par exemple, pour une application comportant trois zones fonctionnelles distinctes, il peut être utile de factoriser les parties communes dans une superclasse. Même si ce type de structure peut paraître simple de prime abord, sa mise en place est laborieuse du fait de la complexité de la couche de présentation et de besoins souvent redéfinis en permanence pour l'IHM.

L'utilisation d'un aspect peut améliorer la modularité de l'application, en séparant notamment la logique de base d'un contrôleur frontal de la logique spécifique d'une application donnée. Dans le code ci-dessous, par exemple, l'aspect FrontController gère la mécanique de délégation et d'encapsulation des requêtes vers les contrôleurs applicatifs :

```
package aop.j2ee.client.web.aspect;

import java.util.Hashtable;
import javax.servlet.http.HttpServlet;
import javax.servlet.http.HttpServletRequest;
import javax.servlet.http.HttpServletResponse;
import aop.j2ee.client.web.protocol.RequestContextFactory;
import aop.j2ee.client.web.protocol.RequestContext;
import aop.j2ee.client.web.controlleur.*;

public aspect FrontController {
static Hashtable pathInfoCommandMap = new Hashtable();

static {
  pathInfoCommandMap.put("/logon",
  "aop.j2ee.client.web.controller.LoginController");
  pathInfoCommandMap.put("/subscribe",
  "aop.j2ee.client.web.controller.SubscribeController");
    }

pointcut trapApplicationController(String aRequestPathInfo,
  HttpServletRequest aRequest, HttpServletResponse aResponse):
  call(private String FrontController
      .invokeApplicationController( ←❶
      String,HttpServletRequest,
      HttpServletResponse) throws Exception)
  && args(aRequestPathInfo,aRequest,aResponse);

String around(String aRequestPathInfo,
            HttpServletRequest aRequest,
            HttpServletResponse aResponse)
  throws Exception:
  trapApplicationController(aRequestPathInfo,aRequest,aResponse) {
```

```
    ApplicationController controller = null;
    String className =
      (String)pathInfoCommandMap.get(aRequestPathInfo);
    if(className != null) {
      Class controllerClass = Class.forName(className);
      controller = (ApplicationController)
        controllerClass.newInstance();
      if(controller != null) {
        RequestContextFactory factory =
          RequestContextFactory.getInstance();
        RequestContext context = factory.getRequestContext(aRequest);
        aRequestPathInfo = (String)controller.process(context);
        }
    }
    return aRequestPathInfo;
  }
}
```

Nous utilisons à nouveau ici la technique du protocole implicite *via* la méthode invokeApplicationController (repère ❶).

Avec cet aspect, le contrôleur frontal devient :

```
package aop.j2ee.client.web.controller;

import java.io.IOException;
import javax.servlet.RequestDispatcher;
import javax.servlet.ServletException;
import javax.servlet.http.HttpServlet;
import javax.servlet.http.HttpServletRequest;
import javax.servlet.http.HttpServletResponse;

public class FrontController extends HttpServlet {
  static final String ERROR_VIEW = "/error.jsp";

  public void doGet [...] // appel de process
  public void doPost[...] // appel de process

  protected void process(HttpServletRequest request,
                          HttpServletResponse response)
  throws ServletException, IOException {
    [...] // ne change pas
  }

  // implémentée par l'aspect
  private String invokeApplicationController( ←❶
    String aRequestPathInfo,
    HttpServletRequest aRequest,
    HttpServletResponse aResponse)
  throws Exception { return aRequestPathInfo; } // par défaut
}
```

Le contrôleur frontal est ainsi complètement indépendant de l'application. Les chemins spécifiques de l'application sont définis dans l'aspect. Quant à l'encapsulation des requêtes HTTP, elle est effectuée dans des requêtes de niveau applicatif (`RequestContextFactory` et `RequestContext`) du package `aop.j2ee.client.web.protocol`.

Le contrôleur applicatif

Le contrôleur applicatif centralise le contrôle et l'invocation des vues et des commandes. Une conception classique consiste à avoir une classe de base des contrôleurs applicatifs pour factoriser les fonctionnalités communes aux différents contrôleurs. Il ne s'agit toutefois pas d'une solution optimale car la factorisation par héritage peut s'avérer complexe à mettre en œuvre. De plus, les contrôleurs applicatifs partagent une même préoccupation, qui est l'initialisation éventuelle des objets liés à la requête en cours (ces objets encapsulent les données de la requête).

L'exemple ci-dessous montre que l'utilisation d'un aspect simplifie la conception de la présentation de l'application lorsque la factorisation de fonctions communes s'avère nécessaire et permet dans tous les cas de centraliser l'initialisation des objets (codes advice ❶ et ❷ ci-dessous) :

```
package aop.j2ee.client.web.aspect;

import aop.j2ee.client.web.bean.*;
import aop.j2ee.client.web.controller.*;
import aop.j2ee.client.web.protocol.RequestContext;
import aop.j2ee.client.web.protocol.LoginRequestContext;
import aop.j2ee.client.web.protocol.SubscriptionContext;

public aspect ApplicationController {

  // initialisation des objets autour de getRequestData
  // des différents contrôleurs applicatifs

  void around(Object aBean,RequestContext aContext):
    call(* LoginController.getRequestData(..))
    && args(aBean,aContext) {
    LoginRequestContext context=(LoginRequestContext)aContext; ←❶
    UserBean bean = (UserBean)aBean;
    bean.setUser(context.getUserName());
    bean.setPassword(context.getUserPassword());
  }

  void around(Object aBean,RequestContext aContext):
    call(* SubscribeController.getRequestData(..))
    && args(aBean,aContext) {
    SubscriberBean bean = (SubscriberBean)aBean; ←❷
    SubscriptionContext context = (SubscriptionContext)aContext;
    bean.setFirst(context.getFirstName());
```

```
      bean.setLast(context.getLastName());
      bean.setEmail(context.getEmail());
    }
    [...] // autres controlleurs


  }
```

Avec cet aspect, l'implémentation d'un contrôleur d'authentification, par exemple, peut se concentrer uniquement sur l'implémentation du traitement de la requête en utilisant à nouveau un protocole implicite (repère ❸), comme ci-dessous :

```
package aop.j2ee.client.web.controller;

import aop.j2ee.client.web.controller.ApplicationController;
import aop.j2ee.client.web.command.Command;
import aop.j2ee.client.web.command.LoginCommand;
import aop.j2ee.client.web.protocol.RequestContext;
import aop.j2ee.client.web.protocol.LoginRequestContext;

// ApplicationController est une interface définissant proccess()
public class LoginController implements ApplicationController {
  static final String USERBEAN_ATTR = "userbean";
  static final String SUCCESS_VIEW = "/subscribe.html";
  static final String FAILURE_VIEW = "/login.jsp";

  public LoginController() {}

  // implémenté par l'aspect (protocole implicite)
  public void getRequestData(Object aBean,   ←❸
                             RequestContext aRequestContext) {}

  public Object process(RequestContext aRequestContext)
    throws Exception {
    Command logon = new LoginCommand();
    LoginRequestContext context =
      (LoginRequestContext)aRequestContext;
    // initialise le bean recepteur des données de la requête
    getRequestData(logon.getReceiver(),context);
    // exécute la commande de login
    String logicalRequest =
      ((Boolean)logon.executeCommand()).booleanValue()?
      SUCCESS_VIEW:FAILURE_VIEW;
    // met le bean dans le contexte
    context.setSessionAttribute(USERBEAN_ATTR,logon.getReceiver());
    return logicalRequest;
  }
}
```

L'objet contexte

L'objet contexte encapsule un état contextuel lié à une requête de manière indépendante du protocole HTTP. L'objet contexte peut ensuite être utilisé par les différents rôles du tiers de présentation.

L'utilisation des objets de contexte rend les tests à la fois plus simples et plus génériques et moins dépendants d'un conteneur Web particulier. Les instances des objets contexte font généralement partie d'une hiérarchie d'héritage, dans laquelle les parents gèrent les spécificités du protocole HTTP et contiennent des références vers les classes du package `javax.servlet.http`.

Grâce à la POA, nous pouvons rendre le design pattern de l'objet contexte indépendant du protocole HTTP. Le code suivant de `HttpRequestContext` montre comment introduire les spécificités du protocole HTTP dans une hiérarchie d'objets contexte simples :

```
package aop.j2ee.client.web.aspect;

import javax.servlet.http.HttpServletRequest;
import aop.j2ee.client.web.protocol.*;

public aspect HttpRequestContext {
  public static final String USER_PARAM = "subscriber";
  public static final String PASSWORD_PARAM = "password";

  // implémentation de l'interface marqueur
  declare parents: LoginRequestContext
    implements HttpRequestContext;
  declare parents: SubscriptionContext
    implements HttpRequestContext;
  [...] // autres types de contextes...

  public HttpServletRequest HttpRequestContext.request;
  public HttpServletRequest LoginRequestContext.loginRequest;
  public HttpServletRequest
    SubscriptionContext.subscriptionRequest;

  // implémentation des comportements communs

  public void HttpRequestContext.initialize(
    HttpServletRequest aRequest) {request = aRequest;}

  public void HttpRequestContext.setHttpRequest(
    HttpServletRequest aRequest) {request = aRequest;}

  public HttpServletRequest HttpRequestContext.getHttpRequest() {
    return request;
  }

  public String HttpRequestContext.getAuthType() {
    return getHttpRequest().getAuthType();
  }
  // même principe que précédemment...
```

```
public String HttpRequestContext.getCharacterEncoding() {...}
public int HttpRequestContext.getContentLength() {...}
public String HttpRequestContext.getContentType() {...}
public String HttpRequestContext.getContextPath() {...}
public String HttpRequestContext.getPathInfo() {...}
public String HttpRequestContext.getPathTranslated() {...}
public String HttpRequestContext.getProtocol(){...}
public String HttpRequestContext.getQueryString(){...}
public String HttpRequestContext.getRemoteAddress(){...}
public String HttpRequestContext.getRemoteHost(){...}
public String HttpRequestContext.getRemoteUser(){...}
public String HttpRequestContext.getRequestedSessionID(){...}
public String HttpRequestContext.getRequestURI(){...}
public String HttpRequestContext.getScheme(){...}
public String HttpRequestContext.getServerName(){...}
public String HttpRequestContext.getServletPath(){...}
public Object HttpRequestContext
.getSessionAttribute(String aAttribute) {...}
public void HttpRequestContext
.setSessionAttribute(String aAttribute,Object aValue) {...}
public Object HttpRequestContext
.getRequestAttribute(String aAttribute){...}
public void HttpRequestContext
.setRequestAttribute(String aAttribute,Object aValue) {...}

// login

public void LoginRequestContext.setHttpRequest(
  HttpServletRequest aRequest) {loginRequest = aRequest;}

public HttpServletRequest LoginRequestContext.getHttpRequest() {
  return loginRequest;
}

public void LoginRequestContext
  .initialize(HttpServletRequest aRequest) {
  loginRequest = aRequest;
  setUserName(aRequest.getParameter(USER_PARAM));
  setUserPassword(aRequest.getParameter(PASSWORD_PARAM));
}

// subscription

public void SubscriptionContext.setHttpRequest(
  HttpServletRequest aRequest) {
  subscriptionRequest = aRequest;
}

public HttpServletRequest SubscriptionContext.getHttpRequest() {
  return subscriptionRequest;
}
```

```
public void SubscriptionContext
.initialize(HttpServletRequest aRequest) {
  subscriptionRequest = aRequest;
  setFirstName(aRequest.getParameter(FIRST_PARAM));
  setLastName(aRequest.getParameter(LAST_PARAM));
  setEmail(aRequest.getParameter(EMAIL_PARAM));
}

// autres requêtes
[...]
}
```

Le filtre d'interception

Le filtre d'interception intercepte les requêtes entrantes et les réponses sortantes et leur applique une logique de filtrage. Le conteneur Web est responsable de l'appel des filtres, qui peuvent être ajoutés et retirés d'une manière déclarative dans le fichier **web.xml** de la façon suivante :

```
<filter>
<filter-name>silverMembership</filter-name>
<filter-class>
aop.j2ee.presentation.controller.MembershipFilter
</filter-class>
<init-param>
<param-name>subscriptionType</param-name>
<param-value>silver</param-value>
</init-param>
<init-param>
<param-name>denyPage</param-name>
<param-value>/secure/denied.jsp</param-value>
</init-param>
</filter>
```

Les filtres encapsulent des logiques récurrentes dans des objets réutilisables et améliorent ainsi la modularité du code. Ils peuvent, par exemple, retirer/ajouter ou activer/désactiver des éléments de présentation en fonction du profil de l'utilisateur.

Le code suivant montre une partie de l'implémentation d'un filtre type qui change la réponse vers une page de refus (denyPage) si l'utilisateur n'est pas autorisé à accéder à l'espace en cours :

```
package aop.j2ee.client.web.controller;

import java.io.IOException;
import javax.servlet.*;
import javax.servlet.http.*;
import aop.j2ee.presentation.bean.SubscriberBean;
```

```
public class MembershipFilter implements Filter {
  [...]
  private String subscriptionType;
  private String denyPage;

  public MembershipFilter() {}

  public void init(FilterConfig config) throws ServletException {
        subscriptionType = config.getInitParameter("subscriptionType");
    denyPage = config.getInitParameter("denyPage");
  }

  public void doFilter(ServletRequest request,  ←❶
                       ServletResponse response,
                       FilterChain chain)
  throws IOException, ServletException {
    [...] // applique un traitement sur la requete
    // continue l'application des filtres
    chain.doFilter(request,response); ←❷
    [...] // applique un traitement sur la réponse
  }

  public void destroy() {}
}
```

Dans le design pattern de l'objet de filtrage, nous reconnaissons une structure caractéristique de la programmation orientée aspect : le code advice de type `around`. La classe `MembershipFilter` peut être remplacée par un aspect et la méthode de filtre `doFilter` (repère ❶) par un code advice `around` pour obtenir le même effet. L'appel de `doFilter` sur la chaîne a en effet une sémantique proche d'un appel à `proceed` dans un code advice `around`.

Si l'effet n'est pas spectaculaire en terme de code, il peut l'être en terme de performance. Si nous utilisons les filtres classiques, c'est le conteneur Web qui gère la chaîne d'interception de manière transparente et non contrôlable. Le mécanisme est dynamique et peut entraîner des surcoûts du fait notamment de l'initialisation des intercepteurs et de la chaîne. Grâce à un tissage à la compilation, comme celui d'AspectJ, le code des intercepteurs programmés sous forme d'aspect peut être inséré directement dans la classe cible, évitant toute la mécanique d'initialisation, de gestion et de parcours de la chaîne d'intercepteurs.

Une autre forme d'implémentation orientée aspect est présentée dans le code suivant :

```
package aop.j2ee.client.web.aspect;

import java.io.IOException;
import javax.servlet.*;
import javax.servlet.http.*;
import aop.j2ee.presentation.bean.SubscriberBean;
```

```
public class SilverMembershipFilterAspect {
  declare precedence: GoldMembershipFilterAspect,
                      SilverMembershipFilterAspect, *;

  private String FrontController.subscriptionType="silver";
  private String FrontController.denyPage="/secure/denied.jsp";

  pointcut filter(ServletRequest request, ←❶
                  ServletResponse response):
    execution(protected void process(
    HttpServletRequest, HttpServletResponse))
    && args(request,response);

  around(ServletRequest request,
         ServletResponse response): filter(request,response) {

  throws IOException, ServletException {
    [...] // applique un traitement sur la requete
    // continue l'application des filtres
    proceed(request,response); ←❷
    [...] // applique un traitement sur la réponse
  }
}
```

Dans la solution orientée aspect, le proceed implémente l'appel au filtre suivant (repère ❷), l'ordre des filtres étant défini par les déclarations de précédence. Nous appliquons le filtre au niveau de la coupe correspondant à l'exécution du traitement de la requête par le contrôleur frontal (repère ❶). Nous sommes sûr de la sorte de filtrer toutes les requêtes entrantes et toutes les réponses. Nous aurions pu aussi factoriser la coupe dans une superclasse, puisqu'elle est la même pour tous les filtres s'appliquant sur toutes les requêtes.

Remarquons la flexibilité de cette technique. En changeant la coupe, nous pouvons, par exemple, installer des filtres sur les contrôleurs applicatifs plutôt que sur des contrôleurs frontaux. Cela présente deux avantages de taille : en classifiant les intercepteurs selon leur zone fonctionnelle, nous obtenons des conceptions plus expressives, et nous pouvons écrire des filtres plus indépendants de la technologie HTTP-servlet.

Les seuls inconvénients de cette technique sont que les filtres ne sont plus ajoutés de manière déclarative dans **web.xml** et qu'une recompilation est nécessaire en cas de changement du périmètre de filtrage.

Le compagnon de vue (View Helper)

Le compagnon de vue est un objet Java qui implémente des sous-parties de la logique d'une page JSP. Ce design pattern évite une trop grande accumulation de code Java dans les pages JSP pour des raisons à la fois de maintenance et de lisibilité du code et de performance. Lorsque la logique Java est implémentée dans un compagnon de vue, le code est compilé et chargé une fois pour toute, évitant une gestion lourde du code Java par le conteneur Web.

L'implémentation du compagnon de vue peut bénéficier de manière spécifique de la POA. Par exemple, nous pouvons ajouter des filtres pour modifier le comportement du compagnon en fonction de critères tels que le profil utilisateur. Ce type d'utilisation de la POA entre dans le cadre de la généralisation du filtre d'interception décrit précédemment. La POA permet en effet d'installer du filtrage selon des granularités plus fines, ici *via* un objet compagnon. Dans certains cas, cela simplifie notablement la logique de filtrage. Cela peut aussi amener à mieux séparer les préoccupations, notamment les préoccupations d'internationalisation.

Conclusion sur le tiers de présentation Web

L'apport de la POA au tiers de présentation Web est nettement moins spectaculaire et systématique qu'aux tiers métier et client. Il y a deux raisons principales à cela :

* Le tiers de présentation Web utilise Java et les servlets pour implémenter la mécanique de gestion des requêtes, de même que les enchaînements et la présentation. Il s'agit d'une implémentation de bas niveau, et il n'existe aucun modèle métier explicitement défini auquel appliquer les aspects. Il est d'ailleurs intéressant de noter que pour les contrôleurs, ce sont les spécificités métier de l'application qui sont implémentées dans les aspects et non les spécificités techniques.

* Le tiers de présentation utilise des technologies non-Java pour la séparation des préoccupations. Par exemple, la mise en page est définie en HTML dans des pages JSP. À l'exception des compagnons de vue, la présentation reste donc hermétique aux technologies de POA fondées sur Java. Le tiers de présentation peut certes utiliser d'autres technologies, comme XSLT (eXtensible Stylesheet Language Transformations), mais leur intégration est complexe et peu perméable à la POA.

Pour ces raisons, le recours à des frameworks tels que Struts est préférable à l'utilisation de la POA dans le tiers de présentation, du moins dans l'état actuel des outils. Une utilisation conjointe de Struts avec la POA est envisageable mais reste à étudier.

Il est cependant possible d'utiliser la POA de manière efficace dans le tiers de présentation dans le cadre de frameworks tout-Java s'appuyant sur un modèle métier clairement défini. C'est le cas du tiers de présentation de JAC, qui propose un framework orienté aspect pour la définition d'applications présentant une interface Web ou Swing. Le fait que le tiers de présentation de JAC s'appuie directement sur le modèle métier permet d'automatiser un certain nombre de tâches d'IHM à l'aide d'aspects prévus à cet effet.

Conclusion

Ce chapitre a examiné l'application de la POA dans les tiers client et de présentation en utilisant l'application de référence quand cela était possible.

Il a clairement montré que la POA apportait de nombreuses améliorations à la modularisation des problèmes liés à la couche de communication distante. Les trois design patterns J2EE principaux dédiés à la conception d'applications distribuées souffrent en effet de lacunes qui peuvent être surmontées grâce à la POA.

Pour le tiers de présentation, l'utilisation de la POA révèle son intérêt dans le cadre de la modularisation de préoccupations classiques, comme l'internationalisation ou la vérification de pré- et de postconditions dans les saisies d'écran. Les frameworks de présentation existants, tels Struts et Swing, permettent d'abstraire un certain nombre de préoccupations liées à la présentation, ce qui rend la POA moins efficace. L'analyse des design patterns J2EE du tiers de présentation indique cependant que la POA est envisageable pour la création ou l'amélioration d'un framework de ce type.

Partie V

Annexes

A

Installation d'AspectJ

Cette annexe décrit les différentes étapes à suivre pour installer AspectJ et son plug-in pour Eclipse. Ces instructions ont été établies à partir de la version 1.1.1 d'AspectJ et de la version 1.1.4 du plug-in AspectJ pour Eclipse.

- Site Web : *http://www.eclipse.org/aspectj*

- Liste de diffusion : aspectj-users@eclipse.org

- Documentation : *http://www.eclipse.org/aspectj/*, lien Documentation

Téléchargement

AspectJ est un logiciel Open Source distribué librement et gratuitement selon les termes de la licence CPL (Common Public License) version 1.0, commune à tous les outils Eclipse. AspectJ est écrit en Java.

La version de base d'AspectJ se présente sous la forme d'un outil en ligne de commande, lançable à partir d'un shell UNIX ou Windows. Des plug-in pour les IDE Eclipse, NetBeans, JBuilder ou Emacs sont également disponibles.

Le tableau A.1 fournit les URL des sites Web pour le téléchargement d'AspectJ et de ces différents plug-in.

Tableau A.1 URL du site AspectJ et des plug-in associés

Désignation	URL
AspectJ	*http://www.eclipse.org/aspectj*
Plug-in pour Eclipse	*http://eclipse.org/ajdt/*
Plug-in pour JBuilder	*http://aspectj4jbuildr.sourceforge.net/*
Plug-in pour NetBeans	*http://aspectj4netbean.sourceforge.net/*
Plug-in pour Emacs	*http://aspectj4emacs.sourceforge.net/*

Installation de la version en ligne de commande

L'installation en ligne de commande requiert une version 1.3 ou supérieure du JDK. Elle se présente sous la forme d'une archive unique, **aspectj-1.1.1.jar** pour la version 1.1.1, fonctionnant aussi bien sous Windows, UNIX ou Macintosh.

L'installation se fait par le biais de la commande :

```
java -jar aspectj-1.1.1.jar
```

Une fenêtre offre la possibilité de sélectionner le répertoire d'installation et l'emplacement de la machine virtuelle Java à utiliser.

Une fois la procédure terminée, le répertoire d'installation contient l'arborescence suivante :

```
bin/
doc/
lib/
LICENCE-AspectJ.html
README-AspectJ.html
```

bin contient les exécutables (compilateur et outil), **doc** la documentation et des exemples de programmes et **lib** les bibliothèques à utiliser pour la compilation et l'exécution. Il est conseillé d'ajouter le répertoire **bin** dans la variable d'environnement PATH afin que le compilateur soit accessible directement et la bibliothèque **lib/aspectjrt.jar** dans la variable CLASSPATH.

Test de l'installation

Le compilateur se présente sous la forme de la commande **ajc**. Il accepte en entrée un ensemble de fichiers d'aspects et de classes Java et produit un programme tissé avec les aspects. Le programme est un ensemble de fichiers **.class** exécutable comme n'importe quel programme Java à l'aide de la commande **java**.

La commande **ajc** accepte des options similaires à celle du compilateur Java javac. Les principales options sont récapitulées au tableau A.2.

Tableau A.2 Principales options de la commande ajc

Option	Définition
-d	Spécifie le répertoire dans lequel doivent être générés les fichiers **.class.**
-classpath	Spécifie le chemin de recherche des bibliothèques Java.
-version	Affiche la version du compilateur.
-deprecation	Avertit de l'utilisation d'API dépréciées.
-bootclasspath	Spécifie le chemin de recherche des bibliothèques à utiliser avant la bibliothèque standard Java **rt.jar.**
-injars	Spécifie une liste de fichiers **.jar** dans lesquels peuvent être recherchés les fichiers de l'application à aspectiser.

Le répertoire **doc/examples/tracing/** fournit un exemple simple de programme gérant des formes géométriques (cercles et carrés) sur lequel un aspect de trace est tissé. Nous allons compiler ce programme et placer les exécutables dans le répertoire **classes/.**

Sous UNIX, utiliser la commande suivante :

```
cd doc/examples/tracing
mkdir classes
ajc -d classes *.java lib/*.java
```

Sous Windows, utiliser la commande suivante :

```
cd doc\examples\tracing
mkdir classes
ajc -d classes *.java lib\*.java
```

La liste des noms de fichiers à compiler peut aussi être mise dans un fichier texte. Le nom de ce dernier est fourni au compilateur ajc précédé du symbole @. Pour l'exemple précédent, une telle liste existe dans le fichier **tracelib.lst.**

Nous pouvons effectuer la compilation à l'aide de la commande :

```
ajc -d classes @tracelib.lst
```

Sous Windows et UNIX, l'exécution du programme s'effectue au moyen de la commande suivante (en faisant en sorte que le répertoire **classes** se trouve dans le CLASSPATH) :

```
java tracing.ExampleMain
```

Le programme produit la trace d'exécution suivante :

```
      --> execution(tracing.Circle(double, double, double))
     <--  execution(tracing.Circle(double, double, double))
      --> execution(tracing.Circle(double, double, double))
     <--  execution(tracing.Circle(double, double, double))
      --> execution(tracing.Square(double, double, double))
     <--  execution(tracing.Square(double, double, double))
      --> execution(double tracing.Circle.perimeter())
     <--  execution(double tracing.Circle.perimeter())
    c1.perimeter() = 12.566370614359172
      --> execution(double tracing.Circle.area())
     <--  execution(double tracing.Circle.area())
    c1.area() = 12.566370614359172
      --> execution(double tracing.Square.perimeter())
     <--  execution(double tracing.Square.perimeter())
    s1.perimeter() = 4.0
      --> execution(double tracing.Square.area())
     <--  execution(double tracing.Square.area())
    s1.area() = 1.0
      --> execution(double tracing.TwoDShape.distance(TwoDShape))
       --> execution(double tracing.TwoDShape.getX())
      <--  execution(double tracing.TwoDShape.getX())
       --> execution(double tracing.TwoDShape.getY())
      <--  execution(double tracing.TwoDShape.getY())
     <--  execution(double tracing.TwoDShape.distance(TwoDShape))
    c2.distance(c1) = 4.242640687119285
      --> execution(double tracing.TwoDShape.distance(TwoDShape))
       --> execution(double tracing.TwoDShape.getX())
      <--  execution(double tracing.TwoDShape.getX())
       --> execution(double tracing.TwoDShape.getY())
      <--  execution(double tracing.TwoDShape.getY())
     <--  execution(double tracing.TwoDShape.distance(TwoDShape))

                                                              .../...
```

```
s1.distance(c1) = 2.23606797749979
 --> execution(String tracing.Square.toString())
  --> execution(String tracing.TwoDShape.toString())
  <-- execution(String tracing.TwoDShape.toString())
 <-- execution(String tracing.Square.toString())
s1.toString(): Square side = 1.0 @ (1.0, 2.0)
```

Plug-in pour Eclipse

La version en ligne de commande d'AspectJ est simple et fonctionne dans tous les cas. Elle peut néanmoins s'avérer fastidieuse à manipuler, surtout pour les projets de taille importante. Dans ce cas, l'utilisation d'un environnement de développement (IDE) pallie ces inconvénients en apportant un confort d'utilisation et des outils pour automatiser les tâches répétitives.

Les IDE modernes tels qu'Eclipse sont suffisamment ouverts pour être étendus. Ces extensions se présentent sous la forme de plug-in ajoutés à l'IDE initial. Le plug-in permettant d'utiliser AspectJ dans Eclipse est AJDT.

AJDT incluant en standard AspectJ, il n'est pas nécessaire d'installer ce dernier avant AJDT.

AJDT ajoute à Eclipse les fonctionnalités suivantes :

- intégration directe du compilateur AspectJ ;
- mise en couleur des mots-clés AspectJ dans le code des aspects ;
- affichage de la structure des aspects et de leurs coupes associées dans la vue « Outline » ;
- assistant de création de projets AspectJ et possibilité de convertir un projet Java existant en projet AspectJ ;
- assistant de création d'aspect ;
- support de différentes configurations pour la compilation d'un projet ;
- navigateur graphique de structures de crosscut ;
- support du débogage des aspects.

AJDT est téléchargeable à partir du site Web *http://eclipse.org/ajdt/*. Son installation se fait directement à partir de la perspective Install/Update d'Eclipse.

Procéder pour cela de la façon suivante :

1. Lancer Eclipse.

2. Dans le menu Help, sélectionner Software Updates puis Update Manager.

3. Dans la vue Feature Updates qui s'ouvre, sélectionner New par clic droit puis Site Bookmark.

4. Dans la boîte de dialogue qui apparaît, saisir un nom, par exemple **AJDT Update Site,** ainsi que l'URL *http://download.eclipse.org/technology/ajdt/update.*

5. Cliquer sur le bouton Finish.

6. Dérouler le nœud AJDT Update Site qui apparaît puis le nœud AspectJ, et cliquer sur Eclipse AspectJ Development Tools 1.1.4.

7. Dans le panneau Preview, cliquer sur Install.

8. Passer en revue les boîtes de dialogue qui apparaissent pour compléter l'installation.

B

Installation de JAC

Cette annexe décrit les différentes étapes à suivre pour installer JAC. Ces instructions ont été établies à partir de la version 0.11 de JAC.

- Site Web : *http://jac.objectweb.org*
- Liste de diffusion : jac-users@objectweb.org
- Documentation : *http://jac.objectweb.org/documentation.html*

Téléchargement

JAC est un logiciel Open Source distribué librement et gratuitement selon les termes de la licence LGPL (Lesser General Public License). JAC est écrit en Java.

JAC est téléchargeable à partir de l'URL *http://jac.objectweb.org/download.html*. L'environnement d'exécution et les exemples d'utilisation se trouvent dans le package **jac.** Les packages **jac-src, jac-libs** et **jac-lib-opts** sont destinés aux développeurs. Ils contiennent respectivement les sources de JAC, les bibliothèques nécessaires à la compilation des sources et des bibliothèques optionnelles utilisées par certains aspects.

Le package **jac** est suffisant pour une utilisation courante. Il permet de développer des programmes orientés aspect et contient la bibliothèque des 19 aspects fournis par JAC ainsi que l'IDE UMLAF pour concevoir et développer des applications.

Test de l'installation

Afin de tester l'installation de JAC, il est possible de lancer l'IDE UMLAF. Sous UNIX, il suffit de lancer le script **UML_AF.sh** qui se trouve dans le répertoire racine de JAC. Sous Windows, lancer le script **UML_AF.bat.**

Dans la fenêtre de lancement du script, les messages suivants s'affichent :

```
JAC version 0.11

--- Launching Application ide ---

--- configuring rtti aspect ---

--- configuring gui aspect ---

--- configuring session aspect ---

--- configuring persistence aspect ---

--- configuring confirmation aspect ---

--- configuring integrity aspect ---
```

La fenêtre graphique illustrée à la figure 1 s'ouvre.

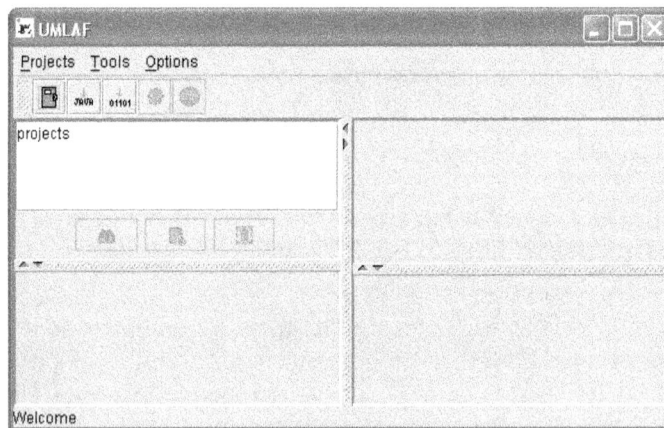

Figure 1
L'IDE UMLAF

JAC est prêt à être utilisé.

C

Installation de JBoss AOP

Cette annexe décrit les différentes étapes à suivre pour installer JBoss AOP. Ces instructions ont été établies à partir de la version standalone DR2 de JBoss AOP.

- Site Web : *http://www.jboss.org/developers/projects/jboss/aop*
- Forum de discussion : *http://www.jboss.org/forum.jsp?forum=151*
- Documentation : *http://www.jboss.org/developers/projects/jboss/aop*

Téléchargement

JBoss AOP est un logiciel Open Source distribué librement et gratuitement selon les termes de la licence LGPL (Lesser General Public License). JBoss AOP est écrit en Java.

JBoss AOP est téléchargeable à partir de l'URL suivante :

http://prdownloads.sourceforge.net/jboss/jboss-4.0.0DR2.zip?download.

L'environnement d'exécution et les exemples d'utilisation se trouvent dans l'archive récupérée suite au téléchargement.

Une fois installée, l'archive propose les répertoires et fichiers suivants :

```
api/
docs/
src/
RELEASE_NOTES.txt
javassist.jar
jboss-aop.jar
jboss-common.jar
trove.jar
xdoclet-module-jboss-aop.jar
```

api contient la documentation javadoc de JBoss AOP, **doc** de la documentation et des exemples d'utilisation, et **src** les sources de JBoss AOP.

Le fichier **jboss-aop.jar** contient le framework JBoss AOP. Les quatre autres fichiers **.jar** sont utilisés par JBoss AOP.

Configuration

Il est conseillé d'inclure les cinq fichiers **.jar** livrés avec JBoss AOP dans la variable d'environnement CLASSPATH. Ils sont ainsi disponibles de façon automatique pour toutes les étapes de compilation et d'exécution mettant en œuvre JBoss AOP.

En supposant que **root** soit le répertoire d'installation de JBoss AOP, la commande à saisir sous Windows est la suivante :

```
set CLASSPATH=root\jboss-common.jar; root\jboss-aop.jar; root\javassist.jar;
root\trove.jar;root\xdoclet-module-jboss-aop.jar
```

Sous UNIX, la commande équivalente est la suivante :

```
export CLASSPATH=.:root/jboss-common.jar:root/jboss-aop.jar:root/javassist.jar:
root/trove.jar:root/xdoclet-module-jboss-aop.jar
```

Correctif

À l'heure où nous écrivons ce livre, JBoss AOP est disponible en téléchargement en version standalone DR2 datée du 3 juillet 2003.

Cette version comporte malheureusement un bogue qui empêche le fonctionnement correct des coupes de type exécution de méthode, constructeur et attribut détaillées au chapitre 5. Les coupes de types classe et appel de méthode ne sont pas affectées par ce bogue et fonctionnent normalement. Le bogue a été signalé aux auteurs de JBoss AOP, et il devrait être corrigé dans les versions futures du framework.

Ce bogue provoque une exception NullPointerException lorsqu'on essaie de définir des coupes de type exécution de méthode, constructeur ou attribut. Le message d'erreur renvoie au fichier **org/jboss/aop/AspectXmlLoader.java** contenu dans le répertoire **src/main** de JBoss AOP.

Les lignes 262, 370 et 420 comportent le code suivant :

```
if (attr != null && group.trim().equals(""))
```

L'identificateur group est certainement issu d'une erreur de copier-coller. C'est plus certainement l'identificateur attr qui aurait dû être employé.

Nous ne pouvons que conseiller aux utilisateurs novices de n'employer que les coupes de types classe et appel de méthode avec JBoss AOP standalone DR2 ou d'attendre les prochaines versions du framework. Les utilisateurs plus expérimentés jugeront de l'opportunité de corriger les trois lignes en question et de recompiler le fichier Java.

Installation d'AspectWerkz

Cette annexe décrit les différentes étapes à suivre pour installer AspectWerkz. Ces instructions ont été établies à partir de la version 0.10 RC1.

- Site Web : *http://aspectwerkz.codehaus.org*

Téléchargement

AspectWerkz est un logiciel Open Source distribué librement et gratuitement selon les termes de la licence LGPL (Lesser General Public License). AspectWerkz est écrit en Java.

AspectWerkz est téléchargeable à partir de l'URL : *http://aspectwerkz.codehaus.org/releases.html*. L'environnement d'exécution et les exemples d'utilisation se trouvent dans l'archive récupérée suite au téléchargement.

Une fois installée, l'archive propose les répertoires et fichiers suivants :

```
bin/
lib/
src/
xdocs/
LICENCE.txt
build.xml
maven.xml
project.properties
project.xml
```

Le répertoire **bin** contient les scripts de l'environnement d'exécution d'AspectWerkz. Le répertoire **lib** contient l'ensemble des bibliothèques Java nécessaires à la compilation et à l'exécution des applications utilisant AspectWerkz. Le répertoire **src** contient les sources d'AspectWerkz et des exemples.

Configuration

Pour faire fonctionner AspectWerkz, il est nécessaire d'initialiser au préalable les variables d'environnement JAVA_HOME (répertoire d'installation de J2SE) et ASPECTWERKZ_HOME (répertoire d'installation d'AspectWerkz).

Le script setenv, disponible dans le répertoire **bin** du framework, initialise ensuite la variable d'environnement CLASSPATH pour la compilation et l'exécution des applications AspectWerkz.

Pour que la compilation des attributs javadoc spécifiques d'AspectWerkz fonctionne, il est nécessaire d'ajouter à la variable CLASSPATH les bibliothèques **bcel-patch.jar** et **bcel.jar,** qui se trouvent dans le répertoire **lib** du framework.

En supposant que **c:\j2se** soit le répertoire d'installation de J2SE et **c:\aw** le répertoire d'installation d'AspectWerkz, sous Windows, les commandes à saisir sont les suivantes :

```
set JAVA_HOME=c:\j2se
set ASPECTWERKZ_HOME=c:\aw
cd %ASPECTWERKZ_HOME%\bin
setenv
set CLASSPATH=%CLASSPATH%;c:\aw\bcel-patch.jar;c:\aw\lib\bcel.jar
```

Sous UNIX, la commande équivalente est :

```
export JAVA_HOME=/j2se
export ASPECTWERKZ_HOME=/aw
cd $ASPECTWERKZ_HOME/bin
setenv
export CLASSPATH=$CLASSPATH:/aw/lib/bcel-patch.jar:/aw/lib/bcel.jar
```

Correctif

Le script AspectWerkz disponible dans le répertoire **bin** du framework ne fonctionne pas correctement sur certains systèmes Windows.

Pour le corriger, il faut éditer **aspectwerkz.bat** et effectuer les opérations suivantes :

1. Supprimer la ligne contenant set OFFLINE="false".

2. Remplacer la ligne contenant IF "%1"=="-offline" set OFFLINE="true" par IF "%1"=="-offline" goto offline.

3. Supprimer la ligne contenant IF "%OFFLINE%"==""false"" (.

4. Remplacer la ligne contenant) ELSE (par :offline.

5. Supprimer la ligne contenant uniquement).

E

Références

S. W. AMBLER, T. JEWEL, E. ROMAN, *EJB Fondamental*, Eyrolles, 2002

W. CRAWFORD, J. KAPLAN, *J2EE Design Patterns*, O'Reilly, 2003

W. CUNNINGHAM, K. BECK, *"Using pattern languages for Object-Oriented Programs"*, *OOPSLA-87 workshop on the Specification and Design for Object-Oriented Programming*, 1987

J. COPLIEN, *Software Patterns*, SIGS Books, 1996

K. DJAAFAR, *Développement J2EE avec Eclipse et WSAD*, Eyrolles, 2003

E. GAMMA, R. HELM, R. JOHNSON, J. VLISSIDES, *Design Patterns: Elements of Reusable Object-Oriented Software*, Addison Wesley, 1995

E. GAMMA, R. HELM, R. JOHNSON, J. VLISSIDES, *Design Patterns : catalogue de modèles de conception réutilisables*, Vuibert, 1999

J. D. GRADECKI, N. Lesiecki, *"Mastering AspectJ: Aspect-Oriented Programming in Java"*, Wiley, 2003

J. HANNEMANN, G. KICZALES, *"Design Pattern Implementations in Java and AspectJ"*, *Proceedings of the 17th Annual ACM Conference on Object-Oriented Programming Systems, Languages, and Applications* (OOSPLA'02), pp. 161-173, novembre 2002, Seattle

R. JOHNSON, *"Framework = (components + patterns)"*, *Communications of the ACM*, 40(10), pp. 39-42, 1997

G. KICZALES *et al.*, *"Aspect-Oriented Programming"*, *Proceedings of the 11th European Conference on Object-Oriented Programming* (ECOOP'97), LNCS 1241, pp. 220-242, Springer, juin 1997, Jyväskylä

G. KICZALES *et al.*, *"An Overview of AspectJ"*, *Proceedings of the 15th European Conference on Object-Oriented Programming* (ECOOP'01), LNCS 2072, pp. 327-353, Springer, juin 2001, Malaga

I. KISELEV, *Aspect-Oriented Programming with AspectJ,* Sams, 2002

R. LADDAD, *"AspectJ in Action, Practical Aspect-Oriented Programming"*, Manning, 2003

J. MOLIÈRE, *Java – 2, Conception et déploiement J2EE,* Eyrolles, 2003

D. PARNAS, *"On the Criteria to be Used in Decomposing Systems into Modules"*, Communications of the ACM, 15(12), pp. 1053-1058, 1972

Index

www.ingramcontent.com/pod-product-compliance
Lightning Source LLC
Chambersburg PA
CBHW080131220326
41598CB00032B/5029